水泥及混凝土绿色低碳制造技术

李叶青◎编著

中国建材工业出版社

图书在版编目（CIP）数据

水泥及混凝土绿色低碳制造技术/李叶青编著. --北京：中国建材工业出版社，2022.9（2023.2重印）
ISBN 978-7-5160-3531-3

Ⅰ. ①水… Ⅱ. ①李… Ⅲ. ①水泥工业—无污染技术—研究 ②混凝土—制备—无污染技术—研究 Ⅳ. ①TQ172 ②TU528.06

中国版本图书馆CIP数据核字(2022)第132308号

水泥及混凝土绿色低碳制造技术
Shuini ji Hunningtu Lüse Ditan Zhizao Jishu
李叶青　编著

出版发行：中国建材工业出版社
地　　址：北京市海淀区三里河路11号
邮　　编：100831
经　　销：全国各地新华书店
印　　刷：北京印刷集团有限责任公司
开　　本：787mm×1092mm　1/16
印　　张：21.5
字　　数：490千字
版　　次：2022年9月第1版
印　　次：2023年2月第2次
定　　价：220.00元

本社网址：www. jccbs. com，微信公众号：zgjcgycbs

前言

2020年9月22日，习近平总书记在第75届联合国大会一般性辩论中宣布，中国将力争2030年前实现碳达峰、2060年前实现碳中和。在不到一年的时间里，习近平总书记在将近10次重大国际场合讲话中都重申了这一承诺。这是中国“推动构建人类命运共同体的责任担当和实现可持续发展的内在要求”，是中国对世界的庄严承诺。

水泥是一种重要的胶凝材料，水泥及混凝土是目前地球上消费量仅次于水的资源。水泥工业肩负着“大国基石”的重要责任，在国家工业化、城镇化、现代化进程中发挥了重要作用。但水泥工业同样是二氧化碳排放的重点行业之一。目前中国水泥工业每年二氧化碳排放量约14亿吨，约占全国碳排放量的13%。

近30年来，中国水泥工业实现了从立窑为主到全面新型干法水泥技术的升级，从主要生产技术和装备依赖进口到国产新型干法技术装备出口并占领国际水泥工程市场的转变，从单一的水泥生产到协同处置绿色低碳可持续发展的跨越。在此过程中，水泥工业的绿色制造技术也不断地创新和升级。

本书对水泥工业各环节绿色制造技术的理论原理、各环节碳排放的计算以及国内外同行业中的应用实践、最新成果进行了全面梳理和总结、分析和评估，并对未来水泥工业的绿色低碳发展技术进行了展望，希望能对行业专业人员及高校相关专业学生有一定的借鉴和参考价值。

本书编写过程中，得到了多位行业专家及同事的支持和指导。华新水泥股份有限公司的汪宣乾、石斌宏、胡浪涛、韩前卫、王云摇、张旭、田建平、江涛、王加军、叶济群等同事参与了编写，为本书的出版付出了辛劳，在此表示谢意。本书参考了许多国内外专家学者的论文和著作，笔者已尽可能地在参考文献中列出，在此，特别感谢所有参考文献的作者。可能由于疏忽，引用了一些资料而未注明出处，若有此类情况发生，在此深表歉意。

本书虽精心编写，但难免有些论述不够严谨或有待商榷，恳请读者批评指正。

编　者

2022年4月

目录

1

概述

中国、古埃及、古罗马这些文明古国在很早的时候就用石灰、火山灰做建筑材料，现代意义所说的波特兰水泥诞生于 19 世纪。第一次通过人工混合石灰石和黏土经煅烧生产水泥的试验应归于法国人 L.J.Vicat，1818 年公布了他的试验成果，但是这种方法在法国一直未获得正式采用。与此同时，英国生产出了具有水硬性的水泥。1824 年，英国建筑工人约瑟夫·阿斯谱丁（J.Aspdin）获得了水泥生产的发明专利，在专利中对生产方法的描述是，用石灰石加入一定量的黏土，混合后经过烘干、破碎成合适的碎块，放入石灰窑中煅烧至去除二氧化碳。约瑟夫·阿斯谱丁将这种经人工混合材料烧制的水泥命名为波特兰水泥。

1.1 水泥工业现代绿色制造的发展历程

现代水泥问世以来，其生产技术历经了多次变革。作为水泥生产中最重要的煅烧环节，最初是间歇作业的土立窑，1885 年出现了湿法回转窑，1930 年德国伯利休斯公司研制出了半干法的立波尔窑。其相关图片如图 1-1~ 图 1-4 所示 。

自 1950 年德国 KHD 公司研制成功悬浮预热窑、1971 年日本 IHI 公司研制成功预分解窑以来，水泥工业熟料煅烧技术获得了革命性突破，并推动了水泥生产全过程的技

图 1-1　早期的土立窑

图 1-2　典型的湿法回转窑（华新型窑）

图 1-3 早期的立波尔窑

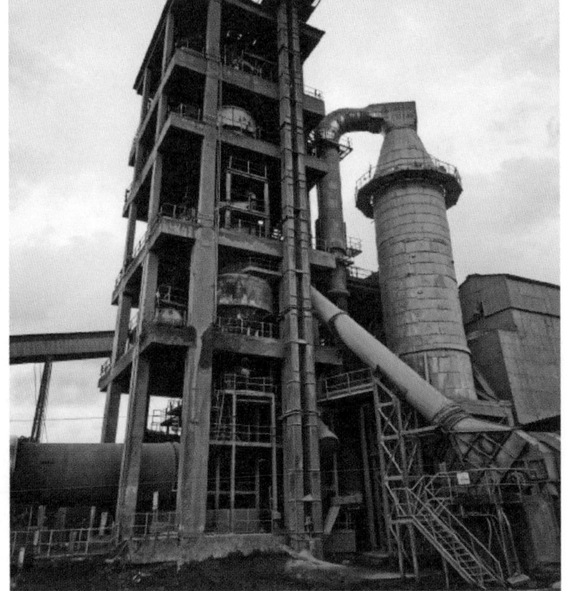

图 1-4 典型的早期预热器窑

术创新。仅 70 多年来，新型干法水泥生产技术发展经历了五个阶段。

（1）第一阶段：20 世纪 70 年代初期至中后期。

随着预分解窑的诞生与发展，新型干法水泥技术向水泥生产全过程发展。同时，随着预分解技术日趋成熟，各种类型的旋风预热器与各种不同的预分解方法相结合，发展成为许多类型的预分解窑。在本阶段，悬浮预热窑的发展优势逐渐被预分解窑所替代。但是必须认识到，悬浮预热窑是预分解窑的母体，预分解窑是悬浮预热窑发展的最高阶段。至此，各种新型旋风预热器在预分解窑发展的同时仍在继续发展完善，并发挥着重要作用。

（2）第二阶段：20 世纪 70 年代中后期至 80 年代中期。

1973 年，第四次中东战争爆发，导致第一次石油危机爆发，油价大幅上涨，许多预分解窑被迫以煤代油，致使不少原来以石油为燃料研发的分解炉难以适应。通过总结改进，各种第二代、第三代分解炉应运而生，改善和提高了预热分解系统的功效。

（3）第三阶段：20 世纪 80 年代中期至 90 年代中期。

伴随悬浮预热和预分解技术日臻成熟，水泥生产中的预分解窑旋风筒、换热管道、分解炉、回转窑、篦冷机及挤压粉磨等设备，以及与它们配套的耐热、耐磨、耐火、隔热材料，自动化控制，环保技术等全面发展和提高，使新型干法水泥生产的各项技术指标得到进一步优化。

（4）第四阶段：20 世纪 90 年代中期至 21 世纪初。

生产工艺得到进一步优化，环境负荷进一步降低，开始研发使用各种替代原燃料及废弃物的技术，水泥工业向生态环境材料型产业转型。

（5）第五阶段：21 世纪初至今。

中国水泥工业已开始引领世界，开始研发第二代新型干法水泥生产技术，在悬浮预热和预分解为主要特征的工艺技术基础上，进一步创新与拓展窑体功能，优化与提升高能效预热预分解和烧成技术，攻克与突破氮氧化物和粉尘排放的途径和技术瓶颈，提高协同处置废弃物、垃圾替代燃料的效能和利用率，充分运用和推广料床粉磨技术，提高产品质量和降低能耗，融入现代智能技术，使新型干法水泥的技术、装备、资源能源利用效率、节能减排效能、自动化水平、经济技术指标都得到较大幅度的提升。新一代水泥生产线如图 1-5 所示。

图 1-5　采用第二代新型干法水泥生产技术的
日产 14000t 水泥熟料协同日处置 3000t 生活垃圾全套国产化生产线

在水泥工业生产技术发展的过程中，以节能、环保为方向的绿色化成为越来越重要的考量因素。新型篦冷机、立式辊磨机、斗式提升机系列装备，水泥窑低氮燃烧、氮氧化物减排、水泥窑协同处置、燃料替代技术，高性能保温耐火材料等也逐步推广应用。新型设备及系统如图 1-6~ 图 1-10 所示。

图 1-6　立式辊磨机

图 1-7　辊压机

图 1-8　球磨机

图 1-9　篦冷机

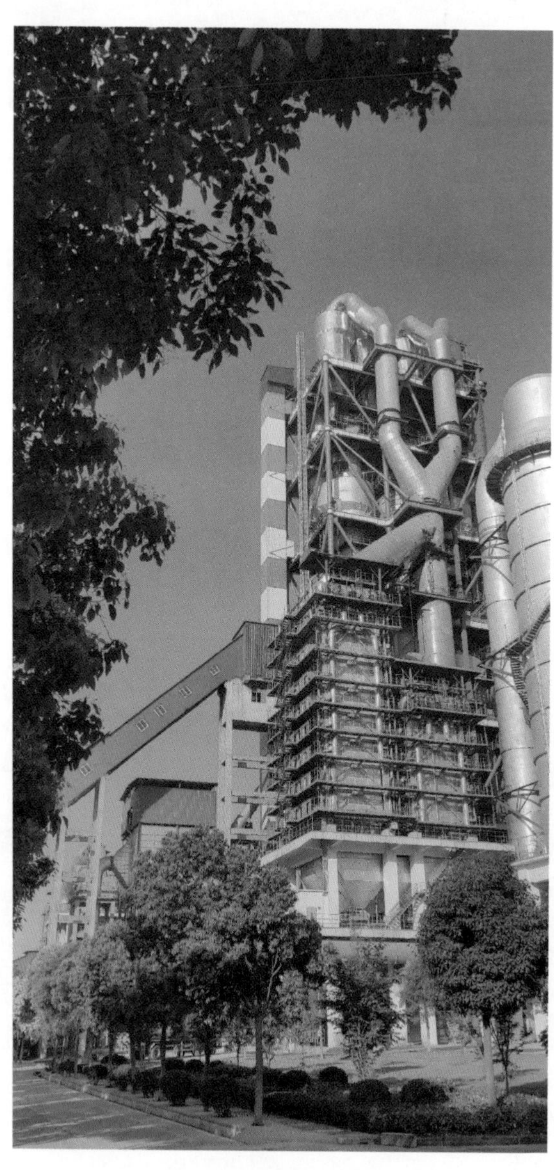
图 1-10　预分解窑和余热发电系统

1.2 水泥工业二氧化碳排放的核算方法

二氧化碳排放数据的统计与核算，对摸清碳排放底数、评估 IPCC（联合国政府间气候变化专门委员会）设定的 2℃甚至是 1.5℃的温室气体减排目标的实现带来深远的影响。随着第 26 届联合国气候变化大会（COP26）对《巴黎协定》6.4 款形成了初步的实施框架［将创建一个可持续发展机制（SDM）］以及未来欧盟碳边境调节税的实施，预期在不久的将来，全球将会逐步形成统一规范的碳排放统计与核算体系。全面、准确地核算水泥工业的碳排放量是水泥企业参与全国碳市场的基础，同时也直接影响国家碳排放自主减排贡献。在对标全球水泥工业碳排放绩效水平的同时，满足中国现有的碳排放核算、交易及履约要求，根据全球水泥工业通用碳排放核算方法及中国现有的碳排放核算指南，做好碳排放数据的统计与核算，指导水泥工业企业完整、准确地核算碳排放源，精准对标全球水泥工业、中国水泥工业的碳排放绩效水平，为中国水泥工业的绿色低碳发展及水泥产品的全生命周期碳足迹评价提供技术支撑。

1.2.1 水泥工业二氧化碳排放来源

从水泥生产的工艺流程分析，水泥熟料生产碳排放源包括直接排放（范围 1）和间接排放（范围 2）以及原燃材料、水泥产品运输的排放（范围 3）。各生产环节的二氧化碳排放来源见表 1-1。

表 1-1 各生产环节的二氧化碳排放来源

生产环节	排放范围	排放来源
矿山开采及输送	范围 1	开采设备、运输车辆等移动源排放
矿山开采及输送	范围 2	矿山开采及破碎的电力消耗
水泥熟料生产	范围 1	碳酸盐的煅烧以及原料中所含有机碳的燃烧
水泥熟料生产	范围 1	1. 窑用传统化石燃料 2. 水泥窑替代化石燃料的燃烧（化石替代燃料） 3. 混合燃料中生物炭的燃烧 / 生物质燃料（包括生物质废弃物）的燃烧
水泥熟料生产	范围 2	生料制备、煤磨及水泥窑加工电力消耗
水泥加工	范围 1	混合材烘干过程中传统化石燃料及替代燃料的燃烧
水泥加工	范围 2	水泥粉磨及输送电力消耗
水泥厂区内部“短倒”、运输	范围 1	燃油车化石燃料燃烧，混合动力运输车辆中的化石燃料排放
外购熟料用于水泥生产	范围 2	外购熟料生产过程中产生的排放
其他非工业环节燃料消耗	范围 1	1. 传统化石燃料 2. 替代化石燃料的燃烧（也称化石替代燃料） 3. 混合燃料中生物炭的燃烧 / 生物质燃料（包括生物质废弃物）的燃烧

续表

生产环节	排放范围	排放来源
自备电厂（不纳入水泥核算范围）	范围 1	1. 传统化石燃料 2. 替代化石燃料的燃烧（也称化石替代燃料） 3. 混合燃料中生物炭的燃烧 / 生物质燃料（包括生物质废弃物）的燃烧
混凝土骨料生产	范围 1	开采设备、运输车辆等移动源排放
混凝土骨料生产	范围 2	生产电力消耗
原燃材料及成品运输	范围 3	汽车、火车、船运等运输工具输送熟料 / 水泥 / 混凝土 / 骨料等产品过程中产生的排放

1.2.2 水泥工业二氧化碳排放统计与核算

1.2.2.1 总排放量统计与核算

结合 CSI（水泥可持续发展倡议行动组织）通行的二氧化碳统计与核算方法，水泥工厂二氧化碳排放由直接排放和间接排放构成。核算范围从矿山开采环节至熟料 / 水泥产品出厂为止，其中：

（1）直接排放：由碳酸盐分解产生的二氧化碳排放、用于原燃料烘干及窑用的传统化石燃料排放（不含替代燃料中的化石碳排放）、生料中有机碳的燃烧排放以及服务于水泥熟料生产的移动源燃烧过程排放等 4 个方面组成，按式（1-1）计算。

$$E_d=E_c+E_{co}+E_{toc}+E_m \tag{1-1}$$

式中 E_d——总直接排放量，t；

E_c——工艺过程排放，t；

E_{co}——固定源用化石燃料燃烧排放，t；

E_{toc}——生料中有机碳燃烧排放，t；

E_m——厂界范围内的移动源燃烧过程排放，t。

（2）间接排放：包括外购电力的间接排放以及外购熟料的间接排放，按式（1-2）计算。

$$E_{in}=E_e+E_p \tag{1-2}$$

式中 E_{in}——总间接排放量，t；

E_e——外购电力间接排放，t；

E_p——外购熟料间接排放，t。

1.2.2.2 范围 1——工艺过程排放核算

考虑到采用生料消耗量的计算方法中，对于有水泥窑协同处置的工厂，生料烧失量与生料输入、熟料产量比例之间存在的较大误差（部分替代燃料进入熟料），故采用生料消耗量计算碳排放总量的方法不具有普适性。基于《2006 年 IPCC 国家温室气体清单指南》第三卷“工业过程与产品使用”章节中的规定，同时保证与中国现有的水泥行业碳排放核算方法的一致性，故采用以熟料生产数据为基础，按式（1-3）核算工艺过程排放。

$$E_c=Q_{cl}\times CF_{CKD}\times EF_{cl} \tag{1-3}$$

式中 E_c——熟料生产过程中碳酸盐分解产生的排放量，t；

Q_{cl}——生产的熟料重量（质量），t（在 CSI 指南中指熟料产量，在中国水泥工业核算标准中，计入法人边界二氧化碳排放总量核算中，该熟料数据还应将窑头烟囱排放的粉尘量及旁路放风粉尘排放量纳入统计范围中）；

CF_{CKD}——CKD 的排放修正因子，无量纲 [考虑到中国现有新型干法水泥生产过程中，除少量（< 0.1%）的窑灰通过窑头除尘器净化排入大气中外，其他重新进入了生产系统，故默认取值为 1.0]；

EF_{cl}——熟料的排放因子，tCO_2/tcli，按式（1-4）计算。

$$EF_{cl}=(F_{CaO}-F_{nCa})\times 44/56+(F_{MgO}-F_{nMg})\times 44/40 \tag{1-4}$$

式中 F_{CaO}——熟料中氧化钙（CaO）的含量，%；

F_{nCa}——熟料中来源于非碳酸盐分解的氧化钙（CaO）的含量，%；

F_{MgO}——熟料中氧化镁（MgO）的含量，%；

F_{nMg}——熟料中来源于非碳酸盐分解的氧化镁（MgO）的含量，%；

44/56——氧化钙与二氧化碳之间的换算系数；

44/40——氧化镁与二氧化碳之间的换算系数。

水泥熟料中非来源于碳酸盐分解的氧化钙（CaO）的含量采用式（1-5）计算。

$$F_{nCa}=\frac{\sum Q_i\times C_{Cai}}{Q_{cl}} \tag{1-5}$$

式中 F_{nCa}——水泥熟料中非来源于碳酸盐分解的氧化钙（CaO）的含量，%；

Q_i——第 i 种非碳酸盐替代原料消耗量，t；

Q_{cl}——水泥熟料产量，t；

C_{Cai}——第 i 种非来源于碳酸盐分解的替代原料中 CaO 的质量分数，%。

水泥熟料中非来源于碳酸盐分解的氧化镁（MgO）的含量采用式（1-6）计算。

$$F_{nMg}=\frac{\sum Q_i\times C_{Mgi}}{Q_{cl}} \tag{1-6}$$

式中 F_{nMg}——水泥熟料中非来源于碳酸盐分解的替代原料中氧化镁（MgO）的含量，%；

Q_i——第 i 种非碳酸盐替代原料消耗量，t；

Q_{cl}——水泥熟料产量，t；

C_{Mgi}——第 i 种非来源于碳酸盐分解的替代原料中 MgO 的质量分数，%。

1.2.2.3 范围 1——化石燃料排放

（1）固定源用化石燃料燃烧排放

固定源用化石燃料燃烧排放，包括水泥窑用点火燃油、熟料煅烧分解用化石燃料消耗、原燃料烘干消耗的化石燃料产生的二氧化碳排放，按式（1-7）计算。

$$E_{co}=\sum_{i=1}^{n} AD_i \times EF_i \tag{1-7}$$

式中 E_{co}——化石燃料燃烧排放量，tCO_2；

AD_i——第 i 种化石燃料产生的热值，GJ；

EF_i——第 i 种化石燃料的二氧化碳排放因子，tCO_2/GJ；

i——化石燃料类型代号。

化石燃料燃烧的活动数据是核算和报告年度内各种燃料的消耗量与平均低位发热量的乘积，按式（1-8）计算。

$$AD_i=NCV_i \times FC_i \tag{1-8}$$

式中 AD_i——第 i 种化石燃料产生的热值，GJ；

NCV_i——第 i 种化石燃料的收到基平均低位发热量，固体、液体燃料为 GJ/t，气体燃料为 $GJ/10^4m^3$；

FC_i——第 i 种化石燃料的净消耗量，固体、液体燃料为 t，气体燃料为 10^4m^3。

化石燃料燃烧的二氧化碳排放因子按式（1-9）计算。

$$EF_i=CC_i \times OF_i \times 44/12 \tag{1-9}$$

式中 EF_i——第 i 种化石燃料的二氧化碳排放因子，tCO_2/GJ；

CC_i——第 i 种燃料的单位热值含碳量，tC/GJ；

OF_i——第 i 种化石燃料的碳氧化率，%；

44/12——二氧化碳与碳的相对分子质量之比。

（2）移动源燃烧过程排放

工厂自有的且服务于水泥生产的厂内移动源燃料燃烧排放量 E_m，计算方法同“（1）固定源用化石燃料燃烧排放”。

（3）替代燃料燃烧排放核算

① 生物质燃料碳排放数据核算

根据 CSI（水泥可持续发展倡议行动组织）发布的《水泥温室气体统计与核算指南》（第三版）（以下简称 CSI 指南），生物质燃料（包括生物质废料、生物质废弃物和混合燃料中的生物质部分）燃烧的直接二氧化碳仅作为备忘项报告，不包括在排放总量中，即默认其为碳中性。根据式（1-10）计算其排放量。

$$E_b=NCV_i \times FC_i \times EF_i \tag{1-10}$$

式中 E_b——生物质燃料产生的碳排放量，t；

NCV_i——第 i 种生物质燃料的收到基平均低位发热量，GJ/t（除非有其他可靠的排放因子可用，否则应使用 IPCC 默认的排放因子，即固体生物质的 110kg CO_2/GJ，这一数值位于固体生物质燃料不同值的范围内，在《2006 年 IPCC 国家温室气体清单指南》中被定义为默认排放因子）；

FC_i——第 i 种生物质燃料的净消耗量，t；

EF_i——燃烧效率，%。

② 其他化石替代燃料燃烧产生的二氧化碳排放量

化石替代燃料和混合燃料的化石部分燃烧产生的直接二氧化碳排放量，其二氧化碳排放因子取决于使用的替代燃料种类和排放因子。根据式（1-11）计算其排放量。

$$E_{\mathrm{Sw}}=\sum_{i=1}^{n}(IW_i \times CCW_i \times FCF_i \times EF_i \times 44/12) \tag{1-11}$$

式中 E_{Sw}——废弃物焚烧处理的二氧化碳排放量，t；

i——焚化 / 露天燃烧废弃物类型，分别表示城市固体废弃物、危险废弃物、污泥等，无量纲；

IW_i——第 i 种类型废弃物的焚烧量，t；

CCW_i——第 i 种类型废弃物中的碳含量比例，%；

FCF_i——第 i 种类型废弃物中矿物碳在碳总量中的比例，%；

EF_i——第 i 种类型废弃物焚烧炉的燃烧效率，%；

44/12——碳转换成二氧化碳的转换系数。

如果废弃物相关的特征数据不可取，可根据《省级温室气体清单编制指南（试行）》（2011 版），采用表 1-2 列示的废弃物碳含量、矿物碳在碳总量中的百分比及燃烧效率的默认值，或采用《2006 年 IPCC 国家温室气体清单指南》中第五卷“废弃物”中设定的国家层面的默认值，核算其二氧化碳排放量。

表 1-2 其他化石替代燃料燃烧产生的二氧化碳排放量

排放因子	简写	范围		推荐值	数据来源
废弃物碳含量	CCW_i	城市生活垃圾	（湿）33%~35%	20%	调查和专家判断
		危险废弃物	（湿）1%~95%	1%	专家判断
		污泥	（干物质）10%~40%	30%	IPCC 指南
矿物碳在碳总量中的比例	FCF_i	城市生活垃圾	30%~50%	39%	全国平均值
		危险废弃物	90%~100%	90%	专家判断
		污泥	0%	0%	注：生物成因
燃烧效率	EF_i	城市生活垃圾	95%~99%	95%	专家判断
		危险废弃物	95%~99.5%	97%	
		污泥	95%	95%	

注：基于 CSI 指南，水泥行业会回收大量的废弃材料用作燃料和 / 或原料。通过利用替代燃料，水泥企业可减少传统化石燃料的消耗，同时也避免了填埋或焚烧废弃物这两种传统的处理方式。结合直接排放量、间接减排量以及资源效率，替代传统化石燃料是全球温室气体减排的有效方法（见 IEA 1998、CSI/ECRA 2009 和 WBCSD/IEA 2009）。因此在最终的水泥净排放量计算中，应扣减替代化石燃料燃烧产生的二氧化碳排放量，即该项目作为备忘项纳入报告范围。

1.2.2.4 范围 1——生料中有机碳燃烧排放

生料中的石灰石和页岩（原材料）可能包含一定比例的有机碳（油原），而其他原材料（例如粉煤灰等工业副产品）中可能包含碳残渣，这些物质会在燃烧时产生额外的二氧化碳。根据式（1-12）计算碳排放量。

$$E_{toc}=Q_r\times C_r\times 44/12 \tag{1-12}$$

式中 E_{toc}——生料中有机碳燃烧产生的二氧化碳排放量，t；

Q_r——熟料生产消耗的生料量，t；

C_r——生料中有机碳的含量；《2006 年 IPCC 国家温室气体清单指南》中定义，如果油原或其他碳的热贡献量小于总热量（来自燃料）的 5%，非燃料原材料中来自非碳酸盐碳（例如油原中的碳、烟灰中的碳）的二氧化碳排放可以被忽略；CSI 指南中定义其默认值为 0.2%；国家发布的《中国水泥生产企业温室气体排放核算方法与报告指南（试行）》中，不予考虑该部分碳排放；中国法人边界核算范围内的有机碳含量，若企业采用高碳粉煤灰、煤矸石配料，该默认值取 0.3%，否则取 0.1%。

1.2.2.5 范围 1——自备电厂碳排放

基于 CSI 核算准则及中国碳排放核算指南，水泥工厂自备电厂的排放量不纳入水泥工业碳排放范围，其按电力行业碳排放统计与核算指南实施统计。

1.2.2.6 范围 2——外购电力间接排放

水泥工厂消耗电力产生的二氧化碳排放，按照全厂的外购电网电量，加上化石燃料自备电厂的供电量，扣减购入电网中绿电电量数据，再乘以电网平均排放因子得出，采用式（1-13）和式（1-14）计算。

$$E_e=AD_c\times EF_e+AD_{g,o}\times EF_{e,g} \tag{1-13}$$

$$AD_c=AD_p+AD_o-AD_g-AD_{out} \tag{1-14}$$

式中 E_e——全厂电力消耗产生的排放量，tCO_2；

AD_c——全厂消耗的总电量（不含自有绿电电量），MW·h；

EF_e——电网平均排放因子，tCO_2/（MW·h）[对于中国而言，法人边界的电网排放因子采用国家最新发布的区域电网排放因子；履约边界目前采用全国统一电网排放因子 0.6101tCO_2/（MW·h)]；

$AD_{g,o}$——全厂消耗的自有绿电电量，MW·h；

$EF_{e,g}$——绿电的电网排放因子，默认值为零；

AD_p——全厂净购入的电网电量，MW·h；

AD_o——全厂消耗的化石燃料自备电厂供电量，MW·h；

AD_g——全厂消耗的购入电网中绿电电量，MW·h；

AD_{out}——通过工厂转供给外部单位的电量，MW·h。

针对不同的统计边界，分工序电力消耗产生的碳排放量按式（1-15）计算。

$$E_i=\frac{AD_i}{AD_p+AD_o+AD_{whr}+AD_{g,o}}\times E_e \tag{1-15}$$

式中 E_i——分工序外购电力消耗产生的二氧化碳排放量，tCO_2；

i——表示生产工序，如矿山开采及破碎、熟料煅烧、水泥粉磨及发运等；

AD_i——表示分工序总电力消耗，MW·h；

AD_o——全厂消耗的化石燃料自备电厂供电量，MW·h；

AD_{whr}——工厂余热发电供电量，MW·h。

若核算单元仅使用单一的外购电力，则电力消耗产生的间接碳排放量直接等于外购电网电量（不含外购电网电力中的绿电电量）乘以对应的电网碳排放因子，按式（1-16）计算。

$$E=(AD-AD_g)\times EF_e \tag{1-16}$$

式中　AD——外购电力消耗量，MW·h；

AD_g——消耗的外购绿电电量，MW·h；

EF_e——电网平均排放因子，tCO_2/(MW·h)。

对于中国而言，法人边界的电网排放因子采用国家最新发布的区域电网排放因子；履约边界目前采用全国统一电网排放因子 0.6101tCO_2/MW·h。

1.2.2.7　范围 2——外购熟料间接排放

外购熟料间接排放，按式（1-17）计算。

$$E_p=Q_p\times E_{sp} \tag{1-17}$$

式中　E_p——外购熟料的二氧化碳排放量，t；

Q_p——外购熟料量，t；

E_{sp}——外购单位熟料排放量，tCO_2/tcli。

有关公司内部购买的熟料，应使用送出熟料工厂的实际排放因子。如果熟料是外购所得，优先采用生产厂家的排放数据；在无法获得这个因子的情况下，应使用 GNR 网站（www.wbcsdcement.org）上的默认值（GNR 的“校准数据”），CSI 会定期更新这些值。E_{sp} 数据的选取应优先采用国家级或地区级的数据，如没有这两个级别的数据，其次应使用全球平均值。最新的默认值为 865kg/tcli（仅包含直接排放）。

1.2.2.8　范围 3——物流环节的碳排放核算

水泥工业物流的主要运输设备为汽车、火车、货船等一种或多种方式的组合。物流环节产生的碳排放量主要由传统化石燃料（柴油、汽油、天然气、液化石油气等）燃烧产生的直接排放、混合动力车辆中的化石燃料等产生的直接排放和纯电动车、电气化火车、货轮等运输工具的电力消耗产生的间接排放构成。其计算方法依据“移动源燃烧过程排放”及“1.2.2.6 范围 2——外购电力间接排放”中确定的方法进行碳排放核算。对于混合动力驱动，按油电、气电比例，分别核算其排放量。

对于采用生物柴油、生物乙醇等生物质燃料作为驱动的运输工具，其为碳中性，可参考 CSI 指南要求，作为报告项目，但不纳入碳排放总量范畴内。

1.2.2.9　中国现阶段水泥工业碳排放核算方法

对中国水泥工业而言，包括两种统计与核算口径，即法人边界和履约边界（熟料工序）。

法人边界：排放量的核算边界从矿山开采开始至水泥成品出厂为止，核算的总排放量作为报告项目。

熟料工序：中国在实施碳交易配额分配及未来配额履约时，以熟料工序为核算边界，即从原燃材料进入生产厂区预均化开始，包括熟料生产的原燃料及生料制备、熟料烧成到熟料入库为止，不包括厂区内辅助生产系统以及附属生产系统产生的碳排放量。同时，中国现阶段在核算熟料工序碳排放量时，不考虑服务于熟料环节的移动源排放量以及生料中有机碳燃烧的排放量。

（1）水泥工厂法人边界的碳排放量核算，按式（1-18）计算：

$$E_{total}=E_c+E_{toc}+E_{co}+E_m+E_e \tag{1-18}$$

式中 E_{total}——水泥工厂法人边界的碳排放量，t；

E_c——工艺过程排放量，t；

E_{toc}——生料中有机碳的排放量，t；

E_{co}——固定源用化石燃料产生的排放量，t；

E_m——服务于生产的移动源排放量，t；

E_e——全厂电力消耗产生的排放量，tCO_2。

（2）熟料工序碳排放量核算，按式（1-19）计算。

$$E_{ets}=E_c+E_{co,\,cl}+E_{e,\,cl} \tag{1-19}$$

式中 E_{ets}——熟料工序碳排放量，t；

E_c——工艺过程排放量，t；

$E_{co,\,cl}$——窑用化石燃料产生的排放量，t；计算方法同 E_{co}；

$E_{e,\,cl}$——熟料工序外购电力产生的排放量，t。

其中，$E_{e,\,cl}$ 采用式（1-20）、式（1-21）进行计算。

$$E_{e,\,cl}=AD_{e,\,cl}\times EF_e \tag{1-20}$$

$$AD_{e,\,cl}=AD_{p,\,cl}-AD_{whr}-AD_{g,\,cl}+AD_{o,\,cl} \tag{1-21}$$

式中 $E_{e,\,cl}$——水泥熟料生产环节消耗电力产生的排放量，tCO_2；

$AD_{e,\,cl}$——水泥熟料生产环节消耗的电量（不含绿电），MW·h；

EF_e——全国电网平均排放因子，tCO_2/MW·h；

$AD_{p,\,cl}$——水泥熟料生产消耗外购电网电量，MW·h；

AD_{whr}——余热发电供电量，MW·h；

$AD_{g,\,cl}$——水泥熟料生产环节消耗的购入电网中绿电电量，MW·h；

$AD_{o,\,cl}$——水泥熟料生产环节消耗的化石燃料自备电厂供电量，MW·h。

（3）水泥工序碳排放量核算

水泥工序产生的碳排放量包括用于烘干水泥混合材的化石燃料燃烧产生的碳排放量与水泥工序粉磨电耗产生的碳排放量之和，按式（1-22）进行计算。

$$E_c=E_{co,\,c}+E_{gr,\,c} \tag{1-22}$$

式中 E_c——水泥工序产生的碳排放量，t；

$E_{co,\,c}$——用于烘干水泥混合材的化石燃料燃烧产生的碳排放量，t（计算方法与“固定源用化石燃料排放”中的方法一致）；

$E_{gr,c}$——水泥粉磨电力消耗产生的电力间接排放，t。

$E_{gr,c}$ 按式（1-23）进行计算。

$$E_{gr,c}=AD_{e,c}\times EF_e \tag{1-23}$$

式中 $AD_{e,c}$——水泥粉磨环节消耗的电量（不含绿电），MW·h；

EF_e——全国电网平均排放因子，$tCO_2/MW\cdot h$。

$AD_{e,c}$ 按式（1-24）进行计算。

$$AD_{e,c}=AD_{p,c}-AD_{g,c}+AD_{o,c} \tag{1-24}$$

式中 $AD_{p,c}$——水泥粉磨环节消耗的外购电网电量，MW·h；

$AD_{g,c}$——水泥粉磨环节消耗的购入电网中绿电电量，MW·h；

$AD_{o,c}$——水泥粉磨环节消耗的化石燃料自备电厂供电量，MW·h。

企业也可以基于不同的数据核算要求，按设定的统计边界，实施相关范围内的碳排放量的统计与核算。

1.2.2.10 基于 CSI 指南的二氧化碳排放绩效评价

结合 CSI 指南，目前通行的水泥熟料二氧化碳排放绩效评价主要包括三种：单位熟料碳直接排放强度、单位水泥碳直接排放强度以及单位胶凝材料碳直接排放强度。

（1）单位熟料碳直接排放强度计算。

$$E_{cl,s}=\frac{E_d}{Q_{cl}} \tag{1-25}$$

式中 $E_{cl,s}$——单位熟料直接排放强度，t/t；

E_d——总直接排放量，t；

Q_{cl}——熟料产量，t。

（2）单位水泥碳直接排放强度计算。

$$E_{c,s}=E_{cl,s}\times F_{cl}+\frac{E_{co,c}}{Q_{cem}} \tag{1-26}$$

式中 $E_{c,s}$——单位水泥直接排放强度，t/t；

$E_{cl,s}$——单位熟料直接排放强度，t/t；

F_{cl}——水泥中熟料掺和比，%；

$E_{co,c}$——用于烘干水泥混合材的化石燃料燃烧产生的碳排放量，t；

Q_{cem}——水泥产量，t。

（3）单位胶凝材料碳直接排放强度计算。

$$E_{cem,s}=\frac{E_d}{Q_{cl}+Q_{mic}+Q_s} \tag{1-27}$$

式中 $E_{cem,s}$——单位胶凝材料直接排放强度，t/t；

E_d——总直接排放量，t；

Q_{cl}——熟料产量，t；

Q_{mic}——混合材消耗量，t；

Q_s——水泥替代物消耗量，t。

1.2.2.11　基于中国水泥工业碳排放核算指南的业绩评价方法

基于《中国水泥生产企业温室气体排放核算方法与报告指南（试行)》方法，对纳入全国碳市场配额分配范围内的水泥工业碳排放业绩指标进行评价，分别按式（1-28）计算单位熟料工序碳排放强度；考虑部分水泥工厂存在利用化石燃料烘干原材料的情况，综合《中国水泥生产企业温室气体排放核算方法与报告指南（试行)》的计算方法，结合水泥粉磨的特点，建议按式（1-29）计算单位水泥碳排放强度。

（1）单位熟料工序碳排放强度计算。

$$E_{ets,\ s}=\frac{E_{ets}}{Q_{cl}} \tag{1-28}$$

式中　$E_{ets,\ s}$——单位熟料碳排放强度，t；

E_{ets}——熟料工序碳排放量，t；

Q_{cl}——熟料产量，t。

（2）单位水泥碳排放强度计算。

$$E_{cem,\ s}=\frac{Q_{cl,\ 1}\times E_{ets,\ s}+Q_{cl,\ 2}\times E_{sp}+E_c}{Q_{cem}} \tag{1-29}$$

式中　$E_{cem,\ s}$——单位水泥碳排放强度，t/t；

$Q_{cl,\ 1}$——用于水泥生产的自产熟料量，t；

$E_{ets,\ s}$——单位熟料碳排放强度，t/t；

$Q_{cl,\ 2}$——用于水泥生产的外购熟料量，t；

E_{sp}——外购单位熟料排放量，t/t；

E_c——水泥工序产生的碳排放量，t；

Q_{cem}——水泥产量，t。

1.2.2.12　不同的核算方法比较（表 1-3）

表 1-3　不同的核算方法比较

生产环节	排放范围	排放来源	CSI 指南核算规则	中国法人边界核算规则	中国熟料工序核算规则
矿山开采及输送	范围 1	开采设备、运输车辆等移动源排放	包含	包含	不包含
矿山开采及输送	范围 2	矿山开采及破碎的电力消耗	包含	包含	不包含
水泥熟料生产	范围 1	碳酸盐的煅烧以及原料中所含有机碳的燃烧	包含（碳酸盐分解需考虑窑灰修正）	包含（碳酸盐分解需考虑窑灰修正）	不包含（原料中所含有机碳的燃烧、不考虑窑灰修正）

续表

生产环节	排放范围	排放来源	CSI 指南核算规则	中国法人边界核算规则	中国熟料工序核算规则
水泥熟料生产	范围 1	1. 窑用传统化石燃料 2. 水泥窑替代化石燃料的燃烧 3. 混合燃料中生物炭的燃烧 4. 生物质燃料和生物燃料（包括生物质废弃物）的燃烧	仅包含 1。2/3/4 作为报告项目，不纳入排放总量	仅包含 1	仅包含 1
水泥熟料生产	范围 2	生料制备、煤磨及水泥窑加工电力消耗	包含	包含	包含
水泥加工	范围 1	混合材烘干过程中传统化石燃料及替代燃料的燃烧	包含	包含	不包含
水泥加工	范围 2	水泥粉磨及输送电力消耗	包含	包含	不包含
水泥厂区内部“短倒”、运输	范围 1	燃油车化石燃料燃烧	包含	包含	不包含
其他非工业环节燃料消耗	范围 1	1. 窑用传统化石燃料 2. 水泥窑替代化石燃料的燃烧 3. 混合燃料中生物炭的燃烧 4. 生物质燃料和生物燃料（包括生物质废弃物）的燃烧	仅包含 1。2/3/4 作为报告项目，不纳入排放总量	仅包含 1	不包含
自备电厂	范围 1	1. 传统化石燃料 / 水泥窑替代化石燃料的燃烧（也称化石替代燃料） 2. 混合燃料中生物炭的燃烧 3. 生物质燃料和生物燃料（包括生物质废弃物）的燃烧	不包含	按电力核算指南核算，不在水泥核算范围内，但需核算其间接排放量	按电力核算指南核算，不在水泥核算范围内，但需核算其间接排放量
混凝土骨料生产	范围 1	开采设备、运输车辆等移动源排放	包含	暂未纳入核算	暂未纳入核算
混凝土骨料生产	范围 2	生产电力消耗	包含	暂未纳入核算	暂未纳入核算

续表

生产环节	排放范围	排放来源	CSI 指南核算规则	中国法人边界核算规则	中国熟料工序核算规则
原燃材料及成品运输	范围 3	采用汽车、火车、船运等运输方式输送熟料、水泥、混凝土、骨料等产品过程中产生的排放	不包含	不包含	不包含

注：1. CSI 指南中以直接排放核算其业绩指标，包括单位熟料、单位水泥及单位胶凝材料二氧化碳排放；
2. 中国水泥工业法人边界及熟料工序核算边界中均包含范围 1 和范围 2 对应的排放量。

1.2.3 混凝土、骨料的碳排放统计与核算

混凝土、骨料的碳排放来源主要为移动源燃烧和外购电力消耗产生的二氧化碳排放量，其计算方法可参照“1.2.2 水泥工业二氧化碳排放统计与核算”中对应的核算方法。若需对混凝土全生命周期碳排放实施评价，建议按式（1-30）进行计算。

$$E_{\mathrm{rmx}}=\frac{E_{\mathrm{cem,\,s}}\times F_{\mathrm{cement}}\times Q_{\mathrm{rmx}}}{100}+E_{\mathrm{co,\,rmx}}+E_{\mathrm{e,\,rmx}}+E_{\mathrm{tran}} \tag{1-30}$$

式中 $E_{\mathrm{cem,\,s}}$——单位水泥碳排放量，t/t；

F_{cement}——混凝土中水泥掺和比，%；

Q_{rmx}——混凝土产量，m^3；

$E_{\mathrm{co,\,rmx}}$——混凝土厂区内移动源（铲车、叉车）产生的二氧化碳排放量，t（计算方法同 1.2.2.3 中移动源燃烧过程排放）；

$E_{\mathrm{e,\,rmx}}$——混凝土加工电力间接排放量，t；

E_{tran}——混凝土原料及产品物流环节（不含站场内运输）产生的二氧化碳排放量（范围 3 排放），t。

1.2.4 活动水平数据的获取与质量保证

基础原燃料消耗量的计量、统计与核算。计量器具的检定、校准以及数据的有效性是准确核算二氧化碳排放数据的保障，建立起系统的碳排放监测计划及活动水平数据获取的质量管理体系显得尤为重要。因 IPCC 指南、CSI 指南中均未对工厂层级活动水平数据的获取与质量保证提出具体的要求，故基于中国水泥碳排放核算与统计要求，阐述相关活动水平数据的获取原则与质量保证程序。

基于不同的报告原则，若下述原则或默认值的选取不满足更高层级的数据精度要求或报告准则要求，或与报告准则要求不一致，应根据不同的报告准则要求，采用基于报告原则的基准，实施数据质量控制程序。

1.2.4.1 工艺过程活动数据获取

（1）水泥熟料产量的确定

优先采用物料平衡法核定水泥熟料产量。熟料产量 = 自产熟料消耗量 + 出厂熟料

量＋期初库存－期末库存，根据生料消耗量以及料耗比进行校核。

对于无法按照上述方式获得，如存在多条熟料生产线共用水泥熟料库等情况，各生产线的水泥熟料产量可按照生料消耗量进行分摊。

（2）水泥熟料中氧化钙（CaO）和氧化镁（MgO）含量的测定标准与频次

优先采用水泥工厂自行检测数据。水泥工厂应建设标准化实验室，并按《水泥化学分析方法》（GB/T 176—2017）标准的要求配置检测仪器，按《中国水泥生产企业温室气体排放核算方法与报告指南（试行）》中确定的检测频次和检测要求测定熟料中氧化钙（CaO）和氧化镁（MgO）的含量；若企业不具备检测能力或者无法满足核算指南的要求，企业应委托有资质的机构进行检测。

水泥熟料中氧化钙（CaO）和氧化镁（MgO）的含量分析频率不低于每天 1 次，水泥熟料中氧化钙（CaO）和氧化镁（MgO）的月平均含量通过加权平均计算获得，权重为每日水泥熟料产量。

若水泥熟料中相关的质量数据无法获取，可采用 CSI 指南中推荐的默认值 525kg/t 熟料核算工艺过程中产生的二氧化碳排放量，或者中国最新发布的工艺排放默认值（《省级温度气体清单编制指南（试行）》（2011 版）中定义默认值为 538kg/t 熟料）进行估算。

（3）水泥熟料中非来源于碳酸盐分解的氧化钙（CaO）和氧化镁（MgO）含量的测定标准与频次

水泥熟料中非来源于碳酸盐分解的氧化钙（CaO）和氧化镁（MgO）的替代原料的种类，以中国最新发布的《中国水泥生产企业温室气体排放核算方法与报告指南（试行）》确定的替代原料种类或其他认可的方法进行判断。

水泥熟料中非来源于碳酸盐替代原料中氧化钙（CaO）和氧化镁（MgO）的含量应通过《水泥化学分析方法》（GB/T 176—2017）中规定的方法分析获得，检测要求与熟料中氧化钙（CaO）和氧化镁（MgO）含量的测定标准一致。

1.2.4.2 化石燃料排放活动水平数据获取

（1）化石燃料消耗量的确定

① 固定源化石燃料消耗量：根据能源耗费实际测量值来确定。水泥熟料生产过程消耗的化石燃料包括烘干原燃材料、烧成熟料入窑和入分解炉的实物煤总量，以及点火用油或用气量。原煤消耗量可采用轨道衡、皮带秤、汽车衡等计量器具进行计量，计量应满足《用能单位能源计量器具配备和管理通则》（GB 17167—2006）和《水泥生产企业能源计量器具配备和管理要求》（GB/T 35461—2017）的相关规定，且计量器具应在有效的检定周期内。统计周期内的原煤消耗量，可利用物料平衡法，采用“上期库存＋本期购入－期末库存”的方法进行核算；气态燃料的消耗量，可以直接通过仪表读数获取。

② 移动源化石燃料消耗量：采用汽车衡、加油机等计量器具进行计量，计量也必须满足《用能单位能源计量器具配备和管理通则》（GB 17167—2006）和《水泥生产企业能源计量器具配备和管理要求》（GB/T 35461—2017）的相关规定，且计量器具应在有效的检验周期内。

（2）燃料低位发热量的测定标准与频次

燃煤低位发热量的测定：采用《煤的发热量测定方法》（GB/T 213—2008）的方法进行检测。具备检测条件的单位可自行检测，或委托有资质的机构进行检测。应优先采用入厂原煤收到基低位发热量检测值，数据不可得时采用煤磨后入窑煤检测值，并应与所消耗燃料状态一致。当某批次或某日燃煤收到基低位发热量无实测时，或测定方法均不符合《煤的发热量测定方法》（GB/T 213—2008）的标准要求时，该批次的燃煤收到基低位发热量应不区分煤种，取 26.7GJ/t。

燃油和燃气的低位发热量采用表 1-4 中规定的各燃料品种对应的缺省值。

（3）单位热值含碳量的取值

燃煤、燃油和燃气的单位热值含碳量采用表 1-4 中规定的各燃料品种对应的缺省值。

（4）碳氧化率的取值

燃煤、燃油和燃气的碳氧化率采用表 1-4 中规定的各燃料品种对应的缺省值。

1.2.4.3 电力排放活动水平数据获取

（1）电力消耗数据的获取

水泥生产环节可按照矿山开采、原料破碎、生料粉磨、原煤制备、熟料烧成、水泥粉磨、水泥输送、生活用电等环节实施计量。各环节消耗的外购电网电量、自有电厂供电量可单独分开计量的，应根据电表计量的数据读取；无法单独计量的，可计算各工序消耗电量与全厂总消耗电量的比例，分摊计算各工序外购电量、自有电厂供电量。

厂区有余热发电存在时，默认为余热发电全部在熟料生产环节被利用；可再生能源发电及采购的绿电，默认电网排放因子为零。对于采购使用实施绿色电价的绿电电量，应通过购售电协议和绿电结算凭证等进行确认。

（2）电网排放因子数据的获取

电网排放因子表示每生产 1kW·h 上网电量的平均二氧化碳排放量，分为区域电网排放因子和全国电网排放因子，由相关主管部门基于区域或全国电网排放情况研究测算取值。国家主管部门会定期更新公布全国电网平均排放因子，从 2015 年开始中国一直采用的全国电网排放因子是 0.6101tCO_2/（MW·h）[2022 年 3 月生态环境部发布的最新通知中提到核算 2021 年度及 2022 年度碳排放量时，全国电网排放因子调整为 0.5810tCO_2/（MW·h）]。基于不同的统计与报告要求，应按照其报告规则要求选择区域电网因子或全国电网排放因子。

1.2.4.4 常用化石燃料相关参数缺省值（表 1-4）

表 1-4 常用化石燃料相关参数缺省值

能源名称	计量单位	低位发热量[e] (GJ/t, GJ/10^4m^3)	单位热值含碳量 (tC/GJ)	碳氧化率 (%)
烟煤	t	26.7[c]	0.02618[b]	98
无烟煤	t	26.7[c]	0.02749[b]	98
其他煤制品	t	26.7[c]	0.02749[b]	98
石油焦	t	32.5[c]	0.0275[b]	100

续表

能源名称	计量单位	低位发热量[e] (GJ/t, GJ/10^4m^3)	单位热值含碳量 (tC/GJ)	碳氧化率 (%)
焦炭	t	28.435[a]	0.0295[b]	98
原油	t	41.816[a]	0.0201[b]	99[b]
燃料油	t	41.816[a]	0.0211[b]	98
汽油	t	43.070[a]	0.0189[b]	98
煤油	t	43.070[a]	0.0196[b]	98
柴油	t	42.652[a]	0.0202[b]	98
石脑油	t	44.500	0.0200[b]	98
焦油	t	33.453	0.0220[b]	99.5
其他石油制品	t	40.200	0.0200[b]	98
粗苯	t	41.816	0.0227[b]	98
液化天然气	t	44.200	0.0172[b]	98
液化石油气	t	50.179[a]	0.0172[c]	99.5
炼厂干气	t	45.998[a]	0.0182[b]	98
天然气	10^4m^3	389.31[a]	0.01532[b]	99[b]
焦炉煤气	10^4m^3	173.54[d]	0.0121[c]	99
高炉煤气	10^4m^3	33.00[d]	0.0708[c]	99
转炉煤气	10^4m^3	84.00[d]	0.0496[c]	99
密闭电石炉气	10^4m^3	111.198	0.03951[b]	99
其他煤气	10^4m^3	52.27[a]	0.0122[c]	99

注：本表引用《中国水泥生产企业温室气体排放核算方法与报告指南（试行）》中的相关默认值参数，表中未列入的或者与相关报告指南准则不一致的，应基于报告基准要求，采用相关方认可的默认值数据。

a 数据取值来源为《中国能源统计年鉴 2019》。

b 数据取值来源为《省级温室气体清单编制指南（试行）》（2011 版）。

c 数据取值来源为《2006 年 IPCC 国家温室气体清单指南》。

d 数据取值来源为《中国温室气体清单研究》。

e 根据国际蒸汽表卡换算，本指南热功当量值取 4.1868kJ/kcal。

1.2.5 碳排放计算实例

1.2.5.1 碳排放计算实例——水泥熟料生产企业

现有 3 条水泥熟料生产线，年度生产运行数据见表 1-5。

表 1-5 水泥熟料生产线运行数据实例

活动水平数据	单位	生产线 1：2500t/d 熟料生产线 +200t/d RDF	生产线 2：5000t/d 熟料生产线 +300t/d RDF	生产线 3：5000t/d 熟料生产线
生料消耗量	t	1162500	2325000	2325000

续表

活动水平数据	单位	生产线1：2500t/d 熟料生产线 +200t/d RDF	生产线2：5000t/d 熟料生产线 +300t/d RDF	生产线3：5000t/d 熟料生产线
熟料产量	t	750000	1500000	1500000
水泥产量	t	1050000	2100000	2100000
熟料氧化钙质量	%	65.5	65.5	65.5
熟料氧化镁	%	2	2	2
生料中硫酸渣使用量	t	20000	40000	40000
硫酸渣中氧化钙含量	%	11	11	11
硫酸渣中氧化镁含量	%	4	4	4
生料中黄磷渣使用量	t	30000	60000	—
黄磷渣中氧化钙含量	%	45	45	—
黄磷渣中氧化镁含量	%	4	4	—
铜渣	t	30000	60000	60000
铜渣中氧化钙含量	%	4	4	4
铜渣中氧化镁含量	%	1	1	1
烟煤消耗量	t	83996	172355	201818
进厂煤低位发热值	kJ/kg	23000	23000	23000
垃圾协同处置量	t	60000	90000	—
进厂生活垃圾热值	kcal/kg	1800	1800	—
矿山车辆用柴油	t	50	100	100
窑点火柴油消耗	t	50	100	100
水泥环节柴油消耗	t	20	40	40
矿山开采用电	kW·h	750000	1500000	1500000
生料加工用电	kW·h	17437500	34875000	34875000
煤磨加工电耗	kW·h	3375000	6780730	7467266
窑加工电耗	kW·h	20250000	39000000	37500000
净余热发电量	kW·h	27750000	52500000	45000000
水泥粉磨电耗	kW·h	36750000	73500000	73500000
水泥输送及发运电耗	kW·h	1050000	2100000	2100000
厂区照明其他辅助用电	kW·h	5250000	10500000	10500000
全厂消耗外购火电电量	kW·h	39978750	81029011	85709586
厂区自产光伏、风电电量	kW·h	17133750	34726719	36732680
全国电网排放因子	tCO_2/MW·h	0.6101		
运行时间	d	300		

基于《温室气体排放核算与报告要求 第 8 部分：水泥生产企业》（GB/T 32151.8—2015）及《中国水泥生产企业温室气体排放核算方法与报告指南（试行）》规定的原则，生产线 1 二氧化碳排放绩效核算结果如下：

（1）全厂（法人）边界二氧化碳排放总量

熟料中非来源于碳酸盐分解的氧化钙含量

$$=\frac{(20000\times11+30000\times45+30000\times4)}{750000\times100}\times100\%$$

$$=2.25\%$$

熟料中非来源于碳酸盐分解的氧化镁含量

$$=\frac{(20000\times4+30000\times4+30000\times1)}{750000\times100}\times100\%$$

$$=0.31\%$$

$$\text{工艺过程二氧化碳排放量}=[\frac{(65.5-2.25)\times44}{56}+\frac{(2-0.31)\times44}{40}]/100\times750000$$

$$=386666(t)$$

生料中有机碳燃烧产生的二氧化碳排放量 =1162500 × 0.1% × 44/12=4263(t)

化石燃料燃烧产生的二氧化碳排放量

$$=\frac{[83996\times23000\times0.02618\times0.98+(50+50+20)\times42652\times0.0202\times0.98]\times44}{12\times1000}=182113(t)$$

$$\text{电力产生的间接排放量}=\frac{0.6101\times39978750}{1000}=24391(t)$$

全厂（法人）边界二氧化碳排放量 =386666+4263+182113+24391=597433(t)

（2）熟料工序二氧化碳排放总量

$$\text{熟料中非来源于碳酸盐分解的氧化钙含量}=\frac{(20000\times11+30000\times45+30000\times4)}{750000\times100}\times100\%$$

$$=2.25\%$$

$$\text{熟料中非来源于碳酸盐分解的氧化镁含量}=\frac{(20000\times4+30000\times4+30000\times1)}{750000\times100}\times100\%$$

$$=0.31\%$$

$$\text{工艺过程二氧化碳排放量}=[\frac{(65.5-2.25)\times44}{56}+\frac{(2-0.31)\times44}{40}]/100\times750000$$

$$=386666(t)$$

化石燃料燃烧产生的二氧化碳排放量

$$=\frac{(83996\times23000\times0.02618\times0.98+50\times42652\times0.0202\times0.98)\times44}{12\times1000}=181896(t)$$

$$电力产生的间接排放量=\frac{(17437500+3375000+20250000-27750000)\times0.6101\times39978750}{39978750+17133750}\times10^{-3}$$

$$=5685(t)$$

熟料工序二氧化碳排放总量 =386666+181896+5685=574247(t)

$$吨熟料工序二氧化碳排放量=\frac{574247\times1000}{750000}=765.66(kg/t)$$

（3）水泥工序二氧化碳排放总量

水泥环节短倒柴油消耗产生的二氧化碳排放量

$=20\times42652\times0.0202\times0.98\times44/12\times10^{-3}=61.92(t)$

$$水泥粉磨及输送环节电力间接排放量=\frac{(36750000+1050000)\times0.6101\times39978750}{39978750+17133750}\times10^{-3}$$

$$=16143.25(t)$$

吨水泥熟料系数 =750000/1050000=71.43%

$$吨水泥二氧化碳排放量=765.66\times71.43\%+\frac{(16143.25+61.92)\times1000}{1050000}=562.34(kg/t)$$

同样的原则，核算生产线 2、生产线 3 的二氧化碳排放量，3 条生产线的碳排放数据见表 1-6。

表 1-6　不同规模水泥熟料生产线的排放数据

窑型	RDF 处置量 (t/d)	全热耗 (kcal/kg)	化石热耗 (kcal/kg)	进厂煤热值 (kcal/kg)	煤炭消耗量 (t)	熟料环节 CO_2 排放量（t）	吨熟料 CO_2 排放量 (kg/t)	吨水泥 CO_2 排放量 (kg/t)
2500t/d	200	760	616	5500	83996	574247	765.66	562.34
5000t/d	300	740	632	5500	172355	1158604	772.40	567.09
5000t/d	—	740	740	5500	201818	1249063	832.71	610.23

注：1kcal=4.19kJ。

从表 1-6 可以看出，同等替代原料配比的条件下，2500t/d 熟料生产线配套 200t/d RDF 处置系统与 5000t/d 熟料生产线配套 300t/d RDF 处置系统相比，具有更好的碳排放绩效；单纯的 5000t/d 熟料生产线，不实施替代燃料减碳技术，同时生料中替代原料占比较低的条件下，其碳排放绩效处于劣势地位。这充分说明了即使在 2500t/d 熟料生产线不具有能效优势的情况下，通过提升替代原燃料利用率等手段仍可实现低碳化生产，大窑型并不能与低碳画等号。

1.2.5.2　碳排放计算实例——骨料生产企业

某骨料生产企业吨骨料能源消耗情况见表 1-7。

表 1-7　骨料生产线运行数据实例

设备	单位	柴油消耗量
钻机柴油消耗量	kg/t	0.0336
挖掘机柴油消耗量	kg/t	0.084
装载机柴油消耗量	kg/t	0.084
自卸矿车柴油消耗量	kg/t	0.0672
炸药消耗量	kg/t	0.166
破碎及输送电耗	kW·h/t	3.50

该骨料生产企业的碳排放量绩效计算如下：

吨骨料开采柴油消耗产生的二氧化碳排放量

$=(0.036+0.084+0.084+0.0672)\times 42652\times 0.0202\times 44/12\times 0.98\times 10^{-3}=0.84(kg)$

吨骨料开采炸药消耗产生的二氧化碳排放量 $=0.166\times 0.1768=0.029(kg)$，炸药采用硝铵炸药 0.1768t CO_2/t 计算。

吨骨料破碎机输送电力产生的间接排放量 $=3.5\times 0.6101=2.135(kg)$

因此，吨骨料生产产生的二氧化碳排放量 $=0.84+0.029+2.135=3.004(kg)$。

1.2.5.3　碳排放计算实例——混凝土生产企业

某混凝土生产企业生产配料见表 1-8。

表 1-8　混凝土生产线配料实例　　单位：kg/t

强度等级	水泥	矿粉	粉煤灰	碎石	机制砂	水	外加剂
C15	140	35	105	930	950	185	3
C20	160	45	95	930	950	180	3.8
C25	180	75	90	910	930	175	5.2
C30	200	80	80	940	920	170	5.5
C35	280	60	50	960	870	165	6.1
C40	300	60	80	980	820	160	6.65
C45	400	60	30	1000	760	160	7.8
C50	420	70	40	1000	720	160	8.5

该企业响应政府号召，大力发展绿色低碳混凝土生产。混凝土生产用水泥从 5000t/d 水泥熟料生产线（配套 400t/d RDF 处置工艺）的企业购买；矿粉及外加剂均通过产品碳足迹认证，其碳排放量分别为 19.2kg/t、944kg/t。其每 $1m^3$ 混凝土生产的电耗为 1kW·h，柴油消耗为 0.05kg。

水泥、矿粉、粉煤灰均采用 31t 低密度粉粒物料运输车运输，该运输车型的吨产品百公里二氧化碳排放量为 2.88kg，运输距离分别为 10km、20km 及 30km。生产用碎石及机制砂采用载货汽车运输，运输车辆的吨产品百公里二氧化碳排放量为 3.26kg，运输距离为 30km。外加剂从 50km 外的供应商处购买，采用载货汽车运输，车型的吨产品百公里二氧化碳排放量为 2.79kg。

不同物料的碳排放量见表 1-9。

表 1-9　混凝土生产线配料实例

物料	水泥	矿粉	粉煤灰	碎石	机制砂	水	外加剂
碳排放量（kg CO_2/t 产品）	691.00	19.20	0.00	3.004	3.004	0	944.00

则该企业每 1m^3 混凝土中物料带入的碳排放量见表 1-10。

表 1-10　每 1m^3 混凝土中物料带入的碳排放量　　单位：kg

强度等级	水泥	矿粉	粉煤灰	碎石	机制砂	水	外加剂	合计
C15	96.74	0.67	0	2.79	2.85	0	2.83	105.89
C20	110.56	0.86	0	2.79	2.85	0	3.59	120.66
C25	124.38	1.44	0	2.73	2.79	0	4.91	136.26
C30	138.20	1.54	0	2.82	2.76	0	5.19	150.52
C35	193.48	1.15	0	2.88	2.61	0	5.76	205.89
C40	207.30	1.15	0	2.94	2.46	0	6.28	220.14
C45	276.40	1.15	0	3.00	2.28	0	7.36	290.20
C50	290.22	1.34	0	3.00	2.16	0	8.02	304.75

不同物料运输产生的范围 3 排放量见表 1-11。

表 1-11　不同物料运输产生的范围 3 排放量

物料	水泥	矿粉	粉煤灰	碎石	机制砂	水	外加剂
吨产品百公里碳排放量（kg）	2.88	2.88	2.88	3.26	3.26	0	2.79
运输距离（km）	10	20	30	30	30	—	50
吨产品运输产生的碳排放量（kg）	0.288	0.288	0.288	0.326	0.326	0	0.279

故该企业每 1m^3 混凝土中物料运输产生的范围 3 排放量见表 1-12。

表 1-12　每 1m³ 混凝土中物料运输产生的范围 3 排放　　单位：kg

强度等级	水泥	矿粉	粉煤灰	碎石	机制砂	水	外加剂	合计
C15	0.04032	0.01008	0.03024	0.30318	0.3097	0	0.000837	0.6935
C20	0.04608	0.01296	0.02736	0.30318	0.3097	0	0.00106	0.6993
C25	0.05184	0.0216	0.02592	0.29666	0.30318	0	0.001451	0.6992
C30	0.0576	0.02304	0.02304	0.30644	0.29992	0	0.001535	0.7100
C35	0.08064	0.01728	0.0144	0.31296	0.28362	0	0.001702	0.7089
C40	0.0864	0.01728	0.02304	0.31948	0.26732	0	0.001855	0.7135
C45	0.1152	0.01728	0.00864	0.326	0.24776	0	0.002176	0.7149
C50	0.12096	0.02016	0.01152	0.326	0.23472	0	0.002372	0.7134

$$\text{运输车辆柴油消耗产生的直接二氧化碳排放量} = 0.05 \times 42652 \times 0.0202 \times 44/12 \times 0.99 \times 10^{-3} = 0.156(\text{kg})$$

$$\text{电力间接排放量} = 1.5 \times 0.6101 = 0.915(\text{kg})$$

核算不同强度等级混凝土碳足迹见表 1-13。

表 1-13　不同强度等级混凝土碳足迹

强度等级	每 1m³ 混凝土二氧化碳排放量（kg）
C15	107.66
C20	122.43
C25	138.03
C30	152.3
C35	207.67
C40	221.92
C45	291.99
C50	306.54

1.3　水泥工业二氧化碳排放现状

全球水泥产量在 2020 年达到了 42 亿 t，其中中国占比近 6 成，紧随其后的是印度等发展中国家。由于人口增加、城市化趋势以及基础设施的发展需求，预计未来全球水泥消费总量还将保持增长。全球及部分国家水泥消费情况如图 1-11 所示。

据国外专业机构统计，目前我国水泥工业二氧化碳排放量约占全球总量的 7.8%。全球及部分国家水泥行业碳排放量变化如图 1-12 所示。

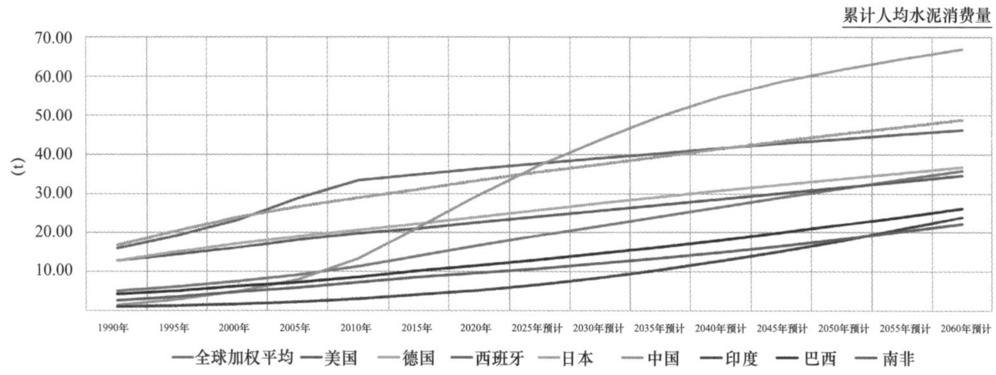

图 1-11　全球及部分国家水泥消费情况

（数据来源：USGC 美国地质调查局、各国水泥协会、Wordbank、国际行业网站）

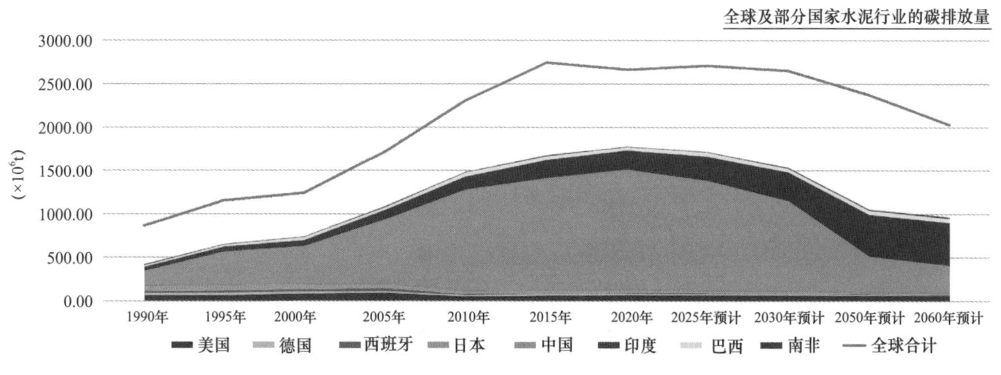

图 1-12　全球及部分国家水泥行业碳排放量情况

中国目前水泥工业二氧化碳排放量超过 13 亿 t，占中国碳排放总量的 13% 左右。具体情况见表 1-14。

表 1-14　中国水泥工业近年来碳排放情况

	2017 年	2018 年	2019 年	2020 年	备注
中国 CO_2 总排放量估算（亿 t）	97.2	99.2	102.9	106.7	数据引自 Global Carbon Project
中国水泥工业 CO_2 总排放量（亿 t）	12.7	12.7	13.5	13.9	
中国水泥工业占比（%）	13.1%	12.8%	13.1%	13.1%	
直接排放量（亿 t）	11.7	11.8	12.5	13.0	来自熟料煅烧，不含电力
间接排放量（亿 t）	1.0	0.9	0.9	0.9	
吨水泥平均 CO_2 总排放量（kg）	543	574	572	586	
吨水泥直接 CO_2 排放量（kg）	499	532	532	547	
吨水泥间接 CO_2 排放量（kg）	44	41	40	40	
水泥产量（亿 t）	23.4	22.1	23.5	23.8	数据来源于国家统计局
熟料产量（亿 t）	14.0	14.2	15.2	15.8	数据来源于国家统计局
熟料系数	0.60	0.64	0.65	0.66	未考虑进出口因素

1.4 行业组织及代表企业的减碳路线

为达到《巴黎协定》制定的目标，国际能源署制定了水泥行业低碳转型的技术路线图，全球主要国家、行业协会也纷纷发布了或将制定水泥行业的碳中和路线。

1.4.1 国际能源署（IEA）

国际能源署在《2050 水泥工业低碳转型技术路线图》中明确水泥工业主要的碳减排途径为：提高能源利用效率、发展协同处置技术、降低水泥熟料系数、应用碳捕集等新型科技和其他替代性胶凝材料技术。

1.4.2 欧洲水泥协会（CEMBUREAU）

2020 年，欧洲水泥协会（CEMBUREAU）发布了新的碳中和路线图，提出了到 2050 年实现水泥和混凝土价值链净零排放的雄心。到 2030 年达到《巴黎协定》设定的目标，水泥的二氧化碳排放量减少 30%，价值链下游二氧化碳排放量减少 40%。为此，欧洲水泥协会提出了 5C 路线，着眼于如何通过在价值链的每个阶段（熟料、水泥、混凝土、建筑、碳化）实现碳减排。欧洲水泥协会碳中和路线图如图 1-13 所示。

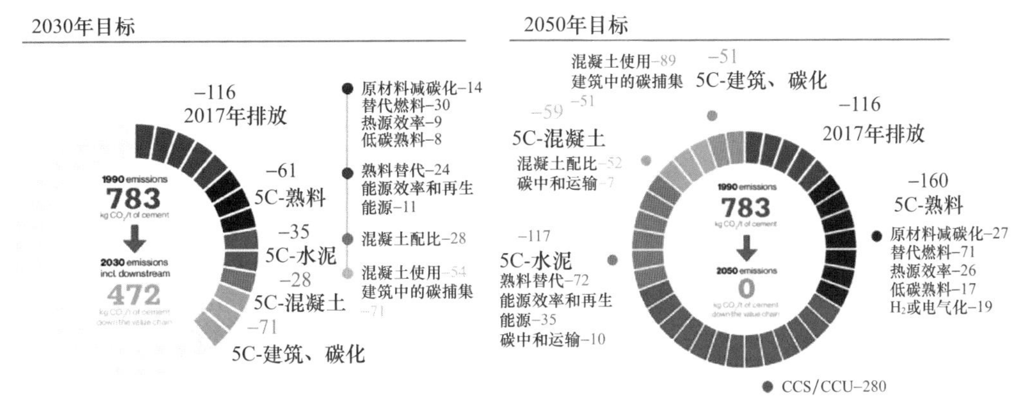

图 1-13 欧洲水泥协会碳中和路线图

1.4.3 德国水泥协会（VDZ）

德国水泥行业以及整个混凝土价值链在寻求碳中和方面面临着重大挑战。自 1990 年以来，德国水泥制造商已经减少了 20%~25% 的二氧化碳排放。除了热效率方面的改进，有两个因素至关重要：一是水泥中熟料比例的减少；二是替代燃料使用的增加。然而，水泥行业正在达到其进一步减少二氧化碳排放潜力的极限，特别是与熟料生产工艺相关的二氧化碳排放，不能通过使用传统方法来降低。除了用于熟料和水泥生产的部分新型二氧化碳高效原材料，以及混凝土制造和工程建设方面的创新之外，该行业完全脱碳的努力将在很大程度上依赖于水泥厂的碳捕集及其后续的利用和存储（CCUS）。

德国的水泥行业非常清楚自己在水泥和混凝土脱碳方面必须承担的责任。与此同时，很明显，这个行业无法单独实现这一目标，这需要整个价值链的合作，包括设备供应商和混凝土制造商到建筑行业、设计师和建筑师。另一个先决条件是建立一个有效的政策框架，确保一个公平的竞争环境，允许在德国生产具有竞争力的低碳和连续脱碳的水泥和混凝土。同时，必须促进绿色产品的市场发展，因为这些产品往往比传统生产的产品贵得多。

具体到 2050 年水泥和混凝土减碳的途径，德国水泥协会提出了两种方案，旨在减少德国水泥行业及水泥和混凝土价值链的直接二氧化碳排放。其路径方案见表 1-15。

表 1-15　德国水泥协会碳减排路径方案

	方案一	方案二
目标	2030 年与 2019 年相比，碳排放量减少 19%，2050 年减少 36%	2030 年与 2019 年相比，碳排放量减少 27%，2050 年实现净零排放
主要措施	以现有技术加强为主，无 CCUS 等突破性技术	突破性技术的使用，如 CCUS 技术的广泛使用，可减少约 1040 万 t 的二氧化碳排放
替代燃料率	85%	95%
熟料系数	0.63	0.53

方案一揭示了一个事实，即如果没有突破性技术，水泥和混凝土不可能完全脱碳。水泥厂的碳捕集及其后续的利用和存储（CCUS）将是水泥和混凝土脱碳的关键。在用尽了所有其他的减碳手段之后，从 2050 年起，为了实现德国水泥工业的碳中和，每年将需要捕集大约 1000 万 t 二氧化碳。

水泥和混凝土的减碳是基于一整套全面的措施，很大程度上也取决于绿色能源的供应。例如，由于碳捕集技术的广泛应用，生产熟料所需的电力将增加一倍以上。这使得可再生能源和高性能电网的可用性成为重要的先决条件。对水泥工业来说，另一个特别重要的因素是能够长期获得足够数量的替代燃料。二氧化碳基础设施也至关重要，无论是水泥和混凝土的减碳，还是对新 CCUS 价值链的发展。只有这样，才有可能确保二氧化碳在捕集后得到适当的利用或储存。在大多数情况下，需要解决如何将捕集的二氧化碳从水泥厂运输到目的地的问题。例如化工园区或炼油厂，甚至是海底封存场所。尽管碳捕集对于水泥生产的减碳是必不可少的，但由于成本非常高，投入巨大，只有在所有其他碳减排方案都被充分使用后，才能采用这种方法。

1.4.4　英国混凝土和矿物产品协会（MPA）

自 1990 年以来，英国的水泥行业已经实现了 53% 的二氧化碳绝对减排，减碳速度比整个英国经济都要快。2018 年，英国混凝土和水泥的二氧化碳排放量为 730 万 t，其中约 440 万 t 来自熟料生产过程的排放，220 万 t 来自燃料燃烧，其余来自电力使用和运输。

英国混凝土和矿物产品协会（MPA）提出水泥和混凝土行业需要从七个技术层面优化，以及国家和地方政策的长期支持，以实现 2050 年净零排放目标。为实现净零碳排放，需要通过脱碳电力、物流、燃料转换、更多地使用低碳水泥和混凝土，以及水泥制造中的碳捕集、使用或存储（CCUS）等技术和手段。路线图计算了每种技术的潜力和可以实现的碳节约。CCUS 技术对于实现碳零排放至关重要。根据路线图，CCUS 技术将实现 61% 的碳减排。到 2050 年，通过使用中的混凝土吸收二氧化碳的能力，以及在建筑和结构中使用混凝土的保温性能来减少运营过程中的碳排放，将实现一个净负排放的行业。其碳中和路线图如图 1-14 所示。

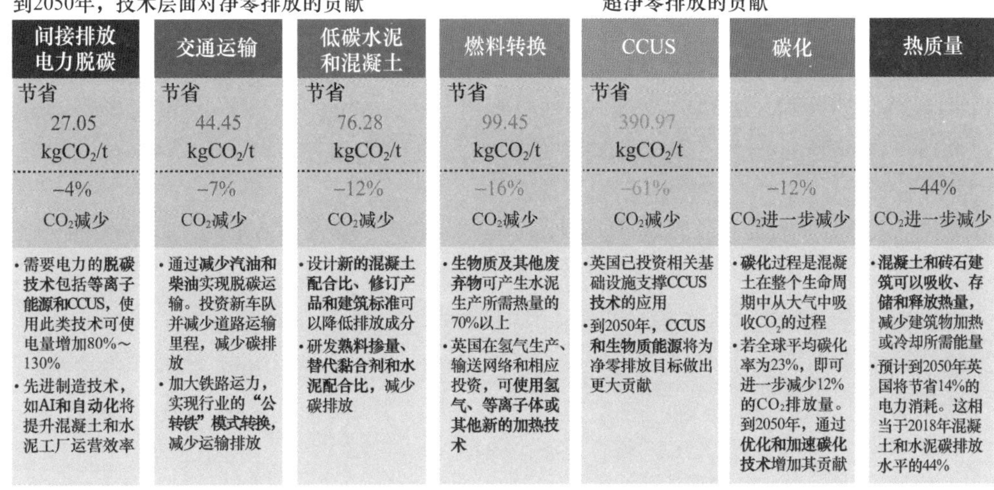

图 1-14　英国混凝土和矿物产品协会碳中和路线图

1.4.5　美国波特兰水泥协会（PCA）

2020 年 11 月 17 日，美国波特兰水泥协会（PCA）代表美国水泥制造商宣布了全行业碳中和目标，减少碳排放并进一步应对气候变化影响。2021 年 10 月，PCA 正式发布其碳中和路线图，概述了到 2050 年在整个行业价值链中实现宏伟目标的机会和行动方案。

PCA 路线图涉及整个价值链，从水泥厂开始，延伸到建筑环境的整个生命周期，以纳入循环经济范畴。它认识到五个主要的机会领域：熟料、水泥、混凝土、建筑和碳化（使用混凝土作为碳汇）。价值链的每个阶段都是实现目标不可或缺的一部分，包括减少制造过程中的二氧化碳排放、通过改变燃料来源减少燃烧排放，以及转向增加可再生电力的使用等行动。

1.4.6　瑞士国际水泥巨头（Holcim）

Holcim 集团已设定 2030 年气候目标：2030 年水泥生产直接排放 CO_2 强度下降至 475kgCO_2/t（相比 1990 年下降 38%）；2030 年外购电力产生的间接排放 CO_2 强度下降

至 13kgCO_2/t（相比 2018 年下降 65%）；2030 年实现第一个净零排放水泥厂；2050 年实现净零排放。其减排路径如图 1-15 所示。

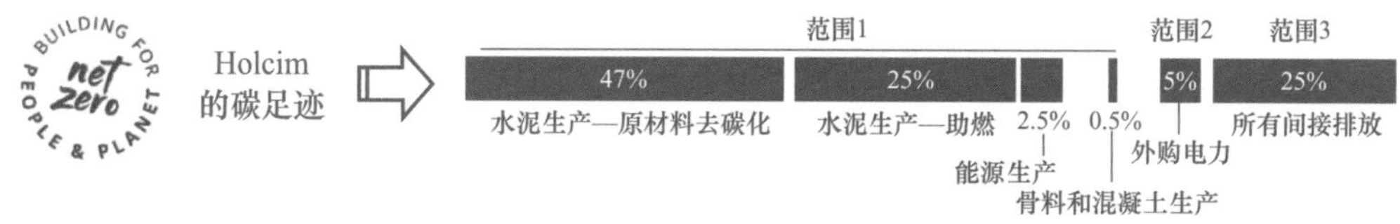

图 1-15　Holcim 集团碳减排路径

1.4.7　德国国际水泥巨头（Heidelberg）

Heidelberg 的碳中和目标：2025 年净 CO_2 排放相比 1990 年下降 30%；2030 年 CO_2 排放强度下降 500kgCO_2/t；2050 年实现混凝土产品碳中和。主要的减碳方法包括：增加替代原燃料的使用；通过辅助胶凝材料替代水泥中的高 CO_2 含量的熟料，有效降低 CO_2 足迹；工厂层面，工厂提效和降低 CO_2 排放方面的投资；增加可持续的低碳混凝土产品的比例。

1.4.8　中国水泥工业代表企业——华新水泥股份有限公司

2021 年 8 月 28 日，华新水泥股份有限公司（以下简称华新）发布了《华新水泥股份有限公司低碳发展白皮书》，这是华新制定可持续发展战略的重要举措，也是国内建材行业首份以低碳发展为主题的白皮书。白皮书介绍了华新碳排放的历史及现状，阐述了碳减排路线和目标，指出华新将在替代燃料、替代原料、熟料利用系数、燃料效率、低碳熟料开发、能源利用率、绿色矿山、新型能源开发利用、碳捕集利用和封存等领域持续加强技术攻关，为水泥行业持续发展贡献力量，争做中国碳中和道路上的行业领跑者。其理念和核心减碳重点如图 1-16 所示。碳减排路线图如图 1-17 所示。

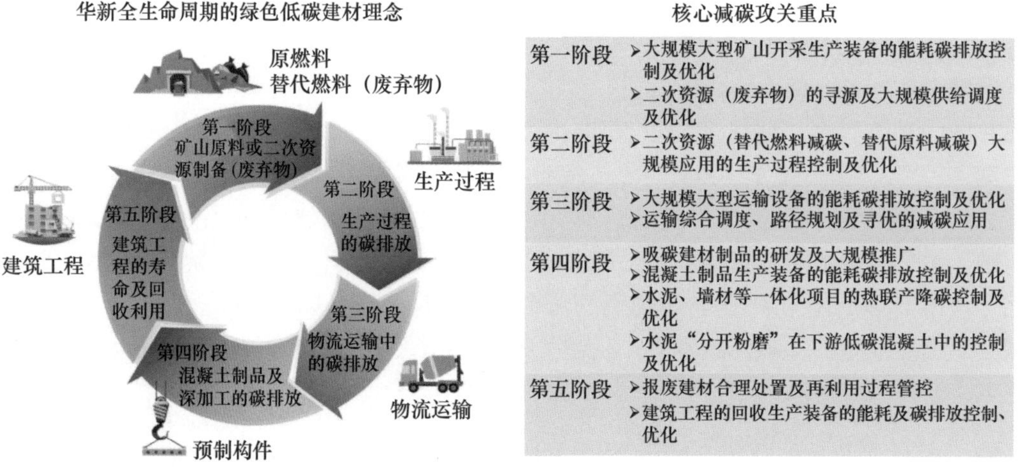

图 1-16　华新全生命周期的绿色低碳建筑材料理念与核心减碳重点

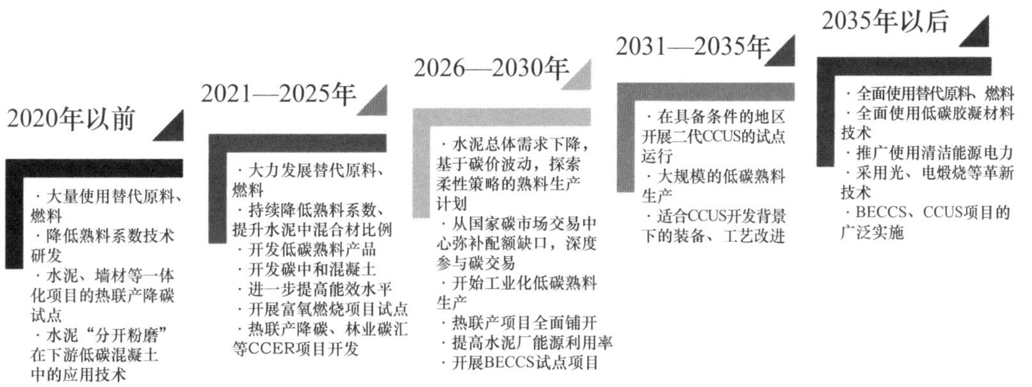

2020年以前

· 大量使用替代原料、燃料
· 降低熟料系数技术研发
· 水泥、墙材等一体化项目的热联产降碳试点
· 水泥"分开粉磨"在下游低碳混凝土中的应用技术

2021—2025年

· 大力发展替代原料、燃料
· 持续降低熟料系数、提升水泥中混合材比例
· 开发低碳熟料产品
· 开发碳中和混凝土
· 进一步提高能效水平
· 开展富氧燃烧项目试点
· 热联产降碳、林业碳汇等CCER项目开发

2026—2030年

· 水泥总体需求下降，基于碳价波动，探索柔性策略的熟料生产计划
· 从国家碳市场交易中心弥补配额缺口，深度参与碳交易
· 开始工业化低碳熟料生产
· 热联产项目全面铺开
· 提高水泥厂能源利用率
· 开展BECCS试点项目

2031—2035年

· 在具备条件的地区开展二代CCUS的试点运行
· 大规模的低碳熟料生产
· 适合CCUS开发背景下的装备、工艺改进

2035年以后

· 全面使用替代原料、燃料
· 全面使用低碳胶凝材料技术
· 推广使用清洁能源电力
· 采用光、电煅烧等革新技术
· BECCS、CCUS项目的广泛实施

图 1-17 华新碳减排路线图

1.5 水泥工业减碳技术途径及潜力

通过梳理水泥原材料从矿山开采原料进厂、熟料生产、废弃物处置、余热利用到水泥制备过程各个碳排放节点，充分考虑国内外行业及知名企业做法，以及其他已实施和可预见的减碳技术，分析各技术减碳潜力（表 1-16）。

表 1-16 水泥工业碳减排技术途径及潜力

序号	技术路径	路径说明	碳减排潜力（$kgCO_2$/tcli）	
			低位	高位
1	绿色矿山	通过植树造林、森林管理、植被恢复等实现部分碳汇	0.3	0.8
2	替代原料	替代天然碳酸盐矿石原料的非碳酸盐工业废弃物，主要为工业废渣、经过高温煅烧废渣或明确不含碳酸钙或碳酸镁的原料	4	400
3	替代燃料	生活垃圾、生物质等废弃物，目前行业热替代率＜ 2%	140	285
4	燃料效率	六级预热器、低阻高效分解炉、高效熟料篦冷机、多通道高效燃烧器、富氧燃烧材料、新型隔热材料等燃烧系统改进技术	20	50
5	余热利用	现有的余热发电技术循环热效率低，可深度提升余热热能利用效率	15	20
6	熟料利用系数（$kgCO_2$/tcem）	超细粉磨 + 分别粉磨、使用工业固体废弃物做混合材	120	170
7	低碳熟料开发	LC3- 煅烧黏土、阿利特 - 硫铝酸盐熟料等	40	70
8	能源利用率	工艺管道低风阻设计，高效风机电机，节能粉磨技术	6	10
9	智能工业系统	专家操作优化系统；能效管理系统等	5	10
10	新型能源开发利用	光伏发电、风能发电、氢能等	30	60
11	碳捕集与利用	在没有新兴技术大规模代替熟料的情况下，碳捕集与封存（CCS）是水泥行业实现碳中和的重要途径	350	—

注：碳减排潜力基于 860$kgCO_2$/tcem。

2

水泥原料矿山绿色制造技术及碳排放

中国作为当今世界上最大的建筑材料生产和消费大国，水泥等原料矿山年开采规模一直位居世界首位。

生产水泥的主要原料为天然石灰质原料、硅铝质原料、铁质原料。

天然石灰质原料以石灰岩为主，其次为泥灰岩、大理岩，个别有使用白垩、贝壳、珊瑚等。硅铝质原料有砂岩、粉砂岩、页岩及黏土等。少量使用的铁质原料来自于铁矿山、冶炼厂和化工厂。

在水泥生产主要原料中，石灰质原料占比最大，一般在 82% 以上。其中石灰质原料又以水泥用石灰岩为主。本章重点介绍水泥用石灰岩矿山的开采工艺以及开采过程中产生的碳排放计算。

2.1 石灰岩的分类

2.1.1 按成因分类

石灰岩按成因结构分类见表 2-1，水泥工业对原料品位的要求分类见表 2-2。

表 2-1 石灰岩按成因结构分类

成因	岩石名称	举例	备注
生物	生物灰岩 生物碎屑灰岩 白垩	礁石灰岩、贝壳灰岩、有孔虫灰岩 碎屑贝壳蛎壳灰岩 白垩	
化学	石灰岩 鲕状灰岩 石灰华	隐晶灰岩、结晶灰岩 二状灰岩、豆状灰岩 石灰华、钙华（泉华）	
碎屑	砾状灰岩 角砾状灰岩 砂状灰岩	竹叶状灰岩 角砾灰岩	

续表

成因	岩石名称	举例	备注
次生	白云质灰岩 硅化灰岩 重结晶化灰岩	豹皮灰岩、虎斑灰岩 硅化灰岩、燧石灰岩 大理岩、粗晶灰岩	也有生物化学变质岩

表 2-2　水泥工业对原料品位的要求分类

类别	化学成分质量分数（%）					
	CaO	MgO	K_2O+Na_2O	SO_3	$f\text{-}SiO_2$	
					石英质	燧石质
Ⅰ级品	≥ 48	≤ 3	≤ 0.6	≤ 1	≤ 6	≤ 4
Ⅱ级品	≥ 45	≤ 3.5	≤ 0.8	≤ 1	≤ 6	≤ 4

2.1.2　石灰岩的物理性质

密度：在 2.5~2.8t/m^3 之间，一般在 2.6~2.7t/m^3 之间。它随石灰岩的孔隙率、杂质含量和结构构造不同而异。

湿度：一般小于 1%。其与孔隙率和湿度有关。

抗压强度：垂直层理方向的抗压强度一般为 60~140MPa，平行层理方向的抗压强度一般为 50~120MPa。

普氏硬度系数：一般为 8~12。

松散系数：一般为 1.5~1.6。

2.2　开采方式及开拓系统

水泥原料矿山多为露天开采，极少数采用地下开采方法。

露天开采的水泥原料矿山中以山坡露天为主，少数矿山在开采后期为凹陷露天开采，但凹陷露天开采的深度较浅。山坡露天矿山的排水一般采用自流排水方式，后期有较浅的凹陷露天开采时，可以挖掘排水沟（槽）或排水平硐将水排出采坑或者设置集水坑通过水泵排水。

目前，地下开采的水泥原料矿山，由于开采规模小、开采成本高、安全风险大等原因，大多已停止开采，这里不再单独说明。重点介绍山坡露天矿山的开采方式和开拓系统。

2.2.1　山坡露天矿山的采掘工程

采掘工程的发展方式与矿体产状、地形条件、采矿方法、运输干线的布设形式和位置有关，直接影响开采各工序的设备效率发挥、生产和安全保障以及开采成本等。除此之外，采掘方式还与装备水平和技术水平有密切关系。

2.2.2 采掘方式

常用的采掘方式分为纵向采掘和横向采掘两种。

（1）纵向采掘方式：纵向采掘中，根据开段沟的设置位置，有上盘向下盘推进、下盘向上盘推进及中间掘沟向两侧推进三种方式。

（2）横向采掘方式：根据开段沟的位置设置和形式，有一般的横向采掘、纵向拉沟横向盘区采掘、楔形横向采掘等。

采矿方式分类见表 2-3。

表 2-3 常用水泥灰岩（硬质岩石）采矿方式分类

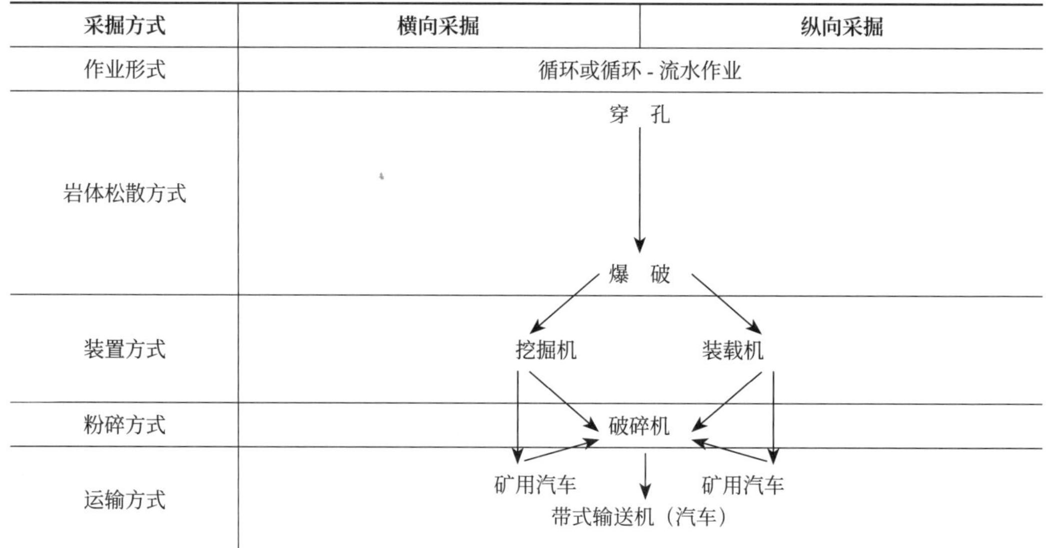

采掘方式	横向采掘	纵向采掘
作业形式	循环或循环 - 流水作业	
岩体松散方式	穿孔 → 爆破	
装置方式	挖掘机	装载机
粉碎方式	破碎机	
运输方式	矿用汽车 带式输送机（汽车）	矿用汽车

2.3 水泥原料矿山的开拓方式

露天矿山的开拓是指为开辟从地表到矿山开采工作面（也包括各工作面之间）的通道，建立地面工业场地、卸矿点、废石场与采矿场之间的运输联系而开挖堑沟、修筑道路或掘凿井巷系统的工作。

我国露天矿山的开拓系统主要分为间断工艺、半连续工艺、连续工艺三种。对于水泥原料矿山来说，大多采用半连续工艺的开拓系统。

水泥工艺原料发展到今天，年生产规模越来越大，为水泥生产服务的水泥原料矿山，特别是水泥灰岩矿山年开采规模也越来越大。其开拓方式的选择非常关键，直接影响矿山开采效率、安全及运营成本，也直接影响矿山开采过程中的碳排放量。

2.3.1 常用开拓运输系统选择及特点

开拓运输方式的选择及影响开拓运输方案选择的主要因素：

（1）地形地质条件，即地形、矿床地质、水文地质、工程地质及气候条件等。

（2）生产技术条件，即矿山规模、矿床开采程序、露天采矿场尺寸、高差、生产工艺流程、主要生产设备类型以及技术装备等。

（3）经济因素，即矿山建设投资、矿石生产成本及劳动生产率等。

（4）矿山建设速度，满足项目要求。

（5）减少占用土地，满足环境保护要求。

（6）维护和检修方便。

几种常用开拓系统对比见表 2-4。

表 2-4　几种常用开拓系统对比

<table>
<tr><th rowspan="2">露天矿山床开拓方式</th><th colspan="4">适用条件</th><th colspan="2">主要特点及优缺点</th></tr>
<tr><th>深度或比高（m）</th><th>运距（km）</th><th>坡度（%）</th><th>曲线半径（m）</th><th>特点</th><th>优缺点</th></tr>
<tr><td>公路—汽车运输开拓</td><td>＜150（普通自卸汽车）
＜250（电动轮汽车）</td><td>＜2~3（普通自卸汽车）
4~5（电动轮汽车）</td><td>≤8
特殊情况短距离可达 12</td><td>≥15（小吨位汽车）
≥30（大吨位汽车）</td><td>任意地形条件的露天矿山，运距不超过露天矿山参数中的限值；修建铁路不经济；要求分采分运的露天矿山</td><td>优点：①机动灵活，转弯半径小，爬坡能力强；②线路工程量小，基建时间短，基建投资少；③便于采用分期、分区开采；④有利于采用移动坑线开拓和分散的排土场；⑤掘沟方法较铁路运输掘沟方法简单，掘沟速度及延伸速度快。
缺点：①易受气候条件影响，燃油、轮胎消耗量及道路养护工作量大，运输成本高，每延伸 100m 运输成本增加 50%~60%，故经济合理运距短；②汽车噪声和废气污染较大</td></tr>
<tr><td>公路—移动破碎站—胶带运输开拓</td><td>＞80</td><td>＞3</td><td>＜35
（16°~18°）</td><td></td><td>深度深，运距长、运量大的露天矿山，工作面设移动式破碎机</td><td>优点：①爬坡能力强，运输距离短，基建工程量小；②运输能力强；运输成本低，每延伸 100m 运输成本只增加 5%~6%；③操作简便，自动化程度高；④设备容易维修。
缺点：①发生故障时，将影响整体运输效率；②不适合运输黏性大的岩土；③矿山开采初期，破碎设备移动频率高，工作效率受到影响；④运送棱角尖锐的矿岩时，胶带磨损大；⑤一定程度上受气候条件如暴风雨、雪等影响</td></tr>
</table>

续表

露天矿山床开拓方式	适用条件				主要特点及优缺点	
	深度或比高(m)	运距(km)	坡度(%)	曲线半径(m)	特点	优缺点
竖井平硐开拓胶带输送方式	＞150	工作面至卸矿平台一般<1	公路≤8，胶带输送机≤35		竖井平硐开拓是用溜井和平硐建立露天采矿场与地面之间的运输联系，仅适用于地形复杂的、矿床地面高差大的山坡露天矿山	优点：①此种开拓方式利用地形高差自重放矿，系统的运营费用低；②缩短了运输距离，减少了运输设备的数量，提高了运输设备的周转率；③溜井还具备一定的储矿能力，可进行生产调节。 缺点：①放矿管理工作要求严格，否则容易发生溜井堵塞或跑矿事故；②溜井放矿过程中，空气中的粉尘影响作业人员的健康；③基建周期长
公路—固定（半固定）破碎站—胶带运输开拓	固定式：＞80 半固定式：＞150	汽车1~3	公路≤8，胶带输送机≤35		在采深或比高大于150m的露天矿，当运量大、采用单一汽车或铁路运输不能满足要求和不经济时，采用此联合运输开拓方式	优点：①基建工程量小；②运输能力强，运输成本低；③操作简便，自动化程度高；④设备容易维修；⑤能充分发挥汽车和胶带输送机的特长，应用范围广，70%水泥原料矿采用；对于半固定式破碎站，一般使用10年以上才需要搬迁。 缺点：①发生故障时，将影响整体运输效率；②不适合运输黏性大的岩土；③采矿场附近需设置破碎站，破碎站建设费用高；④运送棱角尖锐的矿岩时，胶带磨损大；⑤一定程度上受气候条件如暴风雨、雪等影响。⑥破碎站移设工作复杂

公路—汽车运输开拓系统的汽车运输距离较长，运输成本较高，如恩施大垭口水泥灰岩矿山，矿石从采场经过4km的专用道路和9km的省道用公路运输至工厂，运输车辆多，安全风险和运输成本高。

移动式（半移动式）破碎站—胶带输送开拓运输及破碎系统采用移动破碎站，设备体型大、设备投资较高。同时矿山初期工作面较小，移动频繁，工作效率受到影响。国外矿山鲜有采用这种方式作业，一破通常采用旋回式破碎机或颚式破碎机，轮转机直接装料破碎的形式。

对于移动式（半移动式）破碎站—胶带输送开拓运输及破碎系统来说，由于矿石在采场内的运输距离更短（采用装载设备直接将矿石送到破碎机，节省矿车的运输），相对竖井平硐系统，能进一步节省运输消耗，在相对成熟的矿山，可采用移动式破碎机—胶带输送开拓系统，对减少碳排放来说是好的选择。

华新的原料矿山多为山坡露天开采，采用的开拓运输方式主要有以下两种：公路—固定式（半固定式）破碎站—胶带输送开拓运输和公路—竖井平硐（硐内破碎）—胶带输送开拓运输。

2.3.2 华新原料矿山常用的开拓系统介绍

2.3.2.1 公路—固定式（半固定）破碎站—胶带运输开拓系统

这种开拓系统的特点是：破碎站建设在采场附近，采场工作面爆落的矿石经过铲装设备装上矿用车辆，由矿用车辆从采场通过专用运矿道路运输到破碎站进行破碎。破碎后的矿石经过输送机直接输送到水泥工厂的石灰石均化堆场或均化库。其系统示意如图 2-1 所示。

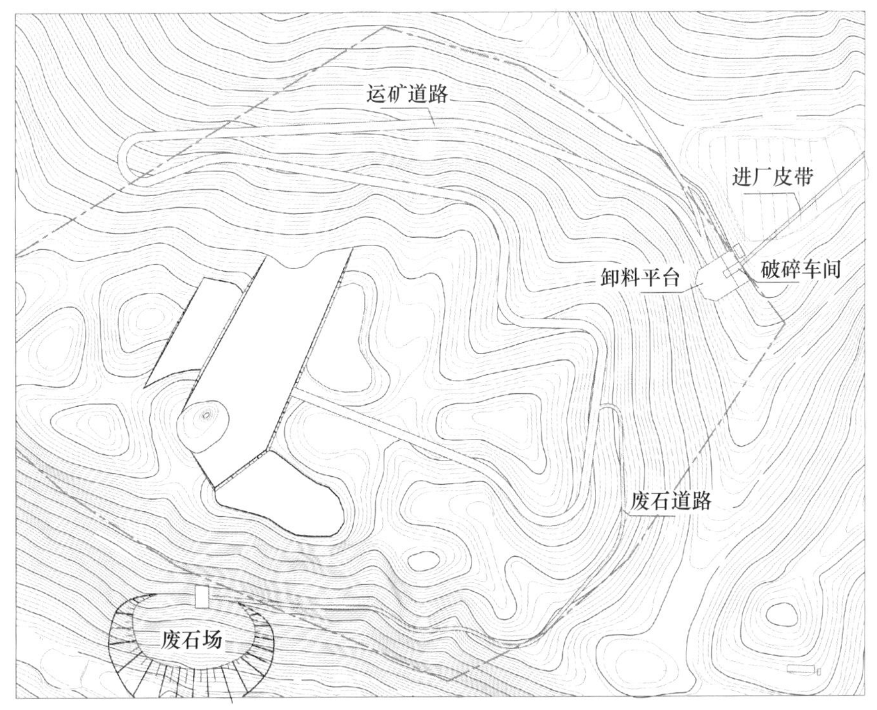

图 2-1 公路—固定式（半固定）破碎站—胶带运输开拓系统

破碎站位置的选择可以根据矿山地形地貌、矿体的赋存状态、采场设计深度或比高等特点确定。破碎站可以选择在矿山服务周期内固定不变，即为固定式破碎站；或者随着矿山开采海拔高度的下降，将破碎站搬迁至新的位置，以缩短运距，减少运输车辆和运行成本，称之为半固定式破碎站。一般半固定式破碎站的服务年限在 15 年左右。

采场到破碎站的运输公路一般在 2km 以内，最大在 3km 左右。

采用这种开拓系统的矿山，建设周期和投资比竖井平硐系统有较大优势。

表 2-5 列出华新的原料矿山采用公路—固定式（半固定）破碎站—胶带运输开拓系统的水泥灰岩矿山（部分）。

表 2-5　华新部分原料矿山的开拓方式

矿山名称	开拓方式	开采标高 (m)	破碎站高程 (m)	公路运输距离 (km)	胶带输送距离 (km)
襄阳黄家垭矿山	固定	480~350	356	1.4	3.6
涪陵小溪村矿山	固定	730~560	570	1.2	3.7
郴州芒头岭矿山	固定	580~400	442	1.2	2.1
宜昌杨树坪矿山	半固定	450~210	356/210	0.8	0.8
阳新下韦山矿山	半固定	176~25	90/30	1.1	0.35

注：表中公路—固定式破碎站—胶带运输开拓系统简称“固定”；公路—半固定式破碎站—胶带运输开拓系统简称“半固定”；公路运输距离为全矿平均值，单位为 km；前期运距一般是平均运距的 1.5 倍左右；表中的高程数据单位为 m。

公路—半固定式破碎站—胶带输送机开拓运输方案的主要特征：

（1）与固定式破碎站相比，缩短采场内汽车运距，降低开采成本。

（2）减少汽车设备数量，减少矿车运行对环境造成的影响。

（3）破碎站未来随采矿场下降而迁移，影响生产，增加投资成本。

2.3.2.2　公路—竖井平硐（洞内破碎）—胶带输送开拓系统

这种开拓系统的特点：通过溜槽、竖井系统，利用地形高差大，采用自重放矿。竖井井口布置在采场内，矿石仅在采场内运输，可以缩短汽车运输距离，降低运输成本。同时，破碎系统布置在硐内，矿石经竖井放矿系统到矿仓，经过重型板式喂料机，将矿石输送到破碎机破碎后，通过胶带输送到水泥工厂的均化堆场或均化库。

硐内破碎系统在运行时可避免对周边产生噪声和粉尘的影响。

竖井平硐系统的建设周期较采用地面破碎系统的建设周期长、投资大。选用该系统时需要进行详细的技术经济比较论证如图 2-2 所示。

以表 2-6 数据可以看出，采用竖井平硐开拓系统的矿山，矿山采用自重放矿，克服的高差绝大部分在 200m 以上；且由于竖井布置在采场中间，矿石在采场内的运输距离也大为缩短，能较好地节省矿石的运输成本。

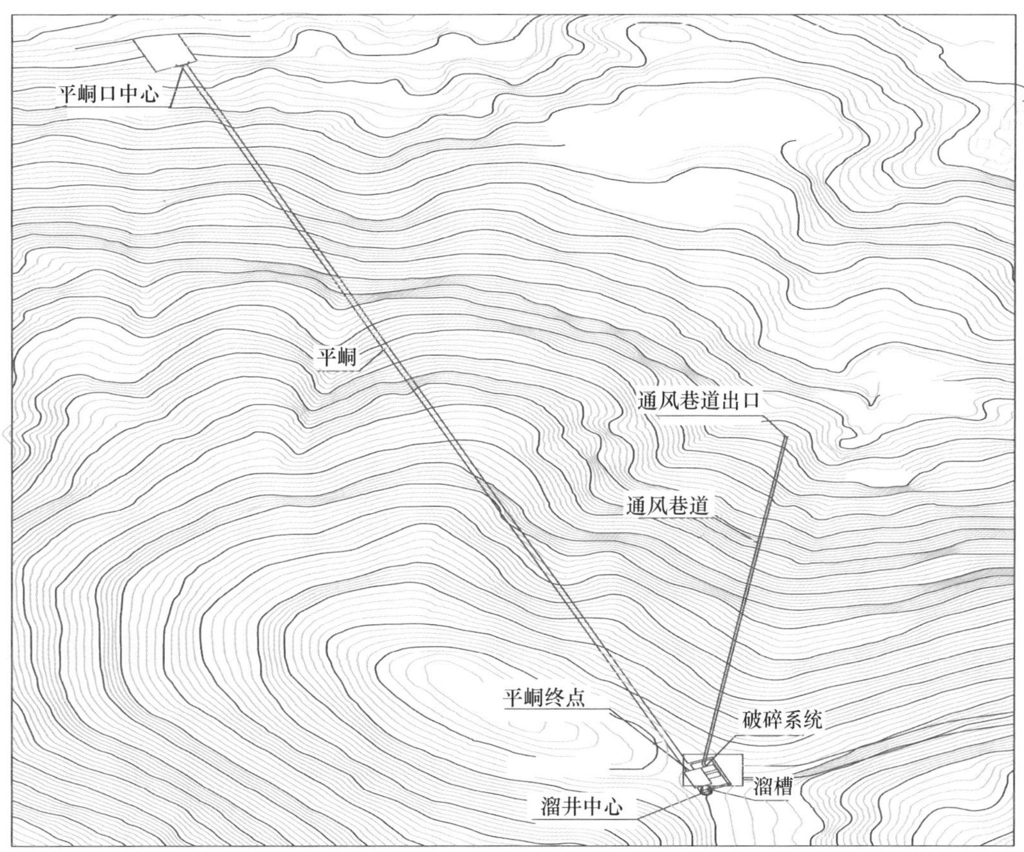

(a) 平面图

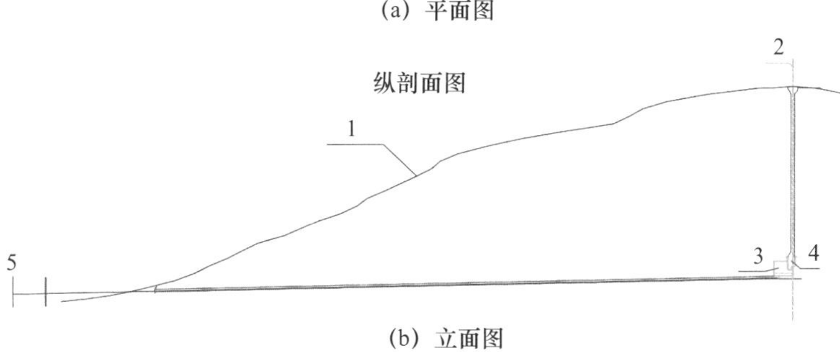

(b) 立面图

图 2-2　公路—竖井平硐（洞内破碎）—胶带输送开拓系统

1—地表面；2—溜井中心线；3—破碎硐室；4—矿仓；5—厂区转运点

表 2-6　华新原料矿山中采用竖井平硐系统的矿山

矿山名称	开采标高（m）	初始井口标高（m）	硐内破碎标高（m）	公路运输距离（km）	胶带输送距离（km）	备注
秭归和尚堡矿山	1020~700	875	520	0.5	1.97	
道县寄家岭矿山	450~250	420	250	0.7	0.64	
黄石黄金山矿山	310~50	265	50	0.6	0.51	
武穴大塘矿山	310~25	285	30	0.8	1.94	

续表

矿山名称	开采标高（m）	初始井口标高（m）	硐内破碎标高（m）	公路运输距离（km）	胶带输送距离（km）	备注
昭通钻沟矿山	2700~2220	2385	2180	0.6	0.5	第一采区 2450~2220
赤壁南山矿山	445~175	368	112	0.5	2.2	

我们统计的连续 4 年矿山运输的矿车柴油消耗数据见表 2-7。

表 2-7 不同开拓运输系统运输矿车配置、柴油消耗比较

矿山名称	开拓系统	年开采量（万吨）	运距（km）	油耗（L/t）	车辆配置台数	单车载重量（t）
秭归和尚堡矿山	公路—竖井平硐开拓系统	250	0.5	0.05	6	28
道县寄家岭矿山		160	0.7	0.07	6	28
黄石黄金山矿山		330	0.6	0.04	5	40
武穴大塘矿山		600	1.5	0.13	12+6	45/28
昭通钻沟矿山		160	0.6	0.08	6	28
赤壁南山矿山		160	0.5	0.04	6	25
襄阳黄家垭矿山	公路—固定破碎站开拓系统	320	1.4	0.11	14	28
涪陵小溪村矿山		220	1.2	0.10	8	28
郴州芒头岭矿山		260	1.2	0.09	9	28
宜昌杨树坪矿山	公路—半固定破碎站开拓系统	270	0.8	0.09	9	25
阳新下韦山矿山		500	1.1	0.12	16	45

注：黄石黄金山矿山另有一台电铲作业，3 年平均电力消耗为 0.45kW · h/t。对于地面固定（半固定）破碎站，矿山初期的运输距离比较长，一般是平均运距的 1.5 倍左右。45/28 分别表示为 45t 和 28t 的两种载重车型。

显然，对于运输工序，公路—竖井平硐（洞内破碎）—胶带输送开拓系统的公路运输设备配置要少于公路—固定（半固定）破碎站—胶带输送开拓系统；吨矿山运输的柴油消耗也大大降低。

竖井平硐系统的选择除考虑地形及矿体赋存条件和工程地质条件以外，也要考虑矿山所在地区的气候条件。对于雨水较多、矿山黏土多且黏性强、矿山断层等构造发育、地下水位高等矿山，不适宜选择竖井开拓系统。

2.4 矿山开采作业工序及碳排放源

一般露天矿山开采或剥离的主要作业工序是：穿孔→爆破→铲运→破碎输运。

对于水泥原料矿山，也有将破碎输送工序归类到原料准备工序的。

一般情况下，水泥原料矿山的剥离物通过矿车运输至排土场或临时堆场。当剥离物为岩石、剥采比较大、排土场距离采区较远时，也会将剥离废石破碎后经过皮带送至排土场。

水泥原料矿山的穿爆作业普遍采用中深孔台阶爆破方式，对于一些周围环境相对复杂的矿山（主要是指距离村庄、道路及重要建筑物较近），使用中深孔爆破方式不能满足《爆破安全规程》(GB 6722—2014) 的要求，从而需要较高的搬迁或重建成本时，可采用液压机械破碎（如液压破碎锤或露天采矿机）代替穿爆作业。

对于岩性为软岩，不需要爆破作业的，可以采用液压挖掘设备直接开挖。

水泥原料矿山剥采比按规范要求不大于 0.5∶1，实际上矿山的剥采比都比较小。产生的主要剥离物有黏土、泥灰岩、白云岩等。一般情况下，黏土大部分会被用来作为矿区的绿化以及随石灰石进厂作为生料中的硅铝质原料使用。泥灰岩和白云岩也会通过资源综合利用方式加以利用，或者将其加工成建筑骨料使用。

对矿山来说，需要生产建筑骨料时，一般优先考虑在现有破碎系统后增加筛分系统即可。

矿山将夹层（废石）加工成建筑骨料使用时，也会建设独立的骨料破碎及筛分系统，避免对水泥原料的生产带来影响。

为满足日益增大的矿山开采规模，矿山开采各工序机械化程度越来越高，包括爆破作业，也逐渐采用炸药混装车进行炸药的装填施工，以满足高效率的作业要求。

目前，水泥原料矿山在开采工序中大多采用柴油动力的开采设备，运行时要消耗大量的柴油等化石燃料。化石燃料在燃烧时会产生大量的碳排放，是矿山开采环节中最重要的直接碳排放源。

采用电力提供动力的开采设备，如大型露天矿山采用电铲设备进行铲装作业，建设电力驱动的固定空压机站，夜间运行存储压缩空气，白天将压缩空气通过管道送至采场的风动钻机进行穿孔作业。

随着电池技术的进步，采用电池储能为设备提供动力源的新能源开采设备也开始进入矿山，如适合重载下坡运输的新能源矿车。

矿山的破碎工序及胶带输送工序，以消耗电力为主。开采和破碎工序中消耗的来自电网的电力，属于矿山开采过程中的间接碳排放源。

下面就矿山开采各工序的设备及工艺分别进行描述。

2.4.1 穿孔工艺

2.4.1.1 穿孔钻机选型

穿孔钻机的选用根据岩层硬度、台阶高度及爆破孔径等因素确定。中硬岩层及硬岩层应选用牙轮钻机、高风压潜孔钻机、顶锤式钻机；软岩层可选用回转切削钻机、低风压潜孔钻机。

钻孔直径选择宜符合下列规定：大型露天矿山宜采用 250~380mm；中型露天矿山宜采用 120~250mm；小型露天矿山宜采用 80~115mm。

水泥原料矿山大多采用 120~165mm 孔径的潜孔钻机进行穿孔作业。特大型建材矿山也会采用大孔径的牙轮钻机进行穿孔作业。

进行剥离或采用辅助作业的穿孔设备，孔径一般在 90~100mm。华新的原料矿山采用的穿孔设备孔径一般在 120~165mm，更多采用 138~152mm 孔径。

2.4.1.2　不同穿孔方式的凿岩原理

露天矿山用钻机钻孔方法，按照破碎岩石机理主要可以分为冲击式、碾压式、切削式三种基本方式。实际上钻孔设备一般都是几种原理的联合作用。

（1）冲击式钻孔原理：冲击式钻孔原理适用于中硬以上的岩石钻孔，采用冲击式方法钻孔的设备有气动凿岩机、液压凿岩机、潜孔钻机、钢绳冲击式钻机等。冲击式钻孔又可分为潜孔式冲击钻孔与顶锤式冲击钻孔两种方式。

① 潜孔式冲击钻孔原理：潜孔式冲击钻孔是把产生冲击作用的冲击器安装在钻杆的底部，直接冲击钻头进行钻孔的方式。其钻孔原理如图 2-3 所示。

② 顶锤式冲击钻孔原理：顶锤式冲击钻孔是把产生冲击作用的凿岩机安装在钻杆的顶部，直接冲击钻杆，冲击能量通过钻杆传递到钻头后进行钻孔的方式。其钻孔原理如图 2-4 所示。

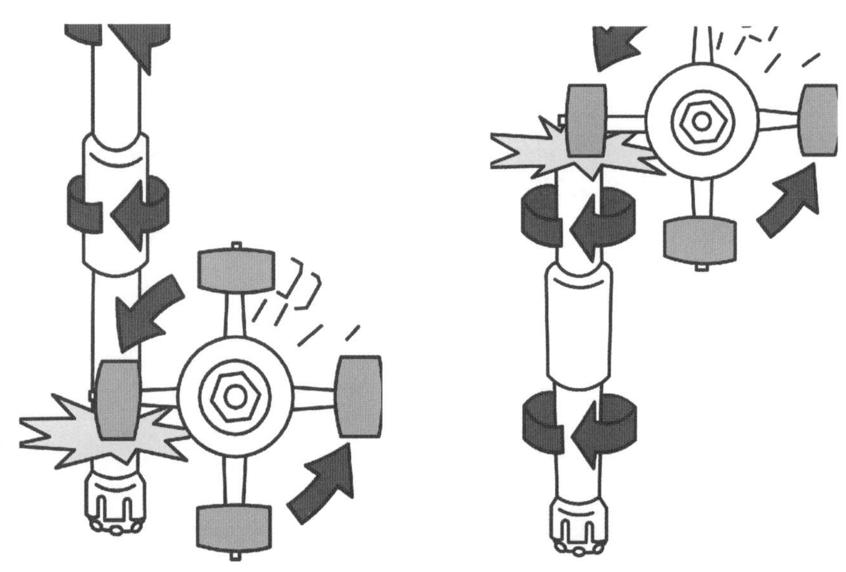

图 2-3　潜孔式冲击钻孔原理图　　　图 2-4　顶锤式冲击钻孔原理图

（2）碾压式钻孔原理：碾压式钻孔原理适用于中硬以下岩石钻孔，牙轮钻机应用碾压式钻孔原理进行钻孔。钻机通过钻杆连接着牙轮钻头，并通过钻杆加压使钻头与岩石接触。同时，在钻杆旋转动作下，使钻头上带柱齿的牙轮滚动，通过与岩石接触的柱齿，传递振动冲击和压入力使岩石破碎。此种钻孔方式是把振动冲击压碎作用和剪切碾碎作用相结合，所以称为碾压钻孔，因为牙轮在岩石上滚动，也可以称为滚压钻孔。煤矿掘进机、隧道掘进机都应用碾压破碎岩石的原理。其原理如图 2-5 所示。

（3）切削式钻孔原理：切削式钻机适合在土或软岩中钻孔，采用切削方法钻孔的设备有切削钻机、旋挖钻机、煤矿锚杆钻机等。因为切削作用主要靠旋转扭矩产生，故也

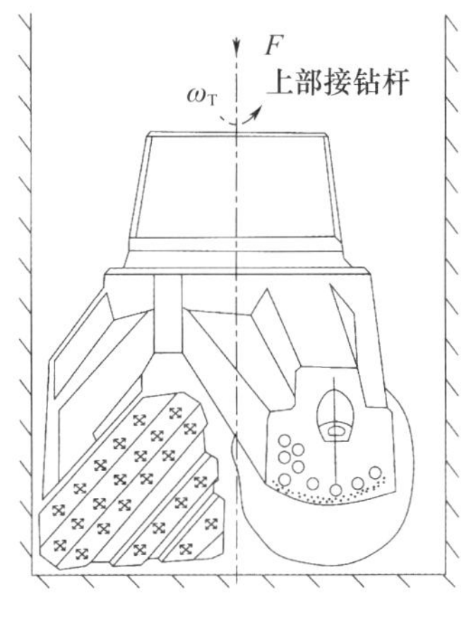

图 2-5 碾压式钻孔原理图

F—轴向压力；ω_T— 回转速度

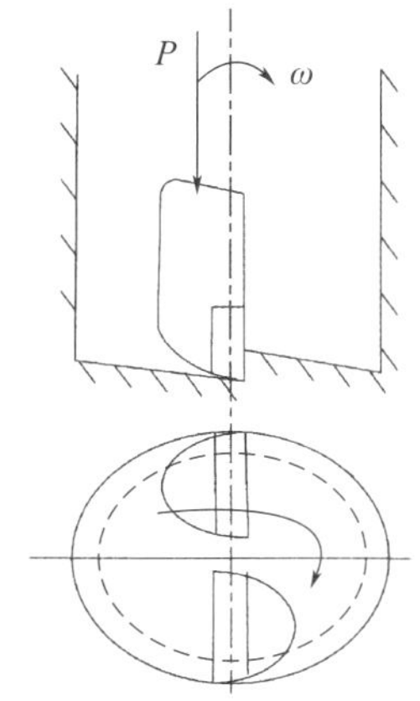

图 2-6 切削式钻孔原理图

P—轴向压强；ω—回转速度

称为旋转切削钻孔。这种钻机目前在水泥原料矿山中很少使用如图 2-6 所示。

无论是潜孔式钻机、顶锤式钻机还是碾压式钻机或切削式钻机，多采用柴油动力为主，大型矿山采用的潜孔、碾压式钻机也有采用电力作为动力。

2.4.1.3 水泥原料矿山常用钻机类型

钻机按照是否自带压缩空气源，可以分为一体式钻机与分体式钻机。目前有部分矿山采用钻机和压缩机分开的分体式配置，但一体化钻机，即钻机、柴油机风冷空压机和柴油机液压泵组三位一体，是钻机配置的发展方向。

按照《水泥灰岩绿色矿山建设规范》（DZ/T 0318—2018）“采矿工艺与装备”的要求，矿山主要采掘、运输设备应设有驾驶室，驾驶室内噪声指标应符合《土方机械 噪声限值》（GB 16710—2010）相关规定，钻孔作业应采用一体式钻机，宜优先采用干、湿式结合的凿岩作业。采用干式凿岩作业的，应采用具有专用捕尘装置的钻孔设备，粉尘排放浓度小于 20mg/m^3。

与华新一样，我国水泥矿山目前主要应用中高风压全液压潜孔钻机，特别是高风压（2.0~2.5MPa）钻机，并采用较大的孔径（ϕ120~200mm）。水泥矿山正在淘汰钻速低、排渣难的低风压潜孔钻机。

部分水泥矿山建立高风压固定空压机站，集中供风，使用分体式钻机穿孔的方式。送风管道长、耗能高、效率低的低风压固定式空压机站基本不再应用。

中高风压全液压露天钻机将是水泥矿山未来的主力钻机，仅适用于中硬以下岩石。穿孔的切削回转钻机和穿凿坚硬、极坚硬且投资成本高的牙轮钻机较少出现在水泥矿山。

（1）露天潜孔钻机

潜孔钻机是利用潜入孔底的冲击器与钻头对岩石进行冲击破碎，特点是活塞打击钎杆时的能量损失不随钻孔的延伸而加大，潜孔钻机钻孔直径通常在 80~250mm，可以在中硬以上的岩石中钻孔。潜孔钻机广泛应用于冶金、矿山、建材、铁路、水电建设、国防施工及土石方等露天工程的爆破孔钻凿及水下钻孔爆破炸礁工程中。

近年来，潜孔钻机普遍采用高风压（风压大于 1.7MPa，甚至达到 3.5MPa），如安柏拓、山特维克、山河智能、志高掘进等生产的高风压钻机，穿孔效率显著提高，是普通潜孔钻机穿孔效率的 2~3 倍。

高风压潜孔钻机不仅适用于中等硬度矿岩，也适用于坚固矿岩，对于坚固矿岩，钻机效率已经超过牙轮钻机。

① 潜孔钻机的分类

根据孔径不同，潜孔钻机分为轻型潜孔钻机（孔径为 80~100mm）、中型潜孔钻机（孔径为 120~165mm）、重型潜孔钻机（孔径为 180~230mm）和特重型潜孔钻机（孔径为 250mm）。

依据动力源不同，潜孔钻机可以分为柴油机驱动式及电力驱动式两大类。

依据是否自带供风系统，潜孔钻机可以分为一体式和分体式两大类。

② 潜孔钻机的主要特点

轴向压力小，钻孔方向可在很大范围内变化，这对于处理露天边坡和分级开采、减小贫化损失、制定合理的凿岩爆破工艺参数很有意义。

钻孔孔径变化范围大，目前在露天和地下钻凿孔径为 80~250mm 的爆破孔主要由潜孔钻机完成，尤其对中小孔径的作业，潜孔钻机更具有便宜可靠等优点。

潜孔冲击器的性能可以随供气压力而改变，因此潜孔钻机的效率可以通过改进潜孔钻具而提高。

潜孔钻机有较强的适用性，它不仅可以用于采场，还可以用于大型露天矿山的边坡处理及破碎地带。

高风压潜孔钻机的出现大幅度提高了钻机的穿孔效率，孔径 250mm 以下，高风压潜孔钻机有取代牙轮钻机的趋势。

（2）牙轮钻机

牙轮钻机是大型露天矿山爆破的主要钻孔设备。随着露天矿山大型化和数字化，牙轮钻机也在向大型化和自动化、智能化方向发展，穿孔直径由早期的 270mm、311mm 逐步向更大孔径发展。如美国 P&H 公司 100XP 和 120A 孔径分别达到 349mm 和 559mm，以适应特大型重型金属矿山的穿孔作业，但大型露天矿山使用最多的孔径仍为 310~380mm。随着 IT 技术的快速发展，牙轮钻机制造商及时集成应用最新技术成果，加速了牙轮钻机的升级换代，正在向着全自动化和智能化方向发展，为数字化矿山创造了条件。

牙轮钻机钻孔时，依靠加压、回转机构，通过钻杆对牙轮钻头提供足够大的轴压力和回转扭矩，牙轮钻头在岩石上同时钻进和回转，对岩石产生静压力和冲击压力作用。牙轮在孔底滚动中连续地挤压、切削、冲击破碎岩石，有一定压力和流量、流速的压缩空气经钻杆内腔从钻头喷嘴喷出，将岩渣从孔底沿钻杆和孔壁的环形空间不断地吹至孔外，直至形成所需孔深的钻孔。

① 牙轮钻机的主要优点：凿岩效率高，由于效率高，其穿孔作业的劳动生产率也高。牙轮钻机钻凿的孔径大，因此延米爆破量大，爆破作业的劳动生产率也高。

② 牙轮钻机的主要缺点：初始投资大，主要用于钻垂直孔，牙轮钻机在使用的灵活性等方面不如潜孔钻机。

从技术特点上看，牙轮钻机用于大型露天矿山能充分发挥其高效率、高劳动生产率的主要优点，从而可以大大降低穿孔成本，这是一些大型露天矿山已经证实的结论。

对中小型露天矿山，一般情况下矿体规模小、规整性差、采场面积不大，因此开采水平不高。在这种情况下若用孔径较大的牙轮钻机穿孔，一是炮孔大易加大贫化损失；二是钻机要频繁地来回上下调动，降低了钻机的生产率，这不利于牙轮钻机发挥其优点。

我国从 20 世纪 60 年代起开始研制牙轮钻机，经过多次改良和淘汰，还在生产和使用的有 KY 和 YZ 两大系列 12 种型号。主要研制单位有中钢衡重公司、洛阳矿山机械工程设计研究院、南昌凯马有限公司等。

（3）顶锤式钻机

顶锤式钻孔是把产生冲击作用的凿岩机安装在钻杆的顶部，直接冲击钻杆，冲击能量通过钻杆传递到钻头进行钻孔的方式。

顶锤式钻机的优点是钻孔速度快、作业成本低；缺点是钻孔直径较小、易偏斜，不宜钻超深孔，特别是在破碎带和裂缝层钻进时成孔困难。

目前，在大型露天矿山使用的顶锤式钻机多应用于边坡控制爆破，或建筑骨料矿山为了改善爆破块度级配，减少粉料的产生，也采用顶锤式钻机。

该类型钻机主要有安百拓、古河、山河智能、志高掘进等生产制造商生产。

（4）其他穿孔方式

建立固定空压机站集中供风，使用分体式钻机穿孔的工作方式。

① 工艺流程：

a. 建设（电）压缩空气站：在矿山爆破安全距离外，建立固定空气站。系统组成由变电站、智能化电动空压机组组成，配备远程视频监控、防雷设施等。集气站一级可输气压 2.5~3.5MPa，保持压力恒定，满足多台潜孔钻机同时作业的需要。

b. 建设输气管网并配置钻机：根据矿山三年内的开采规划，铺设输气管网。其由固定管道和移动管道两部分组成，对各类潜孔钻机输气。

c. 钻机（具）：自带柴油机，用于液压系统及行走。

② 技术特点：

a. 孔径一般在 100~150mm 之间。

b. 潜孔凿岩动力“油改电”具备能源价格优势。

c. 大规模（电）压缩空气站采用智能技术，主机联动、终端控制、参数浏览、故障显示、开启停机全部在手机上完成，减少了劳动强度，取消了空压机操作工。

d. 给各类潜孔钻机提供稳定的穿孔动力，并保持系统压力恒定。

2.4.1.4　穿孔工序主要碳排放来源

不同穿孔设备的动力来源不同（油或电），碳排放源主要来自柴油燃烧及电力使用。

目前主流中高风压潜孔钻机，穿孔孔径在 138~165mm 之间，柴油消耗大约在 1.6~2.5L/m。穿孔作业的碳排放源识别见表 2-8。

表 2-8　穿孔作业的碳排放源识别

钻机类型	碳排放源	直接源 / 间接源
潜孔钻机	柴油	直接源
潜孔钻机	电力	间接源
回转式钻机	柴油	直接源
回转式钻机	电力	间接源
牙轮钻机	柴油	直接源
牙轮钻机	电力	间接源

2.4.2　爆破作业及爆破材料

用于矿山开采爆破、工程施工爆破作业的工业炸药，质量和性能对工程爆破的效果和安全均有较大的影响，因此为保证获得较佳的爆破质量，被选用的工业炸药应满足如下基本要求：

（1）具有较低的机械感度和适度的起爆感度，既能保证生产、储存、运输和使用过程中的安全，又能保证使用操作中方便、顺利的起爆。

（2）爆炸性能好，具有足够的爆炸威力，以满足不同矿岩的爆破需要。

（3）其组分配比应达到零氧平衡或接近于零氧平衡，以保证爆炸后有毒气体生成量少，同时炸药中应不含或少含有毒成分。

（4）有适当的稳定储存期。在规定的储存期内不应变质失效。

（5）原料来源广泛，价格便宜。

（6）加工工艺简单，操作安全。

对水泥原料矿山的开采爆破，常用允许在露天矿山使用的第二类或第三类的工业硝铵类炸药。

常用炸药有膨化硝铵炸药、铵油炸药、粉状乳化炸药和乳化炸药。几种炸药的优缺点比较见表 2-9。

表 2-9　常用硝铵、乳化炸药比较

种类	优点	缺点
铵油炸药	原料广泛，工艺简单，生产成本低	抗吸湿性较差，不具有雷管感度。不利于长期储存；爆速较低
膨化硝铵炸药	自敏化，生产效率高，具有雷管感度，成本低，使用方便	抗水性差，炸药密度较小和单位体积做功能力较低
粉状乳化炸药	一定的抗水性和储存稳定性，具有雷管感度，粉尘爆炸危险性较小	生产成本较高，工艺复杂，安全性较差
乳化炸药	爆炸性能好，抗水性能强，安全性能好，加工工艺较简单，生产成本较低	内部间隙小，感度低，不能经受长距离运输

现场混装炸药车也在更多的大型矿山开采的装药施工作业中应用，可以大大提高效率，降低炸药运输过程中的安全风险。

起爆器材常用非电毫秒雷管、导爆索等。随着技术进步，更为安全及高精度的数码电子雷管也逐渐在水泥原料矿山的爆破施工中推广应用。

该工序碳排放源主要是炸药，以及为爆破施工服务的混装车的机械设备碳排放。

2.4.3 铲装作业

铲装工作是指用采装机械从工作面将矿岩从整体中（中等硬度以下的矿岩）或自爆堆中将爆破成适当块度的矿岩装入运输工具，或直接排卸到一定地点的工作。它是露天开采全部生产过程的中心环节，其效率直接影响矿山生产能力、矿床开采强度及最终经济效益。

2.4.3.1 主要铲装方式及设备

现代大型露天矿山使用的装载设备主要有电铲、液压挖掘机和轮式装载机三种。电铲一直是大型和超大型露天矿山的主导装载设备，但液压挖掘机和轮式装载机具有机动灵活、作业效率高、设备更新快、易于实现自动控制等特点。随着近代挖掘机和轮式装载机制造技术的进步，大斗容轮式装载机和液压挖掘机这两种装载设备已经开始进入大型露天矿山市场。

（1）电铲（单斗机械式挖掘机）

通常情况下，把由电力驱动、传动机构采用机械传动的挖掘机定义为机械式挖掘机，简称电铲。

机械式挖掘机有逾百年的发展历史，因其主要采用电能，斗容从 $2m^3$ 到 $100m^3$，使用寿命长，能对坚硬、致密的矿岩从事装载作业，仍是露天矿山的主要采矿设备。

① 挖掘力：电铲一般采用齿轮齿条或钢丝绳推压，铲斗采用钢丝绳提升，机械式挖掘机一般为正铲。机械式挖掘机在挖掘时，通过推压斗杆切入到掌子面底部物料中，切入一定深度后开始提升，完成一个标准圆弧运动。机械式挖掘机的提升力很大（WK-75 挖掘机可达 50t 左右），清理大面积掌子面根底有很大优势，在不需要长距离移动、大生产量（5000t/d 以上）作业时具有更大优势。

② 机动性、稳定性、可靠性：机械式挖掘机的最大爬坡能力只有 15° 左右，机械式挖掘机整机质量大，接地比压大，两条履带不能同时向相反方向转动，所以不能原地转弯，并且需推土机整理路面。同级别的机械式挖掘机比液压挖掘机整机质量大，所以机械式挖掘机有更好的稳定性和平衡性，在挖掘硬的矿物岩层或密度比较大的物料时，机械式挖掘机优越的稳定性体现得更加明显。机械式挖掘机具有更高的可靠性，其可靠性和稳定性均比液压挖掘机更高。

③ 寿命及维护：机械式挖掘机的整机寿命大约为 1×10^5h，每工作 1.5×10^4~1.8×10^5h 需要进行一次大修，更换部分损耗件。只要定期维护、保养，机械式挖掘机整机不会出现大问题，维护也很简单，只需定期更换一些易损件，定期在关键摩擦部位加注润滑油即可。

（2）单斗液压挖掘机

单斗液压挖掘机基于机械式挖掘机发展而来，与机械式挖掘机的主要区别在于传动和控制装置不同。

① 机械式挖掘机：利用齿轮、链轮、钢绳、胶带等传递动力。

② 液压式挖掘机：采用容积式液压传动来传递动力，由液压泵、液压马达、液压缸、控制阀、油管等元件组成。

液压挖掘机设备组成：

① 工作装置：包括铲斗、斗杆、动臂及相应油缸。

② 回转装置：包括动力装置、回转支承、操作机构、辅助机构。

③ 行走装置：包括底盘、履带架、履带传动装置、张紧装置等。

单斗液压挖掘机（相较于机械式挖掘机）的特点：

① 质量小、生产能力大。斗容相同时，液压挖掘机比机械式挖掘机质量轻40%~60%。

② 挖掘力大。其由液压挖掘机工作机构的工作原理决定。液压式挖掘机：铲斗与斗杆铰接，可相对转动，强制切入岩层；机械式挖掘机：依靠挠性的钢丝绳提升铲斗来进行挖掘。

③ 良好的运动轨迹。机械式挖掘机为近似圆弧形；液压式挖掘机能沿矿层轮廓运动，做各种不同的直线、折线、曲线运动，可进行分层开采，铲平、清根、松石时不用辅助设备。

④ 移动性能好。为液压独立行走装置，结构简单紧凑，操作灵活，转弯方便。

⑤ 可利用工作装置。可越过路坎或高地，运移时自行上下运输设备，可自救。

⑥ 主要缺点：元件的加工精度要求高、装配要求严格、制造困难、维护要求高、液压油要求高。

（3）履带式全液压电动挖掘机

履带式全液压电动挖掘机具有节能、环保、低成本、维护费用低的特点，特别是在城市建设以及厂房内、室内等对噪声、燃气排放有要求的场地，其施工具有优越性。电力驱动比柴油驱动的挖掘机最高可节省约75%的运行成本，并实现零废气排放。履带式全液压电动挖掘机作为节能、环保的绿色产品，在矿山、钢铁公司、港口码头和城市建设中有所应用。

履带式全液压电动挖掘机的优点如下：

① 节约能源、降低使用成本。能源消耗在挖掘机整机运营消耗中占据了绝对比重，柴油型产品其能源消耗达到自身整个运行费用的七成以上，而电动型产品仅占其自身运行费用的五成左右，因此，节省能源消耗就是节约使用成本。

② 保护环境。履带式全液压电动挖掘机由于采用电力作为动力，没有燃气排放，对环境没有污染，电动机工作过程中其噪声比柴油机的噪声小得多。

③ 降低维护保养成本。以电动机作为动力，维护保养费用较低。免去了柴油挖掘机的柴油机空气滤芯、燃油滤芯、润滑油定期更换的维护保养成本。

④ 适应性广。即使在空气稀薄的高海拔地区（如西藏）可不降低工作效率又能保证工作效率的稳定性，而柴油挖掘机的工作效率在高海拔地区下降得十分厉害。另外在高寒地区（如内蒙古、黑龙江，冬天温度在 −20℃以下），柴油挖掘机会出现启动困难的现象，而履带式全液压电动挖掘机就不会受此影响。

⑤ 履带式全液压电动挖掘机比履带式机械电动挖掘机（电铲）效率更高。履带式全液压电动挖掘机和履带式机械电动挖掘机在同等铲斗的情况下，其整机质量小得多(如 4m^3 的机械式电动挖掘机 WK4 重达 200t，而履带式全液压电动挖掘机 CED750-8 只有 75t 重)，机械式电动挖掘机因自重太大移动不方便，影响使用效率。另外，在回转时间（机械式挖掘机 7r/min，全液压挖掘机 8.3r/min）和工作装置的作业效率方面（机械式挖掘机是电动机带动钢丝绳拉动铲斗作业，全液压挖掘机是液压油驱动油缸带动工作装置作业)，机械式电动挖掘机都慢得多、低得多。

2.4.3.2 轮式装载机

轮式装载机也称前装机。矿用前装机有履带式前装机和轮胎式前装机两种。履带式前装机实质上是一种挖掘机，它用于单纯的挖掘作业或需要稳定度较高和对地比压较小的作业地点。履带式前装机在水泥原料矿山使用较少，不做详细介绍。

轮胎式前装机由于具有质量轻、行走速度快、机动灵活、一机多能等优点，在露天矿山使用广泛。目前使用最广泛的是斗容为 4.6~12m^3 的轮胎式前装机，最大的斗容达 18.4m^3。它们在大型露天矿山可与电铲配合作业，在中小型露天矿山，当矿石破碎较好时，则可作为铲装设备与自卸汽车配合工作，在运输距离不大时（小于 300m)，还可以作为铲装运设备使用。

（1）与普通电铲相比，轮胎式前装机有下列优点：

① 轮胎式前装机自重仅为同斗容电铲的 1/6~1/7。

② 轮胎式前装机行走速度快：一般为电铲的 30~90 倍，机动、灵活，可作露天矿山的装载设备，还可以在一定的距离内作为运输设备使用。其合理运距随前装机载重量和年运输量而变，其范围为 65~1330m。斗容越大，年运输量越小，则合理运距越大。如斗容 5m^3 前装机在年运输量 100 万 t 以上的露天矿山使用时，进行分别回采。

③ 因机动灵活，有利于开采多品种矿石，进行分别回采。

④ 轮胎式前装机爬坡能力强，一般可爬 20° ~25° 的坡度，因此可在较大的坡度的工作面进行铲装或铲装运作业。

（2）轮胎式前装机也有下列缺点：

① 轮胎式前装机工作机构的尺寸比电铲要小，因此，在台阶高度较小的露天矿山用它作为主要铲装设备时比电铲效率高。

② 对爆破质量要求比较严格。轮胎式前装机工作机构和其他部件的结构都要比电铲单薄许多，加之铲斗较宽，故挖掘能力不如电铲。因此，必须提高爆破质量，使矿石破碎充分，大块少，从而有利于充分发挥设备的工作效率。矿石硬度较高的矿山不宜使用轮胎式前装机作为主铲，而可作为辅助设备配合电铲作业。

③ 轮胎磨损较快，特别在挖掘坚硬的岩石时，轮胎使用寿命不长，导致生产费用增加。可在轮胎上加装保护链环，以减少磨损，降低生产费用。

综上所述，轮胎式前装机在条件适宜的矿山，可以代替电铲作为主要铲装设备使用，并取得较好的经济及技术指标。它还可以完成电铲所难以完成的某些作业，如台阶端部装车、短距离自铲自运、缺电时作业、清理工作面、采场路面养护等。

2.4.3.3 铲装工序主要碳排放来源

（1）电力消耗：电铲及电动液压挖掘机的碳排放来源为电力消耗。电铲多以4m^3左右斗容为主，广泛应用于冶金、煤炭等中小型露天矿山的采掘和剥离以及石油、化工、水电、建材等行业的土石方工程。水泥原料矿山开采规模相对较小，矿山面积也不大，大多为1~2km^2，对于质量大、不适于频繁移动的电铲来说，应用不多。随着水泥原料矿山开采规模扩大以及碳排放的控制，电铲的应用前景也越来越广；目前有将柴油动力的挖掘设备改用新能源电池的尝试，但一般都应用在小斗容（1~2m^3）的挖掘机上，并且需要采用换电模式。

（2）柴油消耗：以柴油为动力源的液压挖掘机及轮式装载机的碳排放来源为柴油燃烧产生的温室气体。中型以上挖掘机的柴油消耗取决于挖掘效率，在0.06~0.09kg/t之间。

2.4.4 采场运输

运输工作是露天矿山的主要生产工序之一，其主要任务是将采场矿石运送到破碎站、选矿厂或储矿场，把剥离岩土运到排土场。

2.4.4.1 露天矿山运输特点

（1）基本物料运量大部分集中于单一方向。

（2）线路或道路运输强度大，线路车辆周转快。

（3）矿岩具有较大密度、较高的强度和磨蚀性，块度不一，装卸时有冲击作用。

（4）露天矿山与其他工艺和运输的可靠性紧密相连。

（5）机车车辆运输周期中的技术停歇时间占有很大比重。

（6）矿岩的装载点和剥离物的卸载点不固定，采场与废石场台阶上的运输路线要经常移动。

（7）岩石需分采和配矿时，运输组织十分复杂。

2.4.4.2 露天矿山运输基本要求

（1）运距，尤其是剥离岩石的运距应尽可能短。

（2）整个运输路线及个别区段应尽可能固定不动，开采期间力争所需移动设备工作量最小。

（3）露天矿山最好采用较简单的运输方式和较少的运输设备类型，以简化管理和维修组织工作。

（4）运输设备容积和强度与采装和卸载设备以及矿岩运输性质相适应。

（5）运输方式要保证工作可靠，主要设备停歇时间最少，移运过程尽可能地保证有较大的连续性。

（6）运输方式要保证工作安全，采矿成本最低。

2.4.4.3 露天矿山常用的运输方式

水泥原料矿山一般为山坡露天矿山，按照水泥原料矿山常用的开拓系统，其显著特点是矿石的运输大多是重载下坡的运输方式，一般采用非公路矿用自卸汽车运输。

非公路矿用自卸汽车优点如下：

（1）机动灵活，调运方便，特别适合于地形、地质复杂的条件。

（2）爬坡能力强，在高度相同条件下，可缩短运距，基建工程量小、速度快。

（3）运输组织简单，可简化开采工艺，提高采掘效率。

（4）可采用近距离分散排土场或高段排土场，减少排土场用地和提高排土效率。

（5）道路修筑和养护简单。

非公路矿用自卸汽车缺点如下：

（1）吨公里运费高，自卸汽车的维修和保养工作量大。

（2）受气候影响较大，在雨季、大雾和冰雪条件下行车困难。

（3）深凹露天矿山采用汽车运输会造成采坑内的空气污染。

2.4.4.4 非公路矿用自卸车概况

非公路矿用自卸车产品广泛应用于冶金、有色、化工、煤炭、建材、水电等几大行业的土石方运输。为提高运输效率、降低运输成本、减少矿区范围内的车流密度，对于不同开采规模的矿山，都力求尽可能采用大吨位车型，以减少车辆总数量。现今，年产百万吨级矿石的水泥原料矿山多使用载重量 25~50t 的车型；年产矿石 500 万 ~1000 万 t 级的矿山，多使用载重量 60~90t 的车型；1000 万 t 以上的大型矿山，则使用更大载重量的车型。目前 , 最大的非公路矿用自卸汽车载重量达到 300t。

近几年来，由于非公路矿用自卸车的前景看好，大量自卸车、工程机械制造商纷纷抢滩非公路自卸车市场，研发“宽体自卸车”。“宽体自卸车”不属于公路型自卸车的范围，限于其本身的结构特征，该车型的载重能力很难进一步大幅提高，载重量多在 100t 以内。

2.4.4.5 非公路矿用自卸车分类

（1）宽体自卸车（6×4 非公路矿用自卸车）：其主要是对传统重卡自卸车的车厢、车架进行加宽，对车架、车桥强度进行增强，且加装大马力发动机，市场潜力巨大。但是受到其结构的影响，主要在载重量 100t 以下的场合使用。6×4 非公路矿用自卸车具有较大的市场需求，行业内的生产厂家较多，如陕西同力、宇通重工等都属于本种类型自卸车的主要生产厂家。

（2）刚性自卸车（4×2 刚性自卸车）：刚性自卸车按传动方式又可分为液力机械传动自卸汽车和电力机械传动自卸汽车两种。目前，北方股份、中环动力、北重公司等为主要的 4×2 刚性自卸车生产厂家。

（3）电动轮自卸车：电动轮自卸车是一种用于大型露天矿山或大型水利工程的非公路自卸汽车，工作过程是用一台柴油机带动同步发电机运转，由励磁系统调控发电机的输出电流、电压，经整流柜整流后变成直流，在电控系统中电能被送到后桥电动轮内的直流牵引电动机中。电机转子的旋转运动，经轮边减速器减速后带动车轮转动；当汽车需要制动时，车轮内的牵引电动机通过电气线路的转换作发电机运行，将车的动能转换为电能消耗在电阻栅上，使汽车获得所需的制动力。电动轮矿用自卸车载重吨位在 100t 以上，如北方股份生产的 TR100、TR300，其载重量分别达到 100t 和 300t。

（4）新能源矿用车辆：工程机械传统能源为柴油，而柴油机燃烧效率只有 35%~40%，使用柴油机作为主要动力，既造成了能源浪费，同时也造成了环境污染，柴油燃烧过程产生的碳排放量相对其他能源大得多。纯电驱动工程机械用电动机取代柴油发动机，用电池给电动机供电。纯电动工程机械在减少尾气排放和发动机噪声污染的同时也大大减少了碳排放。

目前，国内主机设备制造商，如宇通、同力、潍柴、徐工均推出了基于矿用宽体车底盘的纯电动矿用自卸车，同时，“三电”设备制造厂家也积极推出改装、定制、自制电动矿车的业务，此类厂家有宏威、跃薪时代、博雷顿等。

国内目前主要纯电动矿车的配置如下：

① 采用矿用宽体车的底盘系统，载重量 60~70t。

② 液压、转向、车桥采用国内成熟的配套厂家产品。

③ 双电机配置成为主流。

④ 多采用磷酸铁锂电池，电池容量依据矿车工况（重载上、下坡比例及距离）采取不同配置（260~550kW·h）。

纯电动宽体车尤其适用于山坡露天矿山的重载下坡运输。特别在下坡运输距离 1.5~4.0km 工况下，最有利于充分发挥纯电动矿车的优势。宇通矿车 2019 年运行数据见表 2-10。

表 2-10　宇通 YTK90E 在黄家垭矿山 2019 年运行数据

424 平台路况：单程 1.1km，其中重载下坡 1000m，平路 100m，平均坡度 6%，水泥路面 1000m。
448 平台路况：单程 1.9km，其中重载下坡 1300m，平路 600m，平均坡度 6%，水泥路面 1000m。

项目	总装载量(t)	趟数	总运营里程(km)	充电桩电量(kW·h)	总充电量(kW·h)	耗电总费用(元)	吨公里电耗(kW·h)	吨公里电费(元)
数据	67080	1118	2757	2859.4	3075	1814	0.019	0.012

通过表 2-10 数据，电动矿车具有明显的优点如下：

① 节能：电动车电耗为 0.02kW·h/（t·km），成本为 0.02×0.55=0.011 元 /（t·km）。该矿使用的 TEREX3304 刚性矿车，柴油消耗为 0.071L/（t·km），成本为 0.071×8.5=0.60 元 /（t·km）。

② 少排放：无直接碳排放，柴油车的单位吨公里碳排放为 0.071×3.2×0.85=0.193kg/（t·km）。

③ 低维修费：传统的燃油发动机被取消，发动机维修 / 保养费用可以节约。

④ 安全：在 80% 的工况下使用电制动，可有效避免长距离下坡时“热衰竭”对制动性能的影响。

（5）其他新能源矿山设备：随着国家能耗双控及“双碳”政策的实施，平路及重载上坡工况下应用电动矿用自卸车的情况也越来越多。同时，纯电动履带式设备（钻机、挖掘机、装载机）也逐渐进入应用，国内主要有三一、柳工、徐工、山河智能等厂家不断推出新能源工程机械。

2.4.4.6　运输工序主要碳排放来源

柴油动力车辆：水泥矿山常用载重量为 40~100t 的矿用自卸车（刚性车辆或宽体车

辆），据统计，油耗通常在 0.07~0.10L/(t·km)，宽体车辆由于自重小于刚性车辆，因此在同等载重量的情况下油耗较刚性车辆低。

纯电动矿用自卸车：纯电动矿用自卸车碳排放来源主要为电力使用，60t 载重量电动矿用宽体车重载下坡 1.5~2.0km 的耗电量为 0.02~0.04kW·h/(t·km)。

2.5 机械开采（非爆破开采）

有些露天矿山，因矿山周边的道路、电力、铁路等设施以及村庄等限制，矿山无法进行爆破作业破碎岩石。目前，常用的替代办法是采用破碎锤或露天采矿机进行破岩作业，然后铲运至破碎站。破碎锤也广泛用于矿山爆破作业后的二次破碎。

2.5.1 重型破碎锤开采

破碎锤目前凭借其安全高效的优势已经广泛应用于采石场的二次破碎作业中，完全取代了二次爆破进行大块破碎。随着液压破碎锤的更新换代、破碎性能参数的不断改进，特别是重型破碎锤的出现，使得液压破碎锤在某些特殊限制条件下的应用呈现出独特优势，尤其是在选择性采矿及无爆破采矿作业中优势更加明显。其适用条件如下：

① 对矿石纯度有特殊要求。

② 对采下的矿石粒度分布有特殊要求（如避免细屑过高）。

③ 原料特性急剧变化导致处理成本较高。

④ 将矿石质量影响较大的薄层夹石剔除。

⑤ 特殊位置（例如边角等位置）残矿回收工作。

⑥ 爆破作业受到周边环境制约。

2.5.2 露天采矿机开采

露天采矿机的工作原理及特点：由上往下层层切削，其前部或中部装有斗轮或切削辊筒，上面装有斗齿截齿。工作时，随着整体的直线前进，斗轮或辊筒做圆周运动，从而切碎矿岩。最大特点是开采工艺简单且连续作业，切割后场地平整；采掘物料不需要穿孔、爆破，省去了相应的设备、材料、人员及安全保护措施。

以威猛“地平王”露天采掘机为例，可以完全避免使用传统的钻孔、爆破、破碎等方法的弊端。由于降低了冲击、振动、粉尘和噪声，因此与钻孔和爆破相比，作业地点可以与公路和现有构筑物之间的距离更近。露天采矿机可以形成较为平整的工作面，最大限度地降低矿车和装载机的使用费用，尤其可以显著节省橡胶轮胎的消耗量。

液压破碎锤或露天采矿机更适用于矿岩中等硬度以下的露天矿山，对于矿岩硬度高的露天矿山来说，其工作效率低、燃油消耗高。

2.5.3 机械开采的碳排放

目前，机械开采设备都以柴油机为动力，设备工作时燃烧柴油产生的温室气体是碳排放的主要来源。

2.6　破碎工艺及破碎设备

根据破碎工艺方法，分类如下：

（1）压碎：物料在两个工作面之间受到缓慢增长的压力而破碎。这种方法多用于脆性坚硬物料的粗碎。

（2）磨碎：物料在两个相对滑动的工作面或各种形状的研磨体之间，受到摩擦作用而磨碎，多用于小块物料的细碎。

（3）劈碎：物料受到两个楔块物体作用而破碎。

（4）击碎：物料在瞬间受到冲击力而破碎。

不同类型破碎机原理见表 2-11。

表 2-11　不同类型破碎机原理

类别	颚式破碎机	锤式破碎机	反击式破碎机	圆锥式破碎机	旋回式破碎机
破碎比	3~5	10~50	10~50	3~6	5~10
破碎机理	挤压、摩擦	冲击、剪切、压缩	冲击、剪切、压缩	挤压、摩擦	挤压、劈裂

针对某一矿山，可以根据对矿山加工试验得到的物理机械特性指标选择合适的破碎机。

水泥原料矿山采用的破碎机有锤式、反击式、颚式、旋回式、圆锥式等形式。

通常只要石灰石不属于很难破碎和高磨耗性的类别，都可以采用锤式或反击式这类大破碎比的打击型破碎机实现单段破碎，达到最简单的工艺流程、减少设备、降低建设费用的目的。

对于水泥原料的破碎，当采用颚式破碎机或旋回式破碎机时，由于其破碎比较小，通常需要采用二段破碎。相比采用“锤破”或“反击破”建设投资要大，周期要长。

对水泥原料矿山，破碎机主要用于石灰石的破碎。进入石灰石破碎系统的最大块度即为矿山开采后可直接铲运的最大块度，一般为 600~1500mm；出料粒度应满足生料粉磨系统要求。当生料磨为球磨时，破碎机的出料粒度一般为 25mm，占比 90%；当生料磨为立磨时，出料粒度一般为 75mm，占比 90%。

对于水泥原料矿山来说，常用单段破碎即可达到出料粒度要求，因此破碎系统大多采用大破碎比的锤式或反击式破碎机。

2.6.1　锤式破碎机

锤式破碎机是直接将最大粒度为 600~1800mm 的物料破碎至 25mm 或 25mm 以下的一段破碎用破碎机。锤式破碎机系列产品适用于破碎各种中等硬度和脆性物料，如石灰石、煤、盐、白垩、石膏、明矾、砖、瓦、煤矸石等。该机主要用于水泥、选煤、发电、建材及复合肥等行业，它可以把大小不同的原料破碎成均匀颗粒，以利于下道工序加工。其机械结构可靠，生产效率高，适用性好。锤式破碎机破碎物料的抗压强度不超过 150MPa。

锤式破碎机具有结构紧凑、布局合理、安装方便、可维修性好、操作简便等性能特点，尤其对水泥生产工艺布局的适应性极好。节约工艺布局空间，具有特殊的结构特点，即对物料破碎的“大破碎比”等特点。

锤式破碎机利用冲击原理，通过大量回转锤头击打大块脆性原矿石，如石灰石、泥质粉砂岩、页岩、石膏和煤等，使之破碎，或通过反击衬板、破碎板、承击砧等进一步碰撞而破碎。小于篦缝的物料即符合入磨要求，可被锤头强制扫出。双转子式尤其胜任石灰石和黏土混合料的破碎。

锤式破碎机的特点如下：

（1）入料粒度大，一般矿石可直接进破碎机。

（2）破碎比大，一次破碎即可入磨（出料粒度为 25~70mm）。

（3）锤头利用率高，相关易损件磨耗低。

（4）腔型可适度调整，能补偿易损件磨损。

（5）结构坚实。

（6）电耗低。

锤式破碎机又分为单转子锤式破碎机和双转子锤式破碎机，分别介绍如下：

对于使用单转子破碎机的项目，目前最新的破碎工艺是滚轴筛 + 不带给料辊单转子“锤破”的破碎工艺，带给料辊的单转子锤式破碎机基本被淘汰，已经使用了带给料辊的单转子“锤破”的项目也在陆续改造成去掉给料辊，在喂料机与破碎机之间增加滚轴筛的形式，改造后电耗比改造前节省约 0.3kW · h/t。

矿石由给料机正面全宽度喂入滚轴筛，再由滚轴筛喂入破碎机传送到高速回转的转子上，物料被锤头打击或抛起，被抛起的那部分物料在机体上部的反击腔中与反击板相撞，未被抛起的物料则由转子锤盘支承并继续受到下一排锤头的打击。在反击腔完成粗碎之后，物料被锤头带入破碎腔和篦子工作区，进一步细碎，直到能通过篦缝被排到设于机下的胶带机上。单转子锤式破碎机示意如图 2-7 所示。

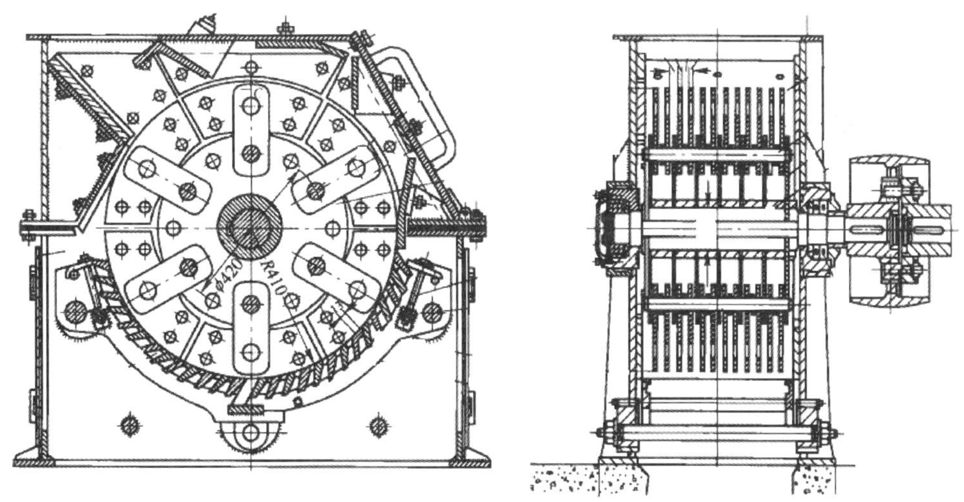

图 2-7　单转子锤式破碎机

与单转子单段锤式破碎机不同的是，双转子锤式破碎机有两个相向转动的转子和一个位于两个转子之间的承击砧。它除了具有其他单段锤式破碎机的主要特点以外，由于破碎主要发生在两个转子之间，使黏湿的物料附着在固定腔壁的机会大大减少，同时配用整体铸造的篦子板，对物料的适应性更强，可以用来破碎石灰石和黏土的混合物料，黏土的掺入量可以达到 20%，且不堵塞，弥补了单转子单段锤式破碎机处理黏湿的物料时，因为黏湿物料附着在破碎板上及破碎板上腔引起的产量降低、出料粒度增大、锤头等磨损件非正常磨损的缺点。与相同生产能力的单转子单段锤式破碎机相比，其设备质量较轻。由于两个转子可以悬挂更多的锤头，所以可供使用的磨损金属量更大，锤头寿命更长。由于转子尺寸小、机身矮，使得配套设备如吊车、板喂机的选型规格减小，从而节省了整个系统的设备投资和基建投资。

通过重型给矿设备（如可调速的板式给料机）将物料喂入破碎机的进料口后，落入由窄 V 带驱动的两个高速相向旋转的转子之间的破碎腔内，受到锤头的打击而被初步破碎。初碎后的物料在向下运动过程中在转子和承击砧之间受到进一步破碎，然后被承击砧分流，分别进入两个相互对称的排料区，在由篦子和转子形成的下破碎腔内进行最终破碎，直至颗粒尺寸小于篦缝尺寸从机腔下部排出。双转子锤式破碎机示意如图 2-8 所示。

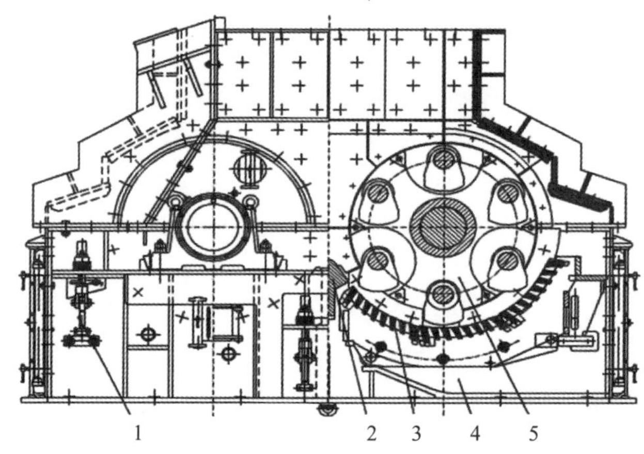

图 2-8　双转子锤式破碎机

1—篦子调节装置；2—承击砧；3—排料篦子；4—壳体；5—转子

华新旗下水泥原料矿山的破碎系统全部采用的是锤式破碎机系统。华新常用锤式破碎机参数见表 2-12。

表 2-12　华新常用锤式破碎机

矿山名称	破碎机型号	台产（t/h）	功率（kW）	出料粒度
宜昌松木坪	TKLPC®6001.HX	600	1×800	90% ≤ 25mm
襄阳黄家垭	LPC1020D22.HX	1200	2×800	90% < 25mm
阳新下韦山	TKPC®12002HX	1400	2×800	90% < 70mm
武穴大塘	TKPC10002.HX	1200	2×800	90% < 30mm

续表

矿山名称	破碎机型号	台产（t/h）	功率（kW）	出料粒度
赤壁南山	TKPC10002.HX	1200	2×800	90% < 40mm
郴州芒头岭	LPC1020D22.HX	1400	2×800	90% < 70mm

2.6.2 反击式破碎机

反击式破碎机利用冲击原理，通过回转板锤击打硬脆性矿石，如粉砂岩、砂岩、花岗岩、玄武岩等，使之破碎，或通过各反击板的进一步碰撞而破碎。破碎比较大，可简化生产系统，产物多呈立方体，多适用于骨料生产。其特点如下：

（1）对高磨蚀性物料有较好适应性。

（2）板锤可换边使用，材质多样化。

（3）坚固、刚性转子。

（4）两道反击板 + 研磨板，优化破碎效果。

反击式破碎机转子高速旋转产生的冲击力破碎物料，转子的动力来源是由电动机带动小胶带轮，通过窄 V 带牵引带动与转子连成一体的大胶带轮而获得动能。当进入破碎机的物料（石灰石）到达转子回转范围时，物料受到板锤的打击，并被高速抛向反击板，再次受到冲击，然后又从反击板反弹到板锤，持续重复上述过程。在此过程中，还有物料之间的相互撞击作用。经过这一系列的打击、反弹和撞击，物料沿着自身固有的界面、层理、微小裂纹等薄弱面不断扩展、延伸，导致松散而破碎。当物料粒度小于均整板与板锤之间的间隙时，就被排出机外。考虑到设备工作中会有过载或铁质非破碎性物料进入，反击板设置了液压或弹簧退让功能，以保护破碎机。

反击式破碎机的破碎能力越来越大，如 HAZEMAG 的 HPI 2530，其喂料块度最大为 $3m^3$、出料粒度为 95% < 80mm 时，破碎能力在 2300~2500t/h。反击式破碎机示意如图 2-9 所示。

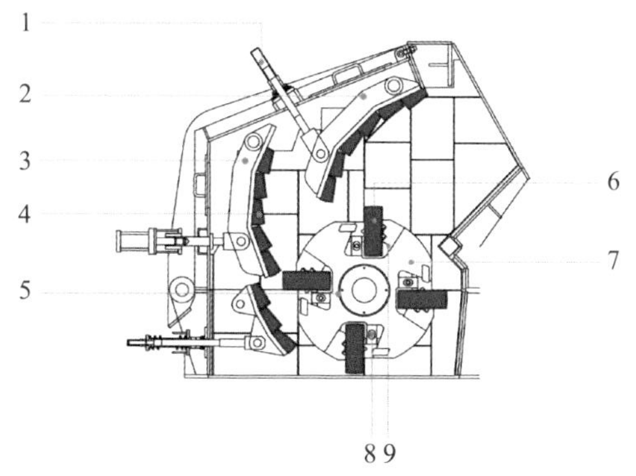

图 2-9 反击式破碎机

1—拉杆；2—前反击架；3—后反击架；4—反击衬板；5—主轴；6—板锤；7—转子架；8—锁紧块；9—压紧板

2.6.3 颚式破碎机

颚式破碎机在矿山、建材、基建等部门主要用作粗碎机和中碎机。按照进料口宽度大小分为大、中、小型三种。进料口宽度大于 600mm 的为大型机器，进料口宽度在 300~600mm 的为中型机，进料口宽度小于 300mm 的为小型机。颚式破碎机广泛应用于矿山、冶炼、建材、公路、铁路、水利和化学工业等众多部门，破碎抗压强度不超过 320MPa 的各种物料。

建材工业中采用的颚式破碎机一般为复摆颚式破碎机，主要用于破碎石灰石、石膏和砂岩等中等抗压强度不超过 250MPa 的脆性物料。

颚式破碎机的工作部分主要由定颚和动颚组成。当动颚由电动机通过胶带传动装置周期性地接近定颚时，借压碎作用而破碎物料。又因动颚、定颚上铺设的衬板都带有牙齿（后文简称齿板），故对物料兼有劈裂和折断作用。

颚式破碎机的特点如下：

（1）破碎腔深而且无死区，提高了进料能力与产量。

（2）其破碎比大，产品粒度均匀。

（3）垫片式排料口调整装置可靠方便，调节范围大，增加了设备的灵活性。

（4）润滑系统安全可靠，部件更换方便，设备维护保养简单。

（5）结构简单，工作可靠，运营费用低。单机设备节能 15%~30%，系统节能一倍以上。

（6）排料口调整范围大，可满足不同用户的要求。

（7）噪声低，粉尘少。

水泥矿山原料破碎工艺中，由于颚式破碎机出料很难直接达到生料磨入料要求，因此如果选择颚式破碎机，一般设计成两段破碎的破碎工艺，二段破碎搭配圆锥式破碎机或反击式破碎机进行。颚式破碎机示意如图 2-10 所示。

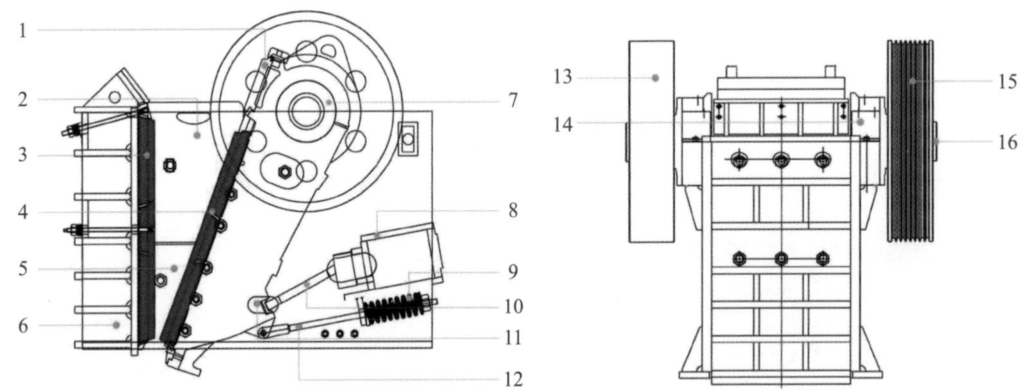

图 2-10　颚式破碎机

1—动颚护板；2—上边护板；3—固定颚板；4—活动颚板；5—下边护板；6—机架；7—动颚；8—调整座
9—弹簧；10—肘板；11—肘板垫；12—动颚拉杆；13—飞轮；14—轴承；15—槽轮；16—主轴

2.6.4 旋回式破碎机

旋回式破碎机也是一种挤压型原理的破碎机，由于其生产能力要比颚式破碎机高3~4倍，所以是大型矿山和其他工业部门粗碎各种坚硬物料的典型设备。相对于颚式破碎机而言，旋回式破碎机的优点是生产能力强，单位电耗较低，工作较平稳，适用于破碎片状物料，以及粗碎、中碎各种硬度的矿石。其缺点是结构复杂、价格较高、检修困难、维护保养费用高、机身高，使得厂房、基础建设费用增加。

旋回式破碎系统一般均要设置成两段破碎，旋回式破碎机＋圆锥式破碎机或反击式破碎机，二破之前可以增加预筛分系统，以减小二破的设备选型，根据原料情况，也可考虑一破之前是否增加预筛分，从而减小一破的型号，以减少投资成本。基本原则是满足下一工序要求的原料能提前筛除的，尽可能预先筛分出来，减少进入破碎机的不合格料，从而能够延长破碎机易损件的寿命，减少运行维护成本。

旋回式破碎机指是利用破碎锥在壳体内锥腔中的旋回运动，对物料产生挤压、劈裂、弯曲作用，粗碎各种硬度的矿石或岩石的大型破碎机械。其示意如图2-11所示。

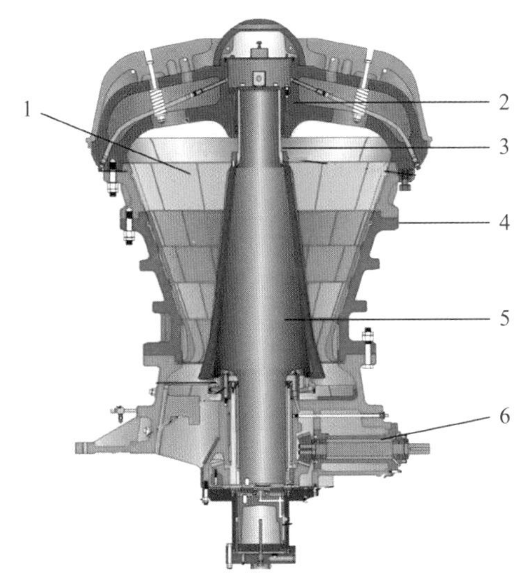

图2-11 旋回式破碎机

1—破碎腔；2—横梁；3—主轴；4—机架；5—动锥；6—齿轮

湖南韶峰水泥（原湘乡水泥厂）棋梓桥石灰石矿山20世纪90年代新建设了一套采用旋回式破碎机（初破，720t/h，出料粒度＜200mm）＋单段锤式破碎机（二破，350t/h×2，出料粒度＜25mm）的破碎系统。替代之前的“颚破”＋“锤破”（300t/h）的破碎系统。目前此系统还在使用中。除此之外，该公司还建设了一套“颚破”＋“反击破”的骨料生产系统（200万t/年）。

2.6.5 圆锥式破碎机

圆锥式破碎机广泛用于矿山行业、冶金行业、建筑行业、筑路行业、化学行业及硅酸盐行业，适用于破碎坚硬与中硬矿石及岩石，如铁矿石、石灰石、铜矿石、石英、花岗岩、砂岩等。圆锥式破碎机具有破碎力大、效率高、处理量高、动作成本低、调整方便、使用经济等特点。由于零件选材与结构设计合理，故使用寿命长，而破碎产品的粒度均匀，减少了循环负荷，在中大规格破碎机中，采用了液压清腔系统，减少了停机时间，且每种规格的破碎机腔型多，用户可根据不同的需要选择不同的腔型，以更好地适应用户需要。

圆锥式破碎机采用挤压原理工作，多用于多段破碎系统的二破，物料通过给料斗进入由动锥衬板和定锥衬板组成的破碎腔。电动机通过水平轴和一对伞齿轮带动偏心轴套旋转，破碎圆锥轴心线在偏心轴套的带动下摆动，使得动锥衬板表面时而靠近又时而离开定锥衬板的表面，从而使给入到破碎腔内的物料在破碎腔内不断地受到挤压和弯曲而被破碎。

需要特别指出的是，只有满腔破碎时，才能实现物料与物料间的层压破碎原理。采用挤满给料方式产量更大，产品粒度更细、更均匀，能耗明显地降低。其示意如图 2-12 所示。

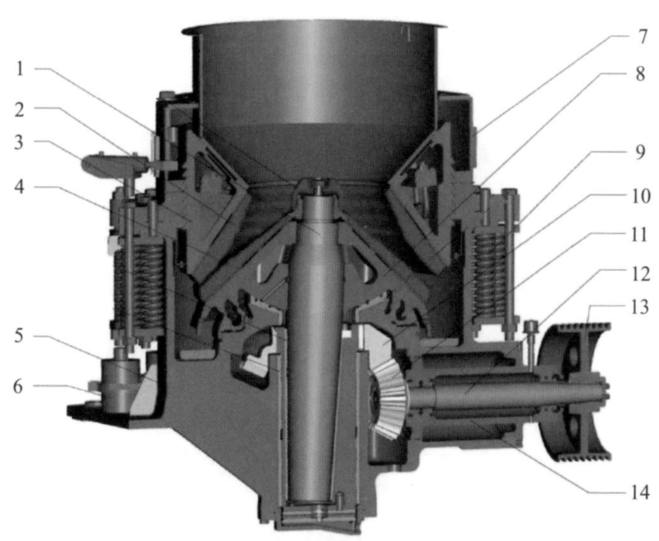

图 2-12　圆锥式破碎机

1—主轴；2—定齿板；3—上室；4—动齿板；5—机架；6—清腔油缸；7—帽架；8—锥体芯；9—释放弹簧；10—大锥齿轮；11—小锥齿轮；12—传动轴；13—主机带轮；14—传动轴架

总之，选择合适的破碎设备，匹配合理的机型，首先要确定生产线生产规模，需要比较全面地研究了解被加工物料的性质。例如，矿石的强度、硬度、易碎性、金属磨耗性、水分、黏塑性、夹杂物的类型及含量，以及当地的自然气象条件等。

喂料设备作为破碎机的辅助设备，要根据具体项目、所选择的破碎机来选定合适的匹配喂料机型、喂料设备的长度、倾斜角度、电机功率配置等。喂料设备由电动机通过减速机驱动运转。

水泥灰岩矿山中，考虑到资源的综合利用，需要将剥离的岩石作为建筑骨料使用，矿山也会配置小功率的移动破碎设备。动力来源主要是柴油发电机。

也可配置筛分机，用于将采场的土夹石通过筛分进行土夹石分离。筛分机的动力来源一般也是来自于柴油发电机。

这些设备消耗的柴油属于矿山的直接碳排放源。当矿山发生这些工序作业时，可将其作业消耗的柴油计入辅助作业的直接碳排放源。

2.7 水泥矿山近年使用的其他破碎工艺技术

2.7.1 混合破碎

混合破碎指水泥生产中两种原料按一定的比例送入一台破碎机进行破碎的生产工艺。常见的混合破碎有石灰石与泥灰岩、石灰石与页岩、石灰石与黏土等。其中石灰石和黏土的混合破碎是两种物性不同的原料混合在一起的破碎，尤其是掺入塑性高、水分大的泥料时，破碎难度更大。但是这种混合破碎也带来如下的益处：在破碎进程中石灰石碎料被湿料包裹，粉尘减少，形成的碎石与湿土拌和料的黏性减小，流动性增加，减轻了溜槽的堵塞，便于胶带输送机输送，改善了物料在预均化堆场中堆存和挖取的性能。若将这种黏土单独加工，不仅需要另添一套设备，而且它的运输、堆存和挖取都十分困难，实际生产中会出现黏土已经破碎，在后继的运输、堆存进程中又黏结压实，严重影响生产的事例。

混合破碎可以减少乃至免去石灰石表土的剥离，矿石资源的利用更充分。两种原料一并加工减少了一套加工系统的建设和经营费用，取得了较好的社会和经济效益。

混合破碎需要解决连续出料的技术问题，以确保出料粒度满足入磨的要求，避免破碎机腔堵塞，保证整个系统运行通畅。因此，从料仓起的整个系统都要作专门的设计，包括料仓形状、结构，破碎前泥团的切碎，机体内部乃至漏斗、溜槽等的特殊处置。

如广州越堡水泥公司6000t/d生产线，矿山位于花都区炭步镇辖区，矿床位于洪水冲击平地，地势低洼，矿区地表大部分为鱼塘，石灰岩层的初采标高已低于海平面。其上部的第四纪覆盖层平均厚15.87m，最厚30.82m，总量达2800万m^3，覆盖物主要是黏土、淤泥和砂层。当地没有堆置这些覆盖物的场地，而它们的化学成分又符合配料要求。黏土和淤泥即使均匀混合，其水分也高达27%左右，因其很高的水分和塑性，单独处理不仅需要另增一套破碎系统，又因为这种物料不能用胶带输送机运输，所以需要专门的运输车辆，但较高的水分和塑性引起的压实性，在厂内存放和挖取均很困难。可见另建一套加工系统不仅投资高，而且使用中困难重重，工厂无法正常生产。将黏土掺入石灰石一并破碎是一种新的加工方法，掺入的黏土在破碎过程中被石粉和碎粒石料拌和，其塑性和黏附性大大减轻，物性发生改变。因此，加工后的这种混合料可用传统的胶带输送机运输，同时后续的存取工作也不困难。

石灰石和黏土都各有1台给料机，石灰石用量占总量的80%左右，其卸料坑、给料机与破碎机居于同一轴线上，称为主轴线，此给料机也称主给料机；黏土用量较少，其卸料坑和给料机居于侧面，并与主轴线垂直，它将黏土喂到石灰石给料机的前段。由此，将黏土铺到主给料机的石灰石上面，一并送入破碎机。两台给料机均由变频调速电机驱动，由在线分析装置测出混合料的化学成分之后，对两种原料的配比进行自动调节，以确保混合料的成分。

2.7.2 移动破碎

随着露天开采规模的扩大，传统的开采工艺需要很多大型挖掘机和运输车辆，使得组织生产十分繁杂。而持续和半持续开采工艺的应用则可以取得显著的节能效果和可观的经济效益。

关于开采工艺，轮斗挖掘机→胶带输送机→排土机生产为持续式工艺；单斗挖掘机→破碎机→胶带输送机生产称为半持续式工艺；把单斗挖掘机→卡车生产称为间断式工艺。持续式工艺只适用于可以直接挖取的软岩，应用范围很有限。而硬岩和半硬岩更适于半持续式工艺。半持续式工艺的关键设备——破碎站既可以设在坑内，也可以设在地表；既可以是固定的，也可以是半固定的或移动式的。

生产水泥的主要原料——石灰石，绝大多数属于硬岩和半硬岩，它们都难以利用轮斗铲直接挖取。推行以电代油的标志性办法是少用或不用汽车，多用胶带输送机运输矿石，这需要把破碎机搬进采矿场。因此，破碎站的形式和设置位置成为水泥矿山采用哪一种生产工艺的关键。

挖掘机将大块矿石破碎成碎石后，再用胶带输送机运输，不用汽车运输，从而大大节省了人力和燃料。移动破碎也因此取得了迅速扩展，出现了多种类型移动方式和利用各类破碎机来适应不同的生产条件。

2.7.2.1 移动式破碎机的类别及性能

移动式破碎机，除破碎机外，还带有进出料装置及配套设施，按移动功能的不同可分为全移动（Fully-mobile）、半移动（Semi-mobile）和可搬式（Portable）。三种破碎站的利用条件各不相同，需要从多个方面考虑以后才能选定。

（1）全移动破碎站

全移动破碎站又称为自行式破碎站，按行走方式可分为履带式、胶轮式和步行式三种。三种行走方式的灵活性不一样，因此用途也不同。履带式可以跟随挖掘机工作，可是机体笨重，受到制约，能力不强。胶轮式和步行式还不能做到跟随挖掘机作业，它们只能在相对固定的条件下工作，生产能力较强。自行式破碎站的总体特征是一个功能完整的单体，进料和出料均在同一个平台上，简称为“平进平出”。

（2）半移动破碎站

该种类型破碎站需要借助外力才能移动。有的能够在同一平台上进料和出料，有的需要在上一平台进料，在主机平台出料，简称为“平进平出”和“上进平出”。前者可以在任何可达到的位置上利用，而后者则要利用一个台阶，它的位置有必然的限制。“上进平出”的破碎站因为利用了一个台阶的高度，料仓容积增大、给料机长度缩短，更适于大型矿山利用。

半移动破碎站有轨道上的破碎站、平板拖车上的破碎站和驮迁式破碎站。大型半移动破碎站一般多用驮迁式搬迁。为了便于搬迁，常将它分离成数个单体。例如料仓和给料机组成一个单体，破碎机为一个单体，出料胶带输送机为一个单体，从而使每一个搬迁单体的质量降低。由于驮运车价钱昂贵、利用率低，有些矿山也采用其他方式搬迁。

半移动破碎站是浮架在地面，不需要坚实的混凝土基础，对地面的承载能力一般不低于 250kPa 即可利用。

（3）可搬式破碎站

它又称组装式破碎站，是一种介于固定式破碎站和移动式破碎站之间的结构，可在搬迁不频繁（两三年以上）的情况下利用。它们可拆散成若干大件，其尺寸和质量符合吊车的起吊能力和拖车的承载能力。搬迁一次花费的时间视事前准备情况、拆散程度、搬迁路程长短及组织情况而定。

2.7.2.2 各类移动式破碎站的利用方式

按照水泥用石灰石矿山的特点，以下常见的三种移动破碎站类型和适用条件，可供参考（表 2-13）。设备布置图如图 2-13 所示。

表 2-13 各类移动式破碎站的利用方式

破碎方式	破碎站形式	矿石质量	采场平面形状	工作台阶数	装载设备类型	单线生产规模（万 t/a）
随行式	横置 履带式	质量均匀 无搭配要求	形状规整，便于铺设工作面胶带输送机	1	单斗挖掘机（1 台工作）	可达 360
围绕装料式	胶轮式 步行式 履带式	质量均匀 无搭配要求（一般）	规整性不如前者严格，但要能铺设工作面胶带输送机	1	轮式装载机（2 台工作，有效活动半径 50m）	600~1000
车辆供料式	驮迁式 组装式	不限	不限	不限	不限	可达 2000 或更大

图 2-13 采场移动破碎设备布置示意图

不管是固定式破碎站还是移动式破碎站，破碎系统消耗的能源主要是电力，属于间接碳排放源。

2.8 胶带输送

胶带输送机是水泥原料矿山将破碎后的矿石从矿山运输到水泥工厂常用的输送设备，具有输送工艺连续、效率高、输送能力强、成本低等特点。输送距离可根据实际需要确定。

胶带输送机运输物料的最大坡度应根据输送物料的性质、作业环境条件、胶带类型、带速及控制方式等因素综合确定，且应符合下列规定：

（1）向上运输物料时不应大于 15°。

（2）向下运输物料时不应大于 12°。

（3）输送的物料流动性较大时，应减小胶带输送机倾角。

（4）向上运输物料、要求坡度更大时，应采用大倾角胶带输送机。

目前，水泥原料矿山常用的胶带机宽度一般在 800~1600mm，最大的带宽 2400mm，带速达到 5m/s，输送能力达到 4800t/h。

靠电力驱动的胶带机输送，运行成本一般低于通过车辆运输的成本，特别是对于远距离的矿石运输。但胶带机的输送系统建设成本较高，对于开采规模较小的矿山来说，建设胶带机运输或公路运输，需要进行详细的技术经济比较。矿山开采规模较大，即使运输距离较远，建设长距离的胶带输送系统也是可行的。如广东华润封开石灰石矿山的石灰石进厂输送胶带机，小时运力达到 2000t/h，长度达到 40km。

当下行胶带输送矿石重力的分力大于胶带机本身运行的摩擦力，电机转速超过其本身同步转速时，电机将反馈发出电能并产生制动力，以限制电机转速的持续升高，即将矿石下山的势能通过电机转化为电能并反馈给内部电网，供矿山其他设备使用，以达到节约电能的目的。

胶带输送消耗的能源是电力，属于间接碳排放源。水泥灰岩矿山中，考虑到综合利用，需要剥离的岩石作为建筑骨料使用，矿山配置小功率的移动破碎设备。动力来源主要是柴油发电机，或配置筛分机，用于将采场的土夹石通过筛分进行土夹石分离。筛分机的动力来源一般来自于柴油发电机。这些设备消耗的柴油属于矿山的直接碳排放源。当矿山发生这些工序作业时，可将其作业消耗的柴油计入辅助作业的直接碳排放源。

2.9 水泥原料矿山碳排放的计算

水泥原料矿山在开采过程中，其开采和破碎工序使用的设备等都需要消耗化石能源，例如汽油 / 柴油、电力，在消耗的过程中会产生大量的碳排放；爆破工艺使用的炸药在爆炸过程中也因燃烧爆炸产生氮氧化合物等气体。常用主要开采设备及消耗能源种类见表 2-14。

表 2-14 常用主要开采设备及消耗能源种类

工序设备	常用规格型号	能源种类	碳排放源
穿孔设备	分体式：孔径 90~150mm，如 ROCD45、ZG545 等	柴油或电力（电力用于固定空压机站）	直接 / 间接
	一体化潜孔钻机：孔径 120~165mm，如 ROCD55、ZG460、ZG470、SWDB138 等	柴油；部分可根据需要改为电动	直接 / 间接
	顶锤钻机：D7、ZG550、DX700、CHA660 等	柴油	直接
	牙轮钻机：DM45、KY250/310 等	柴油或电动	直接 / 间接
爆破作业设备	炸药		直接
装载设备	液压挖掘机：CAT、VOLVO、KAMATSU、徐工、三一等 20~100t 级对于 1~7m^3 斗容	柴油	直接
	轮式装载机：CAT988/986、WA600、VOLVO330E 等 6~7m^3；XG50\LG530 等 2~3m^3	柴油	直接
运输设备	CAT77 系列、TEREX 的 TR 系列，宇通、同力、潍柴的宽体车系列，40~100t	刚性车辆目前多为柴油；宽体车系列有柴油和新能源两种类型	直接 / 间接
辅助设备	混装车、推土机、破碎锤、平地机、洒水车、加油车、通勤车	柴油	直接
破碎及输送设备	板喂机、破碎机、收尘器、除铁器、胶带机、液压站等	电力	间接
其他	维修、机械排水、照明、生活用电	电力	间接

2.9.1 露天矿山碳排放方式和碳排放因子的确定

露天矿山的碳排放源分为直接碳排放源和间接碳排放源。

直接碳排放源包括矿山在剥离、开采、运输、装卸及植被恢复（造地）过程中使用机械设备所消耗柴油或汽油带来的碳排放；矿山开采中爆破作业使用炸药产生的碳排放。一座千万吨级水泥原料矿山，每年消耗的柴油在 2000t 以上，硝酸铵类炸药在 1500~2000t 之间。雷管主要有非电导爆管雷管和电子雷管。随着更为安全的电子雷管的推广，非电导爆管雷管也逐渐被替代。

间接碳排放源是指为了满足露天矿山的作业而排放的属于其他公司拥有或控制的碳排放源。如电力消耗属于间接碳排放源。

水泥原料矿山绝大部分为山坡露天矿山，建设周期和达产时间短，特别是主要原料的石灰石矿山，开采规模大，采用的机械装备一般是以柴油为燃料的工程机械，电力设备不多，在核算间接碳排放源中多以矿石破碎工序中电力使用为主，生活用电量也可统一计入破碎系统。

有些矿山采用固定式空压机站，供钻机穿孔使用。穿孔消耗的电力也纳入间接碳排放源。

随着节能减排、绿色矿山的建设，新能源设备也越来越多，如新能源宽体矿车、新能源通勤车等，为新能源车配套建设的充电站消耗的能源也纳入间接碳排放源。

矿石破碎后经厂矿铁路运输到工厂加工、煅烧的，也要将机车消耗的柴油或电力分别计入直接或间接碳排放源。

为开采发生的剥离工程，其“穿爆铲运”各工序发生的燃油和电能消耗，对应计入直接或间接碳排放源。

根据上述分析的水泥原料矿山的碳排放源可知，需要确定的碳排放因子包括柴油碳排放因子、汽油碳排放因子、炸药碳排放因子和电力碳排放因子。

2.9.1.1 接排放源：柴油、汽油

柴油不仅是露天采矿的主要成本组成部分，更是露天矿山碳排放的直接排放源。燃油产生的温室气体主要有 CO_2、N_2O、CH_4 三种温室气体。虽然 N_2O 的绝对排放量与 CO_2 相比甚至可以忽略不计，但单位体积 N_2O 产生的温室气体是 CO_2 的 310 倍，所以在计算燃油产生的碳排放时需要计算 N_2O 和 CH_4 碳排放当量。燃料燃烧的缺省排放因子见表 2-15。

表 2-15　燃料燃烧的缺省排放因子

燃料类型	CO_2 排放因子缺省值（$\times10^{-4}$）	CH_4 排放因子缺省值（$\times10^{-4}$）	N_2O 排放因子缺省值（$\times10^{-4}$）
车用汽油	3.07	1.3290	0.2658
煤油	3.15	1.3140	0.2628
汽油 / 柴油	3.19	1.2900	0.2580
残留燃料油	3.13	1.2120	0.2424

注：参考《2006 年 IPCC 国家温室气体清单指南》中碳排放因子的计算方法，以及 IPCC 第四次评估报告《气候变化 2007》中的全球各增温潜势值，燃料燃烧的缺省碳排放因子汽油、柴油的排放因子值为 E_{cy}=3.2t/t

2.9.1.2 直接碳排放源：炸药

矿山开采常用硝铵炸药、铵油炸药和乳化炸药，这些都是硝铵类炸药，主要成分是硝酸铵。

硝铵炸药主要是正氧平衡炸药（正氧平衡指炸药内的含氧量指将可燃元素充分氧化之后仍有剩余），在爆炸时则生成大量的氧化氮气体。剩余的氧和氮气在高温下生成多种氮氧化物，这些氮氧化物多是有毒气体，会引起气体的污染。

铵油炸药为负氧平衡炸药，化学反应中因为氧量不够，可燃元素未能充分氧化，将会产生 CO 气体，甚至形成固态碳。

为解决这些问题，露天矿山用炸药加入了柴油、沥青、石蜡等可燃物，以消耗炸药自身氧的富余量，同时带来温室气体的排放。

目前，大多采用威尔逊 Brinkly-Wilson 方法（简称 B-W 方法）计算得出硝铵碳排放因子。露天矿山常用炸药碳排放因子见表 2-16。

水泥原料矿山爆破施工采用岩石硝铵炸药、铵油炸药、乳化炸药等。计算时根据采用的炸药品种选取对应的碳排放因子进行计算。

爆破器材雷管中有延期药、起爆药等，药量极小，在计算碳排放时可不考虑。

采用现场混装炸药车进行施工作业时，车辆消耗的柴油也应将其消耗的柴油计入碳排放。

表 2-16 露天矿山常用炸药碳排放因子

炸药名称	氧平衡	炸药类型	EFb 碳平衡法	Brinkly-Wilson
2 号岩石硝铵炸药	正氧	一类	0.2222	0.2222
铵油炸药	负氧	二类	0.1986	0.1768
抗水铵油炸药	正氧	一类	0.1854	0.1854
露天铵油炸药	负氧	二类	0.2269	0.1888

炸药的碳排放因子以 E_{zyi} 表示。其中：i 表示采用的各类炸药。如采用两种以上炸药时，分别以 E_{zy1}、E_{zy2}……表示，计算碳排放时分别以不同炸药消耗量乘以对应碳排放因子。

2.9.1.3 间接碳排放因子确定

间接碳排放源来自矿山开采作业中电力的使用，如破碎及胶带输送工序中消耗的电力，也有少数矿山采用电动固定式空压机站供给钻机穿孔用压缩空气，或用电铲进行装载作业。这些工序消耗的电力对应计入穿孔或铲装工序的电力消耗，计算碳排放时都计入间接碳排放源。

新能源车辆消耗的电力，计入间接碳排放源。

矿山开采过程中涉及生产控制系统、维修、工作场所照明等消耗的电力，也要计算并计入间接碳排放源。

对于凹陷露天矿山或部分矿山开采后期有凹陷开采情况，需要建设抽水泵站。抽排水消耗的电力计入间接碳排放源。

电力的碳排放因子取决于发电过程。发电形式有多种，主要有火电、水电、核电，还有其他形式的发电，如太阳能发电、生物质发电、风力发电等，火力发电仍是我国目前的主体电力来源，约占 80%。

2015 全国电网平均碳排放因子为 0.6101tCO_2/MW·h，该数据主要用于参与全国市场交易企业的碳排放，来源于温室气体排放补充数据表，是全国企业采用的统一平均碳排放因子，电力的间接碳排放因子 E_{dl}=0.6101tCO_2/MW·h。

2.9.2 碳排放计算方法

水泥原料露天矿山的碳排放源存在于其各个生产开采工序，按照不同生产环节对碳排放源进行识别和计算。

2.9.2.1 穿孔作业的总碳排放 $F_d(t)$

穿孔作业的总碳排放量按下式：

$$F_d=F_{dz}+F_{dj}$$

式中 F_{dz}——穿孔作业总直接排放量，t；

F_{dj}——穿孔作业总间接排放量，t。

其中：

$$F_{dz}=E_{cy}\times Q_{cy}$$

$$F_{dj}=E_{dl}\times P_{dd}$$

式中　E_{cy}——汽油、柴油的碳排放因子，取值为 3.2tCO_2/t；

Q_{cy}——穿孔作业汽油、柴油消耗量，t；

E_{dl}——电力的碳排放因子，取值为 0.6101tCO_2/MW・h；

P_{dd}——穿孔作业的电力消耗，MW・h。

注：穿孔作业的电力消耗包括穿孔工序中使用电力或新能源设备，以及固定空压机站的电力消耗；没有发生时，则该工序的间接碳排放量为零。

2.9.2.2　爆破作业的总碳排放 $F_b(t)$

爆破作业的总排放量按下式：

$$F_b=F_{bz}+F_{bm}$$

式中　F_{bz}——爆破作业炸药总直接碳排放量，t；

F_{bm}——爆破作业施工设备汽油、柴油碳排放量，t。

F_{bz} 计算按下式：

$$F_{bz}=E_{zy1}\times Q_{zy1}+E_{zy2}\times Q_{zy2}+\cdots+E_{zyi}\times Q_{zyi}$$

E_{zyi}——不同类型炸药的碳排放因子，tCO_2/t；

Q_{zyi}——不同炸药消耗量，t。

F_{bm} 计算按下式：

$$F_{bm}=E_{cy}\times Q_{by}$$

式中　Q_{by}——爆破施工作业的设备柴油消耗，t；

E_{cy}——汽油、柴油的碳排放因子，取值为 3.2tCO_2/t。

2.9.2.3　铲装作业的总碳排放 $F_l(t)$

铲装工序的总碳排放量按下式：

$$F_l=F_{lz}+F_{lj}$$

式中　F_{lz}——铲装作业总直接碳排放量，t；

F_{lj}——铲装作业总间接碳排放量，t。

F_{lz} 按下式计算：

$$F_{lz}=E_{cy}\times Q_{ly}$$

E_{cy}——汽油、柴油的碳排放因子，取值为 3.2tCO_2/t；

Q_{ly}——铲装作业汽、柴油消耗量，t。

F_{lj} 按下式计算：

$$F_{lj}=E_{dl}\times P_{ld}$$

式中　E_{dl}——电力的碳排放因子，取值为 0.6101tCO_2/MW・h

P_{ld}——铲装作业的电力消耗，MW·h。

注：铲装作业的电力消耗包括铲装工序中使用电力或新能源设备的电力消耗；没有发生时，则该工序的间接碳排放量为零。

2.9.2.4　运输作业的总碳排放 $F_h(t)$

运输作业的总碳排放量按下式：

$$F_h=F_{hz}+F_{hj}$$

式中　F_{hz}——铲装作业总直接碳排放量，t；

F_{hj}——运输作业总间接碳排放量，t。

F_{hz} 按下式计算：

$$F_{hz}=E_{cy}\times Q_{hy}$$

E_{cy}——汽油、柴油的碳排放因子，取值为 3.2tCO_2/t；

Q_{hy}——运输作业汽、柴油消耗量，t。

F_{hj} 按下式计算：

$$F_{hj}=E_{dl}\times P_{hd}$$

式中　E_{dl}——电力的碳排放因子，取值为 0.6101tCO_2/MW·h；

P_{hd}——铲装作业的电力消耗，MW·h。

注：运输作业的电力消耗主要是运输工序中新能源矿车设备的电力消耗。

2.9.2.5　破碎及胶带输送作业的总碳排放 $F_c(t)$

破碎输送工序的总碳排放量来自于电力消耗，计算式：

$$F_c=E_{dl}\times P_{cd}$$

式中　E_{dl}——电力的碳排放因子，取值为 0.6101tCO_2/MW·h；

P_{cd}——矿山破碎输送工序的电力消耗，MW·h。

2.9.2.6　辅助作业的总碳排放 $F_a(t)$

辅助作业的碳排放主要发生在为开采服务的辅助设施和设备，如加油车、洒水车、通勤指挥车辆以及柴油动力的移动破碎、移动筛分机的汽油、柴油消耗。

$$F_a=E_{cy}\times Q_{ay}$$

式中　E_{cy}——汽油、柴油的碳排放因子，取值为 3.2tCO_2/t；

Q_{ay}——辅助设备的汽油、柴油消耗，t。

2.9.3　矿山碳排放总量 $F_Q(t)$

矿山碳排放总量为矿山开采各工序的直接和间接碳排放总和。

$$F_Q=F_d+F_b+F_l+F_h+F_c+F_a$$

式中　F_d——穿孔作业的总碳排放，t；

F_b——爆破作业的总碳排放，t；

F_l——铲装作业的总碳排放，t；

F_h——运输作业的总碳排放，t；

F_c——破碎作业的总碳排放，t；

F_a——辅助作业的总碳排放，t。

具体计算参见 2.9.2 节。

2.9.4 矿山开采的碳排放值计算案例

以华新旗下矿山 2018—2020 年的矿山开采环节的开采设备及各工序吨石灰石柴油消耗和炸药单耗、破碎电耗统计计算碳排放为例。

① 公路—固定式（半固定式）破碎站运输—胶带输送开拓运输。如黄家垭石灰石矿山、香炉山石灰石矿山、小溪村石灰石矿山等，运输距离在 1.5km 以内。吨矿石消耗及碳排放统计计算见表 2-17。

表 2-17　吨矿石消耗及碳排放统计计算

矿山	黄家垭矿				香炉山矿				小溪村矿			
	2020 年	2019 年	2018 年	加权平均	2020 年	2019 年	2018 年	加权平均	2020 年	2019 年	2018 年	加权平均
柴油	0.187	0.212	0.237	0.237	0.235	0.250	0.266	0.250	0.234	0.243	0.238	0.238
炸药	0.142	0.155	0.164	0.153	0.190	0.190	0.194	0.191	0.171	0.186	0.189	0.182
电力	0.954	0.749	0.814	0.842	0.617	0.585	0.626	0.609	1.454	1.431	1.449	1.444
产量 Q	320	299	270		242	241	220		258	281	244	
q	1.299				1.205				1.675			

注：其中柴油消耗单位为 kg/t，炸药消耗为 kg/t，电力消耗为 kW · h/t，产量单位为万 t。炸药采用硝铵炸药 0.1768t/t（kg/kg）碳排放因子计算，q 表示吨矿石碳排放计算值，kg/t。下同。

总体来讲，公路—固定（半固定）地面破碎站—胶带输送开拓系统的矿山，运距差异不大时，其柴油消耗接近；矿山的炸药单耗与岩石物理性质、推进方向以及当地炸药品种和性能等有关；破碎机输送电力消耗也因破碎机型、出料粒度、胶带输送等不同而有较大的差异。如小溪村矿山下山胶带坡度大，制动风险大，生产时破碎机限产，故破碎系统电力消耗较高。这些变化都带来吨矿石碳排放的差异。

② 公路—溜井平硐（硐内破碎）—胶带输送开拓运输，一般用于岩质坚硬，比高大于 150m 以上矿山。如和尚堡石灰石矿山、钻沟石灰石矿山。吨矿石消耗及碳排放统计计算见表 2-18。

表 2-18　吨矿石消耗及碳排放统计计算

矿山	和尚堡矿				钻沟矿			
	2020 年	2019 年	2018 年	加权平均	2020 年	2019 年	2018 年	加权平均
柴油	0.155	0.195	0.213	0.185	0.264	0.225	0.267	0.251
炸药	0.142	0.139	0.145	0.142	0.182	0.178	0.193	0.184

续表

矿山	和尚堡矿				钻沟矿			
	2020 年	2019 年	2018 年	加权平均	2020 年	2019 年	2018 年	加权平均
电力	0.309	0.197	0.481	0.325	0.826	0.748	0.806	0.792
产量	262	212	202		165	180	155	
CO_2	0.815				1.319			

采用公路—竖井平硐系统—硐内破碎—胶带输送的开拓系统，由于运输距离缩短，吨矿石柴油消耗较低。和尚堡矿山体现尤为突出，这些都带来碳排放的减少。

和尚堡矿山的下山胶带发电带来的节电效果显著，其吨矿石的破碎电耗较其他矿山都低很多。其中在 2018 年窑线对破碎粒度有更高要求，破碎机的电耗达到 0.481kW · h 的高值。

钻沟矿山由于 2020 年竖井降段工作没有跟上，发生重载上坡运输问题，柴油消耗较 2019 年有所上升。其相关数据见表 2-19。

表 2-19　2018—2020 年矿山吨矿石平均碳排放值比较

矿山	碳排放量（$kgCO_2/t$）	开拓系统情况
黄家垭矿	1.299	公路—固定式（半固定式）破碎站—胶带输送开拓运输； 运输距离＜ 1.5km
香炉山矿	1.205	
小溪村矿	1.675	
和尚堡矿	0.815	公路—溜井平硐—硐内破碎—胶带输送开拓运输
钻沟矿	1.319	

统计 2018—2020 年部分矿山的柴油、炸药、电力消耗见表 2-20，参考上述方法，计算碳排放值及碳排放总量。

表 2-20　石灰石开采破碎碳排放量计算案例

年份	开采量（万 t）	柴油消耗（kg/t）	炸药消耗（kg/t）	破碎电耗（kW · h/t）	碳排放值（$tCO_2 \times 10^{-3}/t$）	碳排放总量（t）
2018	9410	0.268	0.171	0.905	1.455	136915
2019	9998	0.253	0.170	0.861	1.379	137872
2020	11440	0.238	0.158	0.882	1.341	153410
2018—2020 年平均	—	0.253	0.166	0.883	1.392	

按开采设备类型，根据生产运营统计吨矿石燃油消耗值及相关数据见表 2-21、表 2-22。

表 2-21　不同设备类型的石灰石开采破碎碳排放量计算案例

设备类型	吨矿石燃油消耗（kg/t）及碳排放值（$kgCO_2/t$）				
	最大值	最小值	平均值	碳排放值	备注
钻机	0.042	0.0252	0.0336	0.108	潜孔钻机，D=140~152mm
挖掘机	0.0924	0.0756	0.084	0.269	斗容 $3.5m^3$
装载机	0.084	0.0588	0.084	0.269	斗容 $6.0m^3$
自卸矿车	0.084	0.0504	0.0672	0.215	28~45t 刚性车，40/60t 宽体车

注：车燃油消耗值单位为 kg/(t · km)，计算的碳排放值为 $kgCO_2/(t \cdot km)$。据新能源车在黄家垭矿山测试数据，1.5km 运距，60t 载重量的新能源矿车，电力消耗为 0.05kW · h/(t · km)，其间接碳排放值为 $0.05 \times 0.6101=0.031kgCO_2/(t \cdot km)$。

表 2-22　按工序计算典型矿山的柴油及电力消耗及碳排放的均值（吨石灰石）

工序	消耗值（均值）	碳排放值（kg）	占比（%）	备注
穿孔	0.04kg/t	0.128	9.29	
爆破	0.166kg/t	0.029	2.10	
铲装	0.09kg/t	0.288	20.90	
运输	0.113kg/t	0.362	26.27	$0.123kgCO_2$（电动卡车）
辅助作业	0.01kg/t	0.032	2.32	
破碎	0.883kW · h/t	0.539	39.11	
合计		1.378	100	

注：辅助作业柴油消耗包含了洒水车、加油车、通勤及生产指挥等辅助车辆的柴油消耗，炸药的消耗单位为 kg/t，破碎消耗单位为 kW · h/h，柴油消耗单位为 kg/t。

吨石灰石开采的碳排放比例如图 2-14 所示。

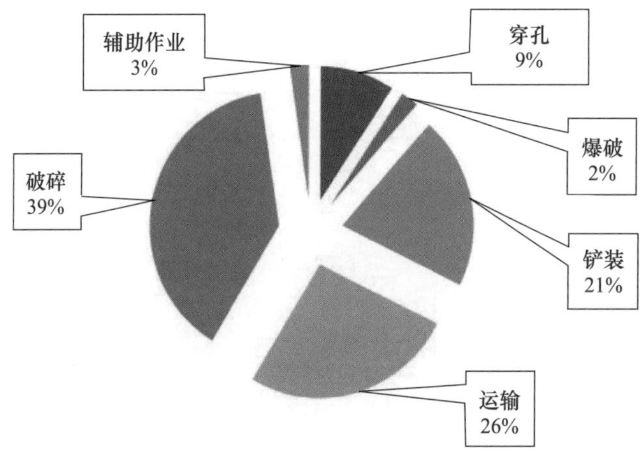

图 2-14　吨石灰石开采的碳排放比例

2.10 露天矿山碳排放源的减排途径

根据工序消耗计算碳排放量，可见华新原料矿山在开采过程中，燃油消耗带来的直接碳排放占总排放量的 59%，由电力消耗引起的间接碳排放占 39%；炸药的使用带来的碳排放占 2%。

降低直接碳排放源的消耗是矿山碳排放源减排的有效途径。选择合适的矿山开拓系统以及技术先进、性能领先的开采机械设备，能有效地降低直接的碳排放。

（1）选择合适的露天开采工艺

水泥原料矿山多采用半连续开采工艺，即采掘、矿车运输的间断工艺 + 破碎机和连续的胶带输送工艺。对于新建矿山，考虑破碎系统在满足规范情况下尽量靠近采场或采用块石垂直运输的溜井方式以缩短采场的矿车运输距离。

对于运营中的矿山，一方面随着开采标高的降低，运输距离缩短；另一方面充分利用采场工作面修建采场内部平台间联络道路，缩短运距以达到碳减排的目的。

（2）柴油碳减排

柴油碳减排，一方面是降低柴油单耗，另一方面是在不影响设备功率、不降低效率情况下使用生物柴油，从而降低柴油碳排放因子，达到减排目标。

降低柴油消耗途径：

① 采用高性能开采装备，提高装备技术水平，提高燃油热效率。如使用潜孔钻机，24MPa 高风压钻机穿孔效率平均可达到 30m 左右，是 14~17MPa 中风压钻机效率的 2 倍，每 1m 钻孔的柴油消耗由 3.2L/m 降低到 1.8~2L/m（140~150mm 孔径）。大型矿用车辆的使用也能降低柴油消耗，达到碳减排目标。

② 新能源车辆运用。对于重载运输下坡的矿山，以及运距 0.5km 以上的矿山，采用新能源矿用车辆。在黄家垭石灰石矿山测试的新能源矿车消耗为 0.05kW・h/t・km 对应的碳排放（0.00301kgCO_2/t・km），相对于柴油车 0.05~0.09kg/t・km 的柴油消耗对应的碳排放（0.16~0.29kgCO_2/t・km），减碳明显。

③ 利用下山胶带输送发电，减少电力消耗，如和尚堡矿山下山胶带输送系统，从 520~182m 破碎输送系统的电力消耗低至 0.3kW・h/t，按照目前每年 260 万 t 开采规模，每年降碳 1300t。

④ 炸药性能改进。雨季时使用乳化炸药，爆破装药效果更好，带来炸药单耗的降低。

⑤ 改善爆破效果，提高铲运设备效率。降低大块率，爆落石块级配合理，减少二次破碎工作量，提高破碎设备效率，降低破碎电耗。

⑥ 运输道路条件改善，提高矿车效率，降低运输工序柴油消耗。

⑦ 对于开采规模较大、工作面宽度较宽的成熟矿山，可以推广油改电，将燃油设备改为电力动力设备，如钻机、电铲等。

⑧ 采用移动式破碎的半连续开采工艺，缩短采场到破碎系统的运输距离，降低柴油消耗。

⑨ 建设生产智能调度系统。优化生产组织，对车铲匹配进行优化，减少车辆等待

时间。

⑩ 提高操作员技能水平。据研究操作技能对车辆能耗的影响可达到 12%。

(3) 其他减排方法

① 降低电力碳排放因子：作为电力消费侧的露天矿山，可以从单纯的火电逐渐向其他低碳电力转变，如风电、太阳能电力等。另外，还可以采取一些措施降低电力消耗，如变频调速技术、无功补偿技术和其他节电措施。

② 碳汇角度：降低温室气体排放量的两种主要途径：一种是减少温室气体产生源头的排放，即减少“碳源”；另一种是吸收二氧化碳，即增加碳汇。碳排放量等于碳源排放量减去碳汇吸收量，可以从碳汇的角度进行减碳。碳汇指的是将空气中的二氧化碳进行清除的过程、活动、机制。林业中的碳汇是指植物把大气中的二氧化碳转化后固定在植被或土壤中，从而降低该气体在大气中的浓度。碳汇既是目前得到普遍认可的林业碳汇，也包括海洋、草原和农业碳汇等，凡是可以清除大气中的温室气体，都可将其纳入到碳汇行列，鼓励企业对荒山植树造林或者复垦，增加碳汇，从而减少碳排放量。碳汇与碳减排进行对比，碳汇属于开源，碳减排属于节流。

矿山在开采过程中需要对破坏的植被进行恢复。选择适合矿山所在区域的生存且对 CO_2 有较强吸收能力的植物，能够有效地固定矿山开采过程中产生的 CO_2。

对矿山开采过程中破坏的土地进行复垦。土地复垦碳减排效果主要体现在：通过整治湿地、抑制 CH_4 气体排放，荒地转为草地、林地，提升单位面积碳吸收量等推进绿色矿山建设及矿山地质环境恢复治理，矿山生产和生活区的绿化，及时对开采完成区域进行复垦等。截至目前，华新旗下矿山完成已开发区域 30% 的复垦、绿化，累计已完成绿化面积 329hm^2（4900 亩）按照 0.3t/(亩・a) 的固碳能力计算，每年可固碳量 1447t。

矿山利用已关闭的排土场、采场、工业设施的屋顶等，与光伏企业合作安装光伏发电系统、风力发电系统及储能系统等。如目前每 1m^2 的晶硅太阳能板发电功率大约为 120~140W，每 1hm^2 面积可安装约 6000m^2 的晶硅太阳能电板，700kW 的发电功率。以普通地区每 1kW 装机年发电量 1200kW・h 概算，每 10000m^2 分布式光伏发电站年发电量达到 84 万 kW・h，可创碳汇 512t/(a・hm^2)［34.13t/(a・亩)］。

2.11　人工智能背景下未来采矿系统工程的发展趋势

“绿色、安全、智能、高效”已成为矿山可持续发展的时代要求，采矿系统工程的战略目标是充分应用现代数学和新一代信息技术，全面实现矿山的最优规划、最优设计、最优管理和最优控制。随着物联网、大数据、人工智能、5G 等新一代信息技术的不断应用，采矿系统工程迎来了新的发展机遇，未来发展方向主要表现在以下几个方面。

(1) 新一代新能源智能化无人采矿装备将不断涌现。随着国家“双碳”目标的提出，污染物排放严重的传统燃油装备将逐渐被淘汰，采矿装备的电动化将成为未来发展的主流方向。目前，针对传统采矿装备的线控化改造在某些应用场景下已经实现，但由于存在设备差异化大、改装成本高、不易批量标准化生产等不足，在全行业内推行仍存在诸多困难。随着5G通信、物联网和无人驾驶技术的逐渐成熟，逐步实现新能源纯电动采矿装备的线控化、智能化、无人化，应是下一代新能源智能化无人采矿装备发展的主要趋势。

（2）无人采矿的新技术、新工艺及新模式不断应用。传统的采矿行业是劳动密集型产业，但这一生产模式正在迎来颠覆性的变革。随着远程遥控和无人驾驶技术的逐渐成熟，无人机高清地形建模、遥控铲运机及无人钻机5G远程遥控及无人化操作、无人驾驶卡车集群控制等技术不断地应用，传统的采矿方法、采矿设计及工艺等已无法满足智能装备进行作业的实际要求。在此背景下，如何依据采矿智能装备作业的特点，真正从采矿方法、采矿设计及无人作业生产等矿山全生命周期的角度，变革形成无人采矿的新技术、新工艺、新模式将成为未来发展趋势。

（3）采矿生产过程各工艺的智能算法应用不断深入。采矿系统是一个多目标、多因素、多变量、随机性强的复杂动态系统。如在露天矿山运输调度优化中，需要考虑运输成本、运输效率以及卡车等待时间等多个优化目标。多目标配矿优化是一个复杂的动态过程，需要兼顾效率指标和质量指标，以获得最佳的配矿执行计划。采矿工程在系统结构上普遍具有层次较多、环节紧密、相互之间关系复杂等特点，因此需要从总体上进行全过程、全流程智能优化。随着企业资源计划系统ERP、生产制造执行系统MES以及底层自动控制系统的不断应用，融入工业大数据、多目标和多变量因素以及全流程生产为优化对象的智能算法将不断得到发展。

（4）原有单一信息系统向融合大数据平台的方向不断演变。随着数字化矿山建设及露天矿山生产智能管控系统不断得到应用。如通过大量矿山开采信息化系统的应用和部署，露天开采的爆破—铲装—运输—破碎等工艺环节已逐步由单一信息化向多系统融合智能化方向发展，并产生大量的工业流程数据。这些工业流程数据将通过大数据的相关技术进行深入挖掘并研究其应用价值，从而反向优化采矿工艺流程。由此可见，全流程作业一体化管控、无人智能装备智能化控制、生产大数据智能分析挖掘及决策等将成为智能矿山未来的重要研究方向。

3

水泥生产环节绿色制造技术及碳排放

3.1　原料配料

3.1.1　熟料原料

普通硅酸盐水泥熟料的主要化学成分为 CaO、SiO_2、Al_2O_3、Fe_2O_3。生产消耗的主要原料为石灰质原料及黏土质原料，此外还需要掺加部分硅质、铝质和铁质校正原料。各种原料的化学成分、晶体结构、水分、黏度等特性影响着水泥生产流程的各个方面，不合适的原料会导致生产条件恶化，并影响水泥的性能。生产水泥熟料常见的天然原料见表 3-1。

表 3-1　常见水泥熟料原料的种类

石灰质	黏土质	硅质	铁质	铝质
石灰岩 泥灰岩 大理岩 白垩	黏土 黄土 页岩 泥岩	砂岩 河砂 粉砂岩	硫酸渣 铁矿石 铜矿渣	铝矾土 煤矸石

3.1.1.1　石灰质原料

天然石灰质原料以石灰岩为主，其次为泥灰岩、大理岩，另外还有少量的白垩、贝壳、珊瑚等。

(1) 石灰岩

石灰岩主要是由碳酸钙所组成的沉积岩。其主要矿物为方解石，常常含有白云石、菱镁矿、石英、蛋白石、含铁矿物和黏土矿物等，是一种具有微晶或隐晶结构的致密岩石。纯方解石为白色，在自然界中因含杂质不同而呈现灰白、淡黄、红褐或者灰黑等颜色。石灰岩一般呈块状，无层理，结构致密。

石灰岩矿床按石灰岩的成因类型分为海相沉积矿床、陆相沉积矿床、重结晶作用形成的矿床及岩浆和热液产生的碳酸盐岩矿床。

海相沉积石灰岩矿床又分为有机沉积、化学和生物沉积、碎屑沉积矿床。其特点是矿体呈层状、似层状或大透镜状。除碎屑沉积矿床外，其他矿床的矿石成分一般比较均匀，质量好，是最有工业价值的矿体。

陆相沉积石灰岩矿床通常分为陆相化学沉积石灰岩矿床及石灰华矿床、陆相机械沉积石灰岩矿床。陆相化学沉积石灰岩矿床及石灰华矿床的矿体常呈透镜状，规模一般不大，矿石成分均匀，质量较好。陆相机械沉积石灰岩矿床，常零星分布于干河床和冰川发育地区，矿床规模小，矿石质量差。

重结晶作用形成的石灰岩矿床，其特点是矿石结晶较粗，常含有各种原生结构的残留结构，密度较大，硬度较高，化学成分比较稳定，CaO 含量一般在 52% 以上，MgO 含量较低，矿体形态复杂，有层状、似层状、透镜状和巢状体。

岩浆和热液产生的碳酸盐岩矿床又分为碱性岩浆分异作用生成的石灰岩矿床及热液产生的方解石脉，其工业价值一般不大。

我国石灰岩矿床以海相沉积类型为主，资源较为丰富，在每个地质时代都有沉积，各个地质构造发展阶段都有分布。但质量好、规模大的石灰岩矿床往往赋存于一定的层位中，如东北、华北地区中奥陶纪石灰岩，中南、华东、西南地区泥盆纪石灰岩，华东、西北及长江中下游的奥陶纪石灰岩等。

（2）泥灰岩

泥灰岩是一种介于碳酸盐和黏土岩之间的过渡类型岩石。泥灰岩中的方解石含量为 50%~75%，黏土矿物含量为 25%~50%。当黏土矿物含量少于 25% 时，称为含泥石灰岩或泥质石灰岩。泥灰岩常呈微粒结构或泥状结构，矿物颗粒粒径一般小于 0.01mm。泥灰岩矿床按成因可分为海相沉积矿床和陆相沉积矿床两类。陆相沉积矿床以湖泊沉积矿床为主。泥灰岩在我国主要分布于中寒武纪和奥陶纪马家沟组中，南方主要产于下石炭纪和中、下三叠纪。

（3）大理岩、白垩、贝壳、珊瑚类

大理岩的物理化学性质与石灰岩相近。一般情况下，密度略高于石灰岩，抗压强度略低于石灰岩。

白垩是一种海相及湖相生物化学沉积岩。常见为黄白色及乳白色，经风化及含有不同杂质而呈浅黄色或浅褐红色等。一般为隐晶结构，质软，易采掘和粉磨。

贝壳、珊瑚等主要分布在沿海地区。其成分为生物碳酸钙，含杂质很少。但采掘贝壳和蛎壳时往往夹有大量的泥质和细砂等，需经冲洗后才能使用。

3.1.1.2 黏土质原料

我国水泥生产采用的天然黏土质原料以黏土（黄土）较多，其次为页岩、泥岩、粉砂岩及河泥等。

（1）黏土（黄土）

水泥生产采用的黏土是由小于 0.01mm 粒级的黏土矿物组成的土状沉积物，根据其矿物成分不同，一般分为高岭土黏土、蒙脱石黏土、水云母黏土等。黄土是专指第四纪陆相黏土质粉砂沉积物，多为灰黄色，呈疏松或半固结状态。

黏土又分为华北、西北地区的红土，东北地区的黑土与棕壤，南方地区的红壤与黄壤。红土中黏土矿物主要为伊利石和高岭土，还有长石、石英、方解石、白云母等矿物。红土中氧化硅含量较低，氧化铝和氧化铁含量较高。黑土与棕壤中的黏土矿物主要是水云母与蒙脱石，还有分散的石英以及长石、方解石、云母等矿物。它们的氧化硅含量较高。红壤与黄壤中的黏土矿物主要是高岭土，其次是伊利石、叙永石、三水铝矿等，还有石英、长石、赤铁矿等矿物。

黄土主要分布在华北与西北地区。黄土中的黏土矿物以伊利石为主，还有蒙脱石与拜来石，以及石英、长石、方解石、石膏等矿物。黄土化学成分以氧化硅、氧化铝为主，黄土中含有细粒等状的碳酸钙，一般氧化钙含量达 5%~10%。

（2）页岩

薄片状层节理的黏土岩称为页岩。页岩分布较广，分为泥质页岩、钙质页岩、砂质页岩和粉砂页岩等。其主要矿物组成为石英、长石、云母、方解石和其他黏土质成分，一般比黏土硬。

（3）河泥、湖泥、江砂

河湖淤泥、江砂可作为黏土质原料。这一类原料一般储量大，并不断自行补充，化学组成稳定，可以利用。但水分含量高，用于干法水泥生产时需进行脱水处理。

3.1.1.3 校正原料

当石灰质原料和黏土质原料配合仍不能满足水泥生料化学组成要求时，必须根据所缺少组分，掺加相应的校正原料。校正原料分为硅质校正原料和铝质、铁质校正原料。

（1）硅质校正原料

当氧化硅含量不足时，需掺加硅质校正原料。常用的有砂岩、河砂、粉砂岩等。砂岩中的矿物主要是石英，其次是长石，其胶结物质主要有黏土质、石灰质、硅质、铁质等。一般要求硅质校正原料的氧化硅含量为 70%~90%。大于 90% 时，由于石英含量过高，难以粉磨、煅烧，很少采用。河砂的石英结晶完整粗大，不宜采用。风化砂岩或粉砂岩，其氧化硅含量不太低，且易于粉磨，对煅烧影响较小。

（2）铁质、铝质校正原料

若氧化铁或氧化铝含量较低，可分别掺入低品位铁矿石、尾矿和铝矾土等进行校正。表 3-2、表 3-3 为华新几家工厂校正原料的质量数据。

表 3-2　硅质校正原料的化学成分

工厂	种类	化学成分（%）							
		水分	SiO_2	Al_2O_3	Fe_2O_3	CaO	MgO	K_2O	Na_2O
YX	砂岩	10.7	89.88	3.49	2.11	2.67	0.27	0.22	0.20
CB	砂岩	15.1	77.47	7.8	4.34	0.75	0.58	0.78	0.23
ZZ	砂岩	13.2	89.95	2.32	1.28	0.22	0.10	0.41	0.02

表 3-3　铁质、铝质校正原料的化学成分

工厂	种类	化学成分（%）							
		水分	SiO_2	Al_2O_3	Fe_2O_3	CaO	MgO	K_2O	Na_2O
CZ	灰渣	10.4	24.98	4.91	56.24	4.76	1.11	0.20	0.05

续表

工厂	种类	化学成分（%）							
		水分	SiO_2	Al_2O_3	Fe_2O_3	CaO	MgO	K_2O	Na_2O
ZZ	铁矿	9.4	24.39	5.96	63.26	2.21	2.96	0.44	0.28
CZ	页岩	22.5	55.31	22.4	12.31	0.39	0.47	1.53	0.25

3.1.1.4 原料质量要求

1. 石灰质原料质量的一般要求

石灰质原料是熟料中氧化钙的主要来源，是生产水泥的主要原料，一般约占生料总量的 80%。石灰质原料品位越高，则氧化钙含量越高，配料的用量就越少。石灰质原料品位越低，则氧化钙含量越低，并含较多其他类杂质，配料的用量越多，甚至难以进行生料配料，影响熟料质量。应该指出，石灰质原料质量最关键的问题是要严格控制有害杂质的含量，如 MgO、SO_2，R_2O 等。CaO 含量虽低于 48%，而其他成分比例合理时，对生产不会有妨碍，甚至会降低生产成本及减少碳排放，如华新 YX 工厂的进厂石灰石成分见表 3-4。华新 YX 工厂矿山经过近 20 年的开采，基于石灰石品位的变化，通过矿山资源的合理搭配，石灰石矿山实现了净零排放，进厂石灰石在生料中的配比达到了 95%，仅仅只需外购少量的校正原料即可实现配料目标。华新 YX 工厂既实现了矿山资源的综合利用，降低了生产成本，又节省了外排废料、外购原料的能耗，减少了碳排放。因此从碳排放角度分析，水泥工厂要对石灰石矿山进行合理规划，实现资源最大化利用，减少外购运输能耗。

表 3-4 华新 YX 工厂进厂石灰石成分

工厂	种类	化学成分（%）							
		SiO_2	Al_2O_3	Fe_2O_3	CaO	MgO	K_2O	Na_2O	SO_2
YX	石灰石	10.13	3.11	1.75	45.97	0.55	0.53	0.12	0.23

2. 黏土质原料质量的一般要求

黏土质原料是熟料中 SiO_2、Al_2O_3 的主要来源，也是生产水泥熟料的主要原料之一。其用量仅次于石灰质原料，通常每生产 1t 水泥熟料，大约需用黏土质原料 0.2~0.3t。对黏土质原料的质量要求，首先要注意其硅酸率及铝氧率；其次对氧化镁、碱金属氧化物及硫化物等有害杂质也应适当限制。

3. 校正原料质量的一般要求

常用的校正原料主要有硅质原料、铁质原料和铝质原料三种。它们主要用于补充配料中 SiO_2、Fe_2O_3 和 Al_2O_3 含量的不足。对于校正原料总的质量要求，一般应该是作为某种成分的校正原料，该成分含量要较高，有害杂质含量要相对较少。常用的硅质校正原料主要为砂岩，但砂岩中石英砂粒硬度大、熔点高，不利于粉磨和煅烧。较好的硅质校正原料是硅藻土、蛋白石及含 SiO_2 较高的黏土。常用的铁质校正原料主要是钢铁行业的尾矿，以及某些工业矿渣，如硫铁矿渣、铜矿渣等，废渣类做铁质校正料时要关注重金属元素如 Cr、Cb、Pb、Sn 等的含量，不能超过国家标准的要求。常用的铝质校正原料主要有页岩、含 Al_2O_3 高的煤矸石及炉渣等。

3.1.2 生料配比

生料配比是对原料及燃料进行配料计算，得到既定的熟料质量指标，如率值或者矿物组成。

3.1.2.1 熟料率值的选择

水泥熟料是一种由多矿物组成的混合物，而这些矿物由四种主要金属氧化物化合而成。在水泥生产过程中，通常用率值作为配料控制的主要指标。我国水泥生产企业大多采用石灰饱和系数（*KH*）、硅酸率（*SM* 或 *n*）和铝率（*IM* 或 *p*）三个率值进行生产控制。率值取值范围通常为 *KH*：0.85~0.95，*SM*：1.5~3.0，*IM*：1.0~2.0。熟料率值的选择一般应根据水泥品种、原料与燃料的品质、生料制备与熟料煅烧工艺来进行综合考虑。还要注意三个率值要配合适当，不能过分强调单一率值，以达到保证水泥质量、提高产量、降低消耗和设备长期安全运转的目的。

3.1.2.2 配料计算原理及计算方式

配料计算是依据物料平衡进行的，即反应物的量等于生产物的量。

熟料煅烧包含的过程有：生料干燥蒸发物理水→黏土矿物分解脱去结晶水→碳酸盐分解→固相反应→液相出现直至熟料完成煅烧。在这些过程中有水分、CO_2 等的逸出，计算时须用统一基准。

蒸发物理水以后，生料处于干燥状态。以干燥状态质量所表示的计算单位称为干燥基。干燥基用于计算干燥原料的配合比和干燥原料的化学成分。如果不考虑生产损失、则干燥原料的质量应等于生料的质量，即

干石灰石 + 干黏土 + 干铁粉 = 干生料

去掉烧失量（结晶水、CO_2 与挥发物质等）以后，生料处于灼烧后状态。以灼烧状态质量所表示的计算单位称为灼烧基。灼烧基用于计算灼烧原料的配合比和熟料的化学成分。

如果不考虑生产损失，在采用基本上无灰分掺入的气体或液体燃料时，则灼烧原料、灼烧生料与熟料三者质量应相等，即

灼烧石灰石 + 灼烧黏土 + 灼烧铁粉 = 灼烧生料 = 熟料

如果不考虑生产损失，在采用有灰分掺入的燃煤时，则灼烧生料与掺入熟料的煤灰之和应等于熟料的质量，即

灼烧生料 + 煤灰（掺入熟料中的）= 熟料

在实际生产过程中，由于总有生产损失，且粉煤灰的化学成分不可能等于生料成分，粉煤灰的掺入量也并不相同。

熟料中粉煤灰掺入量可按下式计算：

$$G_A = \frac{qA_yS}{Q_y \times 100}$$

式中 G_A——熟料中粉煤灰掺入量，%；

q——单位熟料热耗，kJ/kg 熟料；

A_y——煤的应用基灰分含量，%；

S——煤灰沉落率，%；

Q_y——煤的应用基低热值，kJ/kg 煤。

（1）尝试误差法

尝试误差法是选择熟料的矿物组成或率值，计算出熟料的成分（或直接选择熟料的化学组成），通过尝试逐步调整配合比，使之满足要求，其计算步骤如下：

① 已知原料的化学成分及煤的工业分析数据和粉煤灰的化学成分。

② 计算粉煤灰掺入量。

③ 选择熟料率值（或矿物组成），计算熟料的化学组成。

④ 通过熟料化学组成计算生料的化学组成。

煅烧生料成分 = 熟料成分 - 掺入粉煤灰的成分

煅烧生料成分 ÷1.5= 要求生料成分

⑤ 计算石灰石、黏土、铁粉配比。

$$\text{石灰石配比}=\frac{CaO_{\text{生料}}-CaO_{\text{黏土}}\times\text{黏土配比}}{CaO_{\text{石灰石}}}=\frac{CaO_{\text{生料}}}{CaO_{\text{石灰石}}}-X$$

式中，$\frac{CaO_{\text{生料}}}{CaO_{\text{石灰石}}}$ 可粗略看成石灰石的配比。

$$X=\frac{CaO_{\text{黏土}}\times\text{黏土配比}}{CaO_{\text{石灰石}}}$$

$$\text{黏土配比}=\frac{SiO_{2\,\text{生料}}-SiO_{2\,\text{石灰石}}\times\text{石灰石配比}}{SiO_{2\,\text{黏土}}}$$

铁粉配比 =1- 石灰石配比 - 黏土配比

⑥ 按石灰石、黏土、铁粉配比计算生料成分并与要求的生料成分匹配时应逐步调整配比，直至满足要求。

⑦ 验算熟料各率值和组成。

（2）简化递减试凑计算法

简化递减试凑计算法是在递减法基础上，进一步简化计算步骤。递减试凑法计算熟料化学组成时，首先需估算熟料中除 Fe_2O_3、Al_2O_3、SiO_2、CaO 之外的其他项数值，进而求得上述四种氧化物总量，然后按下列公式计算：

$$Fe_2O_3=\frac{\Sigma}{(2.80KH+1)(p+1)n+2.65p+1.35}$$

$$Al_2O_3=p\cdot Fe_2O_3$$

$$SiO_2=n(Al_2O_3+Fe_2O_3)$$

$$CaO=\Sigma-(SiO_2+Al_2O_3+Fe_2O_3)$$

算出熟料中 Fe_2O_3、Al_2O_3、SiO_2、CaO 四种氧化物的绝对值，再进行递减试凑，计算原料配合比。本方法的特点是将粉煤灰对熟料成分的影响考虑在原料内，这样就可不必计算熟料中其他项及四种氧化物的绝对含量，而由熟料三个率值计算出熟料中四种氧化物的相对含量后即可进行递减试凑，其计算过程如下：

① 已知原料的化学成分。

② 煤的工业分析数值，熟料热耗。

③ 选择熟料的率值：石灰饱和系数（KH）、硅酸率（n）及铝率（p）。

计算步骤为：

① 将原料原始化学成分换算成 100%，如原料化学成分总和不足 100% 时，不足部分作为其他项列入化学成分中。如总和超过 100% 时，则平均降低各成分含量使之为 100%。

② 根据煤的工业分析数据，计算熟料中粉煤灰掺入量。

③ 估算生料中的当量粉煤灰掺入量及调整原料中的 CaO、SiO_2、Al_2O_3、Fe_2O_3 含量（粉煤灰对熟料成分的影响，由于熟料组成为相对值，不能相减，故将其影响考虑在原料中）。

④ 由水泥热料三个率值计算熟料中 CaO（C）、SiO_2（S）、Al_2O_3（A）、Fe_2O_3（F）的相对含量，计算时假设 F=1.00。

⑤ 进行递减试凑：所谓递减试凑，是根据以上计算的熟料化学成分相对含量，利用原料的用量（配比）逐步进行递减，直至所有余数均很小为止。原料用量的计算是根据石灰石带入 CaO，黏土带入 SiO_2，铁粉带入 Fe_2O_3，然后按熟料中 CaO 含量与石灰石 CaO 含量之比，求出石灰石用量，但其他原料也带入 CaO，故需进行调整，一般取较低值。同理，求出黏土用量和铁粉用量。

⑥ 根据第⑤步所得各原料用量计算它们的配比百分数。

⑦ 根据原料配比验算熟料化学成分和各率值。

以上计算步骤为三组分配料，四组分配料计算方法相似。从理论上说三组分配料不可能完全达到所要求的三个率值，只有四组分配料才能满足三个率值的要求。

3.1.2.3 熟料矿物组成与性能

在水泥熟料中，CaO、SiO_2、Al_2O_3 和 Fe_2O_3 不是以单独的氧化物存在，而是经高温反应后，以两种或两种以上的氧化物反应生成的多种矿物的混合物。

硅酸盐水泥熟料主要由四种矿物组成：

硅酸三钙 $3CaO \cdot SiO_2$，可简写为 C_3S；

硅酸二钙 $2CaO \cdot SiO_2$，可简写为 C_2S；

铝酸三钙 $3CaO \cdot Al_2O_3$，可简写为 C_3A；

铁铝酸四钙 $4CaO \cdot Al_2O_3 \cdot Fe_2O_3$，可简写为 C_4AF。

另外，还有少量的游离氧化钙（f-CaO）、方镁石（结晶氧化镁）、含碱矿物以及玻璃体等。

通常，硅酸盐水泥熟料中硅酸三钙和硅酸二钙的含量占 75% 左右，合称为硅酸盐矿物；铝酸三钙和铁铝酸四钙的含量占 20% 左右。在熟料煅烧过程中，后两种矿物与氧化镁、碱等，在 1250~1280℃开始会逐渐熔融成液相，以促进硅酸三钙的生成，故称为熔剂矿物。

（1）硅酸三钙

硅酸盐水泥熟料的主要矿物，通常其含量为 60% 左右。纯 C_3S 只在 1250~2065℃温度范围内稳定，在 1250℃以下时，分解为 C_2S 和 CaO，但反应速率很慢，因此 C_3S 在环境温度下呈介稳状态存在。C_3S 有 3 种晶系 7 种变型。

$$R \xrightleftharpoons{1070°C} M_{I} \xrightleftharpoons{1060°C} M_{II} \xrightleftharpoons{990°C} M_{I} \xrightleftharpoons{960°C} T_{III} \xrightleftharpoons{920°C} T_{II} \xrightleftharpoons{520°C} T_{I}$$

在硅酸盐水泥熟料中，硅酸三钙并不以纯的形式存在，而是含有少量的其他氧化物，如 MgO、Al_2O_3、Fe_2O_3 等，形成固溶体，称为阿利特（Alite）或 A 矿，A 矿通常为 M 型或 R 型。另外，熟料中阿利特晶体尺寸和发育程度会影响其反应能力。当烧成温度高时，阿利特晶体晶形完整，晶体尺寸适中，矿物分布均匀，熟料的强度较高。当加矿化剂或升温速度较快时，虽然阿利特晶体比较细小，但发育完整，分布均匀，熟料强度也很高。

适当提高熟料中硅酸三钙含量可以获得高质量的熟料。但硅酸三钙水化热较高，抗水性较差，如要求水泥的水化热低、抗水性较好时，则熟料中硅酸三钙含量要适当低一些。另外，熟料中硅酸三钙含量过高时，会给煅烧带来困难，往往使熟料中游离氧化钙（f-CaO）含量增高，过多的游离氧化钙还会影响水泥的安定性。

（2）硅酸二钙

硅酸二钙由氧化钙与氧化硅反应生成，在熟料中的含量一般为 15%~20%，是硅酸盐熟料的主要矿物之一。在硅酸盐水泥熟料中，硅酸二钙并不以纯的形式存在，而是含有少量的 MgO、Al_2O_3、Fe_2O_3、R_2O 等氧化物形成固溶体，称为贝利特（Belite）或 B 矿。C_2S 有下列多晶转变：

$$\alpha \xleftrightarrow{1425°C} \alpha_H' \xleftrightarrow{1160°C} \alpha_L' \xleftrightarrow{630\sim680°C} \beta \xrightarrow{960°C} \gamma$$

$$\gamma \xrightarrow{780\sim860°C} \alpha_L'$$

其中，H 为高温型，L 为低温型。

在室温下，α、α_H'、α_L'、β 晶型是不稳定的，有转变成 γ 型的趋势。在熟料中，α、α′ 型一般较少存在，在烧成温度较高、冷却速度较快的熟料中，由于固溶体含有少量的 MgO、Al_2O_3、Fe_2O_3 等氧化物，可以 β 型存在。通常熟料中 C_2S 为 β 型。在熟料煅烧中，如果通风不良、还原气氛严重、烧成温度低、液相量不足、冷却缓慢时，C_2S 在 500℃下易由密度为 3.28g/cm^3 的 β 型转变为密度为 2.97g/cm^3 的 γ 型，并且由于后者体积膨胀 10% 而导致粉化。

α-C_2S、α′-C_2S 的强度较高，而 γ-C_2S 几乎无水硬性。贝利特水化较慢，至 28d 龄期仅水化 20% 左右，凝结硬化也缓慢，早期强度较低。但 28d 以后，强度仍能较快增长，在一年后，可以赶上阿利特。增加粉磨比表面积可以明显增加贝利特的早期强度，但贝利特的易磨性较差，粉磨功耗高。

贝利特水化热较小，抗水性较好，因而对大体积工程或处于侵蚀性环境的工程用水泥，适当提高贝利特含量、降低阿利特含量是有利的。例如，我国乌东德、白鹤滩等大型水电站的坝体使用的是低热水泥，华新 DC 工厂累计向乌东德、白鹤滩项目供货 220 多万吨低热水泥。低热水泥的熟料数据见表 3-5，低热水泥熟料的 C_3S 含量在 33%~35%，C_2S 含量在 42%~44%。

表 3-5　华新 DC 工厂低热水泥熟料质量数据

工厂	年度	熟料成分（%）						熟料矿物组成（%）				f-CaO（%）	升重（g/L）
		SiO_2	Al_2O_3	Fe_2O_3	CaO	MgO	R_2O	C_3S	C_2S	C_3A	C_4AF		
DC	2013	23.84	3.80	5.12	61.05	4.88	0.30	33.78	43.09	1.39	15.56	0.25	1363
DC	2014	23.85	3.79	5.12	61.18	4.89	0.31	34.27	42.75	1.36	15.56	0.26	1365
DC	2015	23.88	3.78	5.1	61.22	4.86	0.32	34.3	42.81	1.37	15.55	0.28	1366
DC	2016	23.88	3.78	5.1	61.3	4.8	0.40	34.65	42.55	1.37	15.5	0.23	1368
DC	2017	23.88	3.80	5.12	61.24	4.82	0.45	34.19	42.89	1.39	15.56	0.25	1369
DC	2018	23.83	3.77	5.1	61.2	4.86	0.40	34.79	42.24	1.34	15.5	0.25	1368
DC	2019	23.83	3.76	5.11	61.12	4.82	0.39	34.36	42.62	1.3	15.53	0.24	1371
DC	2020	23.83	3.75	5.1	61.16	4.83	0.38	34.69	42.37	1.29	15.5	0.26	1373

（3）铝酸三钙

C_3A 水化迅速，放热集中且多，凝结很快，如不加石膏等缓凝剂，易使水泥急凝。铝酸三钙硬化很快，它的强度 3d 内就大部分挥发出来，故早期强度较高，但绝对值不高，以后几乎不再增长，甚至倒缩。铝酸三钙的干缩变形大，抗硫酸盐性能差。当制造抗硫酸盐水泥或大体积工程用水泥时，铝酸三钙含量应控制在较低范围内。

（4）铁相固溶体

熟料中含铁相比较复杂，其化学组成为一系列连续固溶体，称为铁相固溶体。一般认为是 C_6A_2F~C_6AF_2 之间的系列固溶体，在硅酸盐水泥熟料中，其成分接近于铁铝酸四钙（C_4AF），所以常用 C_4AF 来代表熟料中的铁相固溶体。

C_4AF 的水化速度，早期介于 C_3A 和 C_3S 之间，但随后的发展不如 C_3S，其早期强度类似于 C_3A，后期还能不断增长，类似于 C_2S。C_4AF 抗冲击性能和抗硫酸盐性能较好，水化热较 C_3A 低。在制造抗硫酸盐水泥或道路工程用水泥时，C_4AF 的含量以较高为好。

其他含铁相的水化速率和水化产物性质取决于 Al_2O_3/Fe_2O_3 比。C_6A_2F 水化快，早期强度高，但后期强度增长慢；C_6AF_2 水化较慢，凝结也慢；C_4AF 水化比 C_6AF_2 快；C_2F 水化最慢，但有一定水硬性。

（5）游离氧化钙和方镁石

当配料不当、生料过粗、质量不均或煅烧不良时，熟料中就会出现游离氧化钙。在烧成温度下，死烧的游离氧化钙结构比较致密，水化很慢，通常要在加水 3d 以后反应才比较明显。游离氧化钙水化生成氢氧化钙时，体积膨胀 97.9%，在硬化水泥石内部造成局部膨胀应力。因此，随着游离氧化钙含量的增加，首先是抗拉、抗折强度的降低，进而 3d 以后强度倒缩，严重时甚至引起安定性不良。为此，应严格控制游离氧化钙的含量。一般情况下，回转窑熟料游离氧化钙含量应控制在 1.5% 以下。

方镁石系游离状态的氧化镁晶体。在熟料煅烧时，氧化镁有一部分可和熟料矿物结合成固熔体以及溶于液相中。因此，当熟料含有少量氧化镁时，能降低熟料液相生成温度，增加液相数量，降低液相黏度，有利于熟料形成，并且能改善熟料色泽。在硅酸盐水泥熟料中，氧化镁的固溶量可达 2%，多余的氧化镁以方镁石形式存在。

方镁石的水化比游离氧化钙更为缓慢，要几个月甚至几年才明显起来。水化生成氢氧化镁时，体积膨胀 148%，会导致安定性不良。方镁石膨胀的严重程度与其含量、晶体尺寸等都有关系，方镁石晶体小于 1μm、含量 5% 时，只引起轻微膨胀；方镁石晶体 5~7μm，含量 3% 时，就会引起严重膨胀。国家标准规定，熟料中氧化镁含量应小于 5%；如水泥经压蒸、安定性试验合格，熟料中氧化镁的含量可允许达 6%。适当降低铝氧率，采取快速冷却、掺混合材等措施，可以缓解方镁石膨胀的影响。

在大体积混凝土结构中，混凝土内部温度高、内外温差大，混凝土容易形成温度裂纹。我国大型水电站的大坝工程，往往要求生产水泥的熟料中含有一定的氧化镁，利用方镁石的膨胀特性来补偿温降收缩，减少大坝的温度裂纹。例如乌东德、白鹤滩工程使用的低热水泥，熟料中氧化镁含量在 4.8%~4.9%，水泥中氧化镁含量在 4.3%~4.4%。

（6）熟料矿物组成的测定计算

熟料的矿物组成可用岩相分析、*X* 射线分析测定，也可根据化学成分算出。

岩相分析基于在显微镜下测出单位面积中各矿物所占百分率，再乘以相应矿物的密度，得到各矿物的含量。计算矿物密度值（g/cm^3）见表 3-6。

表 3-6　各类熟料矿物的密度值　　单位：g/cm^3

C_3S	C_2S	C_3A	C_4AF	玻璃体	MgO
3.13	3.28	3.00	3.77	3.00	3.58

这种矿物测定方法测定的结果比较符合实际情况，但当矿物晶体较小时，可能因重叠而产生误差。此外，不同采矿面上熟料矿物分布及含量也不会相同，应通过多个切割面进行观察。

X 射线分析则基于熟料中各矿物的特征峰强度与单矿物特征峰强度之比以求得其含量。这种方法误差较小，但含量太低时不易测准。

现代测试技术，如电子探针、电子能谱等都可用于熟料矿物的定量分析。

用化学分析结合计算熟料矿物组成的方法应用普遍，主要有石灰饱和系数法和代数法（又称鲍格法）。

石灰饱和系数法为：

$$C_3S=3.8\,(3KH-2)\,SiO_2$$

$$C_2S=8.60\,(1-KH)\,SiO_2$$

$C_4AF=3.04Fe_2O_3$

$C_3A=2.65\ (Al_2O_3-0.64Fe_2O_3)$

$CaSO_4=1.7SO_3$

代数法为：

$C_3S=4.07C-7.60S-6.72A-1.43F-2.86SO_3$

$C_2S=8.60S+5.07A+1.07F+2.15SO_3-3.07C$

$C_3A=2.65A-1.69F$

$C_4AF=3.04F$

$CaSO_4=1.70SO_3$

上述从熟料率值或化学成分计算熟料矿物的计算式，是以完全平衡条件为前提，而不考虑熟料矿物形成固溶体或其他杂质的影响，这和实际情况有很大的差异。因此，计算的矿物组成与显微镜、X 射线测定值也有一定的差异。用计算方法准确求得熟料矿物组成是困难的。但生产实践表明，用化学成分计算矿物组成其结果可以说明它对煅烧和熟料性质的影响。另外，这种方法简单明了，故在水泥生产中被广泛应用。

3.1.3 水泥性能

水泥的重要性能有强度、体积变化以及与环境相互作用的耐久性，另外还有凝结时间、水化热等。

3.1.3.1 凝结时间

水泥浆体的凝结时间对于工程施工具有重要意义。在水化的诱导期，水泥浆体的可塑性基本不变，然后逐渐失去流动能力，开始凝结，到达“初凝”。接着就进入凝结阶段，继续变硬，待完全失去可塑性，形成一定结构强度，即为“终凝”。以后则是浆体的硬化。初凝时间过短，往往来不及施工；反之，如果终凝时间太长，又会妨碍工程进展，造成实际工作中的困难。

根据水泥浆体结构的形成过程可知，必须使水化产物长大、增多到足以将各种颗粒初步连成网，才能使水泥浆体产生凝结。因此，凡是影响水化速度的各种因素，基本上也同样地影响着水泥的凝结时间，如矿物组成、细度、水灰比、温度和外加剂等。但是，水化与凝结又有一定的区别，例如水灰比越大，凝结反而变慢，这是由于用水量多后颗粒间距变大，网状结构较难形成的缘故。

从矿物组成看，铝酸三钙水化最为迅速，硅酸三钙水化也快，数量也多，因而这两种矿物与凝结速度的关系最为密切。如果单将熟料磨细，铝酸三钙很快水化，生成足够数量的水化铝酸钙，形成松散的网状结构，就会在瞬间很快凝结。但如果铝酸三钙含量很少（$C_3A \leqslant 2\%$），无法在溶液中达到要求的浓度；或者掺加石膏等作为缓凝剂后，降低了铝酸三钙的溶解度，其水化物不能很快析出，就不足以控制水泥的凝结。由于硅酸盐水泥在粉磨时通常都掺有适量石膏，因此其凝结时间在更大程度上就受到硅酸三钙水化速度的制约，当 C-S-H 凝胶包围在未水化颗粒的周围后，会阻滞进一步的水化，产生自抑作用，从而会使凝结时间正常。

一般认为，C_3A 在石膏、石灰的饱和溶液中生成溶解度极低的钙矾石，这些棱柱状小晶体长在水泥颗粒表面上，成为一层薄膜，封闭水泥组分的表面，阻滞水分子以及离子的扩散，从而延缓了水泥颗粒特别是 C_3A 的继续水化。以后，随着扩散作用的进展，在 C_3A 表面又生成钙矾石，由固相体积增加所产生的结晶压力达到一定数值时，就将钙矾石薄膜局部胀裂，而使水化继续进行。接着新生成的钙矾石又将破裂处重新封闭，再使水化延缓。如此反复进行，直至溶液中的 SO_4^{2-} 离子消耗到不足以形成钙矾石后，铝酸三钙即进一步水化生成单硫型水化硫铝酸钙、C_4AH_{13} 或其固溶体。因此，石膏的缓凝作用是在水泥颗粒表面形成钙矾石保护膜、阻碍水分子等移动的结果。

石膏的掺入量是决定 C_3A 的水化速率、水化产物的类别及数量的主要因素，此外它对水泥强度的发展也有一定的影响。但影响石膏缓凝作用的因素甚多，适宜的石膏掺量就难以按照化学计量进行精确计算。试验表明，石膏对水泥凝结时间的影响并不与掺量成正比，并且带有突变性，当超过一定掺量时，略有增加就会使凝结时间变化很大。当 SO_3 掺量约小于 1.3% 时，石膏还不能阻止快凝；只有将掺量进一步增加，石膏才有明显的缓凝作用。但在掺量超过 2.5% 左右以后，凝结时间的增长很少。但要注意的是，当石膏掺量增加过多时，不但对缓凝作用帮助不大，而且还会在后期继续形成钙矾石，产生膨胀应力，从而使浆体强度削弱，发展严重的还会引起安定性不良的后果。

3.1.3.2 强度

水泥强度是评比水泥质量的重要指标。由于强度是逐渐增长的，所以必须同时说明养护龄期。在生产中通常将 3d 以前的强度称为早期强度，3d 及以后的强度称为后期强度。也有将三个月、六个月或更长时间的强度称为长期强度。

硬化水泥浆体强度的产生主要源于水化产物，特别是 C-S-H 凝胶具有巨大表面能所致。颗粒表面有从外界吸引其他离子以达到平衡的倾向，因此能相互吸引，构成空间网架，从而具有强度，其本质属于范德华力。另外，硬化浆体的强度也可以归结于晶体的连生，由化学键产生强度。这一类主价键比较牢固，并且一旦破坏后在通常条件下不能重建。而范德华力则要弱得多，同时又是通过吸附水层产生作用，因此其强弱与吸附水的数量密切相关。

由于 C-S-H 凝胶所具的比表面积巨大，在浆体组成中所占比例又最多，所以总的表面能应该是决定浆体强度的一个重要因素。但另一方面，从硬化水泥浆体在水中的稳定性以及其他如刚性凝胶的特性角度考虑，就可能还有各种形式的化学胶结，如 O—Ca—O 桥、氢键或 Si—O—Si 键等。因此，可合理地认为，在硬化水泥浆体中既有范德华力，又有化学键，两者对强度都有贡献，而个别作用则尚难仔细确定。

从浆体的组成来看，C-S-H 在强度发展中起着最为主要的作用。至于氢氧化钙晶体，由于尺寸太大，妨碍其他微晶的连生和结合，对强度不利，但它至少能起填充作用，对强度增长仍有一定帮助。而钙矾石和单硫型水化硫铝酸钙对强度的贡献主要在早期，到后期的作用就不太明显。

熟料的矿物组成决定了水泥的水化速度、水化产物本身的强度、形态以及彼此构成网状结构时各种键的比例，因此对水泥强度的增长起着最为重要的作用。表 3-7 为各单矿物净浆试体抗压强度的一些数据。

表 3-7　单矿物净浆试体的抗压强度　　单位：MPa

单矿物	7d	28d	180d	365d
C_3S	31.6	45.7	50.2	57.3
β-C_2S	3.35	4.12	18.9	31.9
C_3A	11.6	12.2	0.0	0.0
C_4AF	29.4	37.7	48.3	58.3

硅酸盐矿物的含量是决定水泥强度的主要因素，28d 强度基本上依赖于 C_3S 的含量。受 C_3S 含量影响最大的是 3d、7d 和 28d 强度，然后随着龄期的增长，影响程度虽有减小，但到 180d 时仍有相当关系。C_2S 含量对后期强度有很大影响，从 28d 到 180d 期间强度的增长，由 C_2S 的含量所控制。因此，C_3S 和 C_2S 是提供水泥强度的主要组成。C_2S 含量不仅控制早期强度，而且对后期强度的增长也有关系。C_2S 的含量在早期一直到 28d 以内对强度的影响不大，但却是决定后期强度的主要因素。

至于 C_3A 对水泥强度的影响，从单矿物的强度发展考虑，C_3A 主要对极早期的强度有利，到后期其作用即逐渐减小，甚至在 1~2 年后反而对强度有消极影响。

C_4AF 不仅对水泥的早期强度有相当大的贡献，而且会更有助于水泥后期强度的发展。其含量多少也应是影响水泥各龄期强度的一个主要因素。

当水泥拌水后，熟料内所含的 Na_2SO_4、K_2SO_4 以及 NC_8A_3 等含碱矿物，能迅速以 K^+、Na^+、OH^- 等离子的形式进入溶液，使溶液的 pH 升高，Ca^{2+} 离子浓度减小，$Ca(OH)_2$ 的最大过饱和度也相应降低。因此，碱的存在会使 C_3S 等熟料矿物的水化速度加快，水泥的早期强度提高，但 28d 及以后的强度则有所降低。

此外，水泥的粉磨细度与强度也有着密切的关系。水泥粉磨越细，水化反应就越快，而且更为完全。在水化过程中，由于水泥颗粒被 C-S-H 凝胶所包裹，反应速率逐渐被扩散所控制。当包裹层厚度达到 25μm 时，扩散非常缓慢，水化实际停止。因此，凡粒径在 50μm 以上的水泥颗粒，就可能有未水化的内核部分遗留。所以，必须将水泥磨到合适的细度才能充分发挥其活性。在其他条件相同的情况下，强度随水泥比表面积的增加而提高，其对早期强度影响最为显著。随后，扩散逐渐控制水化进程，比表面积的作用就退居次要位置。因此在 90d 特别是到一年以后，细度对水泥强度已几乎无影响。同时，提高细度对原有细度较粗的水泥较为明显，当细度增大到超过 5000cm^2/g 后，除 1d 以内的强度外，其他龄期的强度增长就较少。

3.1.3.3　水化热

水泥的水化热是由各熟料矿物水化作用所产生的。对冬期施工而言，水化放热有利于水泥的正常结硬，可不因环境温度过低而使水化太慢。但如果构筑物尺寸较大、热量不易散失、温度升高、内外温差过大，就会产生较大应力而导致裂缝。因此，对于大型基础以及堤坝等大体积工程，水化热是一个相当重要的考量指标。

水泥水化放热的周期很长，但大部分热量是在 3d 以内，特别是在水泥浆发生凝结、硬化的初期放出，这与水泥水化的加速期基本一致。水化热的大小与放热速率首先取决于水泥的矿物组成。C_3A 的水化热与放热速率最大，C_3S 与 C_4AF 次之，C_2S 的水化热最小，放热速率也最小。因此，适当增加 C_4AF 以减少 C_3A 的含量，或者减少 C_3S 含量，并相应增加 C_2S 含量，均能降低水泥的水化热。这实际上就是调整熟料的矿物组成、配制低热水泥的基本措施。

另外，硅酸盐水泥的水化热基本上具有加和性，可用下式进行计算：

$$Q_H=a(C_3S)+b(C_2S)+c(C_3A)+d(C_4AF)$$

式中 Q_H——水泥的水化热，J/g；

a、b、c、d——各熟料矿物单独水化时的水化热，J/g。

例如：

$$Q_3=240(C_3S)+50(C_2S)+880(C_3A)+290(C_4AF)$$

$$Q_{28}=377(C_3S)+105(C_2S)+1378(C_3A)+494(C_4AF)$$

由于影响水化热的因素很多，除了熟料矿物组成及其固溶情况以外，还有熟料的煅烧与冷却条件、水泥的粉磨细度、水灰比、养护温度、水泥储存时间等，均可影响水泥的水化放热情况。例如，熟料冷却速度快，玻璃体含量多，则 7d、28d 水化热较大。水泥的细度对水化热总量虽无关系，但粉磨较细时，早期放热速率显著增加。总之，凡能加速水化的各种因素，均能相应提高放热速率。因此，按熟料矿物含量通过上式计算，仅能对水化热作大致估计，准确数值尚需实际测定。

3.1.4 矿山资源综合利用

水泥煅烧用钙质原料主要为石灰岩，是水泥生产的主要原料，一般占水泥生料配料量的 80% 以上，是支撑水泥工业的最大宗原材料。

随着开采量的持续增加以及环保要求的日益升级，导致部分水泥工厂自有矿山逐步贫化，可利用、可开采的高品位石灰石矿产资源越来越少，这也对当前水泥工厂矿山资源综合利用提出了更高的要求。

水泥生产并不是要求矿石的某一成分越纯越好，而是要求各种组分有一定的比例关系。在日常生产和一般开采设计中，为了便于掌握，往往是选择其中有代表性的化学组分作为品位指标，当此项指标能满足配料要求时，其他各项也就满足了。例如石灰石，多数矿山以 CaO 为其工业指标。在开采设计中，这些指标都是通过水泥工艺配料计算后确定的。由于在水泥原料矿山开采过程中，无法剥离的表土、裂隙土、岩浆充填物会混入矿石，造成矿石的某个指标下降或上升，从而影响水泥熟料的煅烧。由于水泥工厂现有矿山资源贫化，为了能够进一步提高现有矿山资源的有效利用率，在水泥生产过程中需要对原料的配料方案进行优化调整，以适应当前矿山形势变化所带来的影响。

3.1.4.1 华新 XY 工厂低钙石灰石的应用

华新 XY 工厂矿山石灰石中 CaO 含量一直都较低，如图 3-1 所示。为了利用自有矿山石灰石资源，与工厂外购部分高品位石灰石进行搭配使用，其 CaO 含量如图 3-2 所示。两种石灰石的配比按照 4：6 进行控制，搭配后石灰石中化学成分见表 3-8，按此即可满足生产要求。

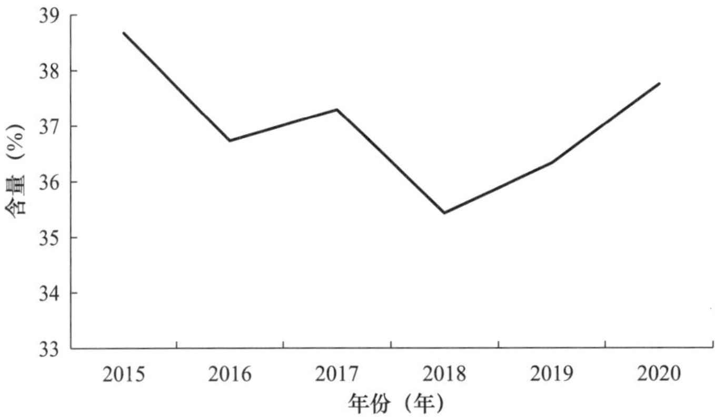

图 3-1　华新 XY 工厂自有矿山石灰石中 CaO 的含量

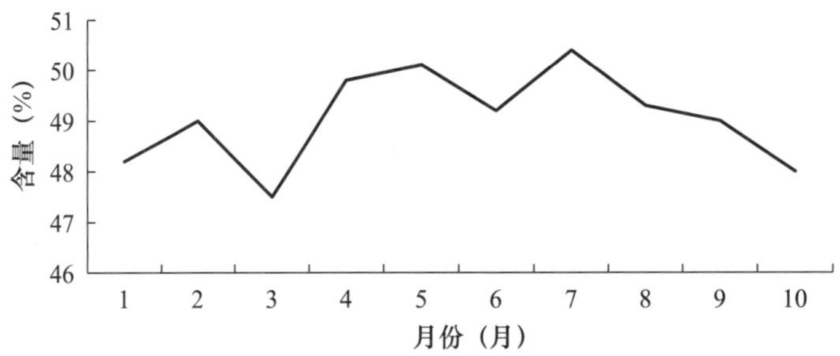

图 3-2　华新 XY 工厂外购石灰石中 CaO 的含量

表 3-8　华新 XY 工厂搭配进厂石灰石的化学成分　　单位：%

序号	CaO	SiO_2	Al_2O_3	Fe_2O_3	MgO	K_2O	Na_2O	SO_3	Cl^-
1	44.39	13.13	3.42	1.83	1.55	0.67	0.46	0.33	0.19
2	45.20	13.76	3.86	1.39	0.97	0.93	0.02	0.19	0.04
3	44.20	11.89	2.98	1.80	2.00	0.58	0.15	0.10	0.01
4	44.08	10.83	2.73	1.96	2.47	0.47	0.13	0.04	0.01

3.1.4.2　华新 QX 工厂高碱石灰石的应用

华新 QX 工厂自有矿山石灰石中碱含量超过 0.6%，见表 3-9。基于现有石灰石资源状况，通过调整配料以及煅烧工艺优化生产高碱熟料，所生产的熟料质量满足要求，并且 28d 强度超过 58MPa，见图 3-3 所示。

表 3-9　华新 QX 工厂自有矿山石灰石的化学成分　　单位：%

序号	SiO_2	Al_2O_3	Fe_2O_3	CaO	MgO	SO_3	R_2O
1	6.26	1.96	1.09	48.46	0.74	0.77	0.52
2	7.85	2.55	1.52	46.26	0.86	1.02	0.68
3	7.99	2.63	1.61	45.96	0.98	1.12	0.67
4	7.9	2.58	1.64	44.64	1	1.25	0.68

续表

序号	SiO_2	Al_2O_3	Fe_2O_3	CaO	MgO	SO_3	R_2O
5	6.46	2.58	1.75	48.02	0.92	0.96	0.76
6	5.35	2.26	1.53	47.54	0.85	1	0.68
7	10.14	2.95	1.67	44.77	1.03	1.01	0.72
8	8.07	2.25	1.43	45.29	2.37	0.87	0.6

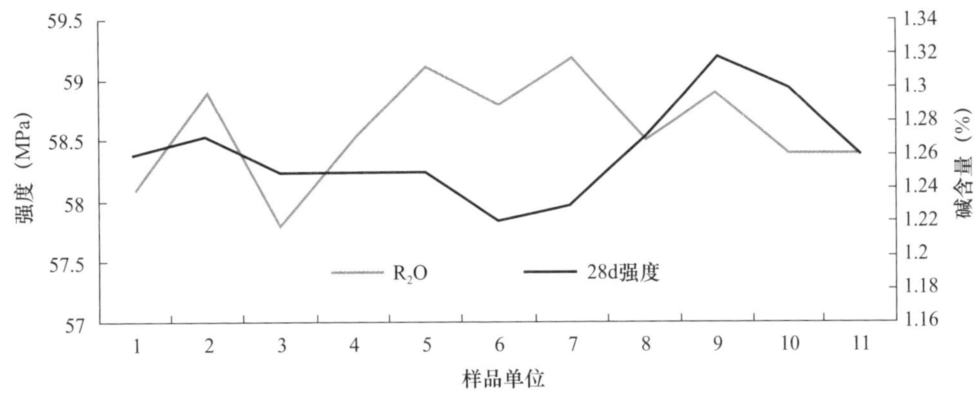

图 3-3　华新 QX 工厂熟料中的碱含量与 28d 强度

3.1.4.3　华新 YL 工厂高镁高铁石灰石的使用

华新 YL 工厂自有矿山石灰石镁铁含量见表 3-10，外购低镁低铁石灰石成分见表 3-11，入磨石灰石化学成分见表 3-12。

表 3-10　华新 YL 工厂自有矿山石灰石的化学成分　　单位：%

SiO_2	Al_2O_3	Fe_2O_3	CaO	MgO	K_2O	Na_2O
6.11	0.86	1.90	47.11	5.70	0.10	0.05
8.16	0.91	1.96	44.78	6.98	0.09	0.06
6.14	1.05	1.88	44.36	7.11	0.09	0.05
4.42	0.56	1.14	48.51	4.07	0.09	0.05
3.07	0.59	0.90	48.07	4.71	0.09	0.05
3.78	0.58	0.89	46.61	6.53	0.09	0.05
4.66	1.19	1.33	46.30	5.96	0.11	0.05
9.69	1.28	5.31	42.24	6.68	0.11	0.06
16.22	1.34	8.73	37.43	7.16	0.11	0.06
14.28	1.25	8.62	37.66	6.63	0.11	0.06

表 3-11　华新 YL 工厂外购石灰石的化学成分　　单位：%

SiO_2	Al_2O_3	Fe_2O_3	CaO	MgO	K_2O	Na_2O
10.23	3.28	1.15	46.60	0.76	0.51	0.06
7.01	1.81	0.85	49.96	0.70	0.31	0.04

续表

SiO_2	Al_2O_3	Fe_2O_3	CaO	MgO	K_2O	Na_2O
8.03	2.18	0.87	49.06	0.72	0.37	0.05
8.85	2.75	1.08	48.41	0.77	0.47	0.04
8.13	2.34	0.90	48.70	0.69	0.36	0.04
7.28	2.06	0.80	49.19	0.69	0.39	0.04
8.36	2.36	0.85	48.51	0.73	0.44	0.04
6.10	1.61	0.76	50.35	0.77	0.34	0.04
7.78	2.25	0.88	49.50	0.83	0.41	0.04

表 3-12　华新 YL 工厂入磨生料的化学成分　　单位：%

SiO_2	Al_2O_3	Fe_2O_3	CaO	MgO	K_2O	Na_2O
6.96	0.60	3.28	45.77	4.38	0.11	0.05
10.16	0.82	4.56	44.02	3.99	0.11	0.05
7.98	0.78	3.27	45.47	5.12	0.15	0.05
6.49	0.67	2.77	47.18	4.13	0.10	0.05
9.76	0.60	4.60	44.46	4.13	0.09	0.05
5.01	0.75	2.06	48.13	3.40	0.10	0.05
6.95	0.78	3.43	44.30	4.58	0.10	0.05
5.75	0.67	2.00	46.04	5.65	0.10	0.05
5.59	0.72	1.90	46.68	4.76	0.12	0.05

从上表可以看出，自有石灰石属于高镁高铁型，若直接采用生料配料，在煅烧过程中会造成窑内热工制度紊乱，易出现结圈、结球等现象。为此，质量控制部门通过调整配料方案，将自有石灰石和外购低镁低铁型石灰石按照规定比例进行搭配使用，所生产的熟料 28d 强度大于 55MPa，提高了自用矿山资源的有效利用率。华新 YL 工厂熟料强度数据如图 3-4 所示。

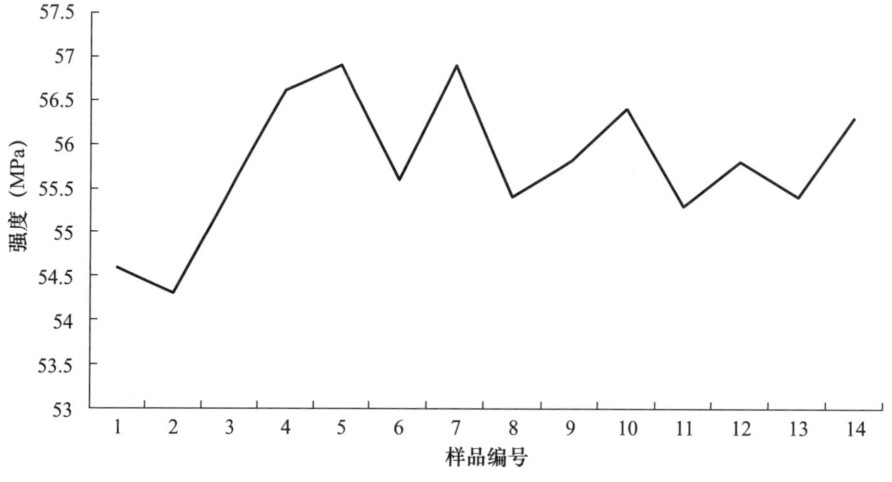

图 3-4　华新 YL 工厂熟料 28d 强度

3.1.5 重金属对水泥生产的影响

3.1.5.1 工业废渣中的重金属含量

当前工业废渣被大量运用于水泥生产，但这些废渣中或多或少都含有重金属，且含量有所不同。不过这些重金属大多都固化在废渣的结构中，仅有少部分水溶性重金属存在，见表 3-13。

表 3-13 工业废渣中的重金属含量　　单位：%

样品	总量					水溶性		
	Cd	Pb	Cu	Zn	Ni	Cr^{6+}	Zn	Ni
电解锰渣			0.07	0.10	0.14	0.04		
硅锰渣		0.01	0.03	0.12		0.18		
低铁硫酸渣		0.81	0.41	1.56		0.16		
高铁硫酸渣		1.89	1.81	1.30		0.06		
铅锌渣		0.42	2.50	77.97		0.13	0.04	
镍铁渣			0.02		0.29	0.14		
镍渣			1.35		1.64	0.07		0.42

3.1.5.2 水泥材料对重金属的固化作用

重金属元素在水泥熟料中的固化率非常高，经水泥固化后的重金属浸出非常低。各种重金属元素在水泥熟料中的固化率分别为 As：83.7%~92.8%；Cd：82.6%~93.7%；Co：79.2%~92.9%；Cu：89.0%；Ni：86.5%；Zn：74.3%；Cr：91%~97%；Pb：83.7%~88.9%。而且熟料矿物对重金属元素的固化具有选择性：Zn 存在于熟料的中间矿物中；As、Co、Cu 和 Ni 大部分存在于熟料的中间矿物中，但也存在于 C_3S 和 C_2S 中，Cd 和 Pb 则不能明显区分出主要存在于熟料的哪个矿物中，可以认为它们是比较均匀地分布在熟料主要矿物中。

3.1.5.3 重金属对水泥熟料烧成的作用

原料中含有的微量元素，对熟料煅烧是有利的，也有利于提高熟料的质量。

在低共熔物中，加入 2%~3% 的 Cr_2O_3、TiO_2 和 MgO 等均促进其黏度下降。BaO、Cr_2O_3、R_2O_3、PO_3、BO_3、SO_3、TiO_2 和 MgO 能不同程度地降低液相黏度和表面张力。事实上，具有小的半径和高的电荷离子（如 Cr、Cu、Mn、Ni 和 Zn 等）都是降低熔融物黏度和表面张力的最有效离子。由于氧化物的加入改变了液相的性质，从而影响到硅酸盐矿物的大小和形状。有关研究表明含有 MoO_3 和 WO_3 的 A 矿晶体变得大而圆。

微量组分除了能改变液相性质，还能改变熔融物出现的温度及数量。Zn 能显著降低出现温度，在同时掺有 Zn、F 和 SO_3 时熔融相在 1130℃出现，只掺 F 和 SO_3 时则在 1180℃出现熔融相。ZnO、CuO、Cr_2O_3 和 CaF_2 均能使液相出现的温度以及液相量降低。ZnO 和 Co_2O_3 在 1200℃以上能加快 f-CaO 的吸收速度，CuO 在 1000~1100℃对 f-CaO 吸收的促进作用特别明显，但它们对 C_3S 的稳定温度范围则无影响。由于促进

f-CaO 的吸收，ZnO 的存在使熟料中 A 矿和铁铝酸盐增加，B 矿和铝酸盐减少。每 1% 的 ZnO 约降低 2% 的铝酸盐和增加 2% 的铁铝酸盐元素。

同时，某些微量元素对于 β-C_2S 也有稳定作用，CuO 能加速 β-C_2S 的形成，银和钒的氧化物均能防止 β-C_2S 向 γ-C_2S 转化，而 ZnO 则加速 β-C_2S 向 γ-C_2S 转化。B 矿中 Ca 会被 Mg^{2+}、K^+、Na^+、Ba^{2+}、Cr^{3+} 和 Mn^{4+} 等置换，而 SiO^{4-} 会被 PO^{3-} 和 SO^{2-} 所置换，通常 B 矿以 β 型存在，有时会混有 α 型，Cr_2O_3、BaO、Na_2O 和 VO_3 可以稳定 α 型，MnO_2 则可稳定 β 型，Fe_2O_3、$A1_2O_3$ 混合固熔可稳定各变体。铬离子有多种形态，最稳定的是 Cr^{3+} 和 Cr^{6+}。铬和钒都优先融于 B 矿，可以增加 B 矿活性和稳定 β-C_2S。

3.1.5.4　水泥中的水溶性六价铬

水溶性铬，一般指铬酸盐或重铬酸盐，以 +3 和 +6 两种价态存在，其中六价铬盐可溶于水，毒性较强，通常写作 Cr（Ⅵ）或 Cr^{6+}。六价铬是很容易被人体吸收的，它可通过消化道、呼吸道、皮肤及黏膜侵入人体。水泥中水溶性六价铬是水泥重金属中毒性较大的元素之一。表 3-14 为华新 DC 工厂原料中的全铬含量的数据。

表 3-14　华新 DC 工厂原料中的全铬含量

项目	物料	全 Cr 含量（mg/kg）
石灰质原料	石灰石（自产）	16.5
	外购块石	＜ 1.8
硅质原料	石英砂	14.3
	砂岩	35.8
	萤石粉	22.3
铁质原料	选铁废渣	10.0
	铜尾渣	547.0
生料	出磨生料	22.8
	入窑生料	28.2
RDF	RDF1#	147.0
	RDF2#	151.0
	RDF3#	171.0
	RDF 渣土	44.5

（1）水泥生产原料中的铬（Ⅵ）的主要来源

① 水泥原料。如泥灰岩或石灰石、黏土、铁尾矿等常含有微量铬，在熟料煅烧过程中铬元素被带入其中。

② 破碎粉磨设备。在原料的破碎、生料及水泥的粉磨中由于含铬破碎、研磨介质的磨损而引入水泥产品中。

③ 含铬耐火砖。由于水泥回转窑高温带大量使用含铬耐火砖，在回转窑的高温、出口处高风压及炉料高碱度等条件的影响下，使铬氧化物掺入熟料中，致使水泥熟料含有水溶性铬（Ⅵ）。

④ 工业废渣。水泥工业大量利用工业废渣已成为行业可持续发展的重要途径，含

铬废弃物作为替代燃料或原料的使用，必然会把铬元素带入到水泥成品中。

（2）水泥中水溶性铬的控制方法

① 源头控制窑系统总铬的输入。根据水泥国家标准质量要求，对原材料含铬量进行筛选。尤其使用工业废渣作为原料配料时，要对其进行批次检测，实时监控原料中铬的输入。

② 对回窑中使用的高铬耐火砖进行更新，彻底取代国家标准明文禁止使用的铬镁耐火砖，从熟料烧制阶段减少铬的进入。确定钢球是否为高铬钢球后，更新原材料破碎装置、生料粉磨装置，将高铬钢球改为中、低铬合金铸球（段）或者其他锰钢合金铸球（段），从粉磨阶段减少铬的进入。

③ 一般新型干法水泥窑生产的熟料中 Cr（Ⅵ）占总铬的比例为 15%~20%。图 3-5 为华新 XY 工厂熟料中 Cr（Ⅵ）和总铬的检测数据，图 3-6 为对应的 Cr（Ⅵ）占总铬的比例。但在生产实践中也发现 Cr（Ⅵ）占总铬的比例超过 30%，甚至高达 40% 的案例，这与熟料的煅烧状态密切关联。实践中发现升重高、游离钙低、液相量高的熟料，Cr（Ⅵ）占总铬的比例较低；而煅烧状态不好、升重低、游离钙高、液相量低的熟料，Cr（Ⅵ）占总铬的比例偏高。从生产实践结果分析认为，煅烧良好的熟料有助于铬在熟料中的固化，可溶性的 Cr（Ⅵ）比例下降。

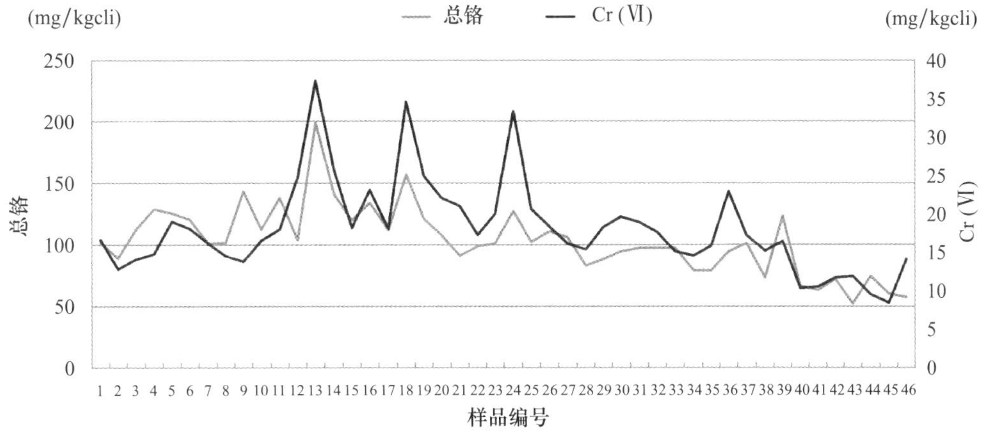

图 3-5　华新 XY 工厂熟料中 Cr（Ⅵ）和总铬

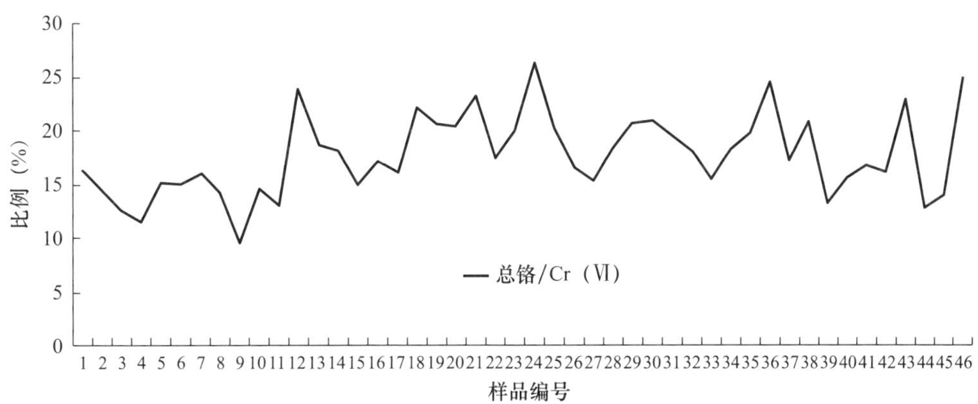

图 3-6　华新 XY 工厂熟料中 Cr（Ⅵ）占总铬的比例

此外实践中发现，对于高碱熟料，提高熟料的硫碱比可以降低全铬到六价铬的转化率，图 3-7 所示为华新 DC 工厂熟料硫碱比与 Cr（Ⅵ）转化率的关系。因此，合理改进生料配方，也是从源头降低最终产品水泥中水溶性铬（Ⅵ）含量的一个行之有效的方法。

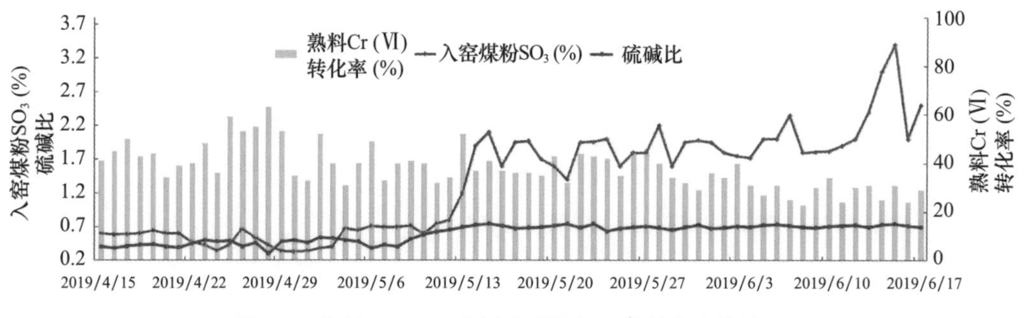

图 3-7　华新 DC 工厂熟料硫碱比与 Cr^{6+} 转化率的关系

④ 在水泥粉磨过程中使用绿矾等降铬剂可使水泥中的六价铬还原为三价铬，以达到降低水溶性六价铬的目的。

3.2　均化系统

在新型干法水泥的生产过程中，为了确保原燃料和生料质量稳定、成分均齐，均化系统成了水泥生产中必不可少的一环，高效率的均化系统为下游设备的连续运行奠定了重要基础。目前，水泥行业原燃料及生料均化的方式主要有预均化堆场、联合储库、均化库等方式。

3.2.1　物料的存储周期

为了保证水泥工厂按生产工艺管理要求进行均衡而连续地生产，各种物料要有一定的储存量。储存量一般以满足工厂生产需要的天数即储存期来确定和表示。不同物料的存储周期见表 3-15。

表 3-15　不同物料的存储周期

物料名称	总存储周期（d）	备注
石灰石原料	3~10	① 石灰石外购取上限，自备矿山取下限 ② 煤、矿渣视来源和运输情况，一般取上限 ③ 雨季长地区，含湿原料黏土、煤等取上限
黏土质原料	5~30	
铁质原料	10~30	
煤	7~30	
熟料	5~20	
石膏	20~35	
矿渣	7~15	
生料	1~2	
水泥	3~14	

3.2.2 预均化堆场

石灰石、原煤等预均化堆场的基本原理就是由堆料机把原料连续地、按一定的方式堆成尽可能多的相互平行、上下重叠和相同厚度的料层。取料时，在垂直于料层的方向，尽可能同时切取到所有料层，依次切取，直到取完，即所谓的“平铺直取”。水泥工业常用的预均化堆场有矩形堆场和圆形堆场。

3.2.2.1 矩形堆场

矩形堆场一般都有两个料堆，一个堆料，另一个取料，相互交替。每个料堆的存储期为 3~5d。根据工厂地形和总图要求，两个料堆可平行布置和直线布置，进料皮带机和出料皮带机分别布置在堆场两侧。取料机一般停在料堆之间，可向两个方向任意取料。堆料机通过活动的 S 形卸料机沿着长度方向堆料，也有的堆场采用顶部移动皮带布料。

平行布置有时在总平面的布置上比较方便，但是取料机要设中转台车，以便平行移动于两个料堆间。堆料机也可选用回转式或双臂式，以适应两个平行的料堆。其示意如图 3-8 所示。

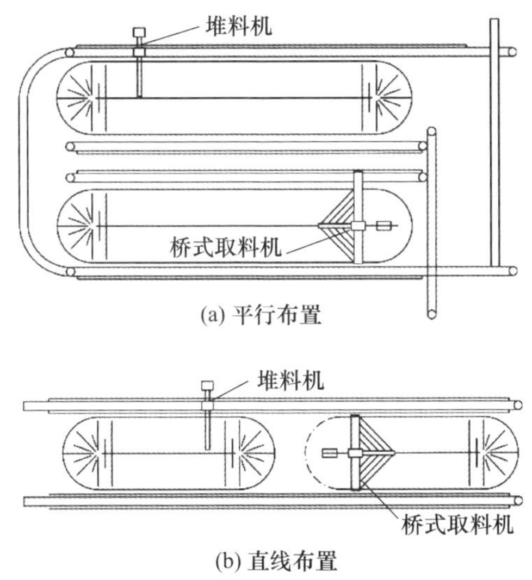

图 3-8 矩形堆场示意图

3.2.2.2 圆形堆场

原料由皮带机送到堆场中心，由可以围绕中心进行 360° 回转的悬臂式皮带堆料机堆料，堆料为圆环，其截面则是人字形料层。取料一般采用桥式刮板取料机，桥架的一端接在堆场中心的立柱上，另一端则架在堆料外围的圆形轨道上，可以 360° 回转。取出的原料经刮板送到堆场中心卸料口，由地沟内的出料皮带机运走。

堆场应根据需要决定是否加盖封闭厂房。对于风大、雨雪较多的工厂，一般加盖封闭厂房。圆形堆场占地面积较小，堆料机在旋转堆料的同时，还根据料堆的高度进行升降运动。每一次扇面形成往返作业，不断从最低点升到最高点，接着又从最高点降到最低点。堆料机按照程序工作，包括行程长度、回转角度、升降高度和每次向前移动的角度，使环形堆料不断扩展。这种料堆是人字形料堆和纵向倾斜层料堆的结合型料堆，物料的休止角越小，单个料层就越长，均化效果也越好。其示意如图 3-9 所示。

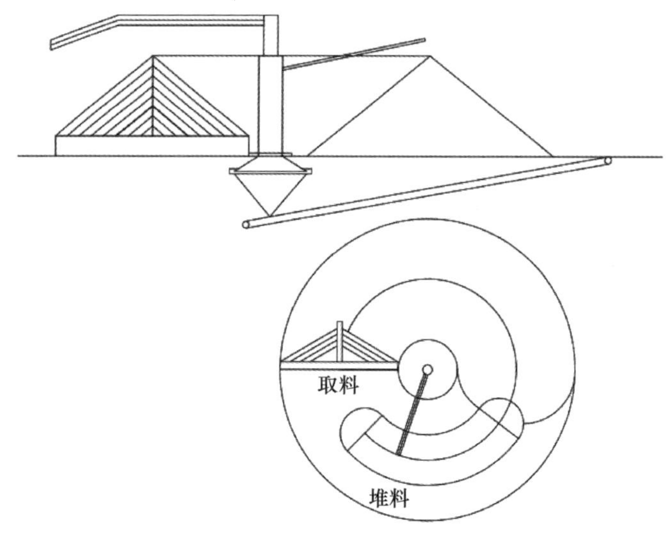

图 3-9　圆形堆场示意图

3.2.2.3　矩形堆场和圆形堆场的对比

矩形堆场和圆形堆场分别有其各自的特点，具体见表 3-16。

表 3-16　矩形堆场和圆形堆场的比较

类别	矩形堆场	圆形堆场
占地面积	较大	较矩形堆场减少 30%~40%
工艺平面布置	进出料方向有所限制，不利于灵活布置	进出料方向随意，布置灵活
均化效果	由于每个料堆的料端和每个料堆之间的成分差异，影响均化效果，成分波动不连续	取料层数大于堆料层数，因此均化效果好，堆、取料连续进行，物料成分的波动不会产生突变
设备利用率	只有在料堆被取或堆完料后，换堆作业才能开始，因此如堆取料周期控制不好，会影响设备的利用	堆、取料机能分别连续工作，设备利用率高
生产操作	由于堆、取料分别分堆作业，操作上有所不便	堆、取料机连续围绕中心立柱回转，操作方便，利于自动化控制
可扩展性	可在长度方向扩展	无法扩展
投资	较高	较矩形堆场减少 30%~40%

从表 3-16 可以看出，矩形堆场和圆形堆场各有优劣，在实际生产过程中，可根据自身的情况进行选择。

3.2.3 影响堆场均化效果的因素及解决措施

（1）原料成分波动。原料矿山开采时如果夹带其他废石，或者矿山本身波动剧烈，开采后进入预均化堆场的原料成分波动就会呈非正态分布，甚至呈现一定的周期性剧烈波动，使原料在沿长度方向布料时产生周期性的波动，即所谓长滞后影响，这种影响在出料时会增加出料的标准偏差。

当料堆的布料层数一定时，进料波动频率与出料的标准偏差近似成反比。进料的波动频率越高，出料标准偏差越小。如果进料时波动频率是随机变动的，即变化周期很短，出料标准偏差也会显著降低。可以解释为，当波动频率很大时，各层原料都有可能遇到极高或极低成分的原料，料堆纵向成分波动（即长滞后的现象）就会减弱。

因此原料矿山开采时要注意搭配。特别在利用夹石和品位低的矿石时，不仅要合理搭配开采时的台段、采区，而且要合理地规定各区的采掘量和搭配关系。在使用多种产地不同、品位各异的煤炭时，也要注意使其经过搭配后进入预均化堆场。

（2）物料离析作用。由于物料颗粒尺寸差异，堆料时，物料从料堆顶部沿着自然休止角滚落，较大的颗粒总是滚落到料堆的底部两边，而细颗粒物料则留在料堆上半部。而不同粒度大小物料的成分往往不同，特别是石灰石，大颗粒一般碳酸钙含量高，因此物料离析引起料堆横断面上成分的波动。这就是所谓的短滞后现象，或称为横向成分波动。要减少物料离析作用的影响，可以从三个方面去解决。

① 减小物料粒度级差。通过破碎机的物料，常常会出现同一台设备的破碎率有很大差异的情况。因此要提高破碎效率、减少物料粒度的级差、减少物料离析作用的影响。

② 加强堆料管理工作。水泥厂较多采用的堆料方式是人字形堆料，为防止物料离析，在堆料时减少落差是一个重要的措施。随着料堆的升高，堆料皮带卸料端要相应提高，因此堆料皮带机端部常常设触点式探针来探测自身同料堆的距离，使卸料点自动与料堆保持一定的距离。一般可以使落差保持在 1000mm 左右。

③ 生产中要注意检查料耙或者松料钢丝绳是否按设计要求掠过全部断面，均匀地使物料滚落到底部输送机，包括检查料耙的行程是否太短以致形成取料死区、钢丝绳的松紧程度、耙齿工作情况、钢丝绳扫掠断面所滚落的物料是否与刮板运输能力相适应、各部件磨损情况是否影响工作等。此外，在旱季和雨季，物料水分含量会有较大差别，物料被松动的难易程度和休止角都将发生变化，要及时调整松料装置的角度、耙齿的扫掠速度，甚至增减耙齿的数量或深度等，以保证作业正常。

（3）料堆的端锥效益。矩形堆场每个料堆都有两个呈半圆锥形的端部，称为端锥。当堆料机在固定回程点返回时，则会在料堆的端部形成倾斜的层状堆料。如图 3-10 所示，取料机开始从料堆端部取料时，端锥部位的料层方向正好与取料机切面方向平行，而不是垂直。因此取料机就不可能同时切取所有料层。此外端锥部分的物料离析现象更为突出，也降低了均化效果。

为了减少端锥的影响，可以采取变行程的多返程点堆料方法，如图 3-11 所示。堆料机在矩形堆料上往复布料时，设置多个返程终点。为了使布料合理，一方面堆料机的

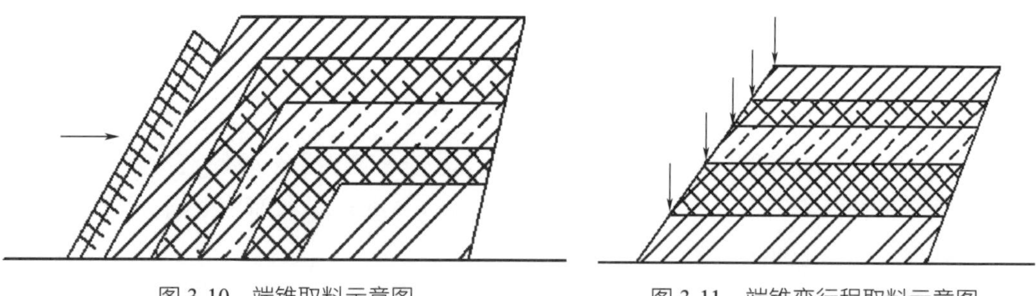

图 3-10　端锥取料示意图

图 3-11　端锥变行程取料示意图

卸料高度要随料堆的升高而升高；另一方面在到达终点时，要及时回程，否则端锥部分物料的厚度增厚，加大了端锥的不良影响。在布完一层料到达终点时，上一层要比下一层缩短一小段距离。

（4）堆料机布料不均（进预均化堆场的物料量的波动带来的布料不均）。在工艺设计方面，有些预均化堆场是从破碎机出口直接进料，也有些是破碎后的物料经过中间缓冲库后进入堆料机。为提高预均化效果，应该稳定破碎机的破碎能力，定期检测预均化堆场进料量，稳定缓冲库出库能力等，以保证布料均匀。

（5）堆料总层数。料堆的布料层数越多，出料堆的物料标准偏差越小。但由于物料颗粒相对较大以及物料休止角的作用等影响，越到高层，料层越薄，均化效果相对较差。均化效果并不总是随布料层数增加而增加。料堆层数可以通过下式计算，堆料机相关参数见表 3-17。

$$n=\frac{A \cdot V}{q}$$

式中　n——堆料层数；

A——堆场的截面积，m^2；

V——堆料机的行走速度，m/min；

q——堆料能力，m^3/min。

表 3-17　某 5000t/d 水泥熟料生产线堆料机参数

堆料机	矩形堆料机
堆料能力（t/h）	1000
物料容重（t/m^3）	1.45
堆料宽度（mm）	34
堆料高度（m）	13.2
堆料皮带机宽度（m）	1.2
带速（m/s）	1.6
行走速度（m/min）	20
堆料层数（层）	390

3.2.4 生料均化库

生料均化库是生产均化链中最为重要的工艺环节（约占均化工作量的 40%），其对提高水泥熟料产量、稳定熟料质量有着举足轻重的作用。能否保证入窑生料成分的高度均匀稳定，涉及原料质量、配料、均化等多个方面。

生料均化库主要是采用空气搅拌及重力作用下产生的“漏斗效应”使生料粉向下流动时切割多层料面予以混合，同时在流化空气的作用下，使库内料面发生大小不同的流化作用，有的区域卸料、有的区域流化，从而使库内料面产生径向倾斜，进行径向混合均化。

目前，生料均化多采用连续式均化库，均化库种类较多，主要有 MF、CF、NGF、IBAU、CP、NC、TP 等多种类型。入库方式（单点、多点进料）、卸料口数量、是混合室还是搅拌小仓、小仓在库内还是库外等方面存在一定差异，CP、IBAU、NGF 等设计是典型的代表库型。其结构示意如图 3-12 所示、数据对比见表 3-18。

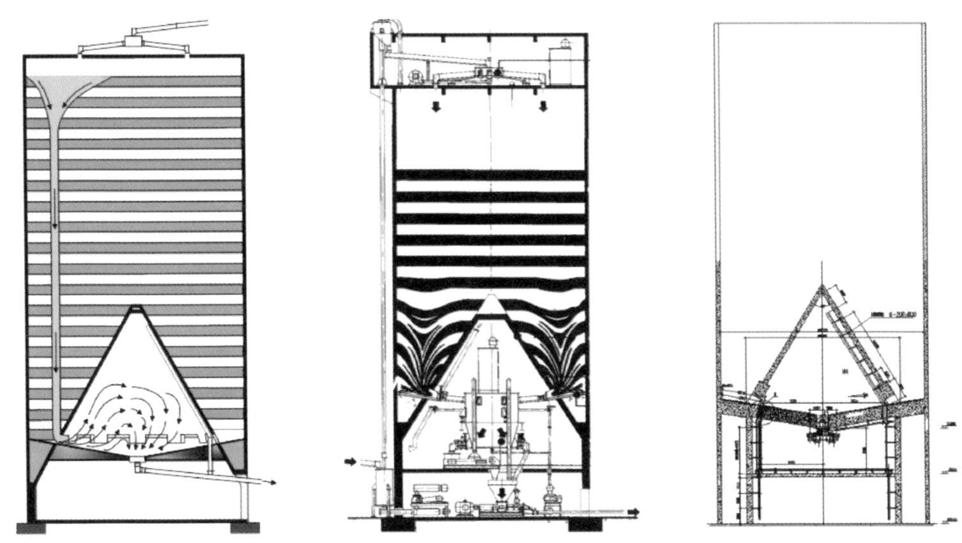

图 3-12 CP 库、IBAU 库、NGF 库的结构示意图

表 3-18 不同类型均化库对比

性能	某公司 A 库	某公司 B 库	某公司 C 库	某公司 D 库	南京院 NGF 库
均化压力（kPa）	60~80	50~70	50~80	50~70	60~70
均化用气量（m^3/t）	7~12	7~10	10~15	7~10	7~9
均化电耗（kW · h/t）	0.2~0.3	0.15	0.15~0.3	0.1~0.2	0.15~0.8
均化效果	较高	一般	较高	一般	较好
操作要求	相对复杂	很简单	很简单	简单	简单

3.2.4.1 CP 型生料均化库

CP 型均化库的库顶生料通过分配器由斜槽（一般 6~8 条斜槽）均匀布料入库，生料在库内呈水平分散分布；大库的中心下部有一个圆锥形搅拌室，大库库底侧壁做成一个角度约为 65° 的大斜坡，在搅拌室的大斜坡之间的库底部略有斜度，库壁斜坡与锥形搅拌室之间形成环形区，并划分为 8~12 个区，每区沿径向装有条形充气箱；搅拌室下部开有 8~12 个进料孔，库底环形充气区、搅拌室和卸料隧道区都有单独的罗茨风机供气，通常每区充气时间为 5min，轮流间隔充气，充气区生料因松动及气流的引导卸入中心区，库内不同层的生料竖向切割下料，实现生料的均化，不同时间的生料进入中心区后再通过气体进行强烈混合均化，从而达到理想的均化效果。图 3-13 为华新不同水泥厂的 CP 均化库的 LSF 均化系数。

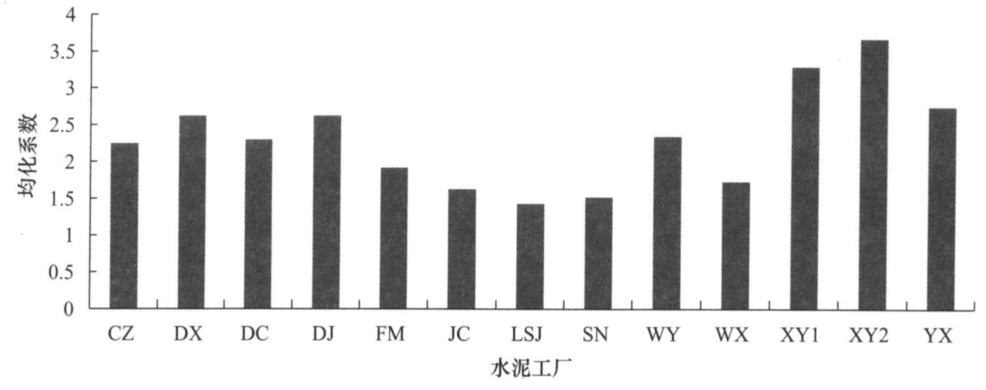

图 3-13 华新不同 CP 库的均化系数

3.2.4.2 IBAU 型生料均化库

IBAU 库与 CP 库结构基本类似，区别在于外部有搅拌仓，库底中心设一大圆锥，库内生料的质量通过内锥体传递给库壁，库底环形空间被分成向中心倾斜 10° 的 6 个以上的充气区，每区装有多种规格充气箱。充气卸料时生料首先被送至一条径向布置的充气箱上，再经过锥体下部的出料口由空气斜槽送入库底中央搅拌仓中。卸料时，生料在自上而下的流动过程中，切割水平料层而产生重力混合作用，进入搅拌仓后又因连续充气搅拌而得到进一步均化。图 3-14 为华新不同水泥厂的 IBAU 均化库的 LSF 均化系数。

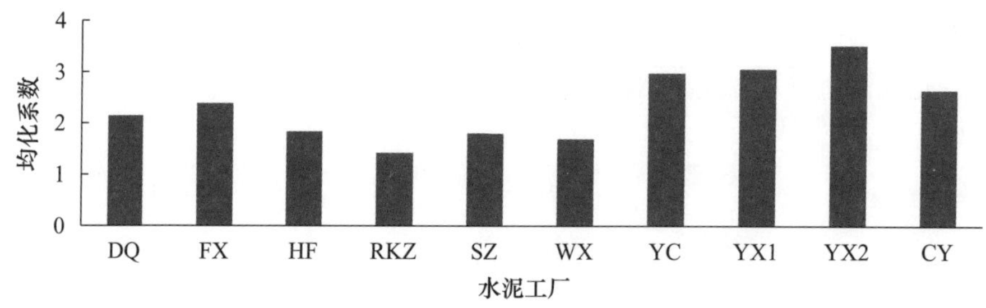

图 3-14 华新不同 IBAU 库的均化系数

3.2.4.3 NGF 均化库

NGF 均化库是南京水泥设计院在调研分析的基础上，进行优化改进开发的新型连续重力充气搅拌式均化库。库底设置减压锥，锥体底部与库底板连续的四周有许多孔洞且布满充气箱，然后分成若干个充气区。锥体与库壁形成的区域称为外环区，中心混合室称为内环区。卸料时，根据混合室内压力的高低，罗茨风机分别向库底内、外环区分区轮流循环充气，使生料从外环区进入内环区，再到库底卸料装置。在整个过程中，不仅产生重力混合，而且也因漏斗卸料速度不同，使库底产生径向混合，均化效果较好。图 3-15 为华新不同水泥厂的 NGF 均化库的 LSF 均化系数。

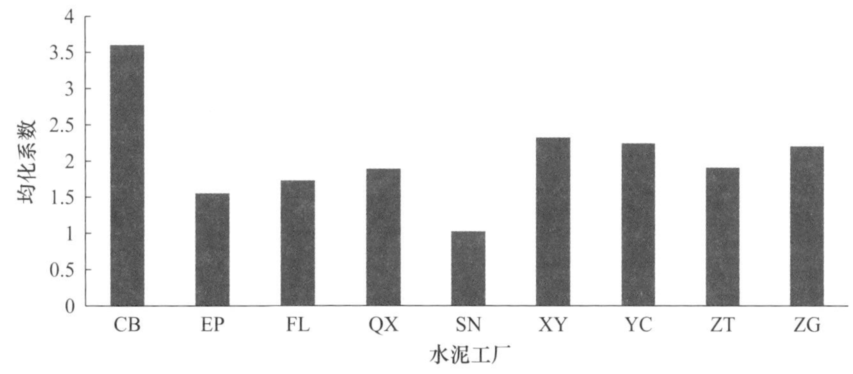

图 3-15 华新不同 NGF 库的均化系数

3.2.4.4 均化库均化效果的影响因素及改进措施

（1）均化库的运行条件

水泥工厂的生料均化库大多为混凝土结构，在设计时库顶都有防水层，但在建造时由于施工工艺不合理或者施工人员操作不精细等，导致库顶存在积水甚至漏水现象，最终可能会使得库内或库边壁结皮、结块，当结块在库内富集到一定程度，沿着卸料管排出时，会造成生料的波动。因此，在均化库建造初期要加强对库顶的防水处理，后期运行过程中要做好库顶的排水工作。

一般要求出磨物料的水分要小于 0.5%，若磨机运行期间烘干能力不足或者某段时间工厂处于雨季，导致出磨物料水分高，物料流动性极差，造成物料在均化库内结块，不能按区下料，将严重影响均化效果，因此需加强对出磨物料水分的控制。

（2）充气系统

库底充气系统运行良好是确保生料均化效果的关键，主要包括充气箱及帆布、充气调节阀门、充气管道以及罗茨风机等。

充气箱被分为内环和外环，在运行时需要按照设定的程度进行充气，以确保内、外环物料一起活化及时被切割。遵循的原则是：相继充气扇区应在 90°~180° 的位置，并在一个充气轮回中不对同一扇区重复充气，按充气顺序对下一个扇区充气。转换充气区时先开下个充气区气动阀，再延时 3~5s 关闭上个充气区气动阀，避免罗茨风机因压力超高而过载跳停。充气帆布应选择透气性良好的材料，破损的帆布要在清库时更换。其布局及充气顺序见图 3-16、表 3-19。

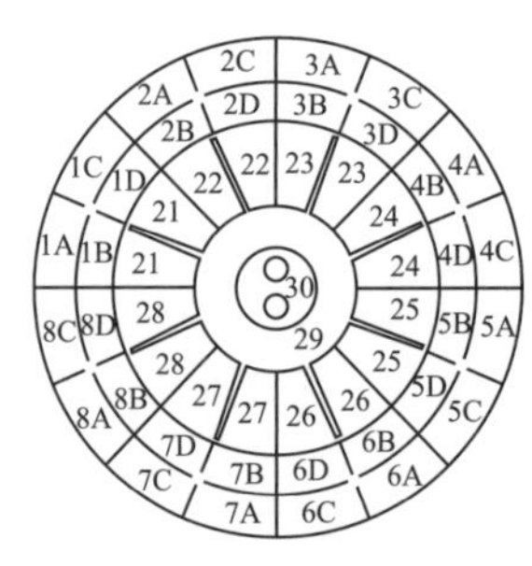

图 3-16　某均化库内部充气系统布局

表 3-19　某均化库的充气顺序

充气顺序	1（21）	6（26）	3（23）	8（28）	5（25）
	2（22）	7（27）	4（24）		

充气管道在运行时不得堵塞，若出现堵塞必须及时清理。对内、外环充气手动阀门开度进行调整。调整的主要目的是：靠库壁手动阀门全开，外环靠库壁的充气箱获取最大的空气量，使物料能充分活化，避免结块影响料层切割，造成均化效果下降。在减压锥内部的充气箱仅起输送物料的作用，因此手动阀门开度在 30% 左右。内环的充气方式是一区多充，其他三个区进行辅助充气。因此，内环的旁路气管的手动阀门开度在 20% 左右。可以使物料在混合室内因气量不同而充分混合均化。充气量选择见表 3-20。

表 3-20　充气量的选择　　单位：$m^3/(m^2 \cdot min)$

类别	充气量
活化扇区	1.5~3
非活化扇区	0.5
外环	0.8~1.6

除了均化库本身的因素以外，还需关注其他因素，比如强化生料准备阶段的混合效果，采用合理的方式输送窑灰，入窑喂料量要稳定等。

3.2.5　联合储库

联合储库的工作原理是将两种及两种以上的物料堆放在一个储库内，用隔墙分开存储的方式，并利用设在库内的行车抓斗将物料送往生料车间和水泥车间的喂料仓。联合储库的进料方式一般有汽车和皮带机卸料两种，出料一般采用行车抓斗倒运，可在库内任意抓取物料。单位面积物料储量大，存储期相对较长，对改善湿黏物料的物理性能有利。

联合储库的优势在于实现存储与配料计量集成化，并容易实现物料的多区搭配混合，节省了建筑占地面积。随着智能技术的发展，行车也能实现自动抓料和倒料，不需要热工操作，降低了人的劳动强度，提高了工作效率。

3.2.6　均化系统的发展趋势

（1）堆取料机自动化

预均化堆场的核心设备是堆取料机，其运行可靠性和运行效率直接关系到水泥生产原燃材料的均化效果和给料的畅通。传统的堆取料机是现场人员根据原料的实际需求量对设备进行启停，运行效率低，并且采用的是有线电缆通信的控制方式，由于堆取料机是运动作业的，通信电缆必须通过电缆卷盘接上堆取料机。设备在使用中随着线路老化、现场粉尘环境的影响和滑环的接触不好，电缆故障率较高。容易由设备故障未能及时处理造成损失。矩形料场的堆取料机一般用限位开关给堆取料分区域定位，由于现场环境恶劣，限位开关故障率高、可靠性低。行走限位开关由于是点定位，对连续性位置检测存在盲区，难以满足现代水泥企业自动化生产、设备无人值守的要求。

堆取料机可进行自动化升级改造，采用无线远程控制，可有效提高设备运行效率，相关辅助设备都可撤销，实现了无人化运行。

（2）行车自动化

联合储库的核心设备是行车，其运行的可靠性直接关系到下游给料系统的连续性。传统的行车需要专人驾驶，根据各种物料的需求量，通过行车抓斗抓取定量的物料，然后移动行车到指定料仓卸料。这种方式行车的运行效率低，还要配备专人操作，特别是物料品种切换频繁时，料仓会出现空仓待料的现象。

联合储库带料行车自动化改造，可实现行车稳定、连续、不间断作业，精准控制多种物料的带料量，很好地满足生产需要。总体来说，通过对堆取料机和行车的自动化改造，可实现设备的精准控制，提高设备的运行效率。

（3）在线分析配料技术

传统的生料配料检测手段包括 X 荧光分析技术，但 X 荧光分析只能测量物料表层的元素成分，对物料和表面平整度具有很高的要求，并且采用人工定时取样，因此在生产中也经常出现出磨生料成分波动大的情况。目前，很多水泥生产企业在生料配料质量控制中引入跨带式 PGNAA 在线元素分析仪，实现每小时 60 次的化学成分检测，并将数据信息接入公司的技术信息系统和能源管理系统。根据检测结果通过计算机控制系统，对各种物料进行自动配比调整，实现磨前检测、实时自动调整物料配比，改变了事后检测、滞后调整的传统模式，可将生料化学成分关键指标波动控制在 0.1% 内，极大地提高了出磨生料成分的稳定性。

PGNAA 在线分析仪示意如图 3-17 所示。华新原料储库配置见表 3-21。

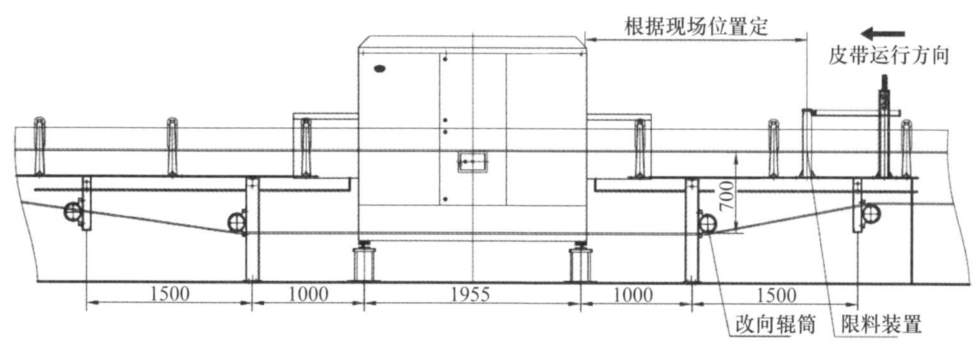

图 3-17 PGNAA 在线分析仪示意图

表 3-21　华新 LQ 工厂原料储库配置表

原料	石灰石	砂页岩	铁质校正料	均化库
储库规格	ϕ18×45 圆库	联合储库 B27×255	联合储库 B27×255	CP 型均化库
储量（t）	10000	5000	3500	10000

图 3-18 为华新 LQ 工厂在线与人工分析出磨生料 LSF 的标准偏差数据对比。从图中可以看出，使用在线分析技术以后出磨生料 LSF 的标准偏差明显小于人工控制，说明利用在线分析技术控制后的出磨生料成分波动更小，更加稳定，这对后序整个窑系统的煅烧和正常运行更为有益。对于使用在线分析技术的工厂，可以取消传统均化堆场，从实际生产来看，生料的化学成分并无异常波动，说明现代分析技术完全可以取代传统的均化手段。如华新 ZT 工厂，通过在矿山下山皮带机上安装在线中子分析仪，对矿山石灰石进行精准搭配，在取消了石灰石堆场后，入磨石灰石的质量稳定性还优于原有的石灰石堆场。在线技术的使用，使传统均化堆场的均化功能变得不再必须，均化堆场仅仅作为物料储存用于工厂生产的调节，在满足基本储存时间要求的条件下，能节省占地面积与投资规模。

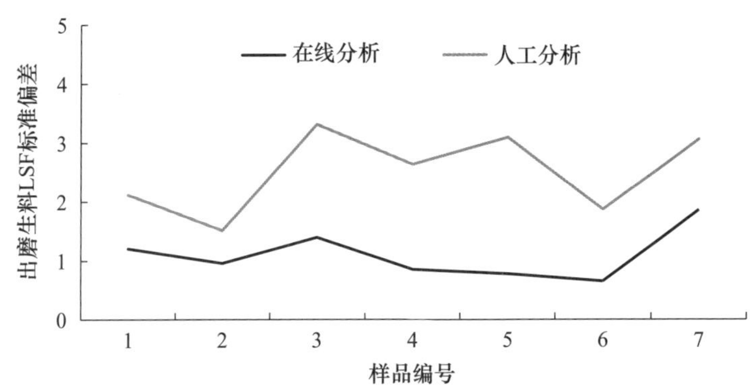

图 3-18　华新 LQ 工厂在线与人工控制出磨生料 LSF 标准偏差数据对比

3.3　生料制备

石灰石质原料、黏土质原料以及校正质原料经过配料进入生料粉磨系统，烘干及研磨至一定的细度后成为生料。通常使用的生料粉磨设备有风扫球磨、中卸球磨、立磨、辊压机等，而原料的颗粒尺寸、水分、磨蚀性等物料的特性都影响磨机工艺系统的选择。

在水泥生产过程中，生料粉磨电耗占水泥综合电耗的 20%~30%，合理选择粉磨设备及粉磨工艺，提高生料粉磨效率，对降低生料制备电耗和碳减排具有重大意义。

3.3.1　生料磨系统发展现状

最早用于生料制备的是球磨机技术，20 世纪 80 年代以来立磨系统开始用于制备生料，随着辊压机技术的成熟，近 10 年来辊压机也开始用于生料终粉磨。

球磨机系统相对简单、易维护，较早就实现了国产化，因此早期水泥生产线较多地选择生料球磨机系统。虽然生料立磨系统比球磨机系统更节能，但我国早期生料立磨系统尚需依赖进口，价格昂贵，国产立磨系统成熟于21世纪初，因此近20年来生料立磨开始成为主流技术。辊压机系统进一步提高了研磨压力，并把物料的气力提升改为机械提升，具有了进一步节能的潜力。目前，国内水泥生产企业生料制备工艺主要包括球磨、生料立磨、辊压机终粉磨等几种粉磨系统。目前，球磨机最大直径已达6m，单机台产可达400t/h以上；立磨的单机台产也可高达600t/h以上；辊压机单机台产也可高达500t/h以上，各种生料粉磨系统都能很好地与1000~14000t/d熟料生产线配套。

华新生料粉磨系统既有球磨技术，也有立磨和辊压机技术。图3-19~图3-21为华新部分工厂生料磨系统的单位电耗。

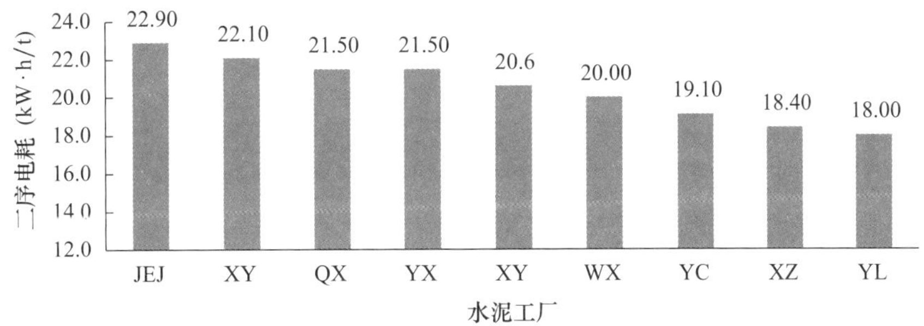

图3-19 华新不同生产线生料风扫球磨工序电耗情况（年度统计）

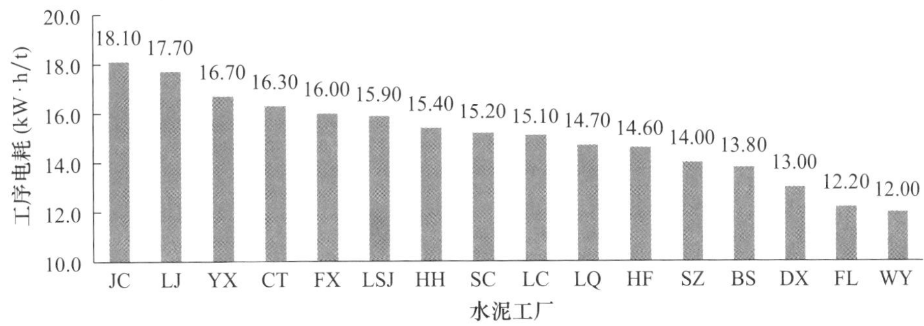

图3-20 华新不同生产线生料立磨工序电耗情况（年度统计）

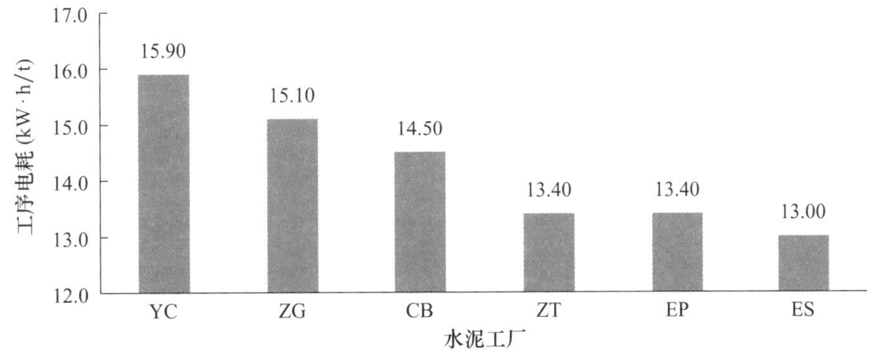

图3-21 华新不同生产线生料辊压机工序电耗情况（年度统计）

（1）从图 3-19~ 图 3-21 可以看出，生料球磨机的工序平均电耗在 20kW · h/t 左右，立磨的平均电耗为 16kW · h/t，辊压机的平均电耗为 14kW · h/t。从球磨到立磨再到辊压机，生料工序电耗逐步下降，可见生料辊压机的节电效果非常明显。

（2）单一对比不同生料球磨工序电耗可以看出，球磨机最高电耗为 23kW · h/t，最低为 18kW · h/t。对于同一种粉磨设备，不同工厂电耗差异较大，这主要是由于原料特性不同以及基础管理水平不同导致的。对于生料立磨和辊压机亦是如此。

3.3.2 立式辊磨

3.3.2.1 生料立磨终粉磨系统

生料立磨终粉磨系统为粉磨选粉一体式结构，在研磨区上方设有选粉机，细颗粒物料在喷环处高速气流的喷吹下进行磨内循环选粉，直至研磨成合格的粒度后被气流带出磨机，部分大颗粒的物料排出磨外，经过斗提循环进入磨内再次粉磨。磨机内部需要通入较大量气体用于烘干及物料提升，因此立式磨系统风机消耗功率相对较大。

生料立磨终粉磨系统又可以分为三风机立磨系统以及双风机立磨系统。三风机立磨系统是指由高温风机、磨机循环风机、窑尾排风机及磨机组成的系统；双风机立磨系统中磨机循环风机与窑尾排风机合并成一台风机，工艺流程如图 3-22 及图 3-23 所示。双风机立磨系统的排风机既是立磨通风机，也是窑系统的排风机，较三风机立磨系统少了旋风筒带来的阻力，因此通常双风机立磨系统的风机电耗较三风机立磨系统更低。在华新运行的生料立磨工厂中，使用双风机立磨系统的几家工厂生料粉磨在所有使用立磨工厂中电耗指标都处于领先地位。如华新 WY 工厂，双风机立磨系统的单位电耗为 12 kW · h/t，为华新全集团生料电耗最低的工厂。通常生料立磨主电机单机电耗为 5~8kW · h/t，系统风机电耗与立磨主电机功率基本相同，一般为 5~8kW · h/t，全系统电耗在 12~18kW · h/t 之间。

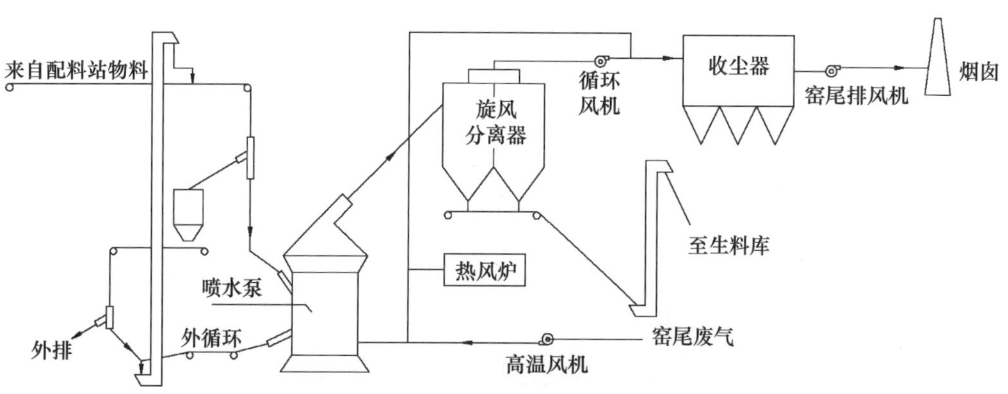

图 3-22 三风机立磨生料制备系统工艺流程图

最近几年，国内有部分供应商提出了完全机械循环的生料立磨系统，并有部分实际的工程案例。与传统生料立磨系统对比，全机械循环的生料立磨系统把研磨和选粉在结构上进行分离，并设置独立的具备打散烘干功能的组合式选粉机。配料后的新鲜原料喂入组合式选粉机进行烘干后，经过斗式提升机喂入立磨的研磨区域，经过研磨后的干燥

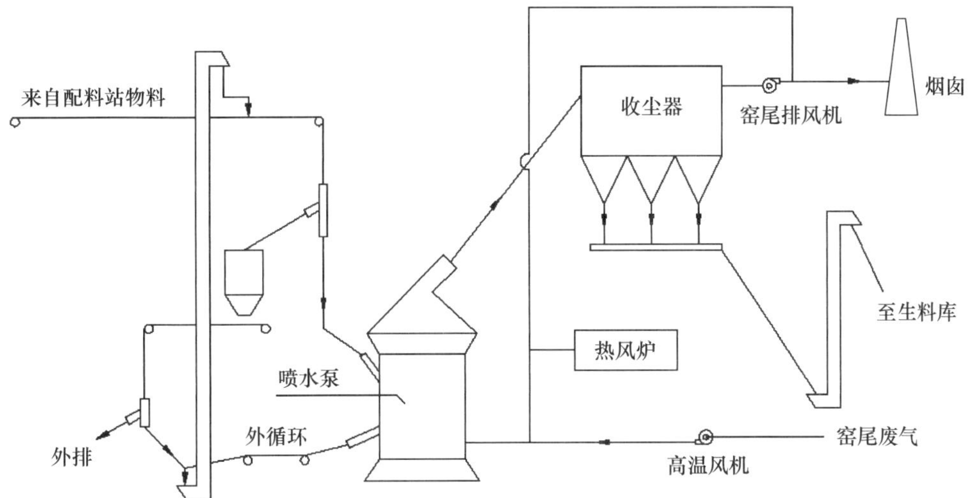

图 3-23　双风机立磨生料制备系统工艺流程图

物料通过磨盘的转动被甩出磨机后进入斗式提升机，并被再次喂入组合式选粉机，成品被气流带走，粗颗粒通过斗式提升机再次进入磨机研磨并不断循环，直至成为合格产品。全机械循环生料立磨系统用机械式提升替代气力提升，所需要的选粉风量更低，并且系统通风阻力更小，因此全机械循环生料立磨系统的风机电耗比传统立磨系统更低。据实际案例，将传统生料立磨系统改为全机械循环生料立磨系统后，生料电耗下降 3kW・h/t。全机械循环生料立磨系统的工艺流程如图 3-24 所示，工艺流程类似于生料磨辊压机终粉磨系统。

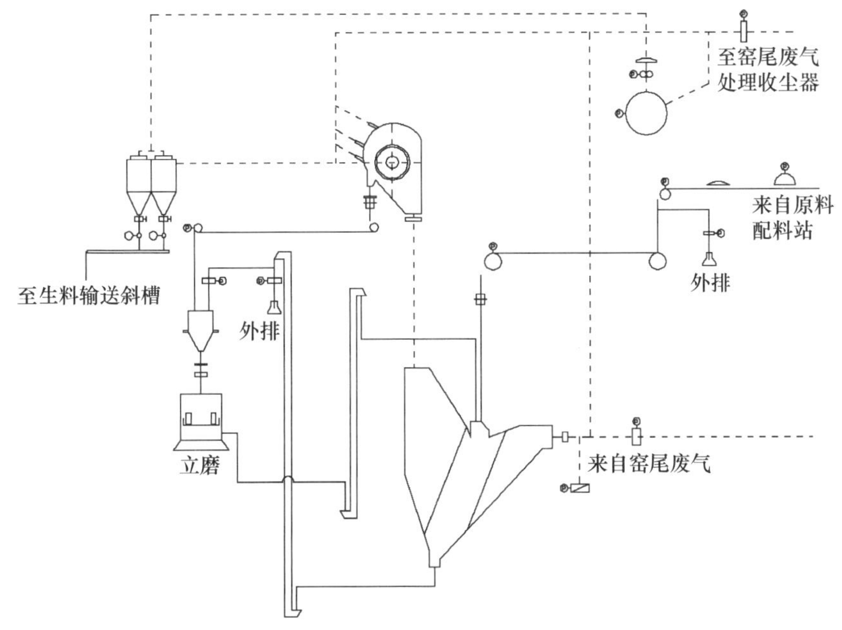

图 3-24　全机械循环生料立磨系统工艺流程图

3.3.2.2 各种形式立磨的特点

(1)莱歇公司的 LM 型立磨

LM 型立磨采用圆锥形磨辊和水平磨盘，有 2~6 个磨辊，磨辊轴线与水平夹角为 15°，各磨辊可以由液压系统单独加压，在检修时可以用液压系统将磨辊翻出磨外。其优点是对粉磨物料的适应性强，操作稳定。

LM 型立磨主要由以下几个部分组成：选粉机、壳体、磨辊、翻辊装置、液压加压装置、摇臂、圆柱销、磨盘、传动装置、机座、磨机振动监视装置和喷水系统等。

莱歇公司 LM 型立磨磨辊加压装置设在壳体外，壳体的密封设计要求高，锥形辊套不能翻转重复使用，磨机设有磨辊与磨盘间隙限位装置，磨机可空载启动，不需要另设高扭矩辅助启动装置。莱歇公司 LM 型立磨的停机没有任何特殊要求，开机启动也无须进行磨盘布料操作。其结构如图 3-25 所示。

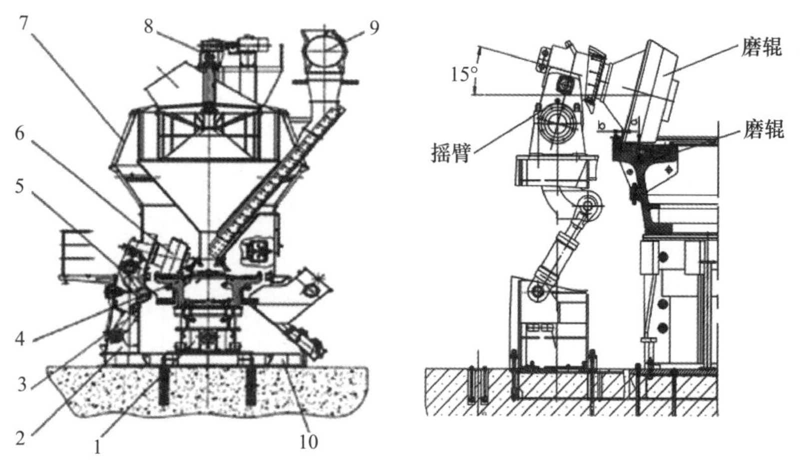

图 3-25 LM 型立磨的基本结构和磨辊结构

1—减速机；2—机身；3—加压装置；4—磨盘；5—摇臂；6—磨辊；7—壳体；8—选粉机；9—喂料装置；10—基座

(2)德国 Pfeiffer 公司的 MPS 型立磨

MPS 型立磨采用鼓形磨辊和带圆弧凹槽形的碗形磨盘。3 个磨辊相对于磨盘倾斜 12°安装，间隔 120°排列。辊皮为拼装组合式，磨辊可以翻转 180°使用。

3 个磨辊统一由支架固定，同时加压。启动时磨辊不能抬起，首先使用辅助传动装置在磨盘上铺料，形成粉磨料床后再开启主传动装置，以防止磨辊、磨盘直接接触。检修时磨辊不能翻出磨外，需从磨中将磨辊吊出机外。磨辊与加压部件都在机壳内，磨机的密封性较好。

由 3 根液压张紧杆传递的拉紧力通过压力框架传到 3 个磨辊上，再传到磨辊与磨盘之间的料层上。检修时液力张紧杆只可将连在磨辊上的压力框架抬起，但应先拆除压力框架与磨辊支架间的连接板，并用专用工具将磨辊固定。其基本结构如图 3-26 所示。

(3)Polysius 公司的 RM 型立磨

RM 型立磨采用两对分半的轮胎直辊，为双凹槽形磨盘。两组磨辊共 4 个，每组磨辊装一个架子，分别用液压系统加压，磨辊与磨盘间的速差小，滑动摩擦小。双凹槽形衬板对物料的啮合性能强，并形成双重挤压，粉磨效率高，磨损后的磨辊可以翻转 180° 使用。其基本结构如图 3-27 所示。

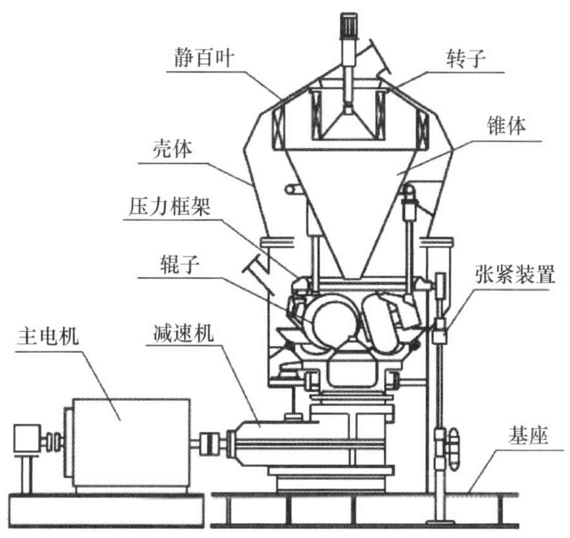

图 3-26 MPS 型立磨的基本结构图

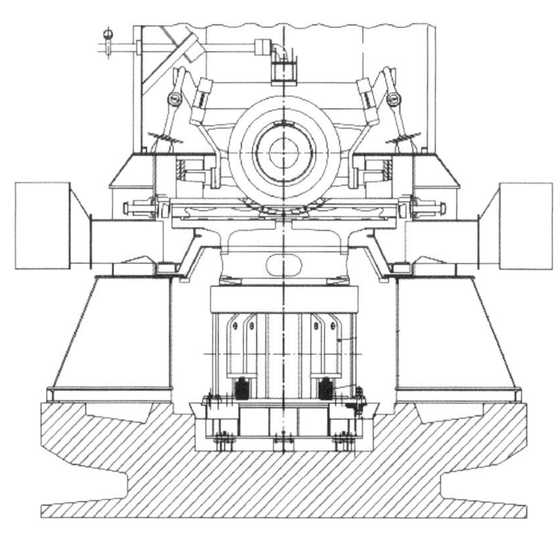

图 3-27 RM 型立磨的基本结构图

(4) FLSmidth 公司的 ATOX 型立磨

ATOX 型立磨由 3 个圆柱形磨辊和水平磨盘组成。磨辊加压用的液压缸可以双向工作，遇到紧急情况导致主电机停机时，液压系统将反向进油提升磨辊，它既减小了辊磨的启动负荷，又保护了设备。圆柱面的磨辊衬板为均匀分布的分片式结构，可调向使用，且可进行表面堆焊修补。3 个磨辊由一个刚性的连接块连接在一起，每个磨辊外端连接一根扭力杆，扭力杆通过缓冲装置固定在磨机壳体上。磨辊面与其轴线有一个夹角，这样磨辊面与被研磨物料产生的力仅发生在磨辊的切线方向；水平磨盘与圆柱面磨辊使惯性力和粉磨力仅发生在垂直方向；喂料装置选用了既简单可靠又锁风和喂料连续的回转下料器。磨盘外的挡料圈、喷口环面积都可依据粉磨情况进行调整。其结构示意如图 3-28 所示。

图 3-28 ATOX 型立磨的结构示意图

3.3.2.3 HXVRM 系列立磨

立磨的工艺系统简单，便于控制，可以大量利用窑系统的废气热能，而且粉磨效率高，节省电耗。与球磨系统相比，它占地面积小、基建投资少、能耗低、金属磨损件消耗低、噪声小、设备质量轻，可节省大量的金属材料。近二十年来，水泥生产中使用立磨制备生料已成为主流。

华新针对生料、水泥、煤炭、矿渣等物料的不同特性，从 2006 年开始逐步研制开发出 HXVRM-R/C/S/CA/M 等多系列立磨分别应用于不同物料的粉磨，截至 2021 年年底，立磨系统在全球各地已累计投运 100 多台套。HXVRM 系列立磨采用先进技术，经过广泛使用和长时间的研发—实践—设计优化的循环优化，具备高效节能、可靠性高、维护费用低等优点。图 3-29 为华新 HXVRM-R 系列生料立磨的规格产能配置，单台套磨机可以配套满足 1500t/d 到 10000t/d 的熟料生产线。

（1）HXVRM 系列立磨的结构

HXVRM 系列立磨为平磨盘，锥形磨辊，磨辊通过摇臂的杠杆原理进行加压，磨机中心喂料。磨机主要由传动装置、磨盘、磨辊、摇臂装置、机架、风环风道、中部壳体、选粉机、液压装置、密封装置、限位装置、润滑系统、喂料溜子等部分组成。传动装置是磨机的动力来源，磨盘是立磨的核心粉磨区域，磨辊是立磨粉磨物料压力的来源，与磨盘一起对物料进行挤压、破碎。摇臂装置一端连接磨辊、另一端连接液压加压装置，通过杠杆原理给磨辊提供粉磨压力。机架是立磨的基础支撑部分，为整个立磨其他部件提供支撑。风环风道是立磨的进风和排渣通道。中部壳体将立磨的粉磨区和重力分选区封闭成一个封闭的腔体。选粉机是立磨的分选装置，符合要求细度的物料通过选

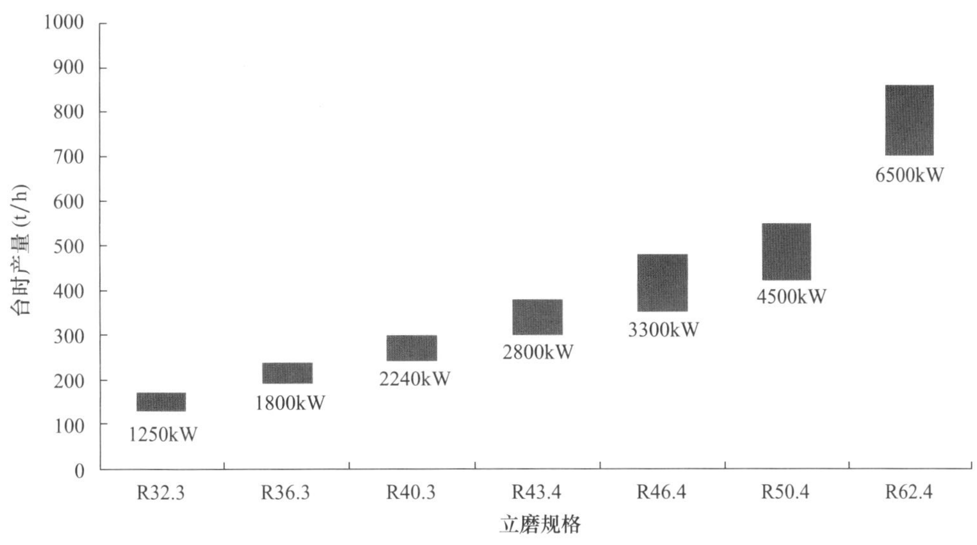

图 3-29　华新 HXVRM-R 系列生料立磨的规格产量配置

粉机出风口送出立磨，不符合细度的物料通过选粉机锥部回到磨盘中心进行再次的粉磨。润滑系统等均为辅助装置，用于对轴承、减速机等进行润滑和保护。摇臂及密封系统采取圆形橡胶胎密封，密封间隙小，橡胶密封经久耐用。限位装置由机械限位和限位开关组成，用于限制和监测磨辊相对磨盘的位置，并和加压系统形成连锁控制磨机加压系统运行。磨机喂料通过进料溜子喂入到磨机中心筒，中心筒的高度可调，在中心筒内部设置混料装置，使新鲜喂料和选粉后的粗粉料充分混合，避免物料离析及偏料导致磨机振动的增加。其结构如图 3-30 所示。

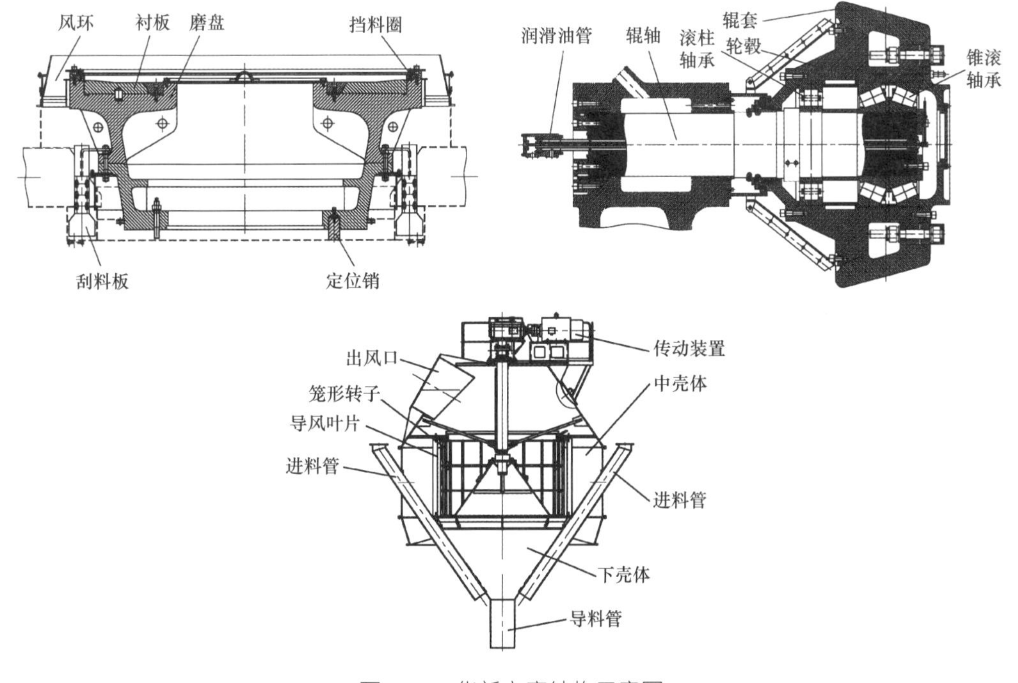

图 3-30　华新立磨结构示意图

（2）HXVRM 系列立磨的原理

物料经喂料锁风阀和进料溜子进入中心筒落到磨盘中央，在旋转的磨盘产生的离心力作用下从磨盘中心向外均匀分散、铺平，并在挡料圈的作用下形成一定厚度的料床。在此过程中物料又受到磨盘上多个磨辊的碾压，在磨辊和加压装置施加的碾压压力和磨盘与磨辊间相对运动产生的剪切力的作用下物料被粉碎，同时料床物料颗粒之间的相互挤压和摩擦又引起棱角和边缘的剥落而进一步粉碎。粉碎后的物料在离心力的作用下不断向磨盘外缘运动，因离心力而甩出磨盘的物料遇到喷口环高速上升的气流，在向上的浮力和物料重力的相互作用下，较重的大块物料或杂物经喷口环而落入进风道，在刮料板的作用下通过排渣口排出，并通过输送设备提升重新经锁风阀喂入磨机再次粉磨；随气流上升的物料，一部分粗颗粒物料经过中部壳体低风速区后回落到磨盘，而较小的颗粒经磨机中部壳体进入选粉机后进行粗细分级，粗粉经内锥灰斗回到磨盘再次粉磨，符合细度要求的细粉随气流经壳体上部出风口后被收集下来。在粉磨的过程中物料与热气体进行了充分的热交换，水分迅速被蒸发。

（3）HXVRM 系列立磨的技术特点

① 立磨关键零部件完全国产化

立磨系统中磨盘、磨辊、摇臂等大型零部件全部国产化且华新自主完成加工制造，单体重 112t 的磨盘，外圆直径达 9m 的选粉机外壳均自主完成加工、组装、发运等。

大型轴承的国产化：针对立磨的运行工况，开发出外圆直径 1150mm 的大型圆锥滚子轴承，已在华新立磨上平均使用 5 万 h 以上。减速机国产化：装机功率 4500kW 的 JLP 系列减速机已在本项目立磨系统上稳定运行，装机功率 8000kW 的 JLP 系列减速机将投入运行。液压电气控制系统的国产化：开发出立磨液压及控制系统，目前已在多台套立磨上投入运行。

② 新型密封结构设计

立磨是集粉磨、烘干、分选、输送为一体的集成设备，立磨系统的密封效果对立磨的能耗及产量有很大影响。

立磨摇臂与中部壳体密封：磨辊摇臂轴与中部壳体之间设计全封闭式密封结构，安装有橡胶密封圈，密封圈能适应摇臂与中壳之间的相对运动，且具备耐温、耐撕裂、耐疲劳等优点，整台立磨系统漏风率下降 20%，节能降耗效果明显。

磨辊密封：磨辊处密封护套采用两半分体式快换结构，并配有外部供风实现正压气封，通过内外压差平衡来保证磨辊轴头处实现正压密封，从而保证外部粉尘不会进入磨辊轴承中，延长轴承的使用寿命，提高磨机的运转率，进而提高磨机的产量。

选粉机动态密封：采用可调节式动态密封，根据转子安装情况，对动态密封与转子叶片之间的间隙进行调整，使该间隙符合设计要求，实现有效密封，从而提高磨机的产量和产品质量。一般认为，生料中方解石粒度小于 90μm 后进一步降低粒度尺寸对生料易烧性的影响不大，而大于 30μm 的石英对生料易烧性的影响较大。但把生料粉磨到小于 30μm，其一会导致粉磨电耗的急剧增加；其二会造成预热器的分离效率下降，热耗增加；其三因为生料中石英比例不大，从生料易烧性角度分析，对易烧性改善的贡献较低。因此生料立磨应尽可能控制 200μm 筛筛余的跑粗，并控制合理的 90μm 筛筛余值，以系统平衡能耗与生料易烧性。通常认为生料 200μm 筛筛余小于 1%，90μm 筛筛余控制小于 12% 较为合理。生料 200μm 筛筛余与 90μm 筛筛余比值是反映磨机选粉机性能的重要指标，这个比值越低越好。华新 HXVRM-R 系列立磨制备的生料 200μm 筛筛余与 90μm 筛筛余比值一般在 5%~7%，传统的立磨一般在 8%~10%。

③ 立磨磨内流场分析及优化设计

利用 CFD 分析软件，对立磨整体进行流场分析，通过研究风及物料的运动状态，优化设计立磨的进风道、喷口环、磨机壳体、选粉机壳体、选粉机导风叶片结构，降低了磨机的压差，从而降低了能耗，提高了选粉效率。

④ 运用有限元分析对立磨机械结构进行分析和合理优化

利用 Workbench 建模，分别在摇臂装置不同杠杆比、不同油缸尺寸的情况下，进行机架及摇臂的有限元分析，在结构强度、疲劳强度允许的条件下，磨辊得到最大的投影压力，从而保证了立磨系统的台产量更高，能耗更低，振动较低，运行稳定可靠。

3.3.2.4 料床粉碎理论

（1）料床粉碎理论

众所周知粉碎能耗理论有经典三理论，即表面积理论 雷廷格尔（Rittinger）定律、体积理论——基克（Kick）定律和裂纹理论——邦德（Bond）定律。近年来人们发现在现代工业中众多的粉碎实践都含有料层粉碎（或称料床粉碎）的因素，如立磨（VRM）、辊压机（RP）、水平卧式辊磨（Horomill）等，它们的粉碎机理已超过单颗粒粉碎的性质，加深研究料层粉碎机理对改造旧有的粉碎设备和粉碎工艺，设计新型节能粉碎机械具有很大的意义。实践证明在多次挤压料层粉碎条件下，生产微细产品的能耗远远低于通常的粉磨工艺的能耗。图 3-31 是在水泥工业中应用的三种典型的料层粉磨设备，左图为立磨，中图为辊压机，立磨与辊压机的应用较为普遍，右图为水平卧式辊磨。

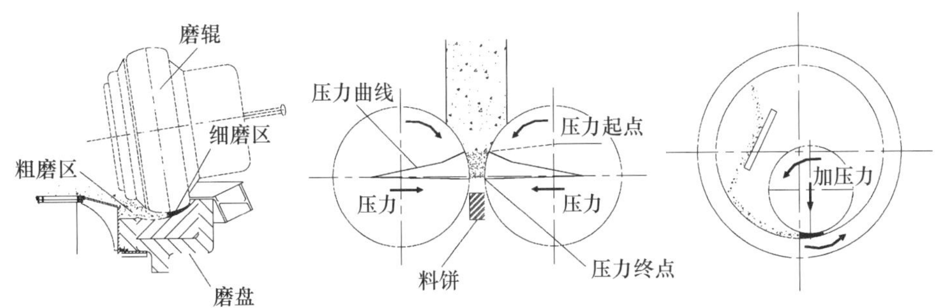

图 3-31　不同粉磨设备的料层粉磨示意图

我国学者早在 20 世纪 90 年代初提出的“关于粉碎能耗与能量效率”论文中，认为粉碎能耗浪费很大，工业上的粉碎设备几乎都是借助接触力粉碎的，即通过给固体颗粒输入机械能来实现，实际上粉碎的能耗除了用于颗粒破裂外，还包含许多与粉碎本身无关的消耗，如颗粒之间的摩擦损失，颗粒与设备之间的摩擦损失，研磨体碰撞、摩擦的能量损失，研磨体与衬板之间碰撞、摩擦的能量损失等。若能提高能量效率，减少与粉碎无关的能耗，其所带来的经济效益是相当可观的。

料床粉碎是指颗粒群以料床层的堆积方式接受外力，外力经过颗粒之间传递和相互作用使得物料颗粒被破碎、粉碎。实现料床粉碎的前提是物料要形成一定厚度的料床层以及对料床施加高压。当物料颗粒与施力体之间，以及颗粒与颗粒之间的接触应力、剪应力、弯曲应力超过物料本身的强度极限时就发生破碎。由于颗粒大小不均匀，在对料层施压时，物料颗粒并不会同时粉碎。料床在受压情况下，逐渐变得密实，空隙率变小，在这一过程中，首先细颗粒会填充在较粗颗粒周围的间隙中。当达到一定的致密度后，其中大颗粒受力先达到其强度极限而发生粉碎，随着料床密实，细颗粒与细颗粒之间由于摩擦、挤压引起颗粒的棱角和边缘的掉落从而得到粉碎。因此料床粉碎是有选择性的，总是料床中一部分颗粒首先被粉碎，从而料床得到密实，从而进一步粉碎。随着物料的粉碎，当料床达到一定的密实度后，料床中颗粒的受力趋向于均匀，这时要进一步粉碎所需的压力将是巨大的。因此将料床中合格的细粉及时分离出来，对提高粉磨效率至关重要。

（2）料层粉碎的主要特点

料床层进入压力区后，挤压力在物料之间传递。料床层中强度低、颗粒大、缺陷多的颗粒很快被压碎成细小颗粒填充于间隙中，使料层密度加大。物料被粉碎的过程是料层被压缩的过程。无论是立磨、辊压机还是水平卧式辊磨，都是用圆形辊对物料挤压，完成咬入、粉碎的过程。在整个过程中，料床层由压力开始点（拉入角）时的厚度，压缩到料床层排出时的厚度结束，料床粉碎有以下主要特点：

① 具有选择性粉碎的特点。由于外力在物料之间传递，强度较弱颗粒、尺寸较大的物料首先被粉碎，而颗粒较小、强度较大的物料最后被粉碎，甚至没被粉碎直接排出。

② 由于选择性粉碎影响，随着系统循环负荷的加大，其成品颗粒分布都朝着更加均匀的方向发展，相对于球磨机，料床粉磨的成品颗粒分布（PSD）更窄。

③ 更加适应于脆性物料。对于软质物料、含水分较高的物料，则存在制约。在料床压缩过程中，软质物料和水分很容易占据物料间的空隙形成缓冲层，从而影响粉碎效果，同时水分还将影响挤压后物料的分选。

④ 相同压力条件下，主电机输出功率与料床的厚度成正比，但料床厚度增加，粉磨效率下降。这是因为外力在料床中传递时，随着料床深度的增加，力的分布更加分散，单位面积物料受到的挤压力（即压强）变小，如图 3-32 所示的立磨。因此表面物料受到的压强大，粉磨效率高，料床深处的物料受到的压强小，粉磨效率低。但料床厚度过薄时，也会导致设备振动加大，运行不稳定。这时通过适当的喷水，可以起到稳定料床的作用，减少设备振动。

⑤ 当粉磨系统循环负荷加大时，料床中细粉量比例增加，干燥的粉料流动性好，颗粒间难以形成稳定的结构，料层变得不稳定，表现为主电机电流波动加大，设备振动加大。

⑥ 料床中物料的最大粒度和颗粒分布影响拉入角的大小，从而影响最大料层的厚度，而立磨的挡料圈、辊压机的料饼厚度调节插板、水平卧式辊磨的料流控制装置起到控制料层厚度、控制设备负荷的作用。

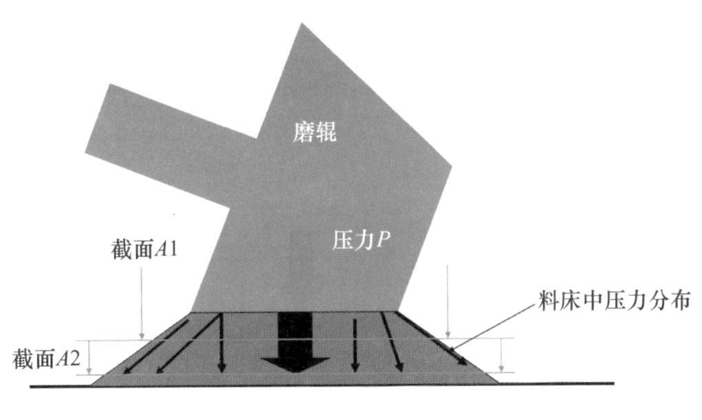

图 3-32　料层厚度对粉磨效率的影响

料床粉磨核心作用是挤压物料过程中形成稳定的料床，稳定的料床且料层厚度最小时粉磨效率最高、产量最大、功耗最小。

3.3.2.5　立磨主要工艺参数的计算

（1）磨盘转速

立磨的磨盘转速决定了物料在磨盘上的运动速度和停留时间，它必须与物料的粉磨速度相平衡。粉磨速度取决于辊压、磨辊数量、规格、磨盘研磨中径、转速、料床厚度、风速等因素。不同型式的辊磨因其磨盘和磨辊的结构形式不同，物料在磨盘上的运行轨迹也不相同，要求的磨盘转速也就不尽相同。但任何一种立磨均有其适宜转速，磨盘转速的简化计算公式如下：生料立磨磨盘速度系数见表 3-22。

$$n=\frac{C}{\sqrt{D_i}}$$

式中　C——磨盘速度系数，与立磨的形式有关；

D_i——磨盘研磨中径，m。

表 3-22　生料立磨磨盘速度系数

供应商	磨盘速度系数 C
非凡	45
伯力鸠斯	42
史密斯 ATOX	51
莱歇	52
华新 VRM	50

生料立磨的磨盘转速一般是固定的，但在一些现有工厂的提产改造中，也有提高生料立磨磨盘转速的案例。华新 HH 工厂 K5 生产线设计熟料产量 2500t/d，生料充足时窑系统可以运行到 3200t/d，原系统配置的生料磨为 ATOX35 的磨机，正常运行时产量 190~195t/h，磨机系统电耗 15.5kW · h/t。为了提高生料供应量，给生料立磨

主电机增加了变频器并进行测试，测试期间没有调整磨机挡料圈高度，测试结果见表 3-23。从测试结果中可以看到，提高磨盘转速能提高磨机产量，但磨机的稳定性变差，需要增加喷水量提升磨机稳定性。并且提高磨盘转速，保持喂料量和加压时，磨机主电机功率下降，系统的电耗下降，但磨机振动加大，需要增加喷水量稳定磨机。华新 HH 工厂的原料易磨性较好，在磨机未加速及立磨的运行比压力为 650kN/m^2 时，主电机单耗为 5.7kW·h/t，这也是华新 HH 工厂生料立磨提速后可以提产的一个因素。

各供应商的磨盘转速是经过测试后选择的最适宜转速，在该转速下，能力最强，电耗最低。但我们也应该看到，在实际的案例中，当物料的易磨性、粒度、水分等发生变化时，磨盘的转速也具备优化的空间。

（2）生产能力

生料立磨是烘干兼粉磨的磨机，其能力由粉磨能力和烘干能力中较低的能力确定。其中粉磨能力取决于物料的易磨性、辊压和磨机规格。在物料相同、辊压一定的情况下，磨机的产量和物料的受压面积，即磨辊的尺寸有关，每一磨辊碾压的物料量与磨辊的宽度 B、料层厚度 h 和磨盘的线速度 v 成正比。磨辊的宽度 B 和料层厚度 h 在一定的范围内均与磨盘直径 D_i 成正比，线速度 v 与 $D_i^{0.5}$ 成正比，因此可以得出辊磨的粉磨能力公式为：

$$G=K_1\times D_i^{2.5}$$

式中　G——立磨的生产能力，t/h；

D_i——磨盘研磨中径，m；

K_1——系数，与磨辊形式、选用压力、被研磨物料的性能有关。

（3）辊压

立磨是借助于对料床施加高压而粉碎的。随着压力的增加，成品粒度变小，但压力达到某一临界值之后，粒度不再变化。立磨是循环粉磨，逐步达到要求的粒度。理论上磨辊与磨盘之间是线接触，物料所受的真实辊压很难计算，一般用相对辊压来表示。

① 磨辊投影压力 P_1

$$P_1=\frac{F}{W_r\times D_r}$$

式中　F——单个磨辊的总压力，包磨机加压及磨辊重力，kN；

W_r——磨辊有效宽度，m；

D_r——磨辊的中径，m。

② 物料平均压力 P_2

$$P_2=\frac{F}{W_r\times D_r\times\alpha}$$

式中　α——咬入角，弧度。

表 3-23　华新 HH 工厂 ATOX35 生料立磨提速试验

时间	电机转速 (r/min)	喂料量 (t/h)	磨机						选粉机		外循环	磨机风机		生料细度	
			加压 (MPa)	主电机功率 (kW)	磨机压差 (Pa)	振动 (mm/s)	出口风温	喷水量 (t/h)	选粉机电流 (A)	选粉机转速 (r/m)	斗提电流 (A)	风门开度	风机电流 (A)	R_{80}	R_{200}
2019-2-27 9：00-12：00	1000	195	13.5	1100~1150	6400~6500	2~3	80	2.9	110	1342	7	83%	78	15.6%	1.5%
2019-2-27 15：00-18：00	1042	195	13.5	900~950	660~6900	2~3	77	4.2	104	1342	14	83%	78	15.6%	1.5%
2019-2-28 9：15-10：15	1052	203	13.5	950~1000	7000~7200	2~4	74	4.0	109	1333	16	83%	74	15.0%	1.5%
2019-2-28 10：15-12：15	1042	203	13.5	900~950	6800~7000	2~3	74	3.4	109	1333	16	83%	74	15.0%	1.5%

（4）磨机轴功率 P_{abs}

$$P_{abs}=i\cdot\mu\cdot P_1\cdot D_r\cdot W_r\cdot D_i\cdot\pi\cdot\frac{n}{60}$$

式中 i——磨辊的数量；

μ——摩擦系数。

一般来说，辊压增加，产量增加，但相应的功率也增加。在实际操作时，应根据需要调整到适宜的辊压。该值既取决于物料性能和入磨粒度，也取决于磨机的结构形式和工艺参数。在适宜辊压时，磨机的功率称为磨机需用功率，而在磨机配用电机时需留有富余，富余系数为1.15~1.20。配用功率时的压力就是最大操作限压。在机械强度设计时，往往还需考虑一些特殊原因引起的超压。例如进入铁件、振动冲击等，因此设计压力取值更高。表3-24为不同生料立磨的实际运行压力 P_1。

表3-24 生料立磨运行压力

供应商	生料磨运行压力 P_1（kN/m^2）
非凡	450~760
伯力鸠斯	500~1100
史密斯 ATOX	550~650
莱歇	400~900
华新 HXVRM-R	600~800

3.3.3 生料管磨

3.3.3.1 中卸式烘干管磨生料制备系统

中卸式烘干管磨是一种兼具烘干于一体的磨机。该系统从烘干作用来讲相当于风扫球磨和尾卸球磨的结合，从粉磨作用来讲相当于两级圈流。图3-33为中卸式烘干管磨生料制备工艺流程图。

中卸式烘干管磨前端设有烘干仓，中间出料篦板阻力小，热风能从两端进入（大部分热风从磨头进入），由于粗磨仓内的物料较粗，风速适当提高后仍能维持合适的料面，故磨仓内通风量大，烘干能力强。粗磨仓风速高于细磨仓，故既有良好的烘干效果，也不致产生过粉磨现象。磨机设有两个粉磨仓，磨仓内的配球可根据物料的情况进行适当调整。为提高烘干仓的物料流动性，可在磨头喂入适量的选粉机回粉，由磨头和磨尾喂入的回粉比例一般为1∶2。中卸磨过粉磨现象少，粉磨效率高，特别适于生料成品的特性要求，即粒度均匀、细度较粗（相对于水泥和煤粉）、不追求大比表面积的工况情形。中卸式生料磨的电耗较低，磨机电耗一般在15kW·h/t左右，系统电耗一般在20kW·h/t左右，较风扫式生料磨电耗低2~3kW·h/t。但其流程、设备密封锁风系统较为复杂，中间卸料装置的密封与锁风需要重点维护。

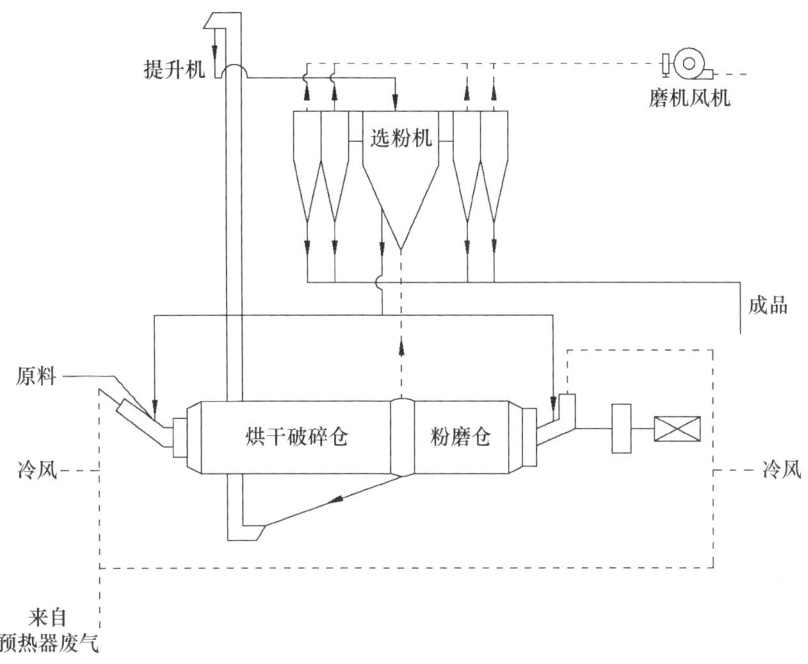

图 3-33　中卸式烘干管磨生料制备工艺流程图

3.3.3.2　风扫式管磨生料制备系统

与中卸式烘干管磨相比，风扫式管磨流程与结构更加简单，没有中卸磨复杂的密封结构。风扫式管磨内部破碎仓与粉磨仓的通风量一样，并且选粉机的粗粉回料全部回到磨头，这对粉磨效率是不利的。对于粉磨仓，破碎后的物料已经被烘干，过高的球面风速导致物料在磨内的停留时间过短，增加了磨机的循环负荷，不利于物料的粉磨。并且选粉机的粗粉回料进入磨头后，和新鲜的喂料混合在一起，在粗颗粒物料的周围形成缓冲层，不利于破碎仓内的粗颗粒物料破碎，降低了破碎效率。风扫式管磨的物料通过气力提升进入选粉机，与中卸式管磨对比，风机的压头要求高，能量消耗大。一般生料风扫式管磨的系统电耗在 18~25kW・h/t。因此风扫式管磨虽然结构简单，但在能耗上没有优势。其工艺流程如图 3-34 所示。

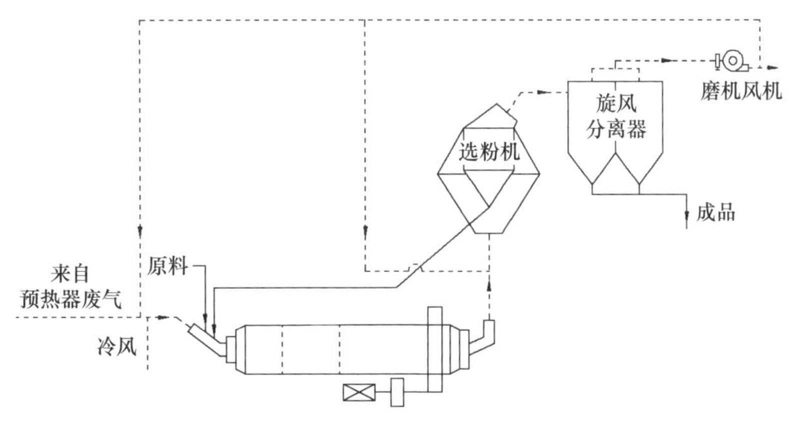

图 3-34　风扫式管磨生料制备工艺流程图

3.3.3.3　管磨的原理及特点

管磨是由钢板卷制的筒体，筒体内壁装有衬板，内部装有不同规格的研磨体。研磨体一般为钢质的圆球、钢段等（当用钢棒作研磨体时，称作棒磨）。管磨转动时，研磨体由于摩擦力和衬板提升力的作用，使它与磨机筒体一起回转，并被带到一定高度后，由于其本身的重力作用而被抛落，下落的研磨体像抛射体一样将筒体内的物料击碎。物料在球磨机里由粗颗粒变成细粉料，一般应经过破碎与研磨的过程。破碎仓与粉磨仓的研磨体提升高度要求不一样。图 3-35 所示为球磨内研磨体的抛落状态，破碎仓要求研磨体提升到一定高度后抛落撞击物料；而粉磨仓的研磨体提升到一定高度后滑落，不断地研磨物料，使物料得到粉碎。

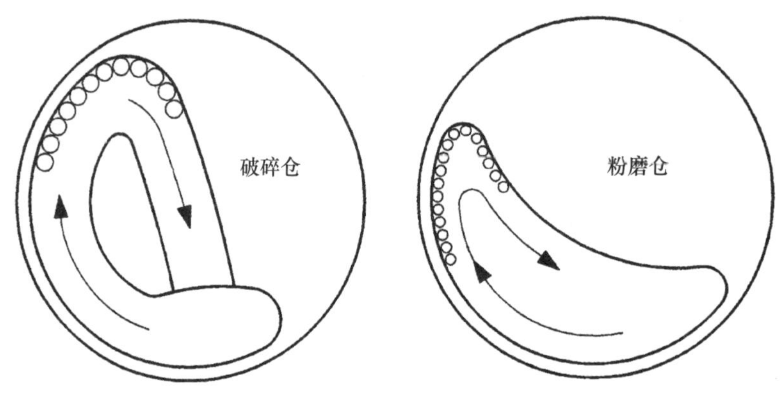

图 3-35　球磨内研磨体的抛落状态

管磨按筒体长度 L 与直径 D 之间的比值大小分为短磨、中长磨与长磨。当 $L/D<2$ 时称作短磨，一般短磨只有一个仓；当 L/D 在 3 左右时称作中长磨；当 $L/D \geqslant 4$ 时称作长磨；按磨机卸料方式分为中心卸料磨与边缘卸料磨；按传动方式分为中心传动磨与边缘传动磨。

管磨适用于多数固体物料的粉碎，能符合工业上大规模生产的要求，生产能力较强，生产操作时能够迅速而较准确地调整细度，产品粒度比较均匀，适用于不同情况下作业，比如烘干和粉磨同时作业，干法或湿法作业等。管磨构造简单，磨损的零件容易检查和更换，操作可靠，维护简单。但其工作效率低，单位产量的能耗高，工作噪声大，笨重，全机的设备质量大。

3.3.3.4　球磨机主要工艺参数的计算

（1）磨机转速

磨机内装有钢球或钢段，当筒体旋转时，由于摩擦力、推力和离心力的作用，研磨体随筒体往上运动一段距离，然后下落。研磨体运动的状态视磨机的直径、转速、衬板形状、研磨体填充率等因素，可以呈滑落式、抛落式，或呈离心状态随筒体一起回转。当钢球充填率较高、磨机转速较低时，研磨体在滑落状态下工作，所有的研磨体升高至一定角度后滑落下来。在滑落式工作状态下，物料的粉碎主要靠钢球之间的相对滑动产生研磨作用而进行。其运动状态如图 3-36 所示。

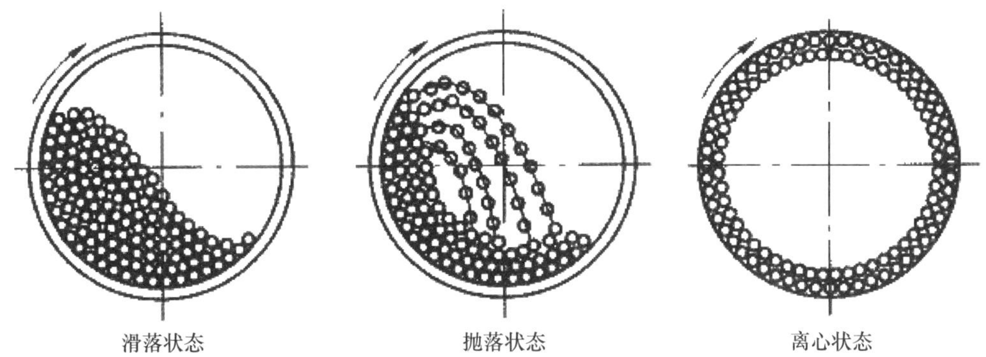

图 3-36　磨机转速不同时研磨体的运动状态

磨机在运转过程中，钢球上升至磨机顶点恰好处于不抛落状态，此时的磨机转速称为临界转速。假设钢球之间、钢球与筒体之间不存在相对滑动，物料对钢球的运动无影响，钢球直径忽略，可按下式计算磨机临界转速：

$$n_{c}=\frac{42.3}{\sqrt{D_i}}$$

式中　n_c——磨机临界转速，r/min；

D_i——有效内径，m。

在磨机实际运行过程中，钢球之间、钢球与筒体之间都是存在滑动的，并且磨内物料也会对钢球的运动产生黏滞效应，因此在考虑上述因素影响的情况下，磨机存在一个适宜转速，即

$$n=k\cdot n_c$$

式中　k——转速系数，取 0.72~0.78；

n——磨机设计转速，r/min。

（2）磨机功率

球磨机的功率与筒体直径、磨内填充率以及磨机转速等因素相关，可按下式计算：

$$P_{abs}=c\cdot n\cdot Q\cdot D_i$$

式中　P_{abs}——磨机轴功率，kW；

c——系数，与钢球大小及填充率有关；

Q——钢球质量，t；

D_i——有效内径，m。

球磨机功率系数与填充率关系曲线如图 3-37 所示。

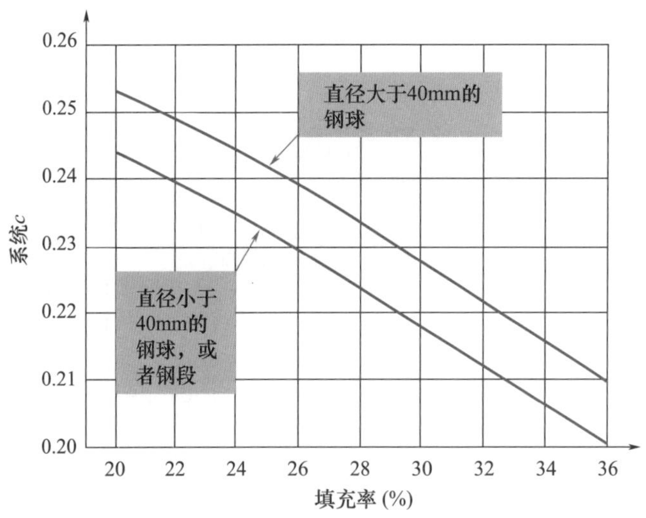

图 3-37　球磨机功率系数 c 与填充率的关系

3.3.3.5　华新 HXM 系列球磨机

华新从 2000 年开始研制开发出 HXM 系列球磨机，涵盖生料、水泥、煤粉的粉磨。磨机采用边缘传动，两端采用滑履轴承支撑，滑履轴承由两个与垂直方向成 30° 的托瓦支撑磨机的滑环。每一个托瓦下部都装有凹凸球体结构，两者之间呈球面接触，以便磨机回转时可以自动调位。整个托瓦通过球体坐落在托辊上，从而可以在筒体热胀冷缩时，托瓦随磨机回转部分进行轴向移动。滑履轴承润滑装置为滑履轴承提供动态润滑和顶起的支撑力。这种设计克服了由于磨机的大型化发展，导致传统支撑轴承的负荷越来越大、烘干兼粉磨的磨机的进出料口大且热气流温度高等，带来的主轴承的性能要求高的困难。表 3-25 为华新 HXM 系列球磨机的配置表，其中直径 6m、长度 12m 的生料风扫球磨机是目前国内较大的单台套生料球磨机，已在华新 WX、YX、QX 等工厂成功使用多年，单台设备可满足 6000t/d 熟料生产线的生料需求。

表 3-25　HXM 系列球磨机

名称	型号规格	物料类型	设计产量（t/h）
ϕ3.8 × 7 风扫煤磨	HXMM38	煤	45
ϕ3.8 × 10 生料磨	HXSLM38	生料	85
ϕ4.6 × 10 生料磨	HXM46	生料	170
ϕ5.0 × 10 风扫生料磨	HXSM50	生料	220
ϕ5.4 × 11 风扫生料磨	HXSM54	生料	340
ϕ6 × 12 生料磨	HXM60	生料	420
ϕ3.8 × 13 水泥磨	HXM38/13	水泥	75
ϕ4.2 × 13 水泥磨	HXM42/13	水泥	120
ϕ4.6 × 15 水泥磨	HXM46	水泥	140
ϕ5.0 × 15 水泥磨	HXM50	水泥	175

3.3.4 辊压机终粉磨

3.3.4.1 辊压机的工作原理

辊压机是根据料床粉碎原理设计，主要部件包括上部称重稳流仓、进料阀、磨辊、挡料板、机架和液压系统等。实际生产过程中，两个辊子作慢速的相对运动，其中一个辊子固定，另一个辊子可以作水平方向的移动。物料由辊压机上部连续喂入并通过双辊间的间隙，液压推力作用在活动辊上，使得活动辊向固定辊移动进而挤压物料。物料在高压作用下破碎及粉碎，从而间隙减小，直至形成密实的料床。其工作示意如图 3-38 所示。

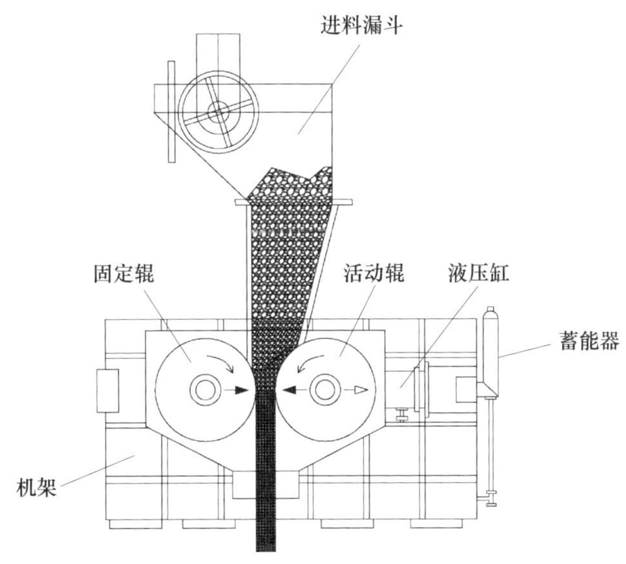

图 3-38 辊压机的示意图

3.3.4.2 辊压机的特点

辊压机用于生料终粉磨，具有较高的粉碎粉磨能力，工艺简单，装机设备少，占地面积小，对原料的粒度及水分适应性较好，且辊压机粉磨生料的电耗比立磨和管磨都低，节电优势明显。但也存在着辊子辊面易磨损、使用周期短等缺点。操作中，辊压机较立磨与球磨机系统更加复杂，特别是物料易磨性或粒度变化导致料床中粉料偏多，当操作不当时，由于物料流动性好易造成辊压机系统塌料。

在粉碎原理上，辊压机与立磨并不完全一致。立磨由于其机械特点，磨辊与磨盘之间存在速度差，因此对于立磨，物料不仅受到压力作用，还受到“研搓”的作用。由于辊压机两个磨辊的线速度一致，物料只受到磨辊的压力，而无“研搓”效应。这一点对于辊压机来说，强度较高的物料粉碎到一定的粒径后，难以进一步粉碎，而不断地在系统内部循环。因此也有在生料辊压机后面配置一个小球磨机用于粉磨选粉机的粗粉回料的案例，比如广东 TP 水泥的生料辊压机系统。

3.3.4.3 辊压机主要工艺参数的计算

（1）辊压机的生产能力

辊压机的生产能力主要取决于辊子宽度和辊子线速度，规格越大的辊压机其生产能力越强。

$$Q=3600 \cdot B \cdot S_2 \cdot V \cdot r_2$$

式中 Q——辊压机的生产能力，t/h；

B——辊压机辊子宽度，m；

S_2——料饼厚度，等同于辊缝间隙，m；

V——磨辊的线速度，m/s；

r_2——料饼密度，t/m^3。

辊压机物料通过间隙示意如图 3-39 所示。

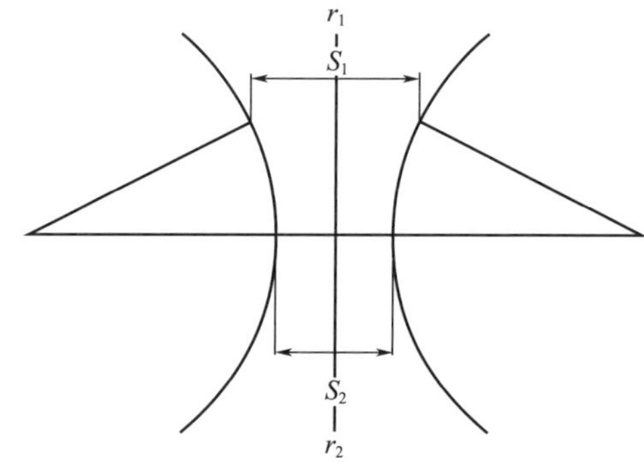

图 3-39 辊压机物料通过间隙图

（2）磨辊投影压力

磨辊通过液压缸加载，将施加的压力传递给两辊间的物料层，将物料粉碎。磨辊投影压力可按下式计算。

$$K=\frac{E}{D \cdot W}$$

$$F=\frac{d^2 \cdot \pi \cdot z \cdot p}{4000}$$

式中 K——磨辊投影压力，kN/m^2；

F——总研磨压力，kN；

z——液压缸数量；

p——加压压力，MPa；

d——油缸直径，mm；

D——辊子直径，m；

W——辊子宽度，m。

早期用于水泥预粉磨的辊压机磨辊投影压力为 8500~10000kN/m^2，当前水泥联合粉磨的磨辊投影压力一般为 5000~6000kN/m^2，而一般生料辊压机的磨辊投影压力为 3000~4000kN/m^2。表 3-26 为华新几家工厂生料辊压机的实际操作压力及辊压机磨辊投影压力。

表 3-26　华新不同工厂生料辊压机的磨辊投影压力

工厂	液压（MPa）	液压力（kN）	投影压力（kN/m^2）	攻角
EP	7.5	7128	3300	2.90°
CB	7.5	8483	3366	2.92°
ES	8.0	6797	3468	3.32°
YC	7.8	6627	3381	3.40°
ZT	7.6	8597	3411	3.11°

（3）辊压机功率

$$P_{abs}=\frac{2F\cdot\beta\cdot\pi\cdot v}{180}$$

式中　P_{abs}——磨辊轴功率，kW；

β——攻角，度；

F——总研磨压力，kN；

v——磨辊的线速度，m/s。

一般对于生料，攻角 β 在 2.9°~4° 之间。

（4）磨辊转速

辊压机中料饼加压时间与料饼质量无关，故转速对质量没有影响。转速只与辊压机的能力有关，转速快、能力强，但超过一定速度，能力不再增加。

一般认为，对于细颗粒的石灰石，辊速超过 1.5m/s，能力不再增加，对于粗颗粒的石灰石，有时转速临界值可达 3m/s。

辊压机的实际速度过去一般为 1.0~1.5m/s，现在一般达 1.5~2.0m/s，有的还略高。辊压机一般均设计为恒速。

3.3.4.4　辊压机生料终粉磨系统

辊压机用于生料和水泥粉磨，都以高效节能著称。进入 21 世纪，国内设计开发的大型辊压机终粉磨系统试验成功后，开始大量推广使用，特别是国内许多厂为适应生产规模的扩大，用其取代传统的球磨机粉磨系统已经非常普遍。辊压机在生料粉磨系统中，一般采用终粉磨工艺。其工艺流程如图 3-40 所示。

从配料站来的混合物料由皮带输送至粉磨系统，皮带上挂有除铁器，将物料中混入的铁件除去，同时皮带上装有金属探测仪，发现有金属后气动三通换向，把混有金属的物料由旁路排出，以保证辊压机的安全正常运行，不含金属的物料由气动三通经重锤锁风阀喂入 V 形选粉机，在 V 形选粉机中预烘干后，通过提升机提升进入中间小仓内，中间小仓设有荷重传感器以检测仓内料位。物料从中间小仓过饱和喂入辊压机中进行挤压，挤压后的料饼通过提升机提升后进入 V 形选粉机中进行烘干、打散、分级，细小

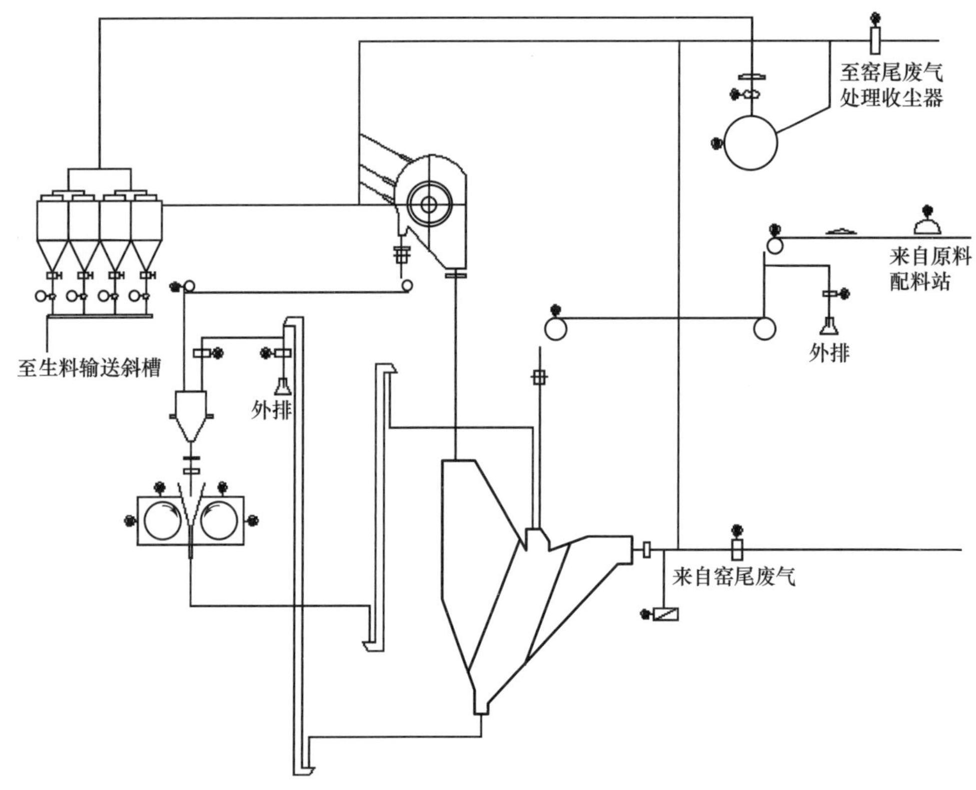

图 3-40　辊压机生料制备系统工艺流程图

颗粒被热风选出来，粗颗粒与新喂入的混合料一同进入磨机进行再次挤压。

V 形选粉机分选出来的细颗粒被气流带入动态选粉机，通过分选，粗粉通过锁风阀卸至中间小仓后继续挤压，选出的生料成品通过旋风收尘器将料气分离后，通过锁风阀进入生料成品输送斜槽，最终进入生料库。生料烘干热源来自窑尾废气，通过热风阀的开度控制窑尾热风量，冷风阀的开度控制掺入的冷风量，以保证 V 形选粉机的热风温度。生料系统含尘废气由旋风筒经循环风机排出后，小部分经调节阀循环回 V 形选粉机进风管，大部分进入窑尾袋收尘器，净化后由尾排风机排入大气，循环风机设有进口调节阀以调节烘干用风量。

与生料立磨系统对比，辊压机生料粉磨系统，由于辊压机的粉磨压力高，且物料通过机械提升机循环，系统风机的消耗更低，因此一般来说辊压机生料粉磨系统的电耗较生料立磨系统低 2~3kW · h/t。

3.3.5　生料粉磨系统的能耗评价

3.3.5.1　不同生料粉磨系统的技术指标对比

料床粉磨系统是以辊压机、立磨和水平卧式辊磨三种磨机为代表。辊压机是近十年来发展成熟的粉磨系统，由于有稳流小仓、下料溜子和喂料控制阀，使得物料在喂入辊压机的两个辊子之间时能形成一个稳定的料床。料床在喂入辊压机的时候，在磨辊的挤压下形成 20~40mm 厚度的料饼，这是料床粉磨最佳效率的料床厚度。如果料床厚度超过 40mm 后，中心料层受到的压力会大幅度地减弱，进而粉磨效率下降；如果小于 20mm，也不容易形成稳定的料床，使辊压机运行产生的振动大，不稳定。

立磨系统有 3 个磨辊，有些大型立磨系统甚至有 6 个磨辊。立磨磨辊的投影面积大于辊压机的磨辊投影面积，但是立磨的粉磨效率较辊压机差，主要原因在于其喂料系统的差异。立磨的物料是从其顶部均匀地喂到了磨盘上，再通过磨盘的转动把物料逐渐喂入到磨辊和磨盘之间。不像辊压机的稳流小仓，能够混合粗细不同的物料，并且控制进入磨辊的喂料量，立磨的物料进入研磨区时具有一定的随机性。因为立磨磨盘上的物料既包括较粗的新鲜物料，也有选粉机回路的粗粉，还有从喷口环喷吹上来后沉降的物料，这些物料粗细不一，并且不能充分地混合，从而引起进入磨辊的物料在粒度和喂料量上的不均匀，不会像辊压机那样有一个稳定的给料。这样喂入到磨盘和磨辊之间的物料厚度和粒度就不像辊压机控制得那么稳定，因此立磨系统相对而言需要更高的料床厚度以保证磨机系统的稳定性。料床厚度越大，能量转化的效率就越低，因此立磨的粉磨效率相对辊压机而言要低些。理论上如果立磨也能像辊压机那样把料床厚度控制在 20~30mm，那么立磨也能够达到辊压机的粉磨效率。

水平卧式辊磨是一个筒体加一个磨辊。它和辊压机有相似之处，也是一个相对稳定的喂料系统喂到了磨辊和筒体之间。筒辊磨是一个独立的喂料系统喂到了磨辊和筒体之间，所以它的料床比立磨的要稳定但是不如辊压机。

总体而言，辊压机在一个比较高的辊磨压力下运行，其次是筒辊磨，压力最小的是立磨。作为料床粉磨来讲，辊压机的粉磨效率是最高的，其次是筒辊磨，最后是立磨，但是差距不是非常大。辊压机的电耗会比较受制于原料，比如说原料粒度波动比较大的时候，对辊压机的产量影响就很大，辊压机更适于颗粒分布均匀的物料。而立磨因为它磨辊比较大，料床层厚度也比较大，所以它对物料的适应性比较好，磨机适应性更加宽泛。筒辊磨介于这两者之间。综合对比，立磨的综合粉磨主电机电耗大概在 6~8kW · h/t，滚筒磨大概在 5.5~8kW · h/t，辊压机大概在 5~8kW · h/t。

其次是磨机的选粉和烘干。对于辊压机而言，它是一个全机械外循环挤压粉磨系统，磨机本身不具备烘干能力。水平卧式辊磨的磨筒体和磨辊之间是通风的，所以在辊压的过程中有一定的烘干能力。烘干能力最强的是立磨系统，它的整个烘干是在立磨的壳体内部来完成的。这也决定了三种系统的风量配置的不同。

磨机的风量配置由三个因素来决定：第一是烘干的风量，由烟气温度、原料水分决定；第二是选粉风量，主要由选粉机尺寸和进入选粉机的物料量决定；第三是物料的提升风量和压头，由物料量（即料气比）及系统的阻力决定。立磨由于磨内循环量大，气力提升的物料量大，因此其提升风量要求较高。辊压机和水平卧式辊磨系统配置有机械提升装置，气力提升的物料量小，因此气力提升消耗能量更少。

综合比较下来，风机配置上，立磨由于大部分是内循环系统，所以风机配置比较高，风机的能量消耗也就比较高，一般在 6~8kW · h/t 生料；辊压机系统的风机消耗为 4~5kW · h/t 生料，水平卧式辊磨的系统风机消耗为 4~6kW · h/t 生料。

但也要看到，辊压机系统对物料含水量和粒度要求较高。在我国南方地区含水量较高，雨季水分比较大的时候，辊压机的产量就会大受影响。另外如果像黏土、砂岩这一类的物料粒度比较粗，在雨季的时候也会影响辊压机能力的发挥。如果在立磨前端能够有效地管理好物料的粒度和水分，在生产过程当中能尽可能地降低料床厚度，通过一些喷水稳定磨机，使得立磨形成尽可能薄的料床，并且振动能够控制在一个比较稳定的基础上，立磨系统的产量会上升且粉磨电耗也会大幅下降。所以在我国北方等比较干燥的地区，采用辊压机系统来粉磨生料相对电耗较少。立磨在我国南方这种比较潮湿、含水量偏大的地区，对原料适应性比较宽泛。

综合来讲，对于料床粉磨系统，既要考虑粉磨系统的能耗先进性，也要根据使用条件进行选择。一般来说，立磨在原料磨当中是作为首选的一种粉磨系统，它对工艺的配置要求和工艺操作的宽泛性比较广。辊压机对工艺的操作，尤其是物料的要求比较高。对于水平卧式辊磨，在中国比较少，在欧洲以及南美部分工厂采用过该技术，不是主流技术。

冲击研磨粉磨系统也就是最传统的球磨系统，虽然中国现在新型干法工艺系统一般已不采用生料球磨系统了，但是全球包括国内的很多工厂，还有生料球磨系统。生料球磨系统包括常用的风扫磨、中卸磨。

中卸式烘干管磨前端设有烘干仓，磨机设有两个粉磨仓，磨仓内的配球可根据物料的情况进行适当调整。中卸磨过粉磨现象少，粉磨效率高。风扫磨是球磨系统中最简单的系统，对物料的烘干能力较强。原料粒度适应性方面，中卸磨前端喂料的时候粗一点可以配大一点的球，经过中间提升选粉以后，粗粉进入粉磨仓继续粉磨。但对风扫磨而言，因为只有一个仓位，其对物料粒度要求比较高，原料粒度越均齐，它的能力发挥越好。当前不少企业已经将骨料生产和水泥生产整合。对于骨料筛余的细料，含有杂土和石灰石，粒度比较细（一般是 5mm 以下），不适合做骨料，但适合于水泥生料配料。这一部分送到风扫磨系统的时候，整个系统的电耗就能带来不小的下降，能从传统的 20~25kW · h/t 下降到 17~19kW · h/t。

从前述对生料管磨、生料立磨、生料辊压机三种粉磨方式的分析对比可以看出，管磨、立磨和辊压机三种系统的工序电耗分别为 20~25kW · h/t、13~17kW · h/t 和 12~15kW · h/t。

3.3.5.2 生料粉磨系统碳排放的潜力分析和技术手段

生料粉磨系统碳排放主要来源于生料粉磨过程中主机和辅机的电力消耗，因此如何降低生料粉磨系统的电耗成为其碳减排的关键，生料消耗系数取 1.53，全国电网 CO_2 平均排放因子按 0.6101kg/kW · h 来计算，不同生料粉磨系统吨熟料 CO_2 排放量见表 3-27。

表 3-27　不同生料粉磨系统吨熟料 CO_2 排放量　　单位：tci

类别	管磨	立磨	辊压机
吨熟料 CO_2 排放量（kg）	18.7~23.3	13.1~15.9	11.2~14.0

从表 3-27 可以看出，管磨系统的 CO_2 排放量最高，辊压机最低。从碳减排的角度考虑，对生料粉磨的设备选型而言，应优先选择辊压机和立磨。

3.4 预热器系统

悬浮预热器是新型干法水泥生产工艺过程中最主要的设备之一，它主要承担着生料的预热。

3.4.1 悬浮预热器的发展历程

从历史的角度来看，悬浮预热器曾经有旋风预热器和立筒预热器。随着时代的发展，经实践证明，旋风预热器在很多方面表现出很大的优越性，所以在水泥行业已经取得了优势地位，立筒预热器在技术上已被淘汰。

最早的生料悬浮预热器的专利权是由丹麦的约根生于 1932 年 6 月申请的，该专利具有四级旋风生料预热器的全部特征。1951 年德国洪堡公司改进设计了第一台洪堡旋风预热器并投产。1966 年，洪堡公司开发了大产量双系列旋风预热器，该设计从窑尾到第一级旋风筒，双系列的各单元级旋风筒都是完全独立的，后来的预热器基本上都是按照这种思路进行设计的。

总体来说，悬浮预热器的种类较多，其分类方法主要有以下三种。

按制造厂商命名分类：早期有洪堡型、史密斯型、多波尔型、维达格型、盖波尔型、ZAB 型等数种。

按热交换工作原理分类：有以同流热交换为主的，以逆流热交换为主的及混流热交换。

按预热器组成分类：有数级旋风筒组合式，以立筒为主的组合式及旋风筒与立筒（或涡室）混合组合式三种。

3.4.2 悬浮预热器的结构特点及原理

悬浮预热器的主要功能在于充分利用回转窑及分解炉内排出的炽热气流中所具有的热焓加热生料，使之进行预热及部分碳酸盐分解，然后进入分解炉或回转窑内继续加热分解，完成熟料烧成任务，因此它必须具备使气固两相能分散均布、迅速换热、高效分离三个功能。只有兼备这三个功能，并且尽力使之高效化，方可最大限度地提高换热效率（或效率），为全窑系统优质、高效、低耗和稳定生产创造条件。

预热器每一级旋风筒及其对应的上升管道构成一个热交换单元，在每一个热交换单元内，低温的生料颗粒总是经旋风筒之间的上升风管加入高温的烟气中，并通过撒料装置分散。分散状的低温生料首先被气流携带进行加速运动，而后进入同向运行阶段，并伴随强烈的气固两相热交换，气流和生料间的温度差不断减小，直至含尘烟气进入旋风筒实现气固分离而进入下一个换热单元。

含尘气流在旋风筒内做旋转运动时，气流主要受离心力和边壁摩擦力的作用，粉尘主要受离心力、边壁的摩擦力和气流的阻力作用。提高粉尘离心力有助于提高分离效率，但旋风筒的阻力也会上升。对于旋风筒而言，分离效率和压力损失需要平衡设计，既要保证较高的分离效率，又要控制系统的压力损失。其功能结构及物流的运动轨迹如图 3-41、图 3-42 所示。

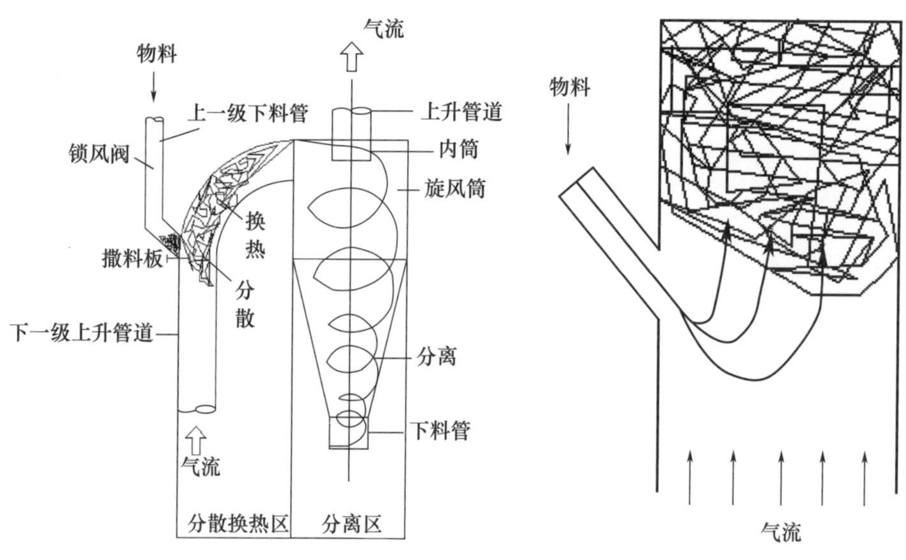

图 3-41 旋风筒换热单元功能结构

图 3-42 物料在上升管道的运动轨迹

3.4.3 旋风预热器的主要设计参数

3.4.3.1 旋风筒的截面风速与分离效率

旋风筒的分离效率是旋风筒的重要性能指标，旋风筒的处理能力主要取决于通过的风量和截面风速。圆筒部分的假想截面风速过去一般在 3~5m/s 之间选取，近年来为了缩小旋风筒规格，风速有所提高。但截面风速过大，一方面会降低旋风筒的分离效率，另一方面也会增加阻力。其相互关系如图 3-43 所示。

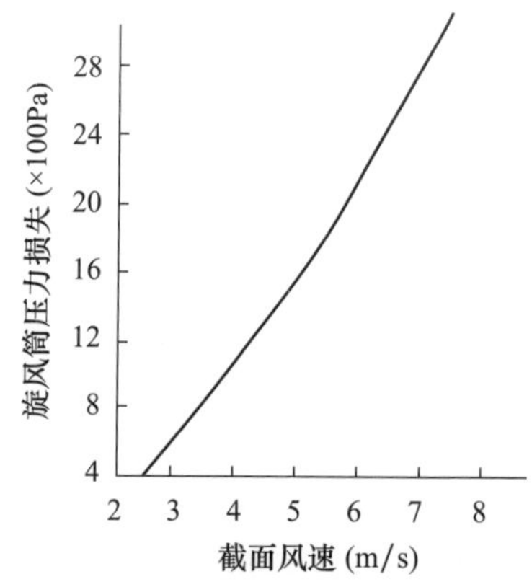

图 3-43 旋风筒截面风速与压力损失的关系

各级旋风筒分离效率的要求不同，最上一级 C_1 旋风筒作为控制整个窑尾系统收尘效率的关键，要求分离效率大于 95%。为提高热效率，最下一级旋风筒主要承担将已分解的高温物料及时分离并送入窑内，以减少高温物料的再循环，因此，对 C_5 旋风筒的分离效率要求较高。理论和实践表明，高温级分离效率越高，C_1 出口温度越低，系统热效率越高。中间级在保证一定分离效率的同时，可以采取一些降阻措施，实现系统的高效低阻。各级旋风筒分离效率配置应为 $\eta_1 > \eta_5 > \eta_2$、η_3、η_4（表 3-28）。

表 3-28 各级旋风筒推荐分离效率及圆筒断面风速

项目	旋风筒				
	C_1	C_2	C_3	C_4	C_5
分离效率 η（%）	≥ 95	约 85	约 85	85~90	90~95
圆筒断面风速 v_a（m/s）	3~4	≥ 6	≥ 6	5.5~6	5~5.5

3.4.3.2 分离效率与粒径

旋风筒的分离效率是旋风筒的重要性能指标，影响分离效率的因素有多个，颗粒粒径便是其一。关于分离效率的计算有不同的方法，由于各自假设前提不同，所得结果也不一致。分离效率与粒径的关系可根据下式计算。

$$\eta=1-\exp\left(-\alpha d_p \frac{1}{n+1}\right)$$

式中 η——分离效率；

α——系数；

d_p——粉体颗粒粒径，mm；

n——速度分布指数。

其相互关系如图 3-44 所示。

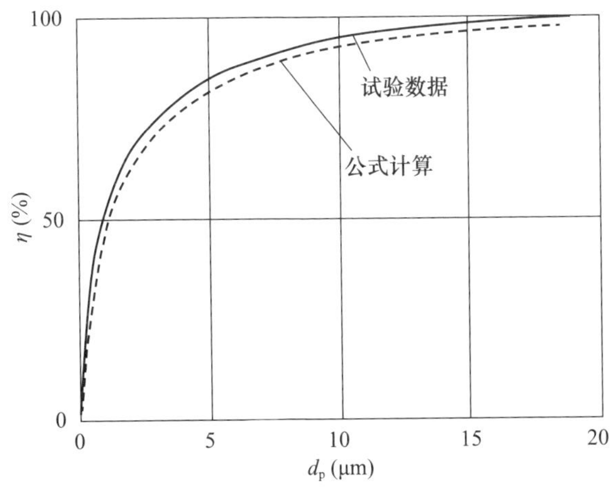

图 3-44 分离效率与粒径的关系

从图 3-44 可以看出，随着粉体粒径增大，旋风筒的分离效率上升，但当粉体颗粒粒径超过 10μm 以后，分离效率基本趋于平衡；当粉体颗粒粒径小于 5μm 时，分离效率只有 80%。这说明对于预热器旋风筒而言，在满足窑系统煅烧的前提下适当放宽生料粒度有利于提高分离效率；生料细度过细也会降低分离效率，特别是小于 5μm 的颗粒很难被旋风筒收集下来，因此在实际生产中常采取降低入窑生料中的细粉含量措施，以消除磨机存在的过粉磨现象。另外还采取窑尾回灰定期外排等措施。

3.4.3.3　进口宽高比与进口风速

一般旋风筒进口的宽高比在 0.5~0.7 之间，进口尺寸越小，风速越高，分离效率越高，但阻力损失也越大，最好不要超过 18~22m/s。同时可知，在相同进口风速情况下，*a*/*b*（*a* 代表进口宽度；*b* 代表进口高度）比值越小，旋风筒阻力越低。这是因为，窄而高的进风管使进口气流导向靠近旋风筒内壁，形成外圈气流，更远离内圈循环气流，降低了两气流冲撞的能量损失。

3.4.3.4　旋风筒内筒的尺寸与插入深度

内筒的结构尺寸对旋风筒的流体阻力及分离效率至关重要，设计不当，在内筒的下端会使已沉降下来的料粒被带走而降低分离效率。一般认为内筒的管径减小，带走的粉料减少，分离效率提高，但阻力增大。内筒尺寸是按气流出口速度计算的。一般来说，内筒出口风速大于 10m/s，在有良好的撒料装置时，不会发生短路。新型旋风筒内筒出口风速一般在 12~16m/s 之间。降低出口风速也是较为普遍的措施，特别是大蜗壳旋风筒为增大其出口内筒提供了可能，内筒插入深度对分离效率和阻力有很大影响，降低内筒插入深度可降低阻力，但插入过浅会明显影响收尘效率。内筒插入越深，阻力越大，分离效率越高。一般内筒插入深度分为以下三种情况：① 插入深度达到进风口中心附近；② 与内筒直径相等；③ 达到进风口外缘以下。

为了降低旋风筒阻力，有效措施是增大内筒直径，降低内筒插入深度。国外公司预热器内筒与筒径之比 *d*/*D* 已提高到 0.6~0.7。试验表明，当 *d*/*D* 大于 0.6 时，分离效率显著下降。因此国内一般取 0.45~0.6，以保证适当的出口风速。与此同时，要对上级旋风筒的下料位置和撒料装置进行适当调整，防止物料短路。

近年来，有的厂开发了分块浇筑组合式内筒和高温陶瓷挂片式内筒，多数采用耐热铸钢挂片结构内筒，寿命较长。最下级装内筒后，分离效率可提高 5%~10%，系统出口气流温度降低约 25℃。

3.4.3.5　固气比

固气比直接影响预热器的换热效率，关于固气比对预热器换热效率的理论研究表明，当固气比 $z < 2$ 时，热力学效率 ψ 随 z 增加而上升，响应非常敏感；当 $2 \leqslant z \leqslant 3.6$ 时，固气比对热力学效率 ψ 的影响变得缓慢；当 $z \geqslant 3.6$ 时，ψ 随着 z 增加而减小。ψ 值增加就意味着整个预热系统换热效率的提高，从而降低水泥熟料烧成热耗。常规预热器的固气比选取在 0.9~1.2 之间，实际上一般取 1.0 左右。因此，提高固气比有利于提高热效率。但是由于窑系统在实际生产中，产量和燃料燃烧生成的气体量大致固定，所以固气比要想有较大幅提高是非常困难的。在一般情况下，尽量减少预热器壳体的散热，严格密闭堵漏、降低热耗，都有利于提高固气比。

与常规预热器不同，所谓高固气比悬浮预热器，指的是气流分别经过两列预热器，生料交叉地经过两列旋风预热器中除最上一级换热单元以外的所有换热单元，从而增加生料与气流的接触次数和接触时间，也增加了废气中的生料浓度。其示意如图 3-45 所示。

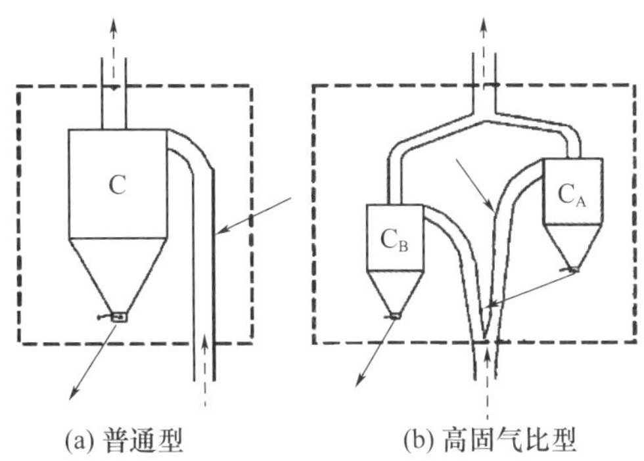

图 3-45　普通型旋风筒和高固气比型旋风筒

3.4.3.6　分离效率对热耗的影响

在实际生产过程中，由于预热器旋风筒分离效率的限制，使得 C_1 出口排出的废气中会携带一定量的粉尘逃离预热器，即飞灰。在飞灰排出预热器时会导致热量的散失，从而导致系统热耗上升。

从图 3-46 可以看出，随着各级旋风筒分离效率的降低，系统热耗上升。特别是 C_1 筒分离效率降低，对热耗的影响最大。

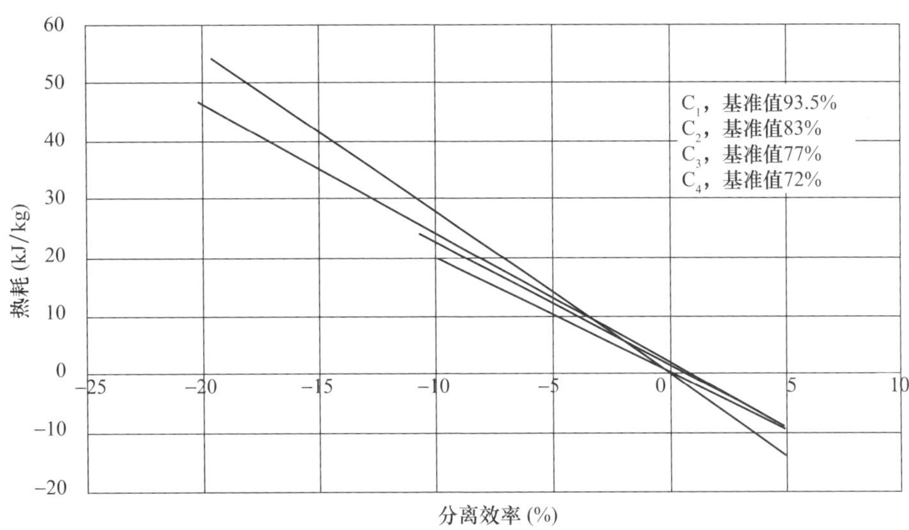

图 3-46　各级旋风筒分离效率对热耗的影响

3.4.4　预热器常见的问题及解决方案

3.4.4.1　预热器漏风

对于预热器系统而言，漏风无疑会增加系统热耗，而过剩空气系数的异常在一定程度上能反映出窑系统的风量供给或漏风情况。但在实际生成过程中，不少生产线的预热器都存在过剩空气系数异常的情况。

从图 3-47 可以看出，随着各级旋风筒漏风量的增加，系统热耗上升，C_5 旋风筒的漏风对热耗影响最大。因此在日常基础管理工作要做好预热器的漏风管理。

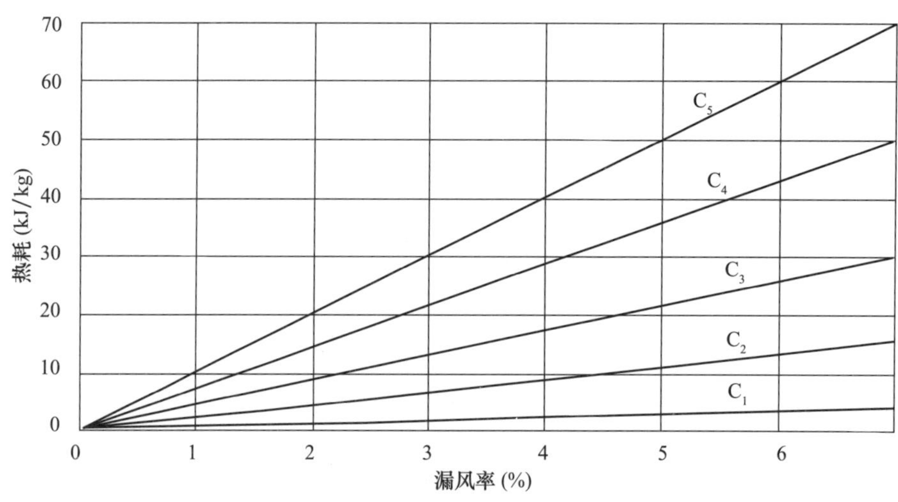

图 3-47　预热器漏风对热耗的影响

3.4.4.2　预热器结皮

（1）预热器结皮的原因

预热器结皮的根本原因是高温物料冷凝黏附在旋风筒、上升风管以及下料管等部位而产生的块状聚集体。一般来说，预热器结皮的原因可以归结到下面的一种或几种因素的组合。

① 系统漏风：热物料与冷风接触，物料冷凝黏附在旋风筒内壁上，形成结皮。

② 硫碱氯等有害成分形成的富集性结皮：有害成分的最低共熔温度往往很低，有的甚至不超过 700℃，因此随着有害成分的增加，会使物料最低共熔温度下降，在预热器系统内出现液相，并与粉尘物料形成黏聚性物质，其中一部分会参加凝聚循环，一部分被熟料带出。另外还有一部分凝结在预热器及下料管壁上，形成结皮。一般情况下，硫碱结皮多发生在 C_4、C_5 两级旋风筒上，氯结皮一般发生在 C_3 旋风筒上。

③ 翻板阀故障：一方面是由于配重不合理或者阀板长期承受高温变形等导致翻板阀动作不灵活，另一方面是因为物料来料不均匀或者热工制度发生改变后产生结皮，进一步影响了翻板阀的正常运行。

④ 检修作业后新旧耐火材料交界处存在台阶，特别是预热器锥部的台阶危害大。

⑤ 旋风筒进口平段积料，长期运行而产生结皮。

⑥ 旋风筒蜗壳结构设计不合理，导致高温物料局部停留而产生结皮。

⑦ 热工制度不稳定，局部高温。

（2）预热器结皮的预防措施

预热器系统正常运行时，注意做好以下措施，可以减少结皮发生的概率。

① 逐步完善窑尾吹扫系统，易结皮部位安装空气炮，减少人工清理的频次。

② 稳定配料，入窑生料 *KH* 短周期标准偏差小于 1.2。

③ 控制喂料量波动，摸索出合适的入窑生料小仓控制料位，将入窑喂料量的波动控制在最小范围。

④ 定期检测、处理预热器系统的漏风。

⑤ 翻板阀的盘动检查、预热器漏风检查、C_4/C_5 锥部清理、撒料台清理、旋风筒直段积料清理、筒体温度检查等，纳入日常的巡检、清理工作中。

⑥ 平衡好进入预分解窑系统的有害成分浓度：SO_3 < 1.5%（以熟料计），最大不超过 2.0%，此时要考虑外排措施；氯（Cl）没有旁路放风时< 300g/t 熟料，有旁路放风时要及时使用放风，确保多余的氯排出系统；硫碱比（S/A）最好保持在 0.8~1.2，最大不超过 2.5，此时考虑外排措施；窑内 SO_3 挥发率一般在 30%~50%，确保不大于 65%。

⑦ 合理控制分解炉出口温度，避免大幅调整用煤量，以及温度大幅波动，尽量使用 PID 自动控制。

⑧ 检修后确认旋风筒内部新旧耐火材料交界处无台阶，改造部位气路畅通、无涡流区。

⑨ 确保 RDF 稳定喂入，减少或避免断喂现象的发生。

3.4.4.3 预热器堵塞

（1）预热器堵塞的原因

预热器堵塞的直接原因是预热器的料路被堵死，造成物料在锥体或下料管内堆积。一般来说，堵塞的原因可以归结到下面的一种或几种因素的组合。

① 异物堵塞

检修杂物：检修完成后，杂物清理不够彻底造成堵塞；

内筒挂片：内筒挂片脱落造成堵塞，常见于 C_3、C_4、C_5 旋风筒；

耐火材料：耐火材料脱落造成堵塞；

大块结皮：掉落大块结皮造成堵塞。

② 翻板阀故障

翻板阀卡死造成堵塞。

③ 空气炮故障

空气炮故障后，生料流动性差引起堆积堵塞。

④ 生料烧结

温度超过正常范围或者生料易烧性太好，热生料出现大量液相导致流动性下降，产生堵塞，常见于 C_5 旋风筒。

⑤ 喂料量太少

喂料太少时，生料流动性太差、冲力小，易在锥部堆积产生堵塞，常见于 C_1、C_2 旋风筒。

⑥ 煤粉不完全燃烧

预热器温度过低时分解炉喂煤，煤粉不完全燃烧，当煤粉再次燃烧时会造成生料流动性下降而产生堵塞。

⑦ 生料中含有高热值物质

当生料中含有高热值物质时，如粉煤灰、污泥、生物质等，生料中热量释放造成黏附结皮，生料流动性下降而产生堵塞，常见于 C_2、C_3 旋风筒。

⑧ 预热器系统内有害成分的循环富集

有害成分在预热器旋风筒内及下料管内循环富集，在锥体及下料管内壁产生结皮，随着时间的延长，结皮增厚、料路变窄，影响热生料的流动。在遇到生料喂料量或质量波动时，堵塞便会发生。

（2）预热器堵塞的预防措施（表 3-29）

表 3-29　预热器堵塞的预防措施

类别	预防措施
检修杂物	检修完成后彻底清理杂物
内筒挂片掉落（常见于 C_3、C_4、C_5 旋风筒）	大修时定期更换内筒挂片，严禁超寿命使用
耐火材料掉落	检修时仔细检查，对寿命不够一个使用周期的耐火材料及时更换，按照耐火材料规范施工和验收，防止运行中脱落
大块结皮	停窑处理结皮后清理出预热器系统，及时清理结皮，防止大块发生，在容易堵塞位置增加空气炮，避免分解炉缺氧造成硫富集结皮，通过配料降低生料中有害成分。及时发现处理漏风。开启旁路放风，减少氯离子含量，防止结皮
翻板阀故障	每月检查一次，停窑检修时开盖检查维护，发现翻板阀有轴向窜动、阀板变形、烧损、配重不合适、卡死、轴承损坏等现象，及时维修或更换，发现漏风及时处理
空气炮故障	定期工艺巡检维护，避免使用故障率高的空气炮，安装有自诊断的智能空气炮系统
生料烧结（常见于 C_5 旋风筒）	分解炉温度控制在（880±20）℃，尽量使用 PID 控制减少波动，避免温度控制过高。如果易烧性太好，降低分解炉温度，及时调整三率值到合适范围
喂料量太少（常见于 C_1、C_2 旋风筒）	投料产量≥最大产量的 60%，快速提产，尽量避免长时间低产运行，增加空气炮喷吹频次
煤粉不完全燃烧	避免缺氧燃烧，C_1 出口 CO 含量控制小于 0.2%，禁止分解炉出口温度低于燃点喂煤
生料中含有高热值物质（常见于 C_2、C_3 旋风筒）	尽量减少此类生料的使用

3.4.5　预热器的新技术

3.4.5.1　新型旋风筒的结构

在国际上，水泥设备制造商在改进分解炉结构、性能的同时，其研究开发的目标也扩展到预热器系统上。随着科技开发工作的持续推进，许多新型预热器应运而生，既保持较高的分离效率又不过多地增加阻力，不但在旋风筒的结构上，同时在换热管道、撒料、锁风装置等方面均有较大改进。

川崎公司的川崎型旋风筒采用螺旋形进口，增加进口螺旋角及进口断面积，降低进口阻力。卧式旋风筒降低旋风筒高度，以降低整个预热塔架的高度，降低系统投资。其结构如图 3-48 所示。

宇部公司将进风口断面加大，进风管螺旋角加大至 270°，将出风内筒做成靴形，扩大内筒面积，减少旋风筒内旋流风通过内壁与内筒之间的面积，减少与进风的撞击，并设置弯曲导流装置。其结构如图 3-49 所示。

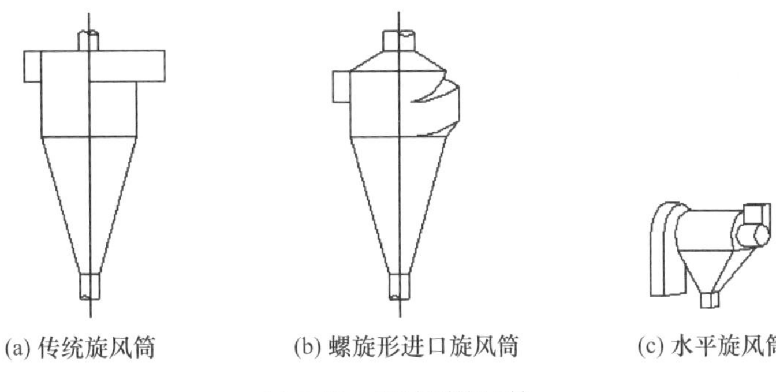

图 3-48　川崎型旋风筒

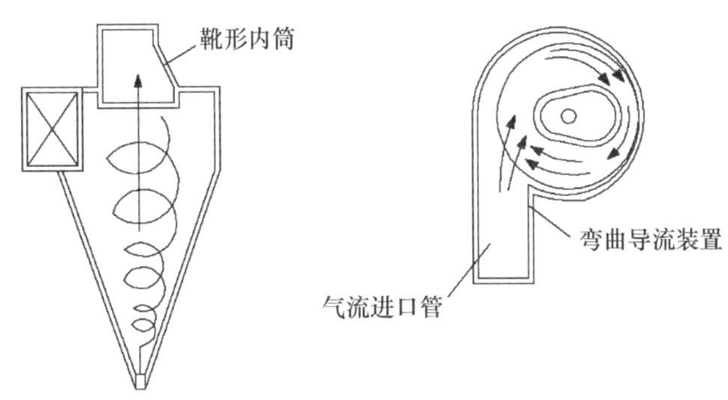

图 3-49　宇部型旋风筒

伯力休斯公司将旋风筒进口及顶盖倾斜，内筒偏心布置，缩短内筒的插入深度，使气流平缓进入内筒，减少回流，减少同进口气流相撞形成的局部涡流，使 6 级预热器压力损失仅 3000Pa。其结构如图 3-50 所示。

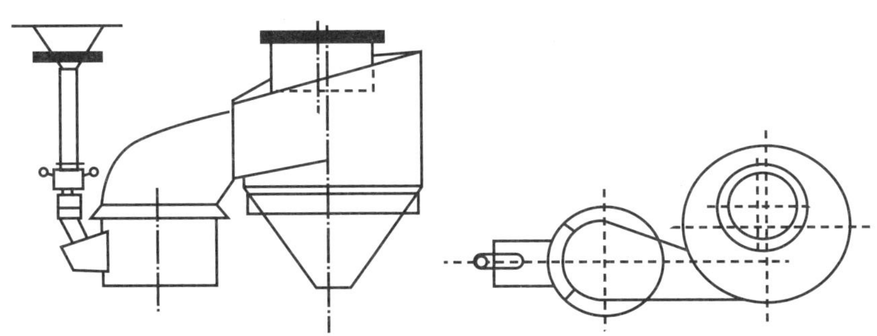

图 3-50　伯力休斯型旋风筒

洪堡公司的低压损旋风筒，顶部 C_1 旋风筒的筒体是细而高的双旋风筒，目的是提高分离效率。而 C_2~C_5 是矮胖形旋风筒，为了达到更低的压力损失，旋风筒的改进主要有以下几个方面：

① 进口风管螺旋角加大至 270°，使含尘气流平稳地导入旋风筒，气流沿筒壁高速旋转，提高了分离效率。

② 加大进口风管截面积，并且处于内筒外侧，使气体不会冲向内筒造成阻力增大。

③ 由于旋风筒壁是蜗壳状，逐渐向内筒靠近，气流不会受到阻碍。

④ 内筒的高度是进口风管高度的 1/2，同时进风螺旋下部为锥形，与内筒下端平齐，使含尘气流不会直接进入内筒，分离效率不受影响。

⑤ 旋风筒的锥体部分设计为内筒直径的 2 倍，斜度为 70°，增大旋风筒出口尺寸，使卸料通畅，防止堵塞。

其结构如图 3-51 所示。

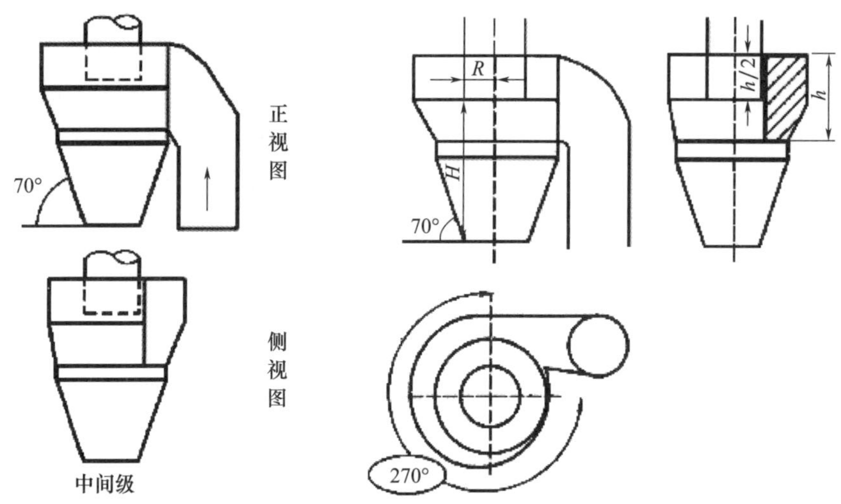

图 3-51　洪堡公司 KHD 型旋风筒和新型旋风筒

在国内，我国水泥工作者在旋风筒预热器的开发设计方面也做了大量工作，天津水泥设计院推出的“燕山型”低压损旋风筒和 TC 型低压损旋风筒，南京水泥设计院开发的 NH 系列、NHE 系列低压损旋风筒，合肥水泥设计院的 H 系列旋风筒，成都水泥设计院的 NC 系列旋风筒等都是这方面有代表性的成果。

TC 型旋风筒出口风速低，进口为斜切角，减少了物料的堆积，对贴壁旋转的物料有向下导向作用，有利于气固分离，其结构简单，故障率低。内筒采用耐热钢制的分片悬挂式内筒，使用寿命长，维修更换方便；采用固定的撒料装置，结构简单，物料分散均匀，气固换热效果好。其结构如图 3-52 所示。

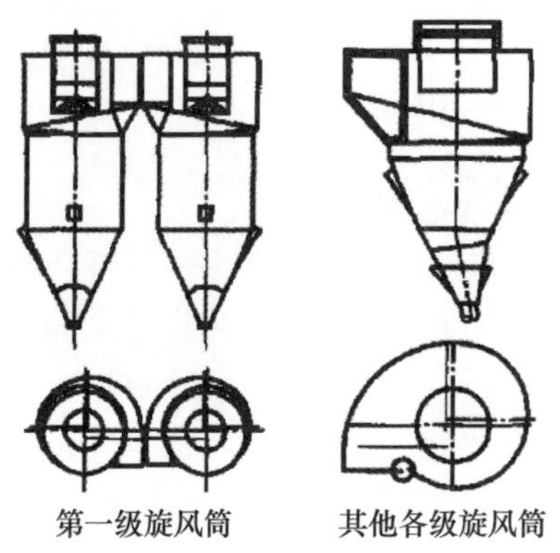

图 3-52　TC 型旋风筒

NC 型高效低压损旋风筒采用多心大蜗壳、短柱体、等角变高过渡连接、偏锥防堵结构、内加挂片式内筒、导流板、整流器、尾涡隔离等技术，使旋风筒单体具有低阻耗（550~650Pa）、高分离效率（C_2~C_5，86%~92%；C_1，95% 以上）、低返混度等特点，以及良好的防结拱堵塞性能和空间布置性能。其结构如图 3-53 所示。

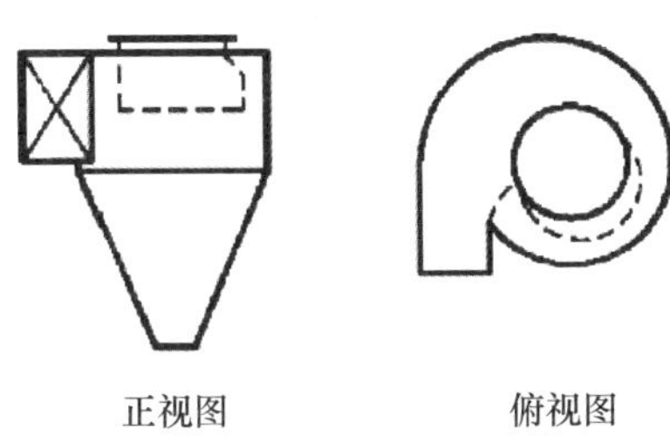

图 3-53　NC 型旋风筒

3.4.5.2　六级预热器

最早的旋风预热器是四级旋风筒，随着科技的发展，目前现代化新型干法窑的预热器系统大都采用五级，这是因为五级预热器的生料预热以及节能效果要优于四级。但随着水泥生产企业竞争日益激烈，必须采用新型节能技术及装备来降低生产线的能耗，六级预热器技术提供了一种解决方案。

从理论上讲，旋风预热器级数越多，越接近于可逆换热过程，换热效率越高。但在实际生产中每增加一级预热器就需要多克服一级的流动阻力，所以电耗增加。另外，随着旋风预热器级数的增加，设备投资会增加，预热器的框架也会增大，从而土建投资将增大。因此，对于具体工厂来说，不是级数越多越好，而是存在着一个最佳级数。以 5000t/d 水泥熟料生产线为例，不同预热器级数的主要工艺参数见表 3-30。

表 3-30　不同预热器级数的主要工艺参数

类别	四级	五级	六级
热耗（kJ/kgcli）	3324	3132	3015
标准煤耗（kg/tcli）	113.6	107	103
C_1 出口烟气量（m^3/kg）	1.427	1.389	1.377
C_1 出口气体温度（℃）	382	326	288
SP 锅炉出口温度（℃）	210	210	210
SP 锅炉回收热量（kJ/kgcli）	360.67	225.85	127.80
SP 锅炉发电量（kW · h/tcli）	26.05	13.80	7.10
AQC 锅炉进口烟气量（m^3/kg）	1.211	1.257	1.285
AQC 锅炉进口温度（℃）	261	252	247
AQC 锅炉出口温度（℃）	90	90	90
AQC 锅炉回收热量（kJ/kgcli）	263.26	258.27	255.50

续表

类别	四级	五级	六级
AQC 锅炉发电量（kW·h/tcli）	17.55	17.22	17.03
总发电量（kW·h/tcli）	43.60	31.02	24.13

从表 3-30 可以看出，随着预热器级数的增加，预热器出口气体温度不断降低，四级、五级和六级预热器的出口温度分别为 382℃、326℃、288℃，六级预热器出口温度最低，由于四级、五级和六级预热预分解窑系统的吨熟料烧成标煤耗分别为 113.6kg、107kg 和 103kg，则每年四级预热预分解窑系统比五级预热预分解窑系统要多耗标煤 9900t；五级预热预分解窑系统每年比六级预热预分解窑系统多耗标煤 6000t。而且为了补偿由于级数增加所导致整个预热器系统压损的增加值，新型六级旋风预热器的中间几级旋风筒采用的是低压损旋风筒，这样可使它们的压损之和与传统的四级、五级旋风筒压损之和相差不多。

总体来说，六级预热器能够进一步降低水泥烧成热耗 104.5~125.4kJ/kg 熟料，同时可以在不使用余热发电时降低窑尾管道的喷水，尤其是对于能源和水资源较短缺的地区是一种较好的选择。

3.5 分解炉

预分解技术是当今水泥工业用于煅烧水泥熟料最为先进的工艺技术，具有高效、优质、低耗等一系列优良性能，它的诞生和发展代表着国际水泥工业的先进水平。水泥生产的新型干法预分解技术发展到今天，每条生产线都存在一个分解炉，这也是新型干法有别于其他水泥生产工艺最主要的特征。

由于分解炉是预分解技术的核心设备，它承担着预分解系统中繁重的燃烧、换热和碳酸盐分解任务。这些任务能否在高效状态下顺利完成，主要取决于生料与燃料能否在炉内很好地分散、混合和均布；燃料能否在炉内迅速地完全燃烧，并把燃烧热及时地传递给物料；生料中的碳酸盐组分能否迅速地吸热、分解，逸出的 CO_2 能否及时排除。以上这些要求能否达到，在很大程度上又取决于炉内气、固流动方式，即炉内流场的合理组织。因此，近年来各种新型分解炉的研制，分解炉结构上的各种变化，都是围绕这个目的进行的。

目前，国际上各类分解炉达 30 种之多，主要分类方法有以下四种。

按制造厂命名分类：SF 型、MFC 型、RSP 型、KSV 型、FLS 型、普列波尔型、DD 型等。

按分解炉内气流的主要运动形式分类：旋风式、喷腾式、悬浮式以及沸腾式四种。

按全窑系统气体流动方式分类：

（1）分解炉需要的三次风由窑内通过，不再增设三次风管道，一般也不设专门的分解炉，而是利用窑尾与最下一级的旋风筒之间的上升烟道，经过适当改进或加长作为分解室。

（2）设有单独的三次风管，从冷却机抽取的热风在炉前或炉内与窑气混合。

（3）设有单独的三次风管，但窑气不在炉前或炉内与三次风混合，炉内燃料燃烧全部用从冷却机抽取的三次风。

按分解炉与窑、预热器及主风机匹配方式分类：在线型、离线型和半离线型。

3.5.1 不同分解炉的发展及特点

3.5.1.1 SF-NSF-CSF 炉系列

自 1971 年年底第一台 SF 炉问世以来，许多种预分解窑相继出现，发展很快，而 SF 窑本身也在不断改进和发展，1979 年 2 月第一台烧油的 NSF 炉建成，1979 年 4 月第一台全部烧煤的 NSF 窑建成，同年又出现了 CSF 炉。SF-NSF-CSF 炉的发展目的，一是为了改善 SF 分解炉的性能，进一步降低热耗；二是为了适应分解炉烧煤的需要。

SF 炉是国际上最早出现的分解炉，它的出现第一次把预分解技术实际应用于水泥工业生产过程。由于 SF 炉的研制开发是在旋风预热窑的基础上进行的，尚缺乏实际应用经验，因此不足之处是难免的。如前所述，SF 炉投入运行后，随着经验的积累，又历经多次改进，但其依靠“旋流效应”的方式并未改变。1973 年石油危机后，SF 炉改为烧煤，其缺点和不足之处暴露更加充分，随之 NSF 炉应运而生。

NSF 炉是在 SF 型炉基础上的发展和提高，它不但扩大了炉容，并且采用了“喷旋迭加”方式，优化了炉内气固三维流场。特别是将燃料改由炉下部蜗壳喷入，由从下数第二级（即四级旋风预热器的第三级）筒下来的物料，改由从炉反应室下部及窑尾烟室上部烟道两处喂入，使燃料能够直接喷入三次风之中迅速点火，并使一部分物料能够在入炉之前在烟道中与窑尾烟气换热。这不但有利于提高燃料燃尽率，延长了物料在分解炉区的滞留时间，同时也有利于窑气与三次风之间的平衡调节，取消了原来 SF 炉在窑尾烟道上安装的调节压力的平衡闸板，减少了窑系统的阻力。NSF 炉的以上几点改进，从根本上优化了 SF 炉的结构和功能，使之成为一个比较有竞争力的良好炉型。CSF 炉系在 NSF 炉基础上的开发与改进。CO-SF 系美国福勒公司在购买 NSF 炉专利基础上的应用，RFC 炉则是在 CO-SF 炉基础上增加了炉料再循环工艺 CSF 炉是针对 NSF 炉出口设置上存在的缺点，在炉顶部增设了涡室，并进一步增大了炉容，解决了 NSF 炉内存在的气固流偏流短路和物料特稀浓度区问题，并延长了炉内气固滞留时间。至于 CSF 炉与最下一级旋风筒之间采用延长型水平连接管道，只是在具体工艺布置下，技术改进中采取的应对措施。由于水平管道易于积灰的问题，具体处理办法是在其适当部位增加灰斗排灰，这样也会增加漏风因素。如果采用“鹅颈”管道连接，则会更好。由上分析，可以认为 NSF 炉是一个比较好的炉型，也存在着上述缺点和不足。这些缺点和不足在使用中、低质燃料时更加明显。而 CSF 炉虽是对 NSF 的改进和提高，但其基本结构同 NSF 炉尚无太大差别，所以尽管如此，对 NSF 炉也应当给予高度评价。其优越性在我国 JD 水泥厂一线生产中亦有充分显示。当然，如能在此基础上，利用 CSF 炉原理进一步改进，实际工况将会得到进一步改善，各项技术参数还会得到进一步优化和提高。其结构示意如图 3-54、图 3-55 所示。

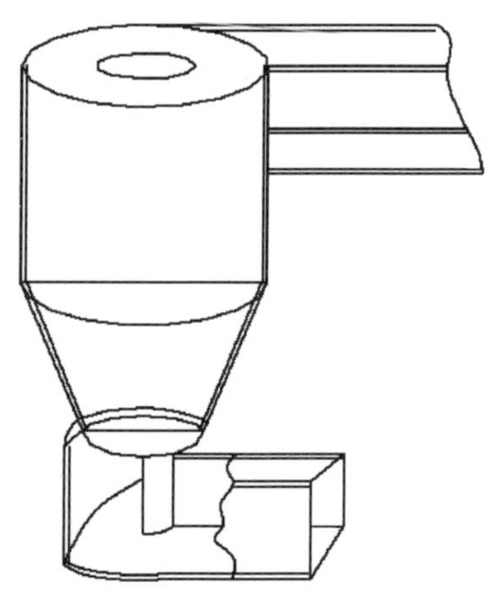

图 3-54 NSF 炉的结构示意图

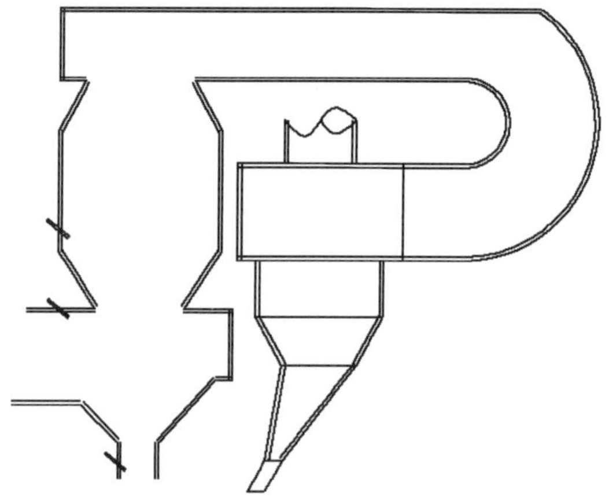

图 3-55 CSF 炉的结构示意图

3.5.1.2 RSP 炉系列

RSP 炉是日本小野田水泥公司与川琦重工业公司共同研制的。1972 年 8 月在小野田公司田原水泥厂建造的一台日产 240t 的 ϕ1.8m×28m 小型 RSP 试验窑投产，1974 年 8 月建造在大船渡水泥厂的第一台日产 3000t RSP 窑正式投产。法国克雷苏 - 罗阿公司、美国爱立司 - 恰默尔斯公司及苏联均取得了制造 RSP 窑的专利权。

RSP 炉整体结构合理，最早的涡旋燃烧室（SB）内喷有燃油，使之在三次风中涡旋点火，在烧煤后亦可用于提高风温，有利于煤粉迅速起火燃烧；三次风从涡旋分解室（SC 室）上部以切线方向进入；从上级旋风筒来的生料，在三次风入口上部经撒料棒分散后随三次风进入 SC 室内。由于三次风的涡旋作用，沿 SC 室断面生料粉浓度由中心至边缘递增，这样在 SC 室中心部分形成一个物料特稀浓度区，既有利于生料粉对炉壁耐火材料的保护，又有利于燃料在纯净的三次风中燃烧。但从换热角度分析，对 SC 室内气固换热是不利的。尚未完全燃烧的燃料以及未完全分解的生料随 SC 室断面风速（12m/s）的气固流经斜烟一起进入混含室（MC 室），再与从窑尾烟室经炉下缩口喷腾向上的窑烟气会合，在 MC 室内进一步燃烧和分解。这种“两步到位”的燃烧和分解模式，对于充分利用窑气中的热焓及过剩 O_2 都是有利的。因此，无论从燃料燃烧动力学方面还是从气固换热的热力学方面分析，这种 SB、SC、MC 三室匹配的结构，都有其独特之处。

从以上结构分析来看，SB 室的主要功能在于加速燃料预燃；SC 室的主要功能在于燃料在三次风中迅速裂解，加速燃烧进程，而对碳酸盐分解来说则是要求不高的，一般来说 MC 生料分解率仅有 35%~45%；MC 室则是完成燃料燃烧及生料分解任务的最后部位，在 MC 室气固流喷旋叠加流场作用下，分散均布较好，换热传质效果亦佳。由上可见，三个室之间尤其 SC 室及 MC 室之间的合理匹配，对于 RSP 炉设计十分重要。RSP 炉研制开发初期，由于以油为燃料，SC 室及 MC 室设计容积较小，再加上以煤代油后，国外多使用热值较高的优质煤的许多问题尚难充分暴露，但在我国使用热值较低（21000~23000kJ/kg）的中、低质煤情况下，则问题突出，造成 MC 室出口燃料燃尽率低，不仅影响预热分解系统功能的充分发挥，亦会由于 C_5 级旋风筒还原气氛及入窑生料中含有尚未燃尽的碳粒，给预分解窑生产带来一系列问题。同时，据后来对江西 RSP 窑的研究，SC 室三次风涡旋强度、SC 室入 MC 室气固流旋流与 MC 室窑气喷腾流之间的合理匹配，对于 SC 室及 MC 室的三维流场是否合理都有着重要影响。因此，设计中也必须重视这些问题。

从小野田公司 20 世纪 90 年代初期推出的烧油、烧煤和适用中、低质燃料的三种 RSP 型系列炉型结构来看，其改进重点在于 MC 室，这样做无疑是正确的。由此亦可反推其研究结果，可以看出 MC 室对于提高燃料燃尽率和生料分解率的重要作用。此外，再以 RSP 炉与其他炉型对比，例如 SLC、ILC、DD、Pyroclon 炉等都没有涡旋分解室（SC），其结构与 RSP 炉的 MC 室一样都是上升烟道的改良和扩大，照样能顺利完成其应有的功能，从此亦可说明 MC 室是 RSP 炉的关键部位。当然，结构优良的 SC 室对于 RSP 炉来讲，犹如锦上添花，尤其在使用中、低质燃料情况下，它所起的作用也是不容忽视的。

总之，RSP 炉原型就是一个比较好的炉型，有新近开发的烧煤及烧低质燃料的第二代、第三代炉型匹配，使 RSP 系列炉型更加具有竞争力。但在此也必须指出，其缺点主要在于系统结构比较复杂，例如三次风入口较高，且多点入炉（较小炉型两处入炉，即 SB 室一个、SC 室一个；较大炉型则三处入炉，即 SB 室一个、SC 室两个）等。再者，由于三次风涡旋进入 SC 室，气固流涡旋进入 MC 室，再加上窑气的喷腾作用，均会造成系统阻力较大，电耗增加。此外，喷 - 旋叠加作用匹配不当。例如 SC 室涡旋强度过大，将会造成由 SC 室的进入 MC 室的气固流“旋流后效应”，使 MC 室内三维流场欠佳，进而影响 MC 室的传热、传质效果。这些也是 RSP 炉设计和生产中应该注意的地方。其结构示意如图 3-56 所示。

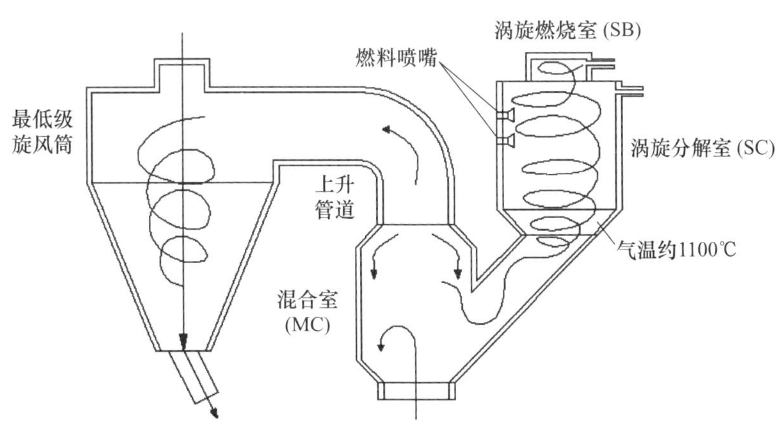

图 3-56 RSP 炉的结构示意图

3.5.1.3 MFC 炉系列

MFC 预分解炉是日本三菱水泥矿业公司和三菱重工业公司共同研制的，系国际上较早研制开发的分解炉型。它将化学工业的流化床生产原理应用于水泥工业，使入炉燃料首先在炉下流化床区裂解预燃。由于燃料在流化床区沸腾流化，滞留时间长，因此特别适合使用颗粒较粗或中低质燃料。在流化床区裂解的燃料至一定颗粒尺寸或气化之后进入涡旋区，遇三次风加速燃烧，同时与生料粉之间进行激烈的换热。MFC 炉是采用流悬浮叠加原理，延长物料在炉内的滞留时间提高固气比。此外，出炉气固流通过斜烟道进入窑尾上升烟道底部，再利用窑气中的过剩氧继续燃烧，利用窑气中的热焓最后完成生料的碳酸盐分解任务，这种模式十分可取。这样还可以利用出炉烟气为含挥发性成分较高和温度较高的窑气“稀释”、降温，有利于防止上升烟道的“黏结堵塞”。第二代 MFC 炉虽加高了炉的高度，延长了炉内气流滞留时间，但是炉底部的流化床面积仍然较大，流化嘴数目亦较多，耗用的低温高压流化风量亦较多，这对降低能耗和管理维修较为不利。因此，20 世纪 80 年代中后期日本三菱公司在总结第二代 MFC 炉运行经验的基础上，扬长避短，开发出第三代 N-MFC 炉，缩小了流化床面积，增加了炉的悬浮区高度，从而使流化风量大为减少。此外，N-MFC 炉简化了工艺流程，这对使用挥发性成分含量较低的原料是适宜的。如果原料中挥发性成分较高，采用第二代 MFC 炉仍对防止上升烟道等部位的“黏结堵塞”问题具有优越性。

总之，MFC 炉系列是一种较好的炉型，尤其在使用中、低质燃料时优越性十分突出，这是其他炉型无法比拟的。因此，结合我国水泥工业使用中、低质煤为主的具体情况，MFC 系列炉型十分值得借鉴。其结构示意如图 3-57 所示。

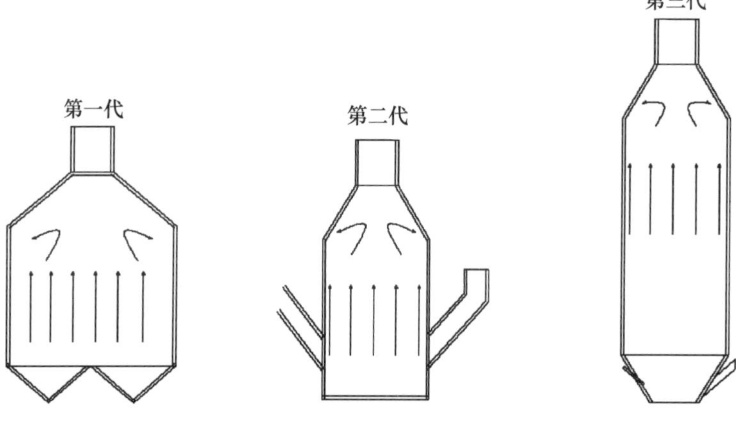

图 3-57　MFC 炉的结构示意图

3.5.1.4　FLS 炉系列

FLS 系列炉型是 20 世纪 70 年代中期研制开发的分解炉系列，它包括 SLC 型、ILC 型、SLC-S 型 ILC-E 型以及整体型等，其系列炉型均属于喷腾型炉。由于 FLS 系列炉型的规格比较齐全，可适应大、中、小不同规模的生产需要。

第一代 FLS 炉的炉体为上下锥体、中部柱体结构，第二代 FLS 炉上部改为平顶，下部设有锥体，三次风由炉下入口经锥体喷腾入炉，以“喷腾效应”延长物料在炉内的滞留时间。由于炉内以喷腾流场为主，没有涡旋流场，因此阻力较小。但是，第二代 FLS 炉（包括 SLC 炉及 ILC 炉）由于取消了炉顶部锥体结构，采用平顶切向出口，致使炉内气流产生偏流短路和特稀浓度区，影响分解炉功效。在我国 LZ-SLC 窑技改前即出现过这种情况。后来 FLS 公司的平顶炉型结构已少有使用，转而继续使用第一代炉型。

总之，FLS 系列炉型阻力较小，结构简单，布置方便，同时其燃料喷嘴设于炉下锥体部位，入炉燃料直喷炽热的三次风之中，燃料点火起燃条件亦好，可以认为在原、燃料条件较好时适宜选用。其结构示意如图 3-58、图 3-59 所示。

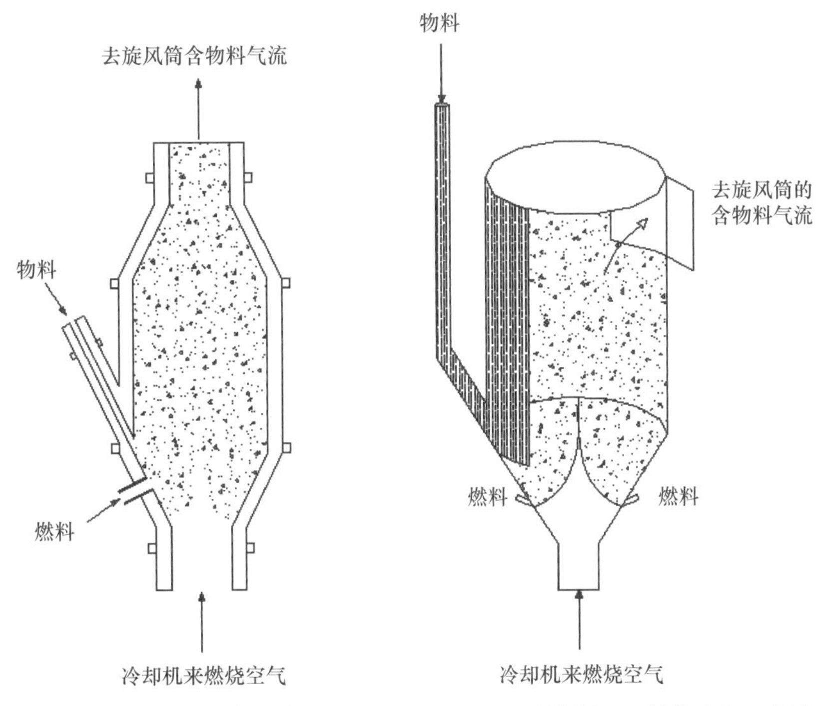

图 3-58　原 FLS 炉的结构示意图　　图 3-59　改进型 FLS 炉的结构示意图

3.5.1.5　KSV 炉系列

KSV 炉于 20 世纪 70 年代中期研制开发，并随后改进成 N-KSV 炉。该炉结构与 DD 炉类似，亦系“喷腾叠加型”炉型，并且在炉下锥体部分设有脱 NO_x 喷嘴，以降低废气中 NO_x 含量。与 DD 炉不同之处有三：一是三次风在炉下部圆锥体是以切向方向入炉；二是炉中第二道“缩口”直径较大；三是燃料喷嘴设置不像 DD 炉那样多点直喷三次风中，因此喷嘴位置设置稍有不当，极易受喷腾窑气作用，影响燃料及时点火起燃。

据对 LY1000t/d N-KSV 炉冷态模型试验，由于受三次风切线入炉影响，同时炉内“缩口”未能起到“二次喷腾”作用，因此炉内物料分散均布较差，固气滞留时间比值较小。如果再加上没有充裕的炉容，在使用中、低质煤时，极易发生物理和化学不完全燃烧现象，影响炉的功能发挥。因此，在生产中要认真考察炉内燃料燃烧状况，结合生产实际优化 N-KSV 炉内流场，改善炉内燃料燃烧状况，尤其要结合原、燃料状况，保持具有足够的炉容，才能改善和优化 N-KSV 窑全系统生产工况，获得良好生产实绩。其结构示意如图 3-60 所示。

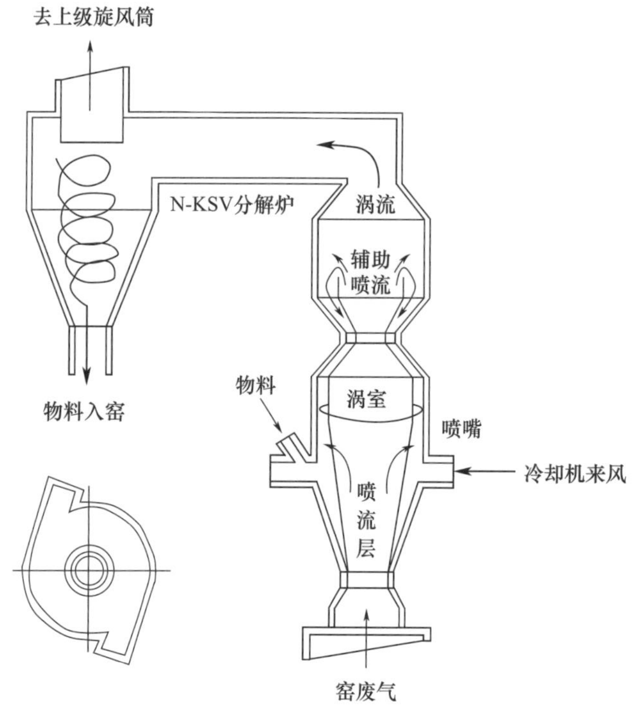

图 3-60　N-KSV 炉的结构示意图

3.5.1.6　DD 型炉

DD 型分解炉是国际上于 20 世纪 70 年代中期研制开发的分解炉。其特点有二：一是炉内具有“喷腾迭加”流场；二是炉锥体部位设有脱 NO_x 喷嘴，可还原窑气中氮氧化物，有利于降低废气中 NO_x 排放量。在炉中部设有第二道“缩口”，炉顶设有气固“反弹室”，由于二次喷腾及反弹室作用，有利于防止炉内偏流。同时，由于三次风在炉下锥体上部即圆柱体下部径向喷射入炉，对喷腾气流有加速作用；四个燃料喷嘴从炉两侧的三次风入口上部两侧，直喷入炉的三次风气流之中，起火预燃条件亦较好；炉内阻力较低。如能根据原、燃料条件，使其保持一个足够的炉容，则会更进一步增加其工作适应性。DD 炉亦是一个较好的炉型，具有良好的发展前景。

3.5.1.7　TC 型炉系列

TC 型炉系列是根据我国燃料的燃烧特性在 DD 型分解炉的基础上研制开发的，有 TDF 炉、TWD 炉、TFD 炉以及 TSD 炉。TDF 型分解炉的特点有：分解炉直接安装在窑尾烟室上，窑尾烟气与三次风形成一次“喷腾效应”，炉体中部设置二级缩口，保证炉内气固流产生二次“喷腾效应”。炉顶部设有气固流反弹室，气固流出口设置在炉上锥体顶部的反弹室下部，这种设计可使气固流产生碰顶反弹效应，延长物料在炉内的停留时间。三次风切线入口设于炉下锥体的上部，使三次风涡旋入炉。在炉的下部圆柱体内不同的高度设置四个喂料管入口，以利于物料分散均布及炉温控制。

TWD 型分解炉是在 TDF 炉的基础上在下锥体设置涡流预燃室，这种在线型的分解炉适用于低挥发分或质量较差的燃煤，提高了整体燃烧效率，保证系统稳定燃烧。

TFD 型分解炉是带旁置流态化悬浮炉的组合型分解炉，将 NMFC 型分解炉结构作为该型炉的主炉区，其出炉气固流经“鹅颈管”进入窑尾DD型分解炉上升烟道的底部与窑气混合，该炉型实际为NMFC型分解炉的优化改造，并将DD型分解炉结构用作上升烟道。

TSD型分解炉是带旁置旋流预燃室的组合式分解炉，RSP型和DD型分解炉具有炉内既有强烈的旋转运动、又有喷腾运动的特点。主炉坐落在窑尾烟室之上，上有“鹅颈管”，下部、中部均有固定缩口，中、下部有与预燃室相连的斜烟道。从冷却机抽来的三次风以一定的速度从预燃室上部以切线方向入炉。由C_4旋风筒下来的生料在三次风入炉前喂入气流中。

3.5.1.8 NC型炉系列

NC型分解炉系列是南京水泥设计院在管道炉的基础上开发的，有NST-Ⅰ同线型管道炉和NST-S半离线型分解炉。

NST-I同线型管道炉安装于窑尾烟室之上，为涡旋、喷腾叠加式炉型，其特点是在炉出口至最下级旋风筒之间增设“鹅颈管”，进一步扩大了炉容。三次风切线入炉后也与窑尾高温气流混合，由于温度高，煤、料入口装设合理，即使低挥发分煤粉入炉后也可迅速起火燃烧。

NST-S半离线型分解炉的主炉结构与同线型管道炉相同，出炉气固流经“鹅颈管”与窑尾上升烟道相连。既可实现上升烟道的上部连接，又可采取“两步到位”模式将“鹅颈管”连接于上升烟道的下部。由于固定碳的燃烧受温度影响很大，因此使低挥发燃料在炉下高温三次风及更高温度的窑尾烟气混合气流中起火燃烧，可抵消其氧气含量较低的影响，适合于低挥发分煤。其结构示意如图3-61所示。

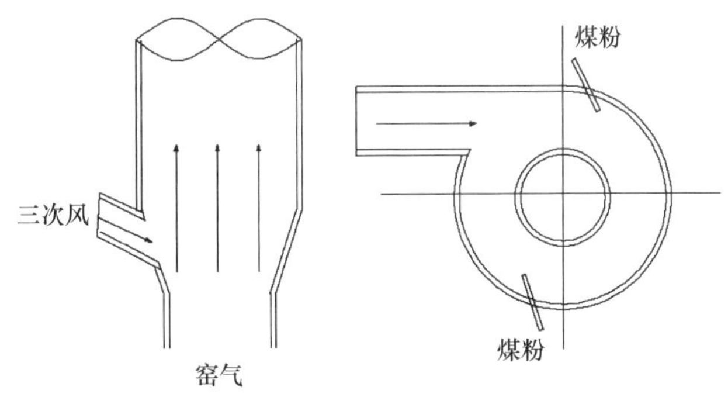

图3-61 NC炉的结构示意图

3.5.1.9 CDC型分解炉

CDC型分解炉是成都水泥设计院在分析研究NSF型分解炉的基础上开发的，炉底部采用蜗壳型三次风入口，坐落在窑尾短型上升烟道之上；在炉中部设有“缩口”形成二次喷腾，上部设置侧向气固流出口。煤粉加入点有两处：一处设置在底部蜗壳上部；另一处设在炉下锥体处，可根据煤质调整。下料点也有两处，一处在炉下部锥体处；另一处在窑尾上升烟道上，可用于预热生料，调节系统工况。CDC型分解炉可根据原燃料需要，增大炉容，也可设置“鹅颈管”，满足燃料燃烧和物料分解的需要。其结构示意如图3-62所示。

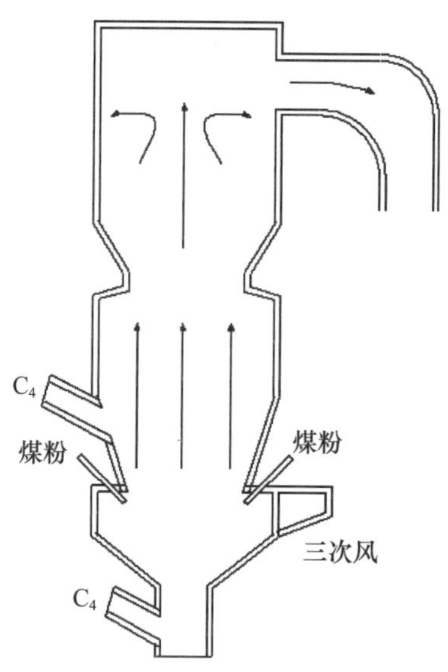

图 3-62　CDC 型分解炉的结构示意图

3.5.2　各种类型分解炉的结构（表 3-31）

表 3-31　各类型分解炉结构

代号	类型	窑气 NO_x 还原作用	对燃料的适应性	炉内截面风速 (m/s)	炉风负荷			气体停留时间 (s)	物料停留时间 (s)	固气停留时间比
					容积产能 [t/(m³·d)]	容积系数 [m³/(t·d)]	热负荷 [10⁵kJ/(m³·h)]			
SF	涡旋	无	较差	6~8	12	2	10	—	—	—
NSF	喷旋迭加		较好		7.3	3.3	6	1.93	10.5	5.5
CSF	喷旋迭加		好		4.8	5	3.5	—	—	—
RSP（三代）	喷旋	无	好	8~12 (MC)	5.7	5.0	4.2	4.1	17	4.15
MFC	流化悬浮	无	很好	5~6	5.2	7.7	5.5	4.3	＞56	15.7
SLC	喷腾	无	一般	5~6	8.3	4.5	7.0	2.6	11.7	4.5
ILC	喷腾			5 左右	4.0	6.0	3.8	3.3	14.8	4.5
SLC-S	喷腾			7~9	—	—	7.4	3~4	9~11	—
ILC-E	喷腾			5 左右	—	—	—	—	—	—
KSV	喷旋	无	较差	8~10	—	—	—	—	—	—
N-KSV	喷旋迭加	有	较差	8~10	—	—	—	2.0	7.6	3.7
DD	双喷腾	有	一般	8~10	—	—	6.5	2.0	9.4	4.8

3.5.3 华新 HXF 新型分解炉

20 世纪 70 年代发展的窑外分解技术在预热器和回转窑之间增加一个分解炉，突破了传统的仅在窑头加燃料燃烧的局限，将部分燃料直接加到了分解炉，使燃料燃烧的放热过程与生料分解的吸热过程同时在悬浮态下高效、迅速地进行，入窑生料的分解率达 85% 以上。采用这一新技术，熟料热耗比悬浮预热器平均下降 400~800kJ/kg，而窑单位容积的产量则从 51.8~93.3kg/(m^3·h) 提高到 125.8~206kg/(m^3·h)，导致水泥工业巨大变革，迅速成为世界水泥生产的主流。

华新从 20 世纪 90 年代的五号窑（HX5）预分解窑系统建设开始就进行了相关的探索，并在后续水泥窑协同处置成套技术的研发中，逐步形成 HXF 新型分解炉系统。

3.5.3.1 HXF 双旋切双平面低碳减氮分解炉

HXF 双旋切双平面低碳减氮分解炉是以降低水泥生产过程中 CO_2 和 NO_x 为目的的一种新型分解炉，通过大规模使用替代燃料，降低了化石燃料消耗。

颗粒喂入分解炉时具有一定的初始速度及运动方向，并在自身重力、气体浮力以及流动气体阻力的综合作用下运动。与此同时，颗粒在高温烟气中不断地裂解气化和燃烧，其粒度尺寸不断地减小直至燃尽。

根据煤粉及不同粒度 RDF 之间的燃烧耦合程度，以及分解炉内氧气浓度的纵向分布，提出煤粉、异质 RDF 及生料的多点分区喂料，实现煤粉、异质 RDF 的高效梯度燃烧。

根据分选后 RDF 燃烧特性的差异和特点，设计了双旋切、三喷腾、多梯度燃烧的预分解炉系统：①三次风双平面双旋切进入涡流室；②分解炉的三喷腾设计；③异质 RDF、生料与煤粉的多点分区喂料；④ RDF 与煤粉在分解炉底部的气化脱氮。其结构如图 3-63 所示。

3.5.3.2 HXF 双旋切双平面低碳减氮分解炉的特点

HXF 分解炉分为多个功能区，在轴线上由低到高依次为贫氧还原脱硝区、轻质 RDF 燃烧区、小尺寸重质 RDF 燃烧区、大尺寸重质 RDF 燃烧区四个区域 。入炉生料分 3 层进入分解炉，从低到高依次为预燃室、分解炉主炉体底部及中部。根据异质 RDF—生料—煤粉的燃烧分解耦合模型，通过梯度喂入生料调控分解炉的轴向温度场，在预燃室内形成可控高温区，提高预燃室内 RDF 与煤粉的燃烧速率以及生料的分解速率。

采用分级燃烧叠加 RDF 气化脱硝技术，在预燃室锥部构建了均相脱硝区，利用 RDF 与煤粉的挥发分在贫氧氛围中快速裂解，析出还原窑内热力型 NO_x；在预燃室顶部到三次分风管入分解炉接口之间构建了异相脱硝区，该区处于弱贫氧状态，一方面焦炭可析出 CO/-CH 等还原剂用于还原 NO_x，另一方面焦炭在弱贫氧状态下，燃烧路径发生改变，燃料型 NO_x 产生会减少；在三次分风管入分解炉接口之后构建富氧燃烧区，将 40% 的纯净三次风旋切入炉，与主炉烟气混合，确保 RDF 和残余焦炭在该区域燃尽。

三次风双旋切入炉，两股三次风同旋向旋切进入预燃室，增强了三次风的旋转动量，形成的涡旋气流强化了分解炉径向气固两相的混合，提高了分解炉的有效炉容利

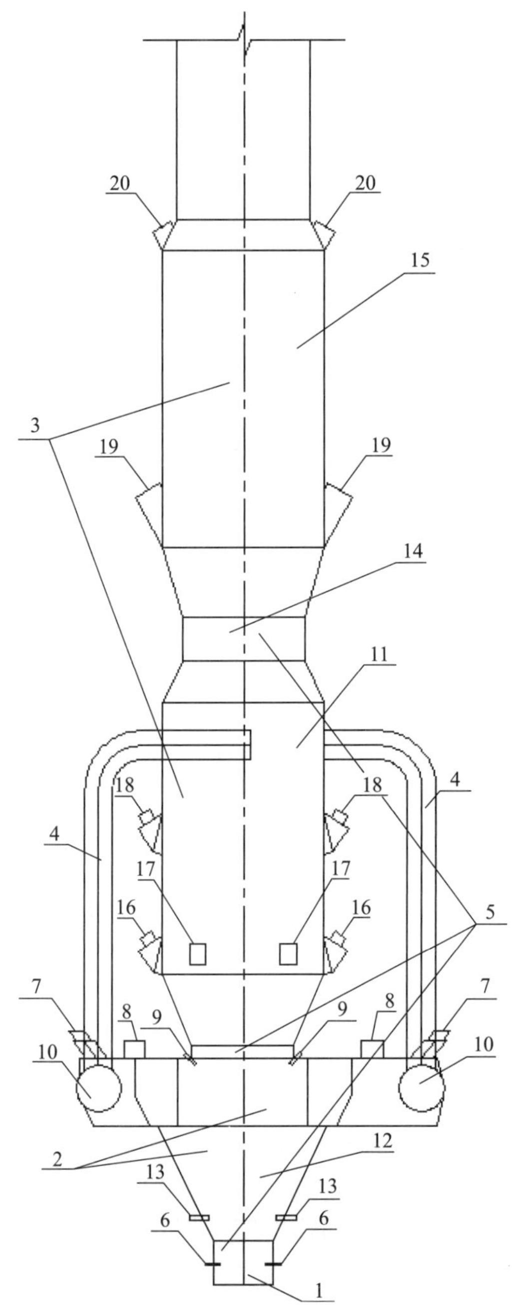

图 3-63 HXF 双旋切双平面低碳减氮分解炉

1—窑尾进气烟道；2—预燃室；3—分解炉炉体；4—三次风分风管道；5—三次喷腾缩口；
6——级喷煤点；7——级生料喂料口；8——级 RDF 喂料口；9—二级喷煤点；10—三次风进风口；
11—分解炉下部柱体；12—预燃室锥体区域；13—废液喂入点；14—分解炉炉体中部缩口；
15—分解炉上部柱体；16—二级生料喂料口；17—二级 RDF 喂料口；18—三级生料喂料口；
19—三级 RDF 喂料口；20—四级 RDF 喂料口

用率。在轻质RDF喂入预燃室的起始阶段，团聚状态的轻质RDF随即被高温高速旋转的三次风打散与加速。其中一部分RDF随三次风旋转进行预热、气化与燃烧，在这一过程中尺寸不断减小，最后随着三次风经过分解炉的中部喷腾后进入分解炉中部继续燃烧；另一部分RDF由于离心力的作用，在旋转过程中碰撞到预燃室的内壁，和旋切贴壁的生料粉一起下滑到烟室缩口处，在烟室缩口高速窑气的喷腾作用下，再次进入预燃室内部复杂的旋喷流场中继续完成燃烧和分解。

设置了三次喷腾分解炉，从下至上依次划分为预燃室底部的下部烟室缩口喷腾、中部的预燃室出口喷腾以及上部的分解炉主炉体喷腾。经过三次喷腾后，分解炉内流场、温度场、物理场及化学场进一步均匀，强化了分解炉内的传质传热，提高了分解炉的有效炉容利用率。通过三次喷腾的强化返混，增加了RDF、生料与煤粉在分解炉内的停留时间，增强了助燃空气的混合与供氧能力，保证RDF、煤粉在分解炉的燃尽及生料的分解。

HXF分解炉确保各类RDF根据粒度、水分、密度、燃烧速度等特性分别从分解炉的不同平面多点喂入炉体中心，进一步强化分解炉内气固两相的传质、传热及返混效应，强化煤粉—RDF—生料的燃烧和分解耦合作用，实现RDF和煤粉在分解炉底部的预热气化脱硝与高效低碳燃烧。

3.5.3.3 低氮分解炉的设计

低氮分解炉是依据独特的设计，在分解炉锥部形成强还原区来自主消减回转窑内部产生的NO_x同时也能抑制自身燃料型NO_x的形成。其核心理念在于分区设计。底部气化区（均相脱硝），利用燃料的挥发分在贫氧氛围中快速裂解（一般挥发分析出时间在500ms以内），析出还原窑内热力型NO_x，主要目的是降低窑内的NO_x。中部的固定碳脱硝区（异相脱硝），设置适当气体停留时间的贫氧区，其一是析出挥发分的焦炭，在贫氧区析出CO/-CH等还原剂用于还原NO_x；其二是焦炭在贫氧状态下，改变了燃烧路径，燃料型NO_x产生会下降。上部的焦炭后燃区，分一部风（按40%的三次风设计）到该区域，使焦炭燃尽。

（1）底部气化脱硝区的停留时间

分解炉内烟气实际的停留时间确实不等于按平均风速计算的时间，因为有中部喷腾和返混等，是个相对概念。比如中部气流风速快，停留时间短，边缘气流的有返混，时间长。但实际的平均时间和按平均风速计算的时间是正相关的。而实际的停留时间其影响因素非常多，人工无法计算得出，可以通过CFD模拟给出平均时间。但由于分解炉锥部的形状都是锥台，形状是相似的，考虑到模型的相似性，按平均风速计算停留时间在1.5s左右比较经济合理。

（2）焦炭后燃区的停留时间

三次风旋切进入分解炉后，气流运动的路径变长了，粉尘颗粒的路径就变长了。把实际运动路径分成高度和径向两个分量，高度分量就是平均风速，对于一定产量和炉容的窑线，高度分量的停留时间基本固定，但因为旋切、喷腾的作用，部分气流的时间会变长，这部分气流里携带的粉尘的停留时间就变长了，因此对于后燃区的时间也可按通用的平均风速计算，一般在3.5s左右。

3.6 回转窑

水泥回转窑本身有一定的斜度，通过轮带放置在若干对托轮上的旋转圆筒体，其内壁上镶砌有耐火砖。自回转窑问世以来，虽然水泥工业生产技术已历经多次重大革新，但它仍然是水泥煅烧的关键技术装备。其功能主要表现在四个方面：一是作为燃料燃烧装置，具有广阔的空间和热力场，可以供应足够的空气，装设优良的燃烧装置，保证燃料充分燃烧；二是作为热交换装置，具有均匀的温度场，可满足水泥熟料煅烧的要求；三是作为化学反应器，满足熟料矿物对热量、温度及时间的不同要求；四是作为输送设备，物料在窑内的填充率、窑斜度和转速都是很低的，具有更大的潜力。其示意如图3-64所示。

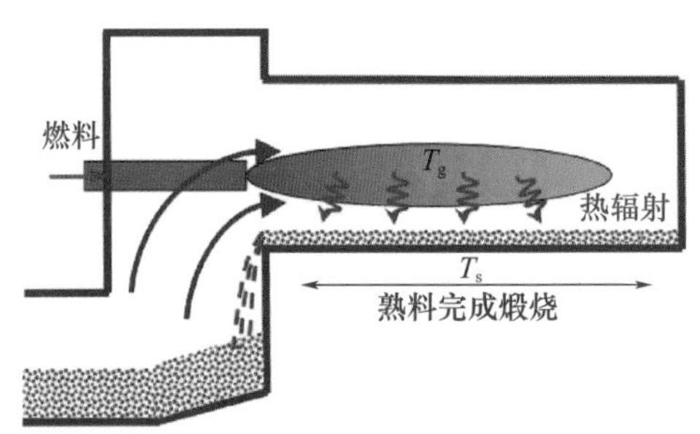

图3-64 回转窑煅烧熟料示意图

T_g—气体温度；T_s—固体温度

3.6.1 回转窑的发展历程及特点

世界上第一台回转窑约诞生于1877年，规格为ϕ0.46m×4.57m，尽管规格很小，结构也很简单，但确是水泥设备发展史上的一次重大突破。使水泥回转窑脱离萌芽期的是1885年5月建造的另一台规格为ϕ1.8m×18m的回转窑，筒体为回转倾斜式，采用两挡支撑，当时用天然气作燃料，接着改烧油，后来又烧煤，热耗极高。该规格回转窑的问世奠定了现代回转窑的雏形。

此后的一百多年，对回转窑的改进主要集中在两个方面：一方面是局限于窑本体的改进，例如对窑直径某部分的扩大，窑长度的变化，或者窑内装设附加换热装置等，以达到改进某些部分换热条件，改变气流速度或延长滞留时间的目的，虽然这些改进使得回转窑的生产能力有了一定幅度的提升，但传热效率偏低的状况尚未有明显的改善。另一方面则是将某些熟料形成化学过程移到窑外，以改善换热和化学反应条件，从1928年立波尔窑的诞生到1950年旋风预热窑的出现，再到1971年预分解窑的诞生，每一种窑型都代表了水泥生产工艺的重大突破。对回转窑技术的改进才真正对回转窑发展有重大意义。

当前的水泥回转窑基本都属于预分解窑，只是规格有所不同。预分解窑将生料的烘干、预热以及绝大部分碳酸盐分解功能转移到预热器和分解炉内进行，极大地降低了回转窑的负荷。回转窑内部按照物料各个阶段物理化学过程的不同可以划分为几个带，一般为过渡带、烧成带和冷却带，因而其长度较短（长径比一般约为 1∶15），通常依靠三对托轮将回转窑支撑起来。国际上也有更短的回转窑，其窑体纵向上只需要两对托轮支撑。

国内早期的窑外分解窑均为直筒型窑。此种直筒型回转窑受窑筒体的限制，窑尾烟室的最小有效面积不大，窑尾和烟室内气体流速过高，导致由分解炉后一级旋风筒收集进入烟室和窑尾的绝大部分已经分解的生料，因窑尾和烟室的风速过高而随经窑尾和烟室进入分解炉的上升气流再次返回分解炉，使得预热器热交换和分解炉的预分解效率低，导致窑系统的产量低。为了提高窑系统的生产效率，以及满足节能降耗和降低生产成本的更高要求，就必须尽量减少这种现象。

华新通过对窑筒体内流场分析等先进技术自主研制开发了高效窑外分解回转窑，达到了提高窑生产效率、预分解窑的热交换效率和降低系统压损和电耗的目的，窑系统的产量比原同规格窑外分解回转窑提高 10%~15%。通过多年的生产实践证明，该高效窑外分解回转窑生产效率高、能耗低、运行稳定，其整体技术已达国际先进水平。高效窑外分解窑的主体构成与原有回转窑结构大体一致，都是由传动系统、大小齿轮、窑筒体、轮带、托轮、挡轮等部件组成，其中窑筒体由多段钢板卷成的圆筒焊接而成，是熟料煅烧、进行热交换的场所。由于熟料的煅烧就是燃料燃烧产生的热能与物料热能的一种热交换作用及由此促进的化学作用，因此提高窑的热交换效率对提高窑的产量和生产效率具有重要意义。

3.6.2 回转窑的主要技术参数

（1）回转窑的产量

回转窑窑径与窑的产量密切相关。一般来说，回转窑窑径越大，其所能承受的热负荷越大，产量也就越高。表 3-32 是基于不同公式所计算的理论产能与实际产量。

表 3-32 回转窑窑径与产量的关系

回转窑外径 (m)	公式一 (t/d)	公式二 (t/d)	天津院公式 (t/d)	南京院公式 (t/d)	实际产量 (t/d)
2.8	851	553	691~829	836	1000
3.0	1072	707	879~1055	1075	1500
3.2	1327	889	1098~1317	1357	2000
3.5	1779	1216	1490~1787	1867	3000
4.0	2737	1926	2333~2799	2986	4000
4.3	3446	2465	2966~3559	3840	4500
4.6	4266	3096	3704~4445	4846	5500
4.8	4878	3573	4259~5111	5608	6000
5.2	6267	4670	5530~6636	7370	8000
5.6	7891	5975	7030~8436	9476	10000
6.4	11916	9282	10800~12960	14851	16000

从表 3-32 可以看出，对应窑径回转窑的实际产量都超过了理论计算产能。这主要是由于新型干法预分解的固有特性，使生料分解这一部分基本转移至窑外进行，极大地降低了窑内的热负荷。因此要想最大限度地发挥回转窑的能力，可在保证预热器系统运行正常的前提下，提高入窑热生料的分解率。

（2）物料在窑内的停留时间

回转窑内物料运动的情况十分复杂，影响物料运动的因素有很多，因此想通过理论分析和严密的数学推导来得出物料在窑内的精确停留时间很困难。物料的停留时间取决于物料在窑内的运动速度，实际生产中，经常用调整窑速的办法来控制物料的运动。当喂料量不变时，窑速越慢，料层越厚，物料被带起的高度也越高，在单位时间内的翻滚次数越少，物料前进速度也越慢，总的停留时间越长。窑速越快，料层越薄，物料被带起的高度越低，单位时间内翻滚次数越多，物料前进速度越快，总的停留时间越短。

目前，窑内物料的停留时间多采用实测法，具体有两种测算方法。一种是在生料中掺加在燃烧过程中不起反应的标记性物质，如银、铜等，然后在不同地点取样分析，从物料中标记物质达到最大浓度的时间，可推算物料移动速度与停留时间；另一种是采用放射性同位素，如 Na24、Fe50、Cu140 等。将放射同位素掺入生料中，然后沿窑长排列若干个计数管来监视带有放射性元素的物料所在的位置，从而计算出物料移动的速度和停留时间。根据国内外测定的数据表明，物料在窑内的停留时间为 32~45min。但是基于新型干法窑的特性，随着入窑热生料分解率提高至 95% 以上，物料在窑内的停留时间可缩短至 25min 左右。

窑内物料停留时间计算公式如下。

$$t=\frac{1.77\alpha L\sqrt{\theta}}{SD_i r}$$

式中 t——物料停留时间；

α——系数，窑径恒定取 1；

L——回转窑的长度，m；

θ——物料的休止角，35°~40°；

S——回转窑的斜度，°；

D_i——回转窑的有效内径，m；

r——回转窑的转速，r/min。

（3）窑内的填充率

当喂料量保持不变时，物料的运动速度加快，窑内物料填充率就减小；反之则加大。但在生产过程中，要求窑内物料的填充率最好保持不变，以确保窑系统运行工况的稳定，一般取 5%~17%。必须要使物料的运动速度（主要取决于窑的转速）与喂料量有一定比例，所以要求回转窑的电动机与喂料装置的电动机同步运转，即提产提窑速，减产减窑速。从图 3-65 也可以看出，对不同斜度的回转窑，随着窑速的提高，其停留时间逐渐变短。填充率可按下式计算。

$$FD=\frac{K \cdot P \cdot t}{24V}$$

式中 FD——填充率，%；

K——系数，取 1.5；

P——回转窑的产量，t/d；

t——物料停留时间，min；

V——回转窑的有效容积，m^3。

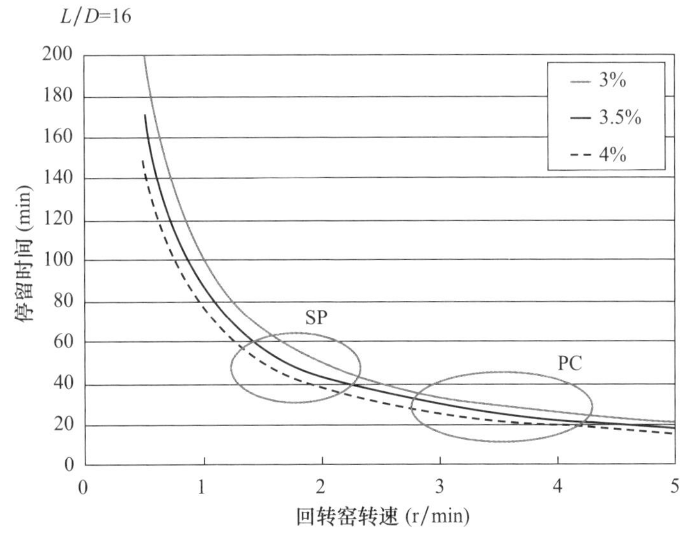

图 3-65 物料在不同斜度回转窑内的停留时间

注：L/D 表示长径比；SP 代表悬浮预热器窑；PC 代表预分解窑。

3.6.3 两挡支撑回转窑

两挡支撑回转窑是指采用两个支撑，长径比在 10~13 的回转窑，与传统回转窑对比，该类型窑的单位容积产量从 3.0t/(d · m^3) 提高至 6.0t/(d · m^3)。筒体散热损失从三挡窑的大于 35kcal/kg 下降至二挡窑的 26~30kcal/kg。窑速从 3r/min 提高至 4r/min 以上，物料在窑内停留时间从 40min 逐步下降至 30min 以下。设备质量降低约 10%，还具有运行平稳、安装简单、维护方便等优点。进入 21 世纪后，国际上新建生产线投入的二挡窑数量已超过三挡窑。其性能对比见表 3-33。

表 3-33 传统回转窑与两挡支撑回转窑对比

	传统回转窑	两挡支撑回转窑
规模（t/d）	2750	2750
规格（m）	$\phi 4.0 \times 60$	$\phi 4.2 \times 50$
表面散热（kcal/kgcli）	35	26~30

3.6.4 回转窑的机械结构

3.6.4.1 回转窑常见的密封装置

回转窑是在负压操作的热工设备，在进、出料端与静止装置连接处，难免要吸入冷风，为此必须装设密封装置，以减少漏风。如果密封效果不佳，在热端将降低燃烧温度，增加热耗；在冷端将影响窑内正常通风，加大排风机负荷。因此，密封性能的好坏，对窑系统的运转和降低熟料生产能耗，具有重要意义。性能良好的密封装置必须具备这几个方面的特点：密封性要好，能适应窑筒体上下窜动和摆动，耐高温、耐磨，结构简单，便于维修。

3.6.4.2 迷宫式密封装置

根据气流通道方向不同，迷宫式密封装置分为轴向迷宫式密封装置和径向迷宫式密封装置。其原理是让空气流经曲折的通道，产生流体阻力，使漏风量减少。迷宫式密封装置结构简单，没有接触面，不存在磨损问题，同时不受筒体窜动的影响。为了避免动、静密封圈在运动中发生接触，考虑到筒体与迷宫密封圈本身存在的制造误差及筒体的热胀冷缩、窜动、弯曲、径向跳动等因素，相邻的迷宫密封圈间的间隙不能太小，一般不小于 20~40mm，间隙越大，迷宫圈数越少，密封效果也就越差。其结构示意如图 3-66 所示。

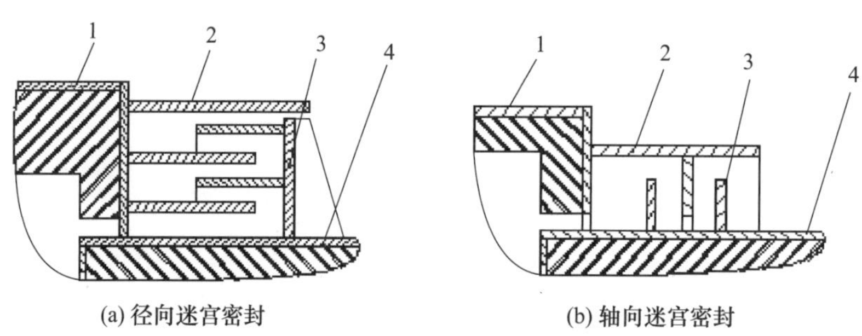

图 3-66　迷宫式密封装置

1—窑筒体；2—静止密封环；3—活动密封环；4—筒体

3.6.4.3 石墨块密封装置

石墨块在钢丝绳及钢带的压力下可以沿固定槽自由活动并紧贴筒体周围。紧贴筒外壁的石墨块相互配合可以阻止空气从缝隙处漏入窑内。石墨块的外套有一圈钢丝绳，此钢丝绳绕过滑轮后，两端各悬挂重锤，使石墨块始终承受径向压力，由于筒体与石墨块之间的紧密接触，冷空气几乎完全被阻止漏入窑内，密封效果好。实践表明，石墨块有自润滑性，摩擦功率消耗少，筒体不易磨损；石墨块能耐高温、抗氧化、不变形，使用寿命长。使用中出现的缺点是下部石墨块有时会被小颗粒卡住，不能复位；用于窑头的密封弹簧易受热失效，石墨块磨损较快。其示意如图 3-67 所示。

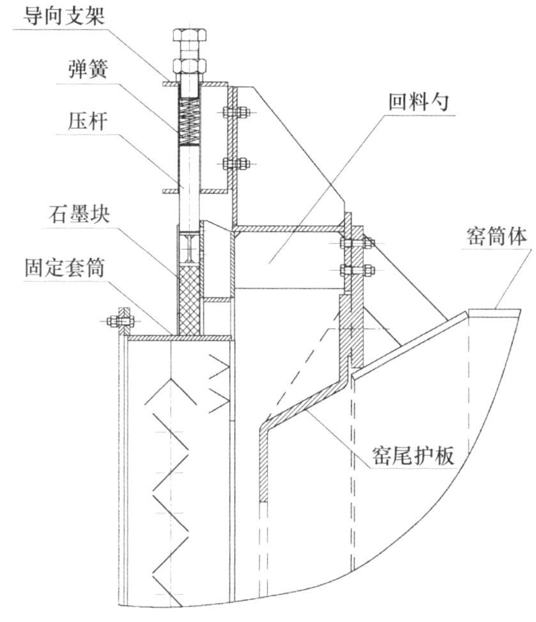

图 3-67 石墨块密封装置

3.6.4.4 薄片式密封装置

沿着回转窑筒体一周均布许多窄长的耐热薄弹簧钢板，一端固定在支架上，另一端则利用弯曲变形产生的反弹力，压在筒体上。薄片之间像鳞片式交叠于一侧，以消除间隙。除了利用薄片本身的弹性外，还在薄片的自由端用一圈钢丝绳缠绕其上，绳端用重锤拉紧。为了加强薄片之间的密封，还可以采用双层结构，使交叠缝相互错开。由于窑头温度很高，设计了圈折流隔热板，以防弹簧片过热。同时，当窑头偶然出现正压时，把吹出的尘粒挡住，使它们进入沉降室的灰斗内。这种密封只要具有足够大的摩擦表面，密封性是很好的，同时对窑的弯曲偏摆等具有很大的适应性。此外零件加工、更换和找正都较方便。其示意如图 3-68 所示。

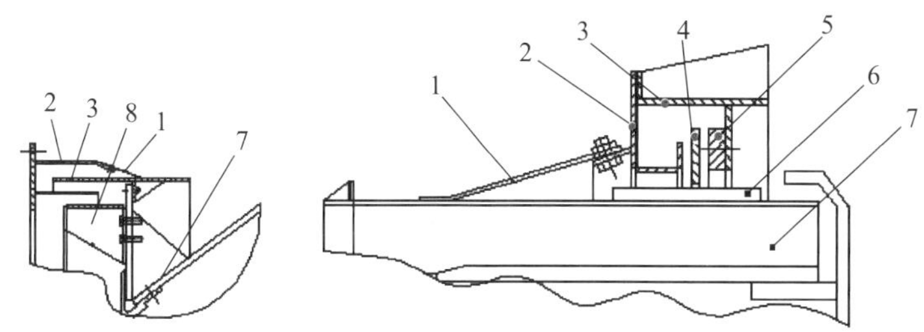

图 3-68 薄片式密封装置

1—弹簧片；2—壳体；3—套筒；4—滑板；5—耐磨板；6—滑键；7—筒体；8—回料勺

3.6.4.5 回转窑的浮动托轮支撑

多支点回转窑由于基础下沉，窑筒体安装误差、托轮调整误差引起各支撑装置间受力极不均匀，以及轮带和托轮边缘接触。即使两挡窑支撑装置是静定的，支撑反力变化也不会太大，但是由于窑筒体弯曲成香蕉形，使轮带和托轮产生边缘接触，因此有必要采用自动调位托轮支撑装置，即浮动托轮支撑装置。

浮动托轮支撑装置包括轮带、托轮、托轮支架和底座，还包括橡胶支座和球铰拉杆，托轮支架布置于底座上方且两者间留有间隙。弹性支座布置于该间隙内，连接并支撑于托轮支架和底座之间，且弹性支座成组布置在以托轮和轮带接触线中点为圆心的圆面上，两个托轮支架之间通过球铰拉杆相连，球铰拉杆的球铰结构满足左右两侧托轮支架各自相对水平面的转动自由度不受限制，同时两侧托轮支架各自相对于水平面的转动时其下弹性支座能够发生弹性变形而自适应该转动。其示意如图 3-69 所示。

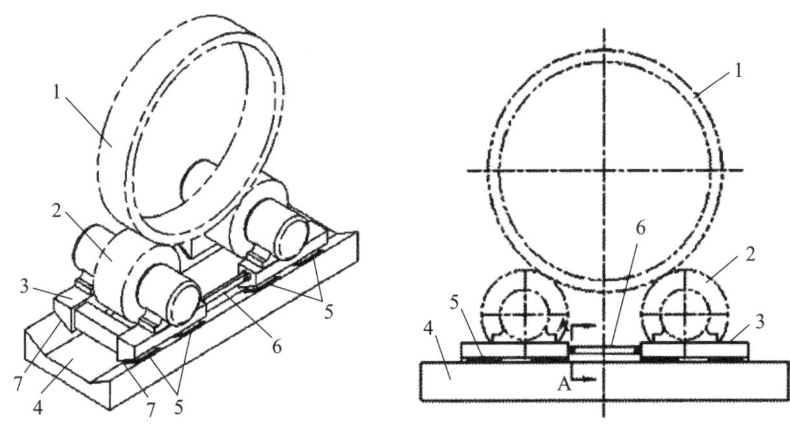

图 3-69　回转窑浮动托轮支撑装置

1—轮带；2—托轮；3—托轮支架；4—底座；5—橡胶支座；6—球铰拉杆；7—斜面

3.6.4.6　回转窑的托轮驱动

托轮驱动属于回转窑的新型驱动方式，是利用托轮和轮带之间的摩擦力来带动回转窑旋转。这种方式电动机的额定功率相对较小，采用调频电动机和辅助传动装置连在减速机上，整个传动装置很紧凑。这样可以将窑传动基础的表面积缩小一半以上，还可以取消大齿圈和小齿轮，大大降低窑的制造及安装费用，以及设备维护费用。其示意如图 3-70 所示。

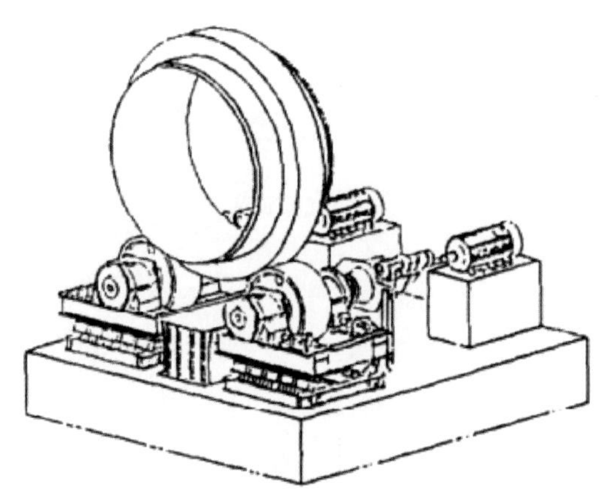

图 3-70　双托轮单轴双传动装置

3.7 冷却机

熟料冷却机的作用是将回转窑卸出的高温熟料冷却到下游斜拉链机、熟料库和水泥磨所能承受的温度，同时回收高温熟料的显热到烧成系统，提高系统的热效率和熟料质量。

冷却机主要有三种类型：一是筒式（包括单筒及多筒），二是篦式，三是其他结构形式。在预分解窑诞生之前的相当长的时期内单筒式、多筒式与篦式冷却机长期并存，各自经过不断改进形成三足鼎立的局面。预分解窑问世之后，由于炉用三次风抽取，以及对二、三次风温度日益增高的需求，再加上推动篦式冷却机的优化改进，该系列冷却机已经成为预分解窑系统中最佳的熟料冷却匹配装备。

3.7.1 不同冷却机的发展历程及特点

3.7.1.1 单筒冷却机

世界上第一台熟料冷却机是 1890 年出现的单筒冷却机，属于逆流式气固换热装备，具有工艺流程、操作、结构简单，运转可靠，热效率较高，无废气和粉尘排放等优点。它同回转窑的布置可采用顺流及逆流两种方式。单筒冷却机是支撑在托轮上的回转筒体，其内壁砌筑耐火材料和扬料板，熟料从窑头卸落到冷却筒内，而后被其内的扬料板反复地提升与撒落。从窑头罩抽取的三次风同样可用于预分解窑。其不足之处在于：冷却风量较小，高温熟料难以骤冷，出冷却机的熟料温度较高，散热损失较大，熟料冷却程度受熟料颗粒制约等。后期随着篦式冷却机的研制成功，它已基本被淘汰。

3.7.1.2 多筒冷却机

多筒冷却机也属于逆流式气固换热装备。这种冷却机由环绕在回转窑出口端的许多冷却筒所构成，与窑连成一体，随窑回转。当转到窑体下面时，熟料便在重力作用下从卸料孔卸入冷却筒。在冷却筒内，冷却空气与熟料逆向运动并彼此热交换，预热空气全部入窑作为助燃风。其优点是结构简单，无须另设传动装置，无废气污染等；缺点在于它同窑连成一体，使窑头筒体机械负荷增大，在高温状态下料弯头容易损坏，造成漏风，并且二次风温较低，热效率不高等。特别是对装有单独三次风管的预分解窑的抽取热风问题，至今仍未获得完美解决。这些问题在预分解窑迅速发展的今天，使新型多筒冷却机难以在与篦式冷却机的竞争中取得优势，限制了它的进一步发展。

3.7.1.3 篦冷机

篦冷机属于穿流骤冷式气固换热装备，冷却空气以垂直方向穿过熟料料层，使熟料得以冷却。篦冷机根据篦子运动方式可分为振动式、回转式和推动式三种类型。在水泥工业发展过程中，随着生产大型化及实践的总结，振动式篦冷机由于振动弹簧设计及材质等方面的原因，20 世纪 60 年代后已被淘汰；回转式篦冷机在与推动式篦冷机的竞争中，由于在对熟料粒度变化的适应性、熟料冷却温度及热效率等方面难以与推动式篦冷机相匹敌而逐渐落伍，推动式篦冷机已成为当代预分解窑配套选用的主要产品，并且在结构形式等方面得到迅速发展。迄今，篦冷机已经有第一代、第二代、第三代、第四代产品。

第一代篦冷机发明于 20 世纪 30 年代中期，华新的湿法长窑生产线就采用这种冷却装置。早期为倾斜式篦冷机，薄料层操作，几个风室共用一台鼓风机，生产规模较小。

最早的篦床倾斜 15°，后来减小至 10°，再到后来又减小到 3°~5°，这是由于在高压冷却风吹动下，熟料在篦床上易产生流态化而使熟料移动速度过快，导致熟料冷却失控，甚至产生“滑落”。基于此，后期又推出水平式篦冷机。

随着水泥窑的大型化，熟料中的细颗粒增多，熟料层会变厚，因而鼓风机的风压要随之提高，第一代篦冷机的高温区，水平篦床上易发生熟料层滞留不走的情况，而且还会因篦床局部过热而损坏篦板，此时高压冷却风会短路穿过薄料层的篦板两侧，细颗粒料也会产生“浮动”现象。为了解决这些问题，第二代篦冷机于 20 世纪 60 年代被推出，其主要特点是高温区为倾斜篦床，低温区为水平篦床，具备厚料层的操作条件，并且篦床下有更多的风室，各个风室配备独立的鼓风机供风。

第三代篦冷机被称为空气梁可控制流篦冷机，20 世纪 80 年代末开始研制，20 世纪 90 年代中期开始在水泥行业推广应用。这种篦冷机采用阻力篦板、充气梁技术及分区可控制流技术。具体特点包括：

（1）采用阻力篦板及具有充气梁结构的篦床，以增加篦板的气流阻力在“篦板 + 料层”总阻力中的比例，从而降低料层内因颗粒粗、细不均等因素对气流均匀分布的不利影响。熟料进口端为窄宽布置，并常用固定式倾斜篦床（固定式篦床的倾斜角比活动式的要大，前者约 15°，后者约 3°），这时为了避免进口端堆料，常设置空气炮或“雪人机”。进料区后面的热回收区为水平篦床或倾斜角为 3°左右的倾斜篦床，而冷却区多采用水平篦床，该区也适当设置辅助喷水的冷却装置。

（2）在进料区配备脉冲高压鼓风系统，发挥脉冲高速气流对熟料的骤冷作用，用尽量少的冷却风来回收熟料余热以减少余风量，提高二次、三次风温。脉冲供风也能够使细颗粒料不被高速气流带走，而且细颗粒料的扰动作用也增加了气料之间的换热效率。

（3）高压冷却风通过充气梁，特别是篦冷机热端前部的数排空气梁，向篦板下供风，以提高料层中气流的均匀分布程度，也能够强化气流对熟料、篦板的冷却，从而消除“红河”现象和保护篦板。

（4）设置了针对篦床一、二室各排篦板的自控调节系统，以便对风量、风压及脉冲供气进行调控，有的篦冷机也设置了针对各块篦板的人工调节阀门，从而可以根据需要手动调节。同时，对第一段篦板速度及篦板下的风压实行自动调节，以保持料层的设定厚度，其他段篦床与第一段篦床同步调节。

（5）多数采用液压驱动。

（6）通常在篦冷机中间或卸料处使用辊式破碎机。

（7）篦床下密封程度提高，有的可将篦床下面的（漏料）拉链机去掉，以降低篦冷机高度。

第四代篦冷机问世于 20 世纪 90 年代末，分为推动棒式和模块阵列式。

推动棒式四代篦冷机的主要特点体现在以下几个方面：

（1）篦床不再承担输送熟料的任务，该任务由新设置的推动机构来完成，这样就不再需要活动篦板，而篦床主要起到“充气床”的作用。同时，篦床上面且靠近篦床的一层静止低温熟料层可以保护篦板及充气梁等部件免受磨损与高温侵蚀，这层熟料也能够起到均化气流的作用，于是可以不用高阻力篦板来均化气流，以降低篦板的压损。

（2）尽管篦冷机内仍然有可动部件，但是只限于熟料输送机构，因而可动部件的数量大为减少，篦冷机的运转效率大大提高。

（3）由于没有活动篦板，所以就不会有通过活动篦板与固定篦板之间的缝隙来漏料的可能，这样篦床下收集漏料、输送漏料的拉链机就被省掉，篦冷机的高度也因此降低。

（4）由于没有活动篦板，包括空气梁在内的供气系统与篦床的连接以及冷却风的操作与调节都变得非常简便，漏风量也大为降低，因此使用阻力篦板时平衡充气梁内风压所用的空气密封装置也被取消。

模块阵列式四代篦冷机除具有推动棒式篦冷机的特点以外，还具有以下优势：通体模块化结构设计，篦床由若干条平行的列向单元组合而成，由液压系统驱动，操作上列向单元步进式循环移动，输送熟料；除进料端外其余篦床结构布置完全水平；可采用中置辊式破碎机，提高篦冷机的换热效率以及熟料的冷却效果；整体输送效率较高，低磨损，易维护；冷却机模块可在生产车间内预先组装，最大限度地减少了现场安装和调试时间。

3.7.1.4 IKN 系列篦冷机（第三代）

IKN 型摆挂式篦冷机也被称为悬摆式、摇摆篦床式、悬吊摇摆篦床式篦冷机，如图 3-71 所示。其篦床由固定篦板排、静止篦板排和活动篦板排组成。由于每 3 排篦板才有 1 排活动篦板，从而大大减少了可动部件的数目。在该篦冷机内，从阻力篦板喷射口以及静止篦板排与活动篦板排的间隙喷出水平射流，水平射流进入料层后变为垂直气流，使得细颗粒料在篦床上形成流态化移动，活动篦板排则将粗颗粒料推向前进。需要特别指出的是，利用可燃废弃物烧成熟料时，会有细颗粒的灰烬混入熟料中，由于该篦冷机能够对细颗粒料进行有效处理，所以这时不会影响到其正常操作。

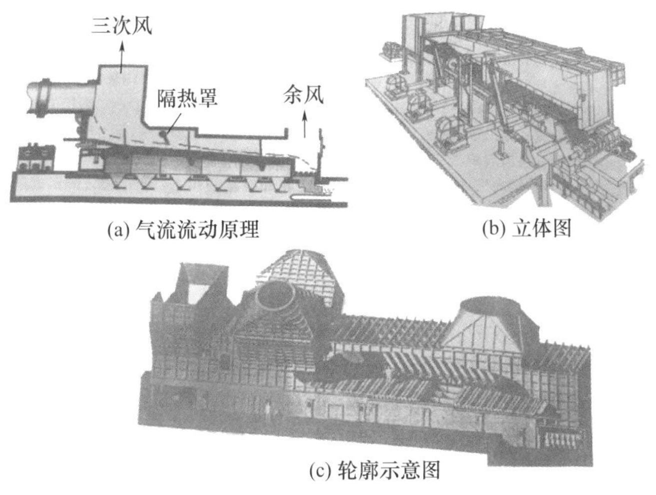

(a) 气流流动原理　　(b) 立体图

(c) 轮廓示意图

图 3-71　IKN 摆挂式篦冷机

该篦冷机采用该公司的 IKN 型阻力篦板，用传统标准篦板时，大量冷却风会从薄料层或粗颗粒部位逸出，使其他处的熟料难以得到充分冷却，也无法抑制高速气流将细颗粒料吹入窑内，而使用 IKN 型阻力篦板则有效地解决了这一问题。如图 3-72 所示，它是由若干个狭长并呈弧形的喷气棱板所构成。由于棱板与熟料直接接触，所以棱板磨损严重，这就要求棱板的材质及其显微组织需要经过专门的硬度和耐磨处理。另外，因为受到喷气的冷却保护，所以棱板的热应力并不大。

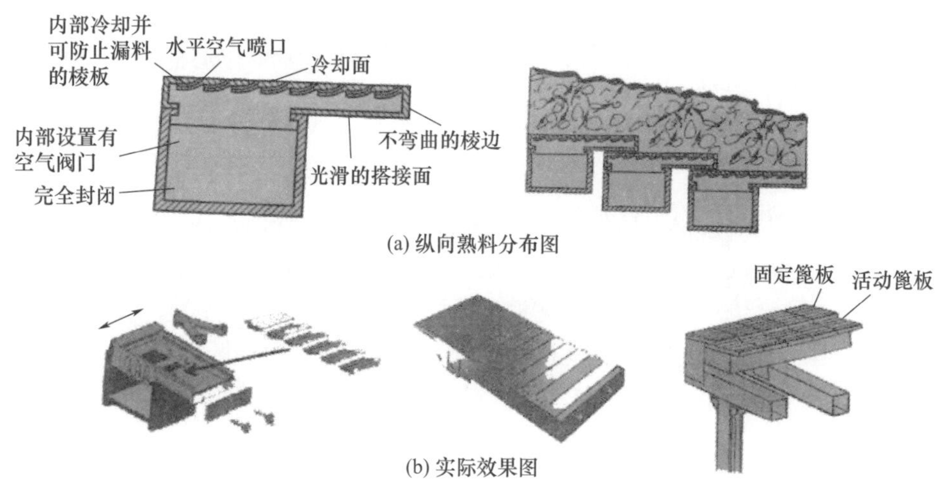

图 3-72　IKN 型阻力篦板和充气梁

IKN 型摆挂式篦冷机的进料区为“运用空气梁技术的脉冲供风倾斜篦床”，其供气管道进入充气梁之前被分成左右两个供气通道，根据观察到的篦冷机内熟料分布情况，调节左、右供风管道上的阀门可使熟料在篦床上的左右分布更为均衡。图 3-72 分别为篦床上的纵向熟料分布图和实际效果图。前 6~9 排篦板采用充气梁技术时，先将若干个 IKN 型阻力篦板连成整体，再将其嵌入空气梁并用特殊的水平螺栓固定，确保无垂直变形，但是允许热胀冷缩时的水平整体位移。空气梁为固定式，机械性能可靠。采用可调节的空气栅格与阻力篦板底部的空气密封装置连接来控制进料区的篦板阻力。进料后的篦床采用仓式通气，每根空气梁下安装有调节阀，以保证将高速气流喷入活动篦板与固定篦板之间的缝隙中来清除漏料，避免其磨损篦板。个别沉落下来的细颗粒熟料则被收集在一个料斗中，然后被进料区第一台高压风机的少量高压风吹送到卸料端。

3.7.1.5　CP 系列篦冷机（第三代）和 η- 篦冷机（第四代）

CP 型第三代篦冷机采用的是凹槽（高阻力）篦板，如图 3-73 所示。该篦板有三种具体形式：低漏料篦板、分室供风篦板和抗漏料的侧部篦板。

图 3-73　CP 型第三代篦冷机

低漏料篦板针对篦板上部温度高、下部温度低，篦板容易向下弯曲而使熟料卸落区出现冲蚀磨耗而研制，其盖板从基架上分离，从而消除了弯曲应变，减少了篦板漏料。其优点是：第一，能够适应热应力，以消除篦板的弯曲；第二，漏料量可以减少30%以上，能够长期保持篦板之间较小的间隙，避免熟料冲击区的冲蚀；第三，其使用寿命较传统结构篦板延长了近两倍；第四，整个篦板由采用耐磨件的前缘、覆盖板与固定的基架所组成，耐磨件可以通过空气室下部拆换。

分室供风篦板的主要特点是缩短了两个篦板搭接部分的横向间隙，如图3-74所示。该篦板可代替传统标准篦板用于冷却区。

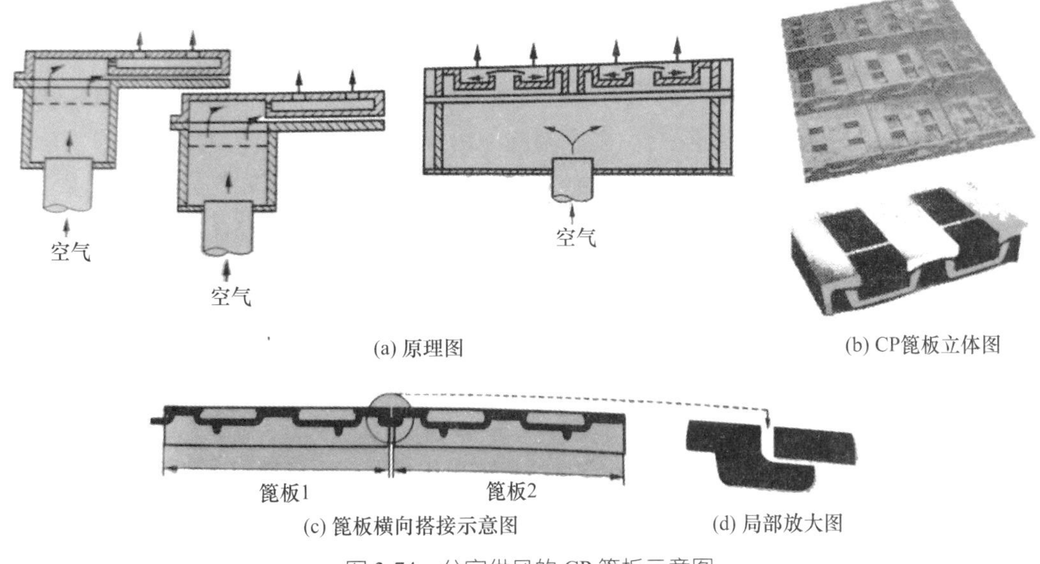

(a) 原理图　(b) CP篦板立体图

(c) 篦板横向搭接示意图　(d) 局部放大图

图3-74　分室供风的CP篦板示意图

抗漏料的侧部篦板则缩短了侧向间隙以减少漏料量及减轻磨损。侧部篦板是篦冷机内受损最严重的部分，磨损后会使细颗粒料从篦板与铸件侧面之间的缝隙漏下。传统结构中该间隙允许为7~10mm，而抗漏料的侧部篦板则直接装配在固定篦板的支撑梁上，两者之间没有缝隙。在活动篦板部分仅允许存在2mm的间隙，以保证篦板运动灵活。传统结构需要较大的侧向间隙用于补偿支撑梁的受热延伸。而抗漏料的侧部篦板，其补偿功能则由侧部篦板与砌筑衬面之间的熟料层来完成。所以，抗漏料侧部篦板的优点为：第一，侧向间隙缩短至最小，漏料量约减少90%，整个篦床的漏料量因此而减少60%~70%；第二，该篦板随同其他篦板一起“飘浮”，因此，其支撑梁的热延伸不会影响篦板的间隙；第三，篦板运动区内的部件使用耐磨材料。

η- 篦冷机的特点是：

① 进料区是固定式倾斜篦床，称为HE模块。HE模块向后逐渐变宽以优化篦床上的熟料分布。篦床两侧的耐火保护层可将两侧外边缘拼成斜面变宽，而不是阶梯状变宽，这样既可以避免结皮也降低了压损。HE模块通过若干小区供风，用手动阀调节风量，从而在原燃料及卸料状态发生变化时可以灵活地调节风量分配。HE模块既能够避免“雪人”现象，也能够在篦床上覆盖一层静止低温熟料来保护篦板。

② HE模块后面的篦床为固定式水平篦床，篦床上的熟料由移动床来输送，该移动

床由若干条输送道构成。在其“前行”冲程内，所有输送道同时向前移动来带动熟料向前移动；而在“返回”冲程内各个输送道则隔道成组交替后退或逐一交替后退（即相邻输送道不能同时后退），输送道返回时其上熟料层因受进料区熟料的阻碍以及相邻输送道上熟料的摩擦力作用而不能后退。输送道的数目与生产规模有关，每个输送道都由若干个托辊支撑。各个输送道独立驱动。驱动液压缸能够保证较长的冲程，用集成化检测系统控制，通过改变冲程长度可以调整篦床两侧熟料的输送速度，因此细料侧不再需要高阻力的“抑流篦板”。该公司后来推出的一种能够使进料区熟料横向交错移动的篦床，可以优化篦床上熟料的横向分布。

③ 每个输送道都采用迷宫式密封以防止向篦床下漏料，于是篦床下面的料斗、阀门、拉链机等漏料输送系统可以省掉，以降低篦冷机高度。

④ 使用改进型的篦板，篦床上的一层静止低温熟料保护了篦板免受磨损与高温。而且只是在输送道的中上部与熟料之间才有相对运动。除此以外的区域都没有会导致磨损的相对运动，因此无须高等级的耐磨铸件。

⑤ 各个输送道均采用独立供风，在细颗粒料侧尽管仍有供风，但却是为了热回收并使熟料横向冷却更均匀，而不是为了保护篦床侧部（因为篦床上的低温熟料层已对其有保护）。

⑥ 辊式熟料破碎机可设置在篦床卸料端，也可设置在中部。

3.7.1.6 HXCL 系列篦冷机（第四代）

HXCL 系列篦冷机为新型第四代篦冷机，在工作原理、冷却机理、设备结构、系统工艺性能等方面都有其独特的优点，它的工艺系统简单，便于控制；料气热交换效率高，为燃料的燃烧提供回收的热量；均衡调节冷却风的消耗量，保持供风的均匀合理，有效降低熟料的热耗和系统的电耗；无漏料设计降低设备的布置高度，简化安装维修的难度，节省投资费用，降低设备投资成本；合理的篦床设计大大降低了耐热钢的使用量，同时金属消耗少，降低了使用成本和维修成本。其性能指标见表 3-34。

表 3-34 HXCL 系列冷却机

产品名称	型号规格	冷却物料类型	设计产量（t/d）
冷却机	HXCL25	水泥熟料	2500
冷却机	HXCL30	水泥熟料	3000
冷却机	HXCL35	水泥熟料	3500
冷却机	HXCL40	水泥熟料	4000
冷却机	HXCL50	水泥熟料	5000
冷却机	HXCL60	水泥熟料	6000
冷却机	HXCLS140	水泥熟料	14000

（1）HXCL 系列冷却机的结构和原理

HXCL 型冷却机主要由底座、壳体、固定篦床、两段式水平活动篦床、驱动装置、分室密封、中间卸料装置与尾端卸料装置、液压驱动及控制系统等组成。

底座是冷却机的基础部分，承受上部篦床、壳体的质量。

壳体和篦床一起形成冷却机内部熟料和冷却风的热交换空间，篦床上方的空间主要用于熟料与气流进行热交换，使得熟料得到冷却并为窑系统、煤磨系统和余热发电系统提供热源。篦床下方是为熟料冷却提供冷却空气气源的风室，根据熟料的温度和熟料层透气情况，保证篦床上的熟料层冷却风量和风压分布合理，提高冷却效率并降低能耗。

固定篦床与水平面成 15° 的倾角，作用是承接从回转窑进入冷却机的熟料，避免高温熟料冲击水平篦床，同时对高温熟料进行快速冷却，将熟料扩散铺平并输送到水平篦床上。

水平篦床为两段式结构，第一段篦床与固定篦床间采用自适性线性密封装置，与第二段篦床间设有中间卸料装置。两段式篦床均采用列动组合运动模式，并根据物料冷却和输送效率进行差异化控制。

分室密封采用网格化细分供风风室结构，由纵向密封和横向密封组合而成，篦床下方自调式风量控制阀可保证篦床各个部位供风充足并稳定。

驱动装置由驱动模块、驱动支架梁、限位装置支架及接近板、接近开关、激光测距仪、液压泵站等部件组成。每段水平活动篦床由两组同步的驱动装置来控制进行运动。

中间卸料装置设置于前后两段篦床分段处，其作用是将第一段水平篦床输送物料卸至第二段篦床时形成托料和密封的效果，同时对物料进行通风冷却。

尾端卸料装置设置于篦床尾部与破碎机之间，其作用是在保证密封效果的同时，将水平篦床冷却后的物料卸落到破碎机中进行破碎。

集中控制系统采用 PLC 控制系统，并提供便利的接口与工厂主控系统 CPU 进行通信。根据设定的 PID 调节逻辑对两段篦床的行程、推速、单列篦床的行程和运行速度、运行压力等形成闭环自动控制，以实现精准的运行动作控制。其结构如图 3-75 所示。

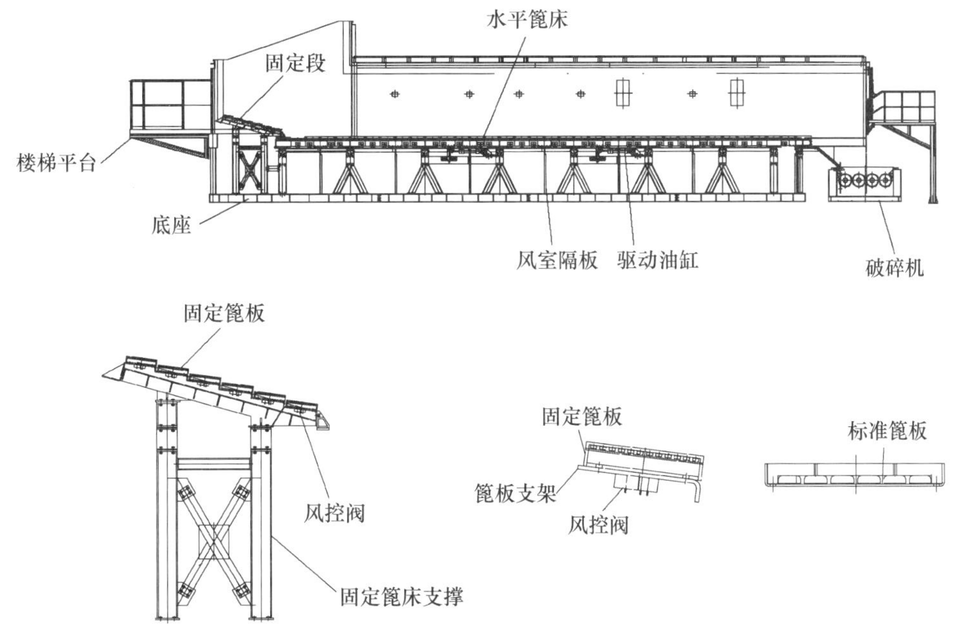

图 3-75　HXCLS140 篦冷机的结构

(2) HXCL 系列冷却机的技术特点

① 模块化设计：非常简单可靠，大大缩短了安装、维护时间，且减少了库存备件的种类。采用交叉运动篦床篦板。一方面，在冷却机正常运行时，由于预先填进熟料在篦床中，所以篦板运动时熟料跟着一起运动，这样可以使新的熟料从预先填进的熟料上面通过，而避免了上部移动的熟料与篦板的大面积摩擦，保护了篦板；另一方面，由于每个列向单元都有单独的液压装置，可以任意控制列向单元的移动，从而调整冷却机料层厚度和料层的均匀程度，使冷却风的分布更加合理、有效，也极大程度地增加了冷却机的工况适应能力。

② 分段式篦床结构：篦床部分采用带有高差的水平两段式结构，物料在高温段冷却后在达到第二段篦床时，通过中间卸料装置将物料进行翻动，促使物料高效冷却，提高热回收效率。

③ 精细化分室分风技术：随着篦床面积的增大，通过纵向、横向分室密封机构将篦床底部风室进行网格化划分，细分风室后显著减小了单个风室的面积，对每个小风室单独配备独立控制的风机，根据不同区域料层状态不同实现差异化供风，使篦床各个部位供风充足且稳定，有效提高冷却效率；并且风室细分后风机配置亦趋于轻量化，有利于降低能耗；同时，冷却机篦床每块篦板都设有一个风量控制阀，每个风量控制阀调节方式有三种模式，分别为常开式、自动调节式和手动调节式，在设定基础通风量前提下，可通过多种调节形式来确保供风的精准控制，适应各种不均匀的料层厚度，从而达到理想的精细化控制冷却风量，提高热交换效率。

④ 线性自调纵向密封装置：对于大型冷却机创新设计纵向密封装置，通过该装置与横向密封装置将篦床底部风室分隔为若干个独立小风室，单独供风。当篦床和密封板在运动过程中出现微量波动时，通过线性运动自调密封装置的微量自调可确保密封条与密封板的贴合性，确保冷却设备的供风分区密封效果。

⑤ 料盒式高阻力篦板：采用迷宫式密封和凹槽篦板迷宫式通风设计，平衡气流阻力，减小篦板面风压变化对料层和气流分布的影响，避免漏料；同时篦板面上一部分冷熟料固定不动，在篦床与高温熟料之间形成垫层，有效保护篦板不受高温冲击和磨损。采用此设计使篦床大部分篦板可以使用普通钢板制作并且长期使用无磨损，大大减少了耐热钢的使用量和损耗量。

⑥ 新型一体成型耐磨堆焊密封：HXCL 型冷却机篦床最主要的易损件是篦床密封，采用一体成型耐磨堆焊密封条，密封本体一次加工成型，并利用智能焊接工作站一次装夹实现耐磨表面堆焊，其结构简单、加工方便且不易变形及磨损，有效提高了密封使用寿命和设备可靠性。

3.7.1.7 其他形式篦冷机

国内有关单位也紧跟国际上的技术发展步伐，并结合各自研究成果和设计理念，推出了各自的新型篦冷机。第三代篦冷机技术在国内较为成熟；关于第四代篦冷机，国内有关单位也进行了研制开发，有的也已经取得可喜的成果。公开报道的国内新型篦冷机有：中材装备集团有限公司的 TC 型篦冷机（第三代）和 TCFC 型篦冷机（第四代）、TCS 型篦冷机（第四代）；南京水泥设计研究院的 NC 型篦冷机，合肥水泥研究设计院的 HCFC 型篦冷机；成都建材工业设计研究院有限公司的 LBTF 型篦冷机（第三代）、新型 S 篦冷机（第四代）；华新装备的 HXCLS 系列篦冷机（第四代）；南京凯盛国际工程有限公司的 KC 型篦冷机；南京集新重型机械有限公司的 JXB 型、JXBD 型篦冷机等。其中几个典型的篦冷机简介如下。

TC 型篦冷机（第三代）使用复合型篦床。其高温区采用该单位研制的 TC 型阻力篦板，其中进料区为倾斜篦床（倾斜 15° 固定式或倾斜 3° 活动式）；它的中温区采用 TC 型低漏料阻力篦板；其低温区采用改进的福勒型篦板。TC 型阻力篦板为整体铸造，有良好的气流特性，气流出口为缝隙式，使用纵向迷宫式密封；TC 型低漏料阻力篦板也是整体铸造，设置有减磨损料槽，横向迷宫式密封，其高温变形小、气流流速以及气流阻力高、低漏料。TC 型篦冷机特点为厚料层操作、合理布风、自动控制、安全监视，其单位面积产量为 38~44t/(m^2·d)，单位冷却风量为 2~2.3Nm^3/kgcli，热效率为 71%~73%，出料温度为环境温度 +65℃。

TCFC 型篦冷机的全称是 TCFC 型第四代行进式稳流冷却机。该机型使用四连杆传动与水平推料的输送熟料机构，为标准模块化设计与制造，其冷却风量可以通过全机械机构的流量自控调节阀依据篦床上的料层阻力情况来进行自动控制与调节，该机型也具有易安装、易更换、易维护、无漏料（因而不需要篦床下面的落料斗与拉链机）、低磨损、低能耗等优点。其结构如图 3-76 所示。

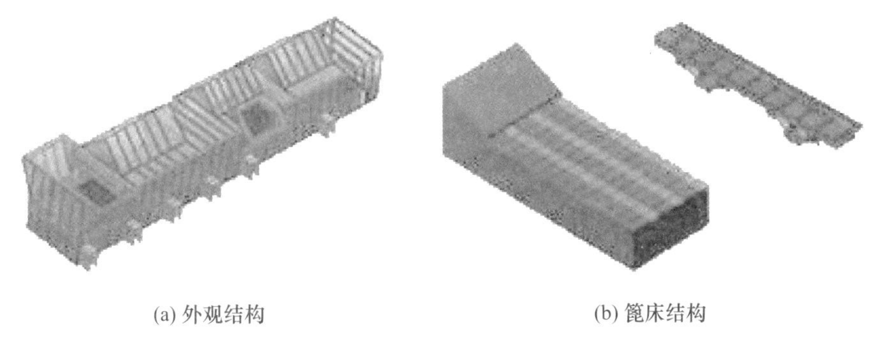

(a) 外观结构　　(b) 篦床结构

图 3-76　TCFC 型篦冷机的结构

LBTF 型篦冷机（第三代）的整个篦床分为四段，并且全部倾斜 15° 安装，由四种篦板组成：阶梯篦板、充气篦板、低漏料篦板和普通篦板。第一段进料区篦床为渐扩布置；第二段全部由低漏料篦板组成，风室供风。该篦板有集料槽和缝隙式通风口，磨损小、漏料少、气流阻力大；第三段用普通篦板，风室供风。该篦冷机为厚料层操作，出料端设置锤式破碎机。以 LBTF5000 篦冷机为例，其生产能力为 5000~5500t/d，冷却风量≤ 2m^3/kg，热回收效率为 72%~76%，出料粒度≤ 25mm，出料温度为环境温度 +65℃。其篦板如图 3-77 所示。

LBTF-S 型篦冷机（第四代），一个进口区模块（使用阶梯状固定篦板，空气梁供风）和若干相同尺寸的标准模块（使用水平固定、均匀篦缝、无漏料的 S 形篦板，风室供风）可组合成不同规格的篦床，每个模块有独立的驱动装置且独立调速。输送熟料则是由 SCD 摆扫式装置来完成，且可以变频调速，并配备单线递进式干油润滑系统。

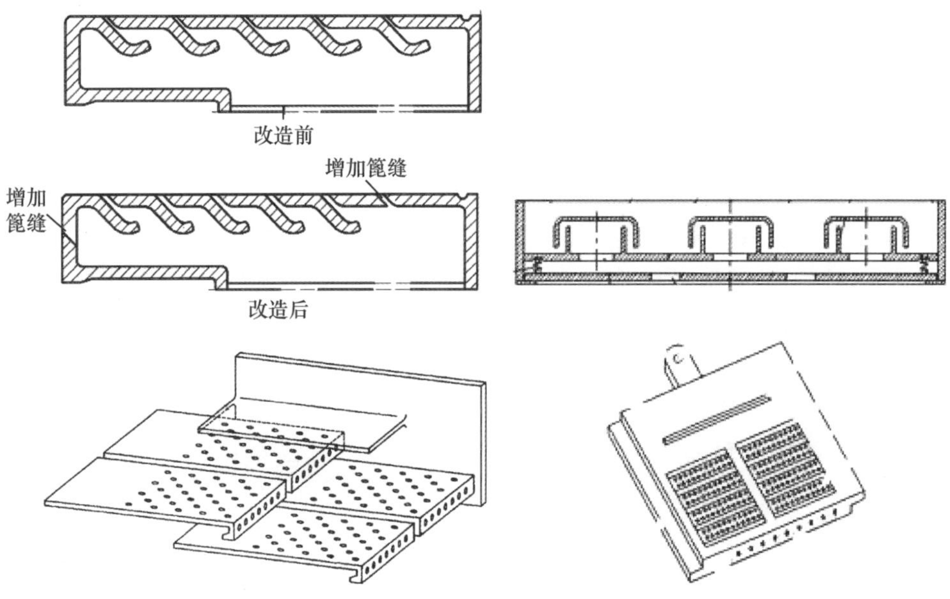

图 3-77　篦冷机使用的几种不同类型篦板

风室冷却风通过 FAR 流量自动调节器可以根据熟料层的气流阻力情况来自动调节，从而实现均衡供风，也可以避免气流短路。其辊式熟料破碎机设置在该篦冷机的出料端。其结构如图 3-78 所示。

图 3-78　LBTF-S 型篦冷机的结构

3.7.2　冷却机的换热

(1) 换热方式

冷却机内的换热过程包括传导、对流和辐射三种方式，但因没有内热源，较回转窑内的换热要简单。

出窑熟料进入冷却机后向右运动，最后从冷却机的尾部卸出。同时，气体由篦板下的布风孔进入冷却机竖直上行，与熟料形成错流换热。理论上讲，这种换热方式的换热效果不如逆流换热的好，但在实际生产中，换热效果主要由换热面积与换热速率决定。在窑系统运转稳定、篦冷机内颗粒堆积均匀的情况下，冷却机中气体同每一个颗粒基本上都能充分接触，气固换热接触面积相当大，气体通过熟料层的速度较快，气固间的温差较大，因而换热推动力较大，篦冷机的热交换性能较好。在篦冷机中除了气固换热外，还存在熟料颗粒之间的热传导以及出窑高温热熟料与烟气之间的热辐射，总而言之，冷却机内部的热交换是三种传热方式综合作用的结果。

（2）换热效率

为了降低系统热耗，必须提高热回收效率。提高二、三次风温度，用作回转窑和分解炉的燃烧空气，抽取冷却机废气来烘干原料、煤等。冷却机热回收效率可按下式计算：

$$\eta=\frac{q_s+q_t+q_{di}-q_{do}}{q_{cli}}$$

式中 η——热回收效率，%；

q_s——二次空气显热，kJ/kg；

q_t——三次空气显热，kJ/kg；

q_{do}——入窑熟料飞灰显热，kJ/kg；

q_{di}——入冷却机熟料飞灰显热，kJ/kg；

q_{cli}——入冷却机熟料显热，kJ/kg。

冷却机回收风量与热回收效率关系曲线如图 3-79 所示。

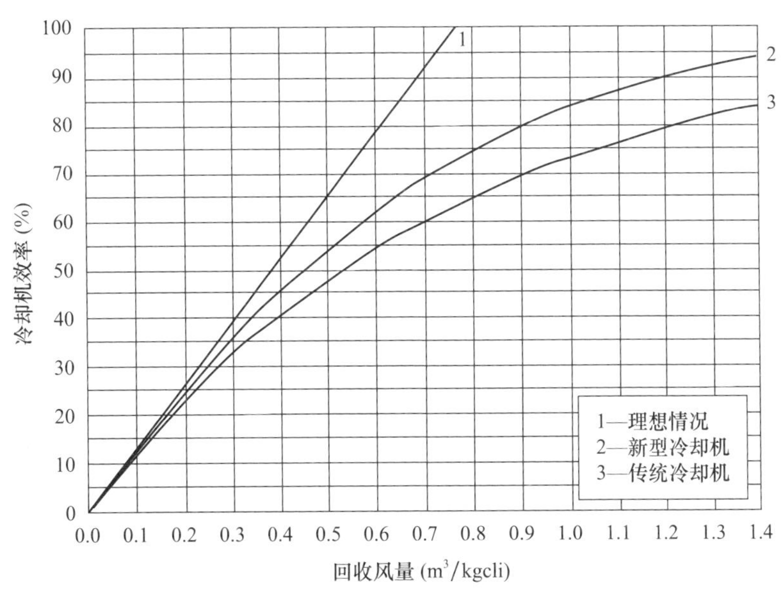

图 3-79 冷却机的回收风量与热回收效率的关系曲线

(3) 出冷却机熟料温度

出冷却机熟料温度是衡量冷却机换热效果的重要指标，并且该温度与冷却风量一一对应。可按下式计算：

$$\frac{T_{cli,out}-T_{amb}}{T_{cli,in}-T_{amb}}=\exp\left(-\frac{V_{air}}{0.77}\right)$$

式中 $T_{cli,out}$——出冷却机熟料温度，℃；

$T_{cli,in}$——出窑熟料温度，℃；

T_{amb}——环境温度，℃；

V_{air}——冷却机单位风量，m^3/kgcli。

从图 3-80 可以看出，冷却机单位风量越大，出冷却机熟料温度越低，但当单位风量超过 2.3Nm^3/kg 后，熟料温度基本趋于平缓，说明冷却机存在一个合理的配风量。

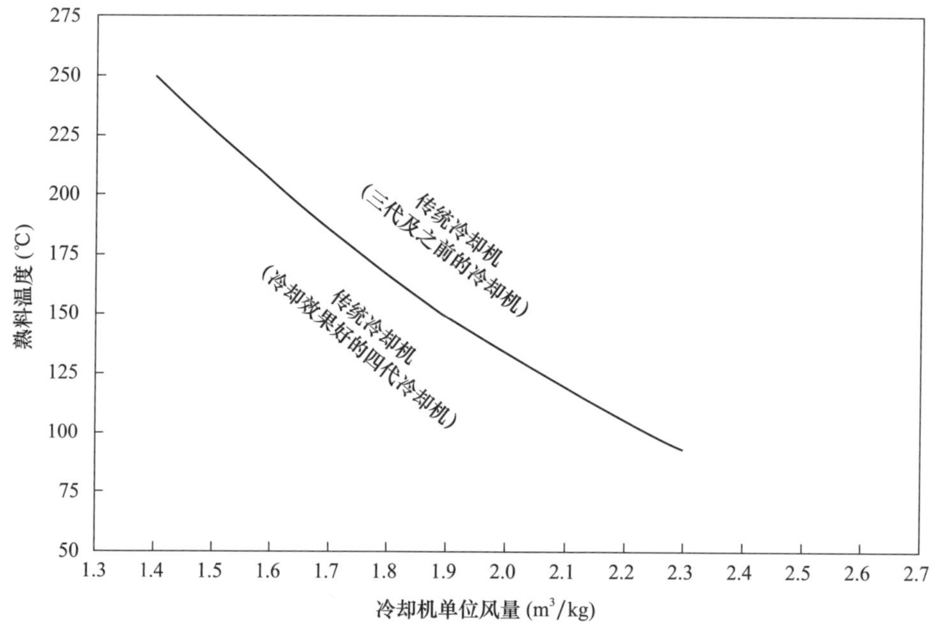

图 3-80 新型冷却机和传统冷却机的冷却风量与熟料温度的关系曲线

3.7.3 不同冷却机系统的技术指标

不同冷却机的具体技术指标见表 3-35。

表 3-35 不同篦冷机的具体技术指标

类别	单筒冷却机	多筒冷却机	第三代篦冷机	第四代篦冷机
生产能力（t/d）	＜2000	＜4000	根据窑产变化	根据窑产变化
长径比（m）	约 10	9~12	—	—
面积负荷（t/dm^2）	—	—	40~45	40~50

续表

类别	单筒冷却机	多筒冷却机	第三代篦冷机	第四代篦冷机
冷却风量（m^3/kgcli）	0.8~1.1	0.8~1.0	2.0~2.5	1.6~2.0
入料温度（℃）	1200~1400	1200~1400	1200~1400	1200~1400
出料温度（℃）	200~400	150~300	65℃ + 环境温度	65℃ + 环境温度
热回收效率（%）	56~70	60~72	70%~75%	72%~80%

目前，水泥行业基本采用的是第三代、第四代篦冷机，从表 3-35 也可以看出第三代篦冷机、第四代篦冷机的熟料冷却能力更大、冷却效果更好、热回收效率更高。

3.8 水泥粉磨

水泥生产过程中，粉磨所消耗的电力约占水泥生产总电耗的 70%。而水泥粉磨电耗约占水泥生产总电耗的 40% 左右。因此，选择合理的粉磨系统对水泥工厂节能降耗起着关键作用。

我国水泥粉磨系统的电耗大部分在 25~35kW · h/t 之间。水泥粉磨电耗占水泥生产过程中总电耗的三分之一以上。水泥粉磨消耗的电耗比例较高，这也意味着还存在着一定的节能改进空间，因此对水泥粉磨系统进行合理化改造，可以对降低水泥厂整体用电总量起到明显的效果。

水泥粉磨系统由早先的单一球磨机系统，逐步发展到球磨机 + 辊式磨系统。其中以球磨机和辊压机组成的联合粉磨系统、球磨机粉磨系统以及立磨终粉磨系统使用最为广泛。

分别抽取了华新部分工厂的立磨、球磨和联合粉磨的加工电耗数据，不同工厂、不同水泥粉磨设备的水泥粉磨电耗数据如图 3-81~ 图 3-83 所示。分析数据可以得到如下结论。

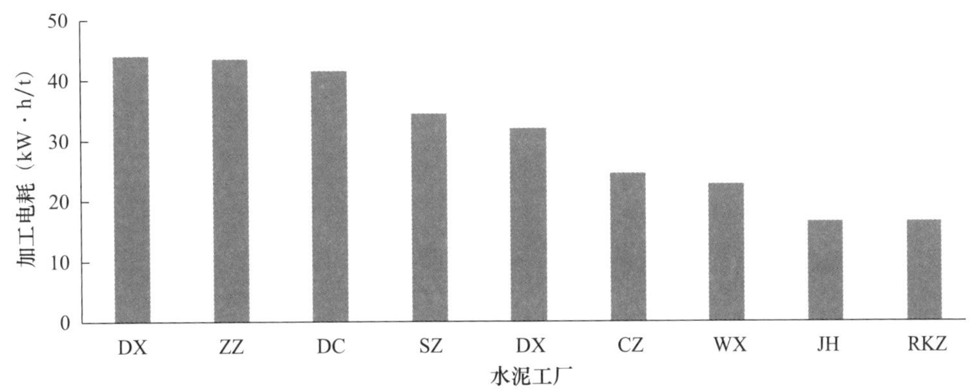

图 3-81　不同工厂水泥立磨加工电耗数据对比（P · O42.5）

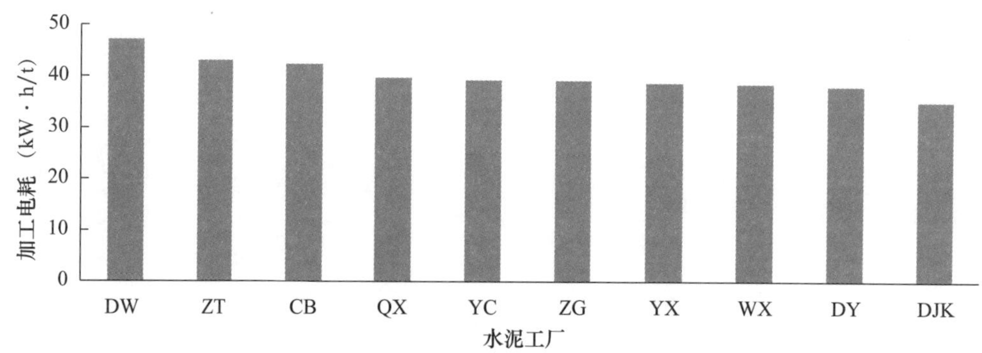

图 3-82 不同工厂水泥闭路球磨加工电耗数据对比（P·O42.5）

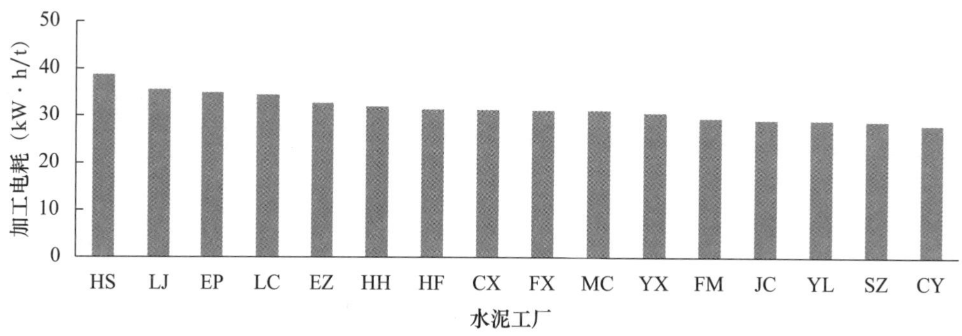

图 3-83 不同工厂水泥联合粉磨加工电耗数据对比（P·O42.5）

（1）由图 3-81~ 图 3-83 可以看出，立磨、球磨和联合粉磨三个系统的水泥平均加工电耗为 32.08kW·h/t、42.46kW·h/t、34.68kW·h/t，单一球磨机作为水泥终粉磨系统电耗最高；立磨终粉磨系统电耗最低，节能优势最为明显。

（2）使用同一粉磨设备的不同工厂电耗波动也较大，一方面与不同工厂原材料的粒度、水分和易磨性等特性有关，另一方面与工厂的基础管理水平相关。

3.8.1 不同水泥粉磨工艺的特点

3.8.1.1 开路粉磨

在粉磨过程中，物料仅通过磨机一次，卸出来即为成品的流程为开路流程。其优点是：流程简单，设备少，投资少，操作简便。其缺点是：由于物料全部达到细度要求后才能出磨，已被磨细的物料在磨内会出现过粉磨现象，并形成缓冲垫层，妨碍粗料进一步磨细，从而降低了粉磨效率，增加了电耗。

3.8.1.2 闭路粉磨

物料出磨后经分级设备分选，合格的细料为成品，偏粗的物料返回磨内重磨的流程为闭路流程。其优点是：合格细粉及时选出，减少了过粉磨现象，产量比同规格的开路粉磨提高了 15%~25%。产品粒度较均齐，颗粒组成较理想，产品细度易于调节，适用于生产各种不同细度要求的水泥。由于散热面积大，磨内温度较低。其缺点是：流程复杂、设备多、投资大、厂房高、操作麻烦、维修工作量。其对比数据见表 3-36。

表 3-36 不同水泥粉磨系统对比

粉磨工艺	系统电耗（kW・h/t）	粉磨电耗（kW・h/t）	风机电耗（kW・h/t）	特点
球磨机开路磨	45	44	—	非常简单
球磨机闭路磨	40	33	3.5	简单
辊压机预粉磨	35	31	3.5	复杂
辊压机半终粉磨	27	23	3.5	复杂
立磨终粉磨	26	17	8.0	简单

3.8.2 水泥预粉磨系统

预粉磨就是将入球磨机前的物料用其他粉磨设备预先粉磨，将磨机粗磨仓移到磨前，用工作效率高的粉磨设备代替效率低的球磨机的一部分工作，以降低入球磨机物料的粉磨系统的产量和电耗。

3.8.2.1 辊压机预粉磨系统

为充分利用辊压机料床粉磨的特性，在水泥粉磨工艺中多将其配置于管磨机前作为预粉磨设备以降低入磨物料粒度，改善易磨性，辊压机投入的吸收功越多，系统增产、节电的幅度越大。

（1）通过式预粉磨和循环预粉磨。通过式预粉磨物料一次通过辊压机，因在辊压机的下游未配置动态或者静态分级设备，入磨物料不经分级，粗颗粒比例偏多，增产、节电的幅度受限。循环预粉磨流程简单，一部分料饼返回辊压机循环挤压，另一部分料饼进入后续球磨机，循环量一般小于 1 倍，因此辊压机在整个粉磨系统中吸收的功率较低，所以增产、节电的幅度相对较小。

（2）联合粉磨系统。水泥联合粉磨系统利用辊压机和 V 形选粉机（或者打散分级机）组成循环系统，将物料粉磨到比表面积为 150~200m^2/kg，严格控制入磨物料的最大粒度，尽可能让辊压机多发挥作用，达到系统节能的目的。

由辊压机与动态或静态分级设备和后续管磨机组成的联合粉磨系统，辊压机挤压后的料饼经过分级打散后，粗料回辊压机循环挤压，细料入球磨机，所有水泥成品均由球磨机产生，各粉磨设备之间分工明确，可成倍增产和大幅度节能。

（3）辊压机半终粉磨系统。联合粉磨和半终粉磨的区别在于联合粉磨系统中的半成品入球磨机再粉磨，而半终粉磨系统中的半成品先经过分选，细粉入成品，粗粉进球磨机。联合粉磨和半终粉磨的优点是辊压机负担的粉磨任务多，单位吸收功率多，半成品比较细，故增产、节能幅度较大；出辊压机的物料粒度得到控制，球磨机配球容易，粉磨效率高。其工艺流程如图 3-84 所示。

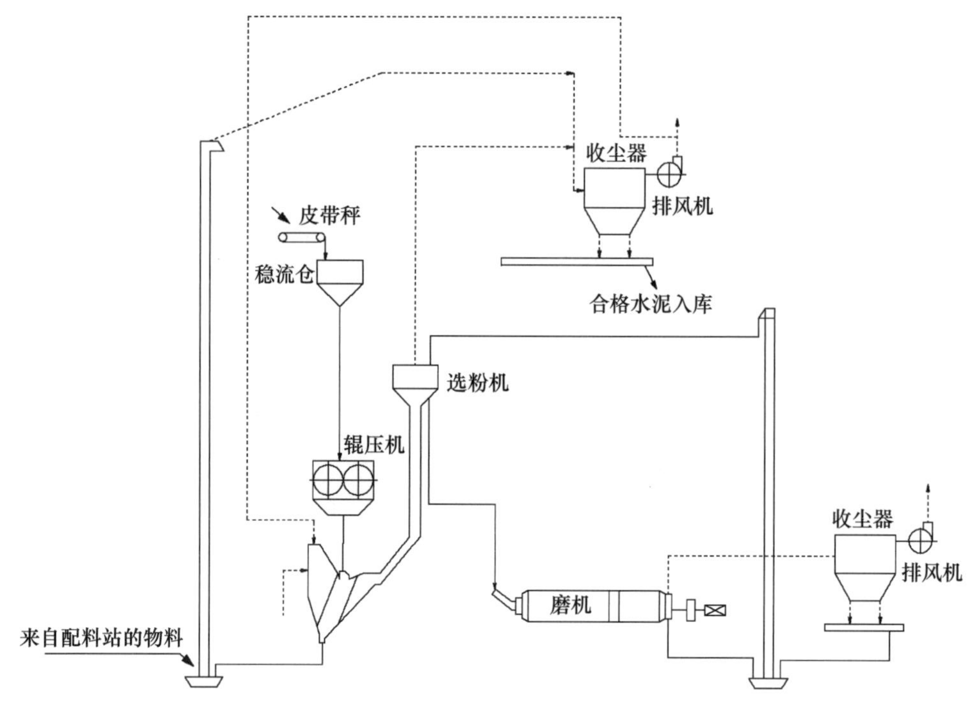

图 3-84　辊压机半终粉磨工艺流程

3.8.2.2　立磨预粉磨系统

立磨预粉磨系统同辊压机预粉磨系统类似，在球磨机前配置一台立磨作为预粉磨设备，对入球磨机的物料进行连续碾压预粉磨，有效降低入磨物料粒度，可提高系统产量50%~100%，节电10%~25%。其工艺流程如图3-85所示。

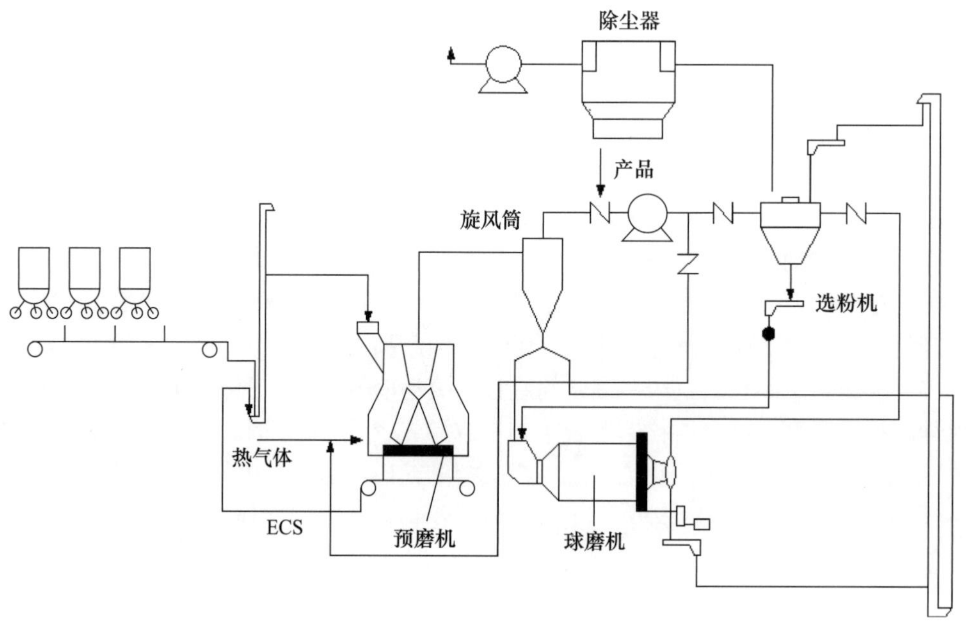

图 3-85　立磨预粉磨工艺流程

3.8.3 水泥立磨终粉磨系统

3.8.3.1 水泥立磨发展历程

我国水泥工业最早采用的水泥立磨是由华新东骏工厂引进史密斯公司的两台OK33-4立磨，用以生产水泥和细磨矿渣，开创了我国应用水泥立磨的先河，实现了零的突破。因为水泥立磨在东骏厂的成功应用及其良好的运行实践，使水泥立磨在国内新建水泥项目中开始取得一席之地。到2010年水泥立磨系统在国内的选用率上升为8%。通过实践，水泥立磨系统的优点逐渐获得用户的认可，国内不少水泥设计院在水泥粉磨车间新线设计或者老线改造都考虑配置水泥立磨。

3.8.3.2 水泥立磨终粉磨工艺

立磨作为终粉磨系统，具有流程简单、操作方便，尤其是易磨损件更换方便等优点。也有的作为预粉磨设备与球磨机组成联合粉磨系统，用于水泥产品粉磨。目前立磨已广泛应用于水泥生料、煤粉制备、超细矿渣粉磨等场合。但在水泥成品制备时，一定程度上受到水泥成品性能的制约，究其原因，高压料层粉碎不具备拉宽产品颗粒分布的特性。如一定要为之，则系统效率会大幅度下降，并且系统和产品性能不易控制。作为稳定细粉料层主要手段的磨内喷水量过大会对水泥强度和性能产生不利影响，限制了粉磨高比表面积的水泥成品以及轻质混合材（如粉煤灰干灰）的掺入量，除此之外，还需要配套解决以下几方面的问题：

（1）配套非活性混合材的为细粉制备系统，调整好出厂水泥的性能。

（2）配料中石膏的种类搭配和粉磨温度的控制（主要是半水石膏与二水石膏的搭配比例）。

（3）多种混合材同时掺加的适应性，尤其是粉煤灰在立磨系统中的细磨。

其工艺流程如图3-86所示。

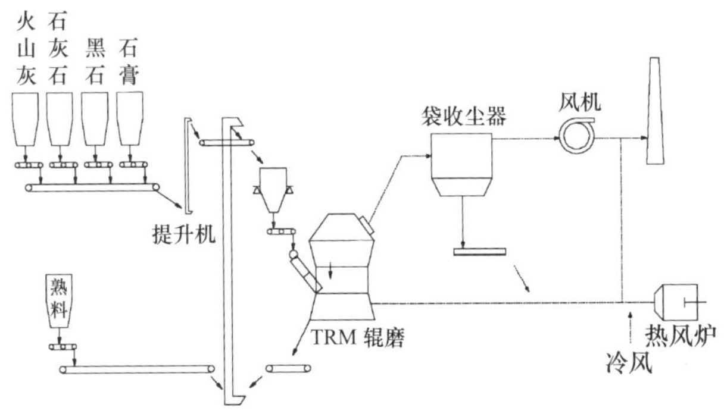

图3-86 立磨终粉磨工艺流程图

3.8.3.3 水泥立磨终粉磨系统的优势

将传统水泥粉磨技术与水泥立磨终粉磨系统对比，能够看出水泥立磨终粉磨系统的应用优势，具体包括以下几个方面：

（1）节电效果明显。通过对两种粉磨技术耗电情况进行对比，能够看出水泥立磨终粉磨系统节电效果十分明显，这对水泥生产企业来说无疑是值得关注的，能够节省大量的电能消耗，减少水泥生产成本。

（2）单机生产能力大。水泥立磨终粉磨系统设备数量少，占地面积小，且操作较为简单，相对于传统粉磨技术来说更加容易控制。

（3）水泥产品工作性能无差异。相对于传统粉磨技术得到的水泥产品，水泥立磨终粉磨系统得到的产品工作性能并没有显著区别。

（4）系统稳定可靠。相对于传统粉磨的多个机械设备以及复杂的粉磨技术，水泥立磨终粉磨系统更加容易操作，机械设备数量较少，更加容易操控，系统不容易出现故障，运行稳定性较好。

（5）原料适应性更强。对于传统粉磨技术来说，不同的物料要对粉磨技术进行适当的调整，而水泥立磨终粉磨系统具有更强的原料适应性，减少了大量的人为工作。

（6）易于水泥品种更换，出磨水泥成品温度较低。

3.8.4 球磨机粉磨系统

球磨机粉磨系统是无磨前预粉磨设备，利用单一球磨机来完成水泥成品的终粉磨。该系统具有工艺流程简单，对物料适应能力强，颗粒级配易调节，操作简便，投资小等优点。但由于该系统粉碎效率低、电耗较高，有逐步被淘汰的趋势。其工艺流程如图 3-87 所示。

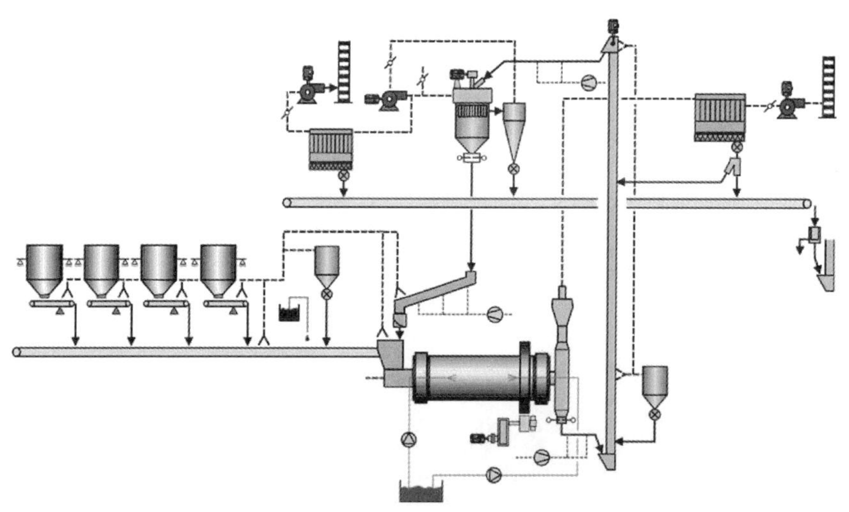

图 3-87 闭路球磨机粉磨工艺图

3.8.5 辊压机水泥粉磨系统

辊压机水泥粉磨系统具有工艺流程简单、维护操作方便、能量利用高、粉磨水泥单位电耗低等优点。

辊压机粉磨水泥时，颗粒粒径分布较窄，和易性不好，水泥标准稠度的需水量大，这可以通过调整选粉机、拓宽水泥粒径分布来解决。但辊压机用作水泥终粉磨，存在粉磨温度比球磨机低的问题，对于混合材水分高的物料，则不适合用辊压机作为终粉磨设备使用。其工艺流程如图 3-88 所示。

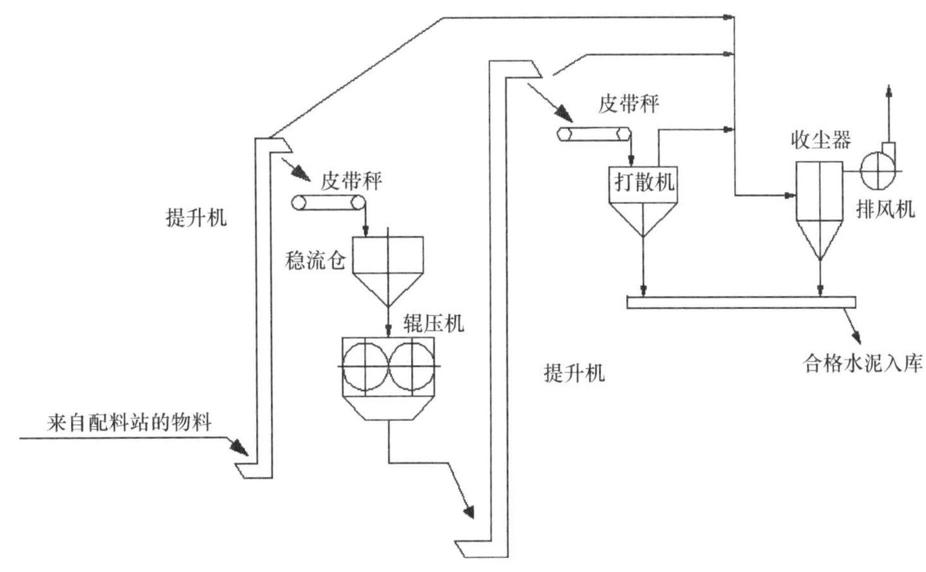

图 3-88　辊压机粉磨工艺流程图

3.8.6　辊筒磨

3.8.6.1　辊筒磨的结构及工作原理

辊筒磨也被称为筒辊磨，是一种新型卧式挤压磨，其主要特点是使用中等粉磨压力多次粉碎，其结构形式是一个圆柱面和一个圆环面形成物料挤压面，在中等粉磨压力、多次粉碎的工作过程中，使生产出的水泥达到要求。

辊筒磨的主要构件（图 3-89）是一个圆柱形磨辊和一个圆环形的磨筒，磨辊在磨筒中，两者形成一个渐渐收缩的挤压通道。磨筒由四个滑履支撑，运转平稳，阻力小。磨辊两端由两个同型号、同规格的液压缸和加压臂作用提供粉磨压力。两个加压臂用一个

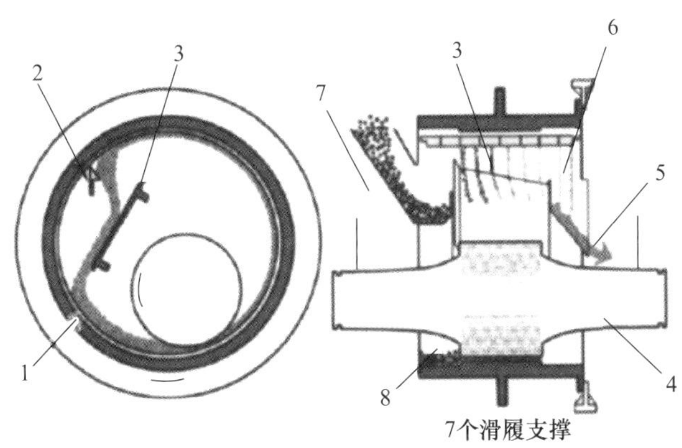

图 3-89　辊筒磨的结构原理示意图

1—磨筒；2—刮料器；3—物料运动速度控制装置；4—磨辊；5—出料口；6—排料区域；7—入料口；8—离心区域

称为同步轴的剪力轴连接在一起，达到两个液压缸同步下压，使得挤压力在整个挤压通道轴向方向保持同样的压力。左面是入料口，右面是出料口，左面是刮料装置，中间是物料运动速度控制装置，保证物料连续不断地从入料口向出料口运动。

辊筒磨的工作过程为：磨料经由入料口溜道下落在同一水平回转的圆环形筒体内，受离心力作用平均分布于由圆环形筒体的回转运动进入磨床和其上方磨辊构成的挤压通道内，磨辊依靠液压油缸向磨床上的被磨物料施加压力，并借助挤压力引起的摩擦作用进行被动旋转运动，物料在挤压通道内完成一次粉碎作业后，在离心力的作用下附在磨筒内表面被提升到一定高度，实现向磨机出口方向的运动，接受下一次的粉磨作业。经多次挤压粉磨后的物料离开磨床，从出料口溜道排出磨机。

3.8.6.2　辊筒磨的技术特性

通过对辊筒磨的粉碎原理和其粉碎机理的分析以及与球磨机磨制的水泥性能对比可知，辊筒磨的技术特性可归纳为以下几点：

（1）采用中等粉磨压力，大大提高设备可靠性和使用寿命，提高设备运转率。

（2）具有一次通过、多次挤压功能，采用不同的循环负荷和不同的挤压次数可获得不同产品粒度分布和操作指标，使操作具有很大的灵活性。

（3）以超临界转速运转，实现了物料流动在一定程度上的可控性。

（4）立磨和辊压机的压力角一般分别为 9° 和 12° ，辊筒磨的压力角可达 17° ，压力角大，使物料在辊筒磨内受压时间延长，运行更平稳。

（5）采用平衡杆加压机构，对稳定料床、降低振动烈度、平稳辊轴受力和延长轴承寿命有良好作用。

（6）辊筒磨水泥颗粒级配比球磨机更合理，水泥强度好。相同熟料质量，用辊筒磨生产水泥可多掺混合材，降低水泥生产成本，提高经济效益。

（7）辊筒磨工艺流程简单，主机设备少，占地面积小；单位产品电耗低，相同产量时，球磨机综合电耗一般在 35~45kW · h/t，而辊筒磨综合电耗只有 26kW · h/t，节电可达 35%~70%。

3.8.7　不同粉磨工艺对水泥质量的影响

水泥的性能包括强度、标准稠度需水量以及外加剂的相容性等指标，影响水泥性能的主要因素包括熟料的矿物组成、矿物的生长条件、水泥的颗粒组成以及混合材的品种与掺量。

从水泥性能方面考虑，立磨粉磨的水泥成品粒度分布范围偏窄，水泥颗粒的球形度差，导致水泥标准稠度需水量偏高（粉体紧密堆积的空隙率大），在应用中表现为工作性能差于球磨产品；对混凝土生产，用水量对强度的影响大，一些场合下，用户对水泥工作性能的关注程度高于对水泥强度的关注。另一方面，混合粉磨中，立磨产品中混合材组分的细度水平相对球磨要偏粗（立磨粉磨中的密度偏析效应），这是很不利的。最后，立磨粉磨温度低，石膏组分的形态难以优化，且相对球磨产品，立磨产品中的石膏组分偏粗，这也对水泥工作性能不利。立磨的“散水”对熟料消耗系数是损失。这些因素是立磨工艺在水泥粉磨中弱于球磨的主要原因。其相关参数如图 3-90、图 3-91 所示。

样品颗粒级配	
颗粒区间	体积含量（%）
0~3μm	20.13
3~30μm	64.06
30~60μm	14.38
60~86μm	1.07
>86μm	0.36
均匀性系数：0.9683	

图 3-90　立磨生产的 P · O42.5 水泥颗粒级配

样品颗粒级配	
颗粒区间	体积含量（%）
0~3μm	19.28
3~30μm	56.16
30~60μm	17.20
60~86μm	4.61
>86μm	2.75
均匀性系数：0.8559	

图 3-91　球磨生产的 P · O42.5 水泥颗粒级配

不过还有一种说法是当水泥细度加大到一定程度后（水泥颗粒处于超细状态或者纳米状态时），所谓水泥颗粒形貌的影响会大为降低，水泥仍然能够很好地进行水化反应以及实现良好的填充效应。当然现有的立磨系统基本上无法将水泥粉磨成超细状态，设计了一种新式立磨（磨辊驱动型），这种立磨粉磨时能够提供很高的比压力，将水泥的比表面积粉磨得更高，500m²/kg、600m²/kg、800m²/kg、1000m²/kg 等，电耗也低。

从实际的显微镜下观察情况看，在当前通用水泥的细度水平上，颗粒形貌的差异的确不大；在更细的水平上，熟料微细粉颗粒遇水很快溶解，对后期强度的贡献很小，徒然增加标准稠度用水量，是粉磨过程质量控制需要极力避免的。主要问题在粉体堆积密度上：立磨产品粒度分布范围窄，粉体中粗颗粒、细颗粒都少，这有利于熟料活性的充分发挥，但粉体堆积空隙率大，是立磨产品的天然缺陷。

总而言之，最近这些年立磨系统已成为发达国家和主要新建水泥粉磨的主流，使用的数量最多，在混凝土的使用上也没有什么大的问题，其节能和高可靠性已得到业界的共识。

3.8.8　水泥粉磨工艺发展趋势

3.8.8.1　分别粉磨工艺

在当前的工业固体废弃物的物理再循环利用中，水泥生产一般是将混合材与熟料及石膏按配比一起加到球磨机内共同混合粉磨。由于各种物料易磨性差异较大，当出磨物料达到工艺要求时，其中某些工业废渣组分的细度并没有达到理想的指标。特别是采用矿渣等易磨性较差的物料作为混合材时，混合粉磨后的矿渣粉粒径会比熟料粉粒径粗，当水泥的比表面积达到 350m²/kg 时，矿渣的比表面积只有 230~280m²/kg 左右，活性不能充分发挥。如果要使矿渣的活性充分发挥，必须使其比表面积达到 450~500m²/kg 以上，但这会造成熟料的过粉磨现象，使水泥的使用性能变差，产量降低，电耗升高，不利于经济生产，降低企业的竞争力。因此，当选择矿渣等易磨性较差的物料作为混合材时，可采用分别粉磨的生产工艺，即对熟料和矿渣采用不同的比表面积控制指标进行分别粉磨，获得颗粒分布合理的水泥产品。

分别粉磨是将不同硬度、不同大小、不同性状的物料，分别送入不同的粉磨系统粉磨，使各种物料的活性最大限度地发挥出来，混合材掺量大幅增加，减少了水泥熟料配比，充分利用了资源，降低了水泥成本。目前，国内采用的分别粉磨工艺主要是把矿渣、粉煤灰、石膏等混合材和熟料进行分别粉磨。

国内某工厂的水泥分别粉磨工艺，粉磨设备采用两台立磨，即熟料（熟料＋石膏）粉磨系统、混合材（矿渣＋石灰石）粉磨系统。熟料和石膏用一台立磨粉磨，矿渣和石灰石用一台立磨粉磨，分别送入相对应的粉料库储存。然后，根据市场对水泥品种的需求，经冲板流量计计量并按比例配合后，喂入两台混合搅拌机，经过搅拌混合后送入水泥储存库储存及出厂。其粉磨示意如图 3-92 所示。

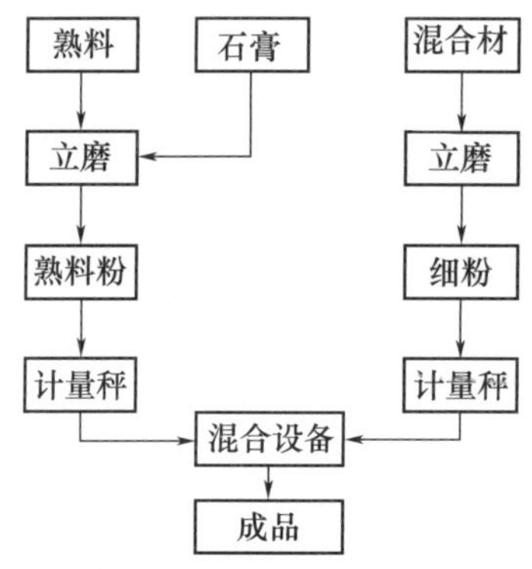

图 3-92　某工厂水泥立磨分别粉磨示意图

该工厂各品种水泥 2020 年平均电耗见表 3-37，在当前原材料价格一路攀升的情况下，它可以有效地降低水泥的粉磨电耗。

表 3-37　不同水泥粉磨系统对比

水泥品种	P・O52.5	P・O42.5R	P・O42.5
电耗（kW・h/t）	30.56	29.16	30.63

3.8.8.2　超细粉磨工艺

超细粉磨是指利用高压立磨作为一级预粉磨设备，为了使熟料或活性混合材的比表面积达到 350~400m^2/kg，立磨加压系统需在高压状态下运行，对磨盘上的物料层施加极高的碾压力。利用超细球磨机作为二级粉磨设备，将水泥成品的粒度粉磨至 600~800m^2/kg。利用精细选粉机对超细水泥进行选粉，优化超细选粉机的结构设计，提高超细选粉机的分级精度。

3.8.9　关于水泥粉磨系统的工艺参数

3.8.9.1　邦德原理

邦德功指数是评价矿石被磨碎难易程度的一个指标，邦德功指数测定矿石可磨度的理论根据是邦德的矿石破碎裂缝学说，认为磨碎过程中矿块所产生新的裂缝长度与输入的能量成比例。

根据标准邦德试验，使用邦德球磨机进行干式闭路磨矿，磨到循环负荷达到 250% 时获得的，给料粒度 3.327mm，体积为 700cm^3，第一次磨矿试验可任意选择磨机转数。每次磨矿后，把所有产品从球磨机中排出来，用试验筛进行筛分。第二次磨矿试验的磨机转数要通过计算，以便逐渐产生 250% 的循环负荷。第二次循环后，继续上面的筛分和磨矿步骤，直到最后三次磨矿循环。单位球磨机转速生产的筛下物料恒定，这样就能得到 250% 的循环负荷，邦德试验需要 7~10 次循环，将最后一次磨矿循环的筛下物料进行筛分分析。图 3-93 为邦德功指数试验磨机。

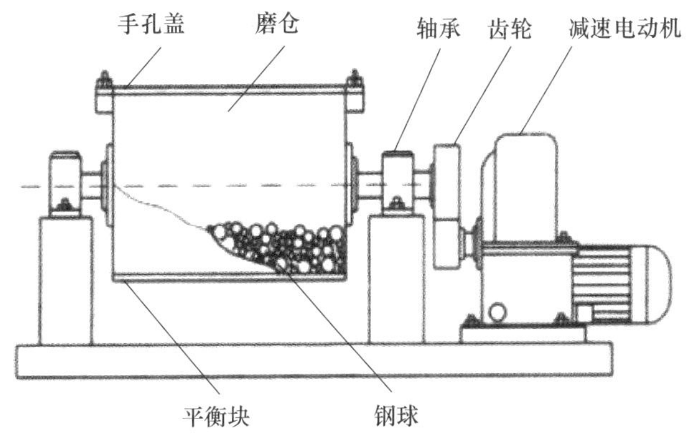

图 3-93　邦德试验磨机

（1）邦德功指数

邦德功指数是利用 ϕ305mm × 305mm 标准球磨机在标准程序下测定，以 W_{IB}（kW · h/t）表示，可用下式算出，相当于工业上 ϕ2.4m 湿法闭路球磨机的邦德功指数。

$$W_{IB}=49.04/\left[P_i^{0.23}G_i^{0.32}\left(\frac{10}{\sqrt{P}}-\frac{10}{\sqrt{F}}\right)\right]$$

邦德功指数也利用 ϕ305mm × 610mm 标准球磨机在标准程序下测定，以 W_{IB}（kW · h/t）表示，可用下式算出，相当于工业上 ϕ2.4m 湿法闭路球磨机的邦德功指数。

$$W_{IB}=68.32/\left[P_i^{0.23}G_i^{0.625}\left(\frac{10}{\sqrt{P}}-\frac{10}{\sqrt{F}}\right)\right]$$

式中　W_{IB}——邦德功指数，kW · h/t；

F——磨料前，给料 80% 通过的试验筛筛孔尺寸，μm；

P——最后一次循环筛下产品 80% 通过的试验筛筛孔尺寸，μm；

P_i——测试中控制筛孔尺寸，μm；

G_i——标准磨机每旋转一转能产生的指定粒度，μm。

其常见数据见表 3-38。

表 3-38　常见物料的邦德功指数

物料	邦德功指数（kW · h/t）	物料	邦德功指数（kW · h/t）
熟料	14~18	水泥生料	15~19
矿渣	22~26	铁矿石	18~22
石灰石	9~14	钢渣	22~25
天然石膏	9~12	原煤	20~22
粉煤灰	15~24	黏土	2~5

由邦德功指数表征的物料易磨性在定性的排列次序上较符合生产实际，在定量的数学形式上直观、准确，与工业生产值具有良好的对应关系，适用于常规球磨机的功率、产量、产品电耗和研磨体（球、棒）配比等计算，对评估生产、挖掘粉磨系统的增产节能潜力也具有直接的应用价值。邦德功指数试验历经半个多世纪的应用，其方法和参数的确定仍有待不断地完善和更新。各厂在应用时应充分考虑本厂的实际情况，合理引入计算参数，力求缩小计算误差。

（2）磨机产量的估算

在调整粉磨工艺、改变原料及配料方案或进行磨机选型时，都要涉及磨机产量这个参数。水泥厂可采用邦德功指数，直接用原料易磨性试验来计算磨机的产量。

$$Q=\frac{N}{W_{\mathrm{IB}}\left(\frac{10}{\sqrt{P_{80}}}-\frac{10}{\sqrt{F_{80}}}\right)C_1C_2C_3C_4}$$

式中　Q——产量，t/h；

N——轴功率，kW；

W_{IB}——邦德功指数，kW・h/t；

F_{80}——通过率为 80% 的入料粒度，μm；

P_{80}——通过率为 80% 的成品粒度，μm；

C_1~C_4——修正系数。

3.8.9.2　预粉磨设备的功效系数

水泥粉磨系统可供使用的预粉磨设备有多种，比如辊压机、立磨以及破碎机等，在选型时要对该设备进行评估，以确保整个水泥粉磨系统处于最佳运行状态，其中衡量预粉磨设备能力的一个重要参数就是功效系数。根据粉磨设备的电耗数据，按下式计算。

$$BF=\frac{E_2\times E_1}{E_0}$$

式中　BF——预粉磨设备的功效比；

E_2——无预粉磨设备时球磨机的电耗，kW・h；

E_1——有预粉磨设备时球磨机的电耗，kW・h；

E_0——预粉磨设备的电耗，kW・h。

一般而言，预粉磨设备的功效系数在 2 左右，若功效系数过大，说明预粉磨设备能力过高；若功效系数过小，说明球磨机能力太高，这两种情况表明整个系统运行功效无法达到最优。总之要使系统产量达到最大，必须确保预粉磨设备和球磨机的能力相匹配。

3.8.10　水泥磨应用案例

3.8.10.1　HXNT 工厂水泥粉磨系统

HXNT 工厂拥有一条设计年产能为 70 万 t 的水泥管磨循环粉磨系统。其结构如图 3-94 所示，设备配置见表 3-39。

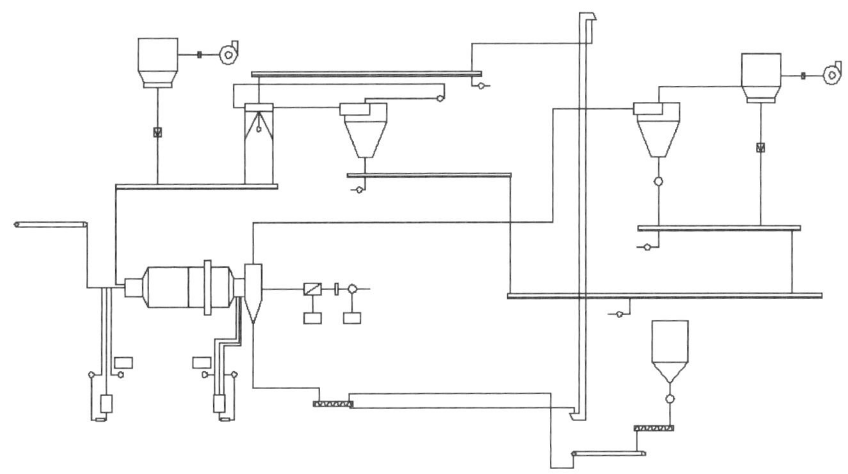

图 3-94 HXNT 工厂水泥管磨循环粉磨系统

表 3-39 HXNT 工厂水泥粉磨系统设备配置表

主机设备名称	主机设备型号及参数
球磨机	型号：ϕ4.2m × 13m。功率：3350kW
高效选粉机	型号：HXXF-2250/120/2。功率：160kW
收尘袋	型号：TQM7 × 96。风量：50400~60436m^3/h
磨尾收尘器	型号：LPM26D-1860。风量：134600m^3/h
排风机	风量：150000m^3/h。功率：250kW

HXNT 工厂 P·O42.5 水泥粉磨平均台产在 110t/h 左右，平均电耗在 32kW·h/t 左右，就闭路球磨的水泥粉磨系统而言，其电耗运行水平较好。在球磨机运行过程中，工厂通过降低入磨物料粒度，降低漏风，提升风机效率以及合理控制水泥成品细度与比表面积等措施，做好日常基础管理工作，确保该台球磨机运行状态良好。总体来说，单一球磨机水泥粉磨系统工艺流程较为简单，设备运行稳定性好，投资低，但电耗下限高于其他类型的粉磨系统，节能潜力有限。

3.8.10.2 HXWX 工厂水泥粉磨系统

HXWX 工厂拥有一条设计年产能 180 万 t 的立磨水泥终粉磨系统。其设备配置见表 3-40。

表 3-40 HXWX 工厂水泥粉磨系统设备配置表

主机设备名称	主机设备型号及参数
立磨	HXLM50.4 能力：260t/h。功率：5000kW
收尘袋	型号：CBMP180-2 × 10。风量：850000m^3/h
风机	风量：850000m^3/h。压力：9000Pa。功率：2800kW

HXWX 工厂 P·O42.5 水泥粉磨平均台产在 250t/h 左右，年统计平均电耗在 26kW·h/t 左右，对比立磨粉磨系统的电耗值处于先进水平。立磨水泥粉磨系统工艺流程较为简单，对比球磨机粉磨系统而言，节能优势较为明显。

3.8.10.3 HXCY 工厂水泥粉磨系统

HXCY 工厂拥有一条设计年产能 40 万 t 的球磨机带单辊机的水泥联合粉磨系统。其设备配置见表 3-41。

表 3-41 HXHS 工厂水泥粉磨系统设备配置表

主机设备名称	主机设备型号及参数
单辊机	功率：315kW
球磨机	型号：ϕ3.2×13m。功率：1600kW
排风机	风量：35000m^3/h。功率：75kW

HXCY 工厂 P·O42.5 水泥粉磨平均台产在 55t/h 左右，平均电耗维持在 31kW·h/t 左右，处于较好水平。该生产线采用单传统辊压机作为磨前预粉磨设备，装机功率仅为双传动辊压机的 55%，在不追求产量的前提下，能够有效降低粉磨电耗，而且单辊机采用高压弹簧加压，结构设计简单，运转率高。

3.8.10.4 HXHS 工厂水泥粉磨系统

HXHS 工厂拥有一条设计年产能 250 万 t 的球磨机带辊压机的水泥半终粉磨系统。其设备配置见表 3-42。其工艺流程如图 3-95 所示。

表 3-42 HXHS 工厂水泥粉磨系统设备配置表

主机设备名称	主机设备型号及参数
辊压机	型号：2000×1800。功率：2×2240kW
V 型静态选粉机	型号：CCVX14025-ZP。风量：700000~800000m^3/h
循环风机	风量：600000m^3/h。功率：1600kW
球磨机	型号：ϕ5m×15m。功率：6500kW
O-Sepax 选粉机	型号：HXXF4800。功率：250kW
收尘袋	型号：SJP111445-2X6。风量：180000m^3/h
磨尾收尘器	型号：SJP111245-5。风量：55000m^3/h
排风机	风量：200000m^3/h。功率：200kW

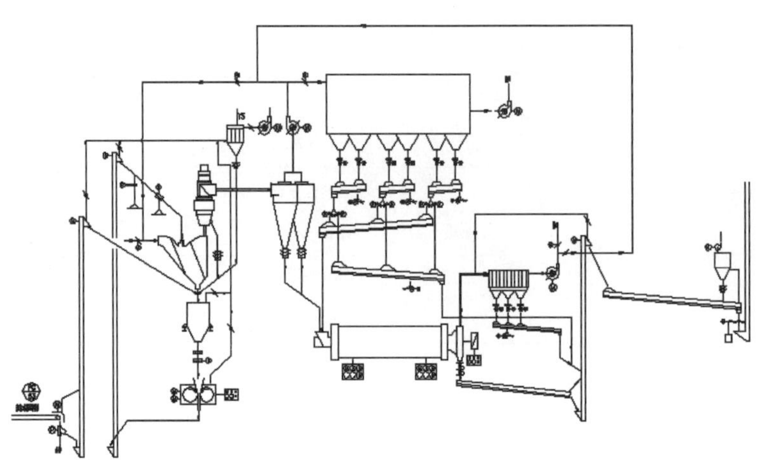

图 3-95 HXHS 工厂球磨机带辊压机的水泥半粉磨系统

HXHS 工厂 P·O42.5 水泥粉磨平均台产在 420t/h 左右，平均电耗在 28kW·h/t 左右。半终粉磨系统是物料经辊压机挤压后喂入 V 形选粉机及动态选粉机进行分级，合格的粉状物料直接由旋风筒收集为成品，不需要经过球磨机的粉磨，相比联合粉磨工艺，该粉磨系统的产量得到进一步提高，并且也避免了合格成品经球磨机粉磨后的过粉磨现象。

3.9 工艺风机

风机是一种用于压缩和输送气体的机械，从能量观点看，它是把原动机的机械能量转变为气体能量的一种机械。在现代新型水泥生产工艺中，风机占有重要作用，其装机容量占到水泥厂总装机容量的 30%~35%，因此做好风机的节能降耗工作显得极为重要。

3.9.1 风机的发展历程

风机已有悠久的历史。中国在公元前就已制造出简单的木制砻谷风车，它的作用原理与现代离心风机基本相同。罗茨鼓风机是回转式鼓风机的一种，于 1854 年由美国的罗茨等人发明。1862 年，英国的圭贝尔发明了离心风机，其叶轮、机壳为同心圆形，机壳用砖制，木制叶轮采用后向直叶片，效率仅为 40% 左右，主要用于矿山通风。1880 年，人们设计出用于矿井排送风的蜗形机壳和后向弯曲叶片的离心风机，结构已比较完善了。1892 年，法国研制成横流风机；1898 年，爱尔兰人设计出前向叶片的西罗柯式离心风机，并被各国广泛采用；19 世纪，轴流风机已应用于矿井通风和冶金工业的鼓风，但其压力仅为 100~300Pa，效率仅为 15%~25%，直到 20 世纪 40 年代以后才得到较快的发展。1935 年，德国首先采用轴流等压风机为锅炉通风和引风；1948 年，丹麦研制出运行中动叶可调的轴流风机；旋轴流风机、子午加速轴流风机、斜流风机和横流风机也都获得了发展。

3.9.2 风机的分类

由于风机的用途广泛，种类繁多，因而分类方法也很多，但目前多采用以下两种方法。

（1）按作用原理分类（图 3-96）

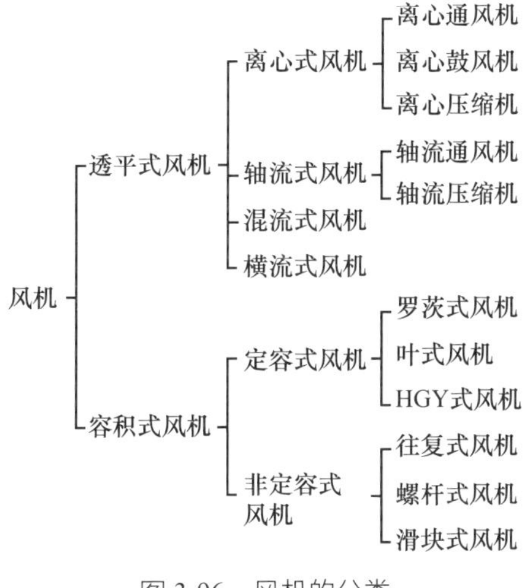

图 3-96　风机的分类

(2) 按产生压力的大小分类

低压离心通风机：全压 $P < 1\text{kPa}$。

中压离心通风机：全压 P 在 1~3kPa 之间。

高压离心通风机：全压 P 在 3~15kPa 之间。

低压轴流通风机：全压 $P < 0.5\text{kPa}$。

高压轴流通风机：全压 P 在 0.5~5kPa 之间。

离心风机的主要部件包括叶轮、机壳、集流器和进气箱等。其工作原理是气流进入旋转的叶片通道内，在离心力的作用下，气体被压缩，并且沿着半径的方向流动，流体沿轴向进入叶轮后旋转一定角度沿径向流出，因此离心风机是通过势能的转换来提供动力的。利用高速旋转的叶轮将气体进行加速，同时改变气体的流向，让动能可以直接转换为势能。

3.9.3 离心风机的主要部件

(1) 叶轮

叶轮是风机的主要部件，由前盘、后盘、叶片及轮毂组成。叶片有前弯式、径向式、后弯式三种，如图 3-97 所示。

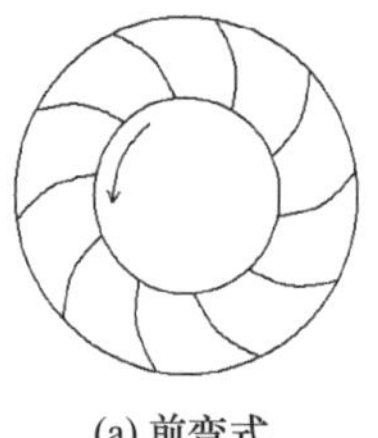

(a) 前弯式

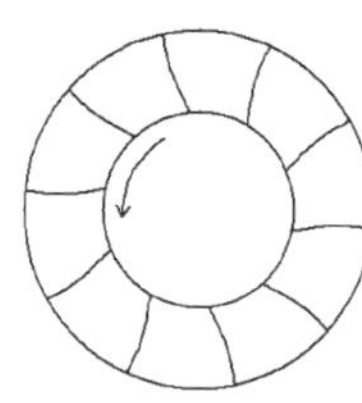

(b) 径向式

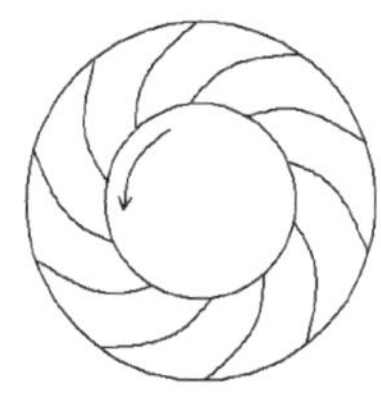

(c) 后弯式

图 3-97 离心风机的叶片形式

后弯式叶片有机翼型、直板型和弯板型三种形式。机翼型叶片具有良好的空气动力特性，效率高；但输送烟气及含尘气体时，叶片易磨穿，一旦粉尘进入空心翼，则会因叶片积灰失去平衡，引起振动，严重影响风机的正常工作。直板型叶片制造简单，但效率低。弯板型叶片若经优化设计，可具有良好的空气动力特性，效率接近机翼型叶片，因此可用作钢炉引风机的叶片。

前盘有直前盘、锥形前盘和弧形前盘三种形式，如图 3-98 所示。直前盘制造简单，但效率较低；弧形前盘制造复杂，但效率较高；锥形前盘介于两者之间。

(2) 蜗壳

蜗壳的作用是汇集从叶轮流出的气体并引向风机的出口，同时，将气体的部分动能转换为压力能来提高风机效率，蜗壳的外形一般采用阿基米德螺旋线或对数螺旋线，但为了加工方便，也常做成近似阿基米德螺旋线。蜗壳轴面为矩形，且宽度不变。

在蜗壳出口附近有“舌状”结构，称为蜗舌，其作用是防止部分气流在蜗壳内循环流动。蜗舌分为平舌、浅舌、深舌三种。它的几何形状、蜗舌尖部的圆弧半径 r 以及距叶轮的最小距离 t，对风机性能、效率和噪声等均有很大的影响。

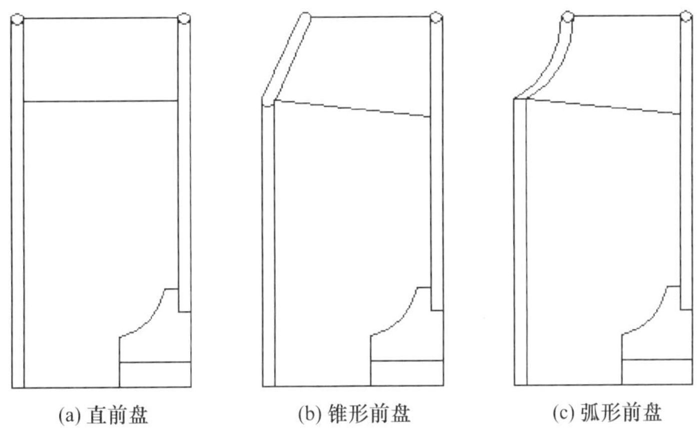

图 3-98　离心风机的叶片形式

蜗壳出口断面的气流速度仍然很大，为了将这部分动能转换为压力能，在蜗壳出口装有扩压器。因气流从蜗壳流出时向叶轮旋转方向偏斜，因此，扩压器做成向叶轮一边扩大，其扩散角通常为 6° ~8° ，如图 3-99 所示。

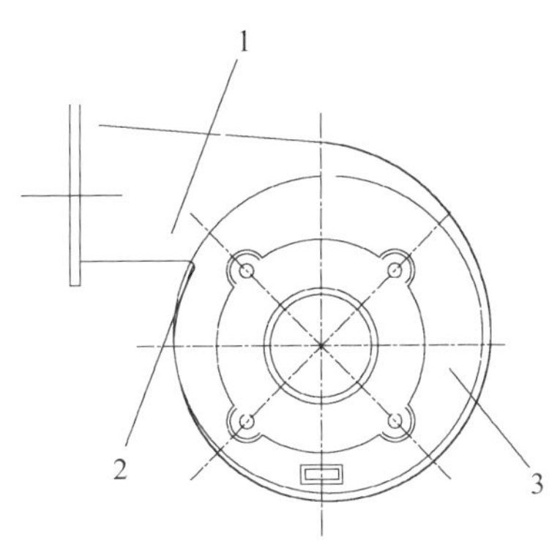

图 3-99　风机蜗壳

1—扩压器；2—蜗舌；3—螺形室

（3）集流器与进气箱

集流器装在叶轮进口，其作用是以最小的阻力损失引导气流均匀地充满叶轮入口，集流器有圆筒形、圆锥形、圆弧形、喷嘴形等形式，如图 3-100 所示。

圆弧形集流器最符合气流流动的规律，它与圆筒形集流器相比，效率可提高 2%~3%，故在大型风机上得到了广泛的应用。

集流器直接从外界空间吸取气体的称为自由进气。由于风机结构上的需要，如大型风机进风口前装有弯管或采用双吸入风机时，为改善气流的进气条件，减少气流分布不均而造成的阻力损失，可在集流器前装有进气箱，如图 3-101 所示。进气箱的形状及尺寸对风机的性能影响很大。如果进气箱结构不合理，造成的阻力损失可达风机全压的 15%~20%。

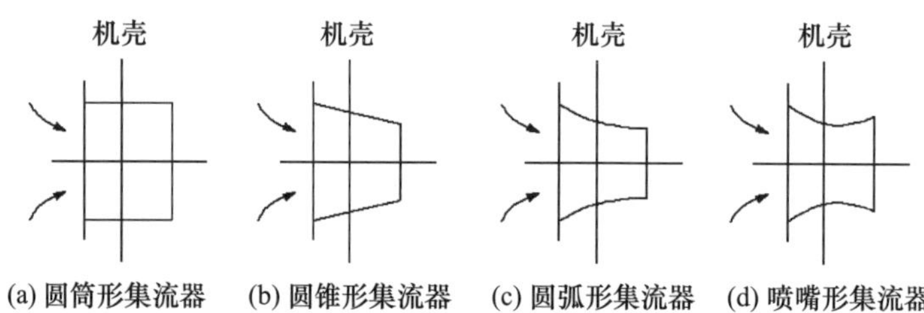

图 3-100　集流器形式示意图

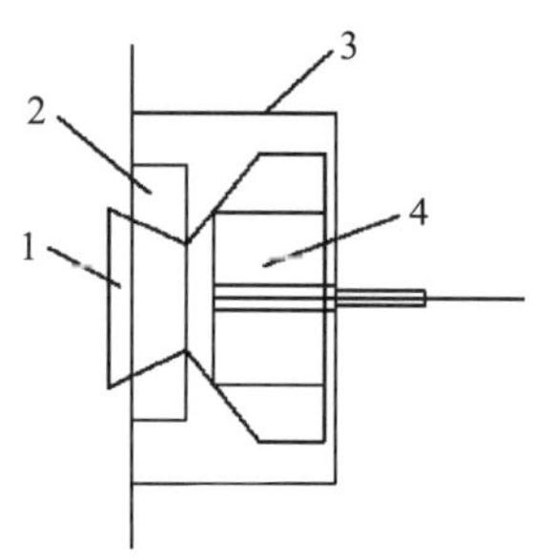

图 3-101　离心式通风机扩压结构

1—集流器；2—扩压环；3—机壳；4—叶轮

3.9.4　风机的主要性能参数

（1）流量

风机的流量是单位时间内流过通风机的气体容积（风机进口处的体积流量），常用单位为 m^3/h。

（2）压力（图 3-102）

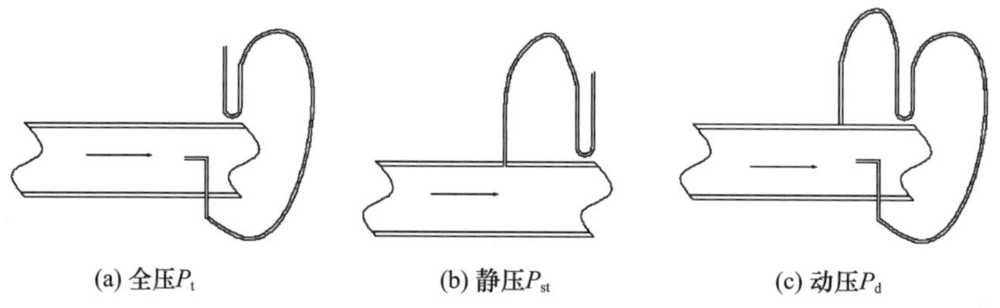

图 3-102　风管全压、静压和动压示意图

静压 P_{st}：气体对平行于气流的物体表面作用的压力；

动压 P_d：流动的气体所具有的动能；

全压 P_t：同一截面上气体静压和动压之和；

风机全压 P_{t1}：风机出口截面上的全压与进口截面上的全压之差；

风机静压 P_{st1}：风机的全压减去风机出口处的动压；

以上指标单位均为 Pa。

（3）功率

轴功率是指风机的输入功率，即电机的输出功率。有效功率指风机所输送的气体，在单位时间内从风机中所获得的有效能量。通风机设计计算中通常按理想气体计算，不考虑压缩性的影响。为了提高设计和试验精度，当压力超过 2500Pa 时，要求有效功率和效率的计算必须考虑可压缩性的影响（用可压缩性系数修正）。

（4）效率

全压效率和静压效率都是表征风机内部流动过程的好坏，是风机气动设计的主要指标。全压效率是指风机全压有效功率与轴功率之比。静压效率是指风机静压有效功率与轴功率之比。通常所说的风机效率是指全压效率。

（5）转速

风机的转速是指叶轮每分钟的旋转数，用 n 表示，风机所有的性能参数均将随转速的变化而变化。

3.9.5 风机的性能曲线

3.9.5.1 典型的性能曲线图

在曲线图上表示性能试验所得的风量、压力、轴功率、效率等的曲线，是表示该风机性能的，故称之为性能曲线。图 3-103 为某离心式通风机的性能曲线。

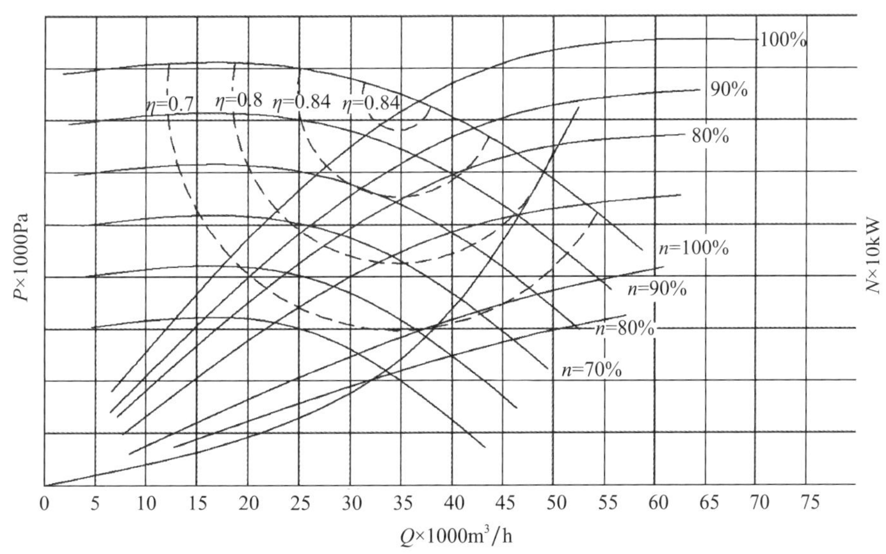

图 3-103 离心式通风机的性能曲线图

该性能曲线是换算成额定状态的图线，通风机的风量（Q）为横坐标，风机的全压及风机的静压、轴功率、效率、转速等为纵坐标。

3.9.5.2 进气气体密度对风机性能的影响

进气气体密度发生变化时，例如夏季运转条件下的性能，到了冬季由于进气温度有所改变，所以该性能也要变化。

变化后的性能，遵循风机相似原理，按下式换算。

$$Q_2=Q_1$$

$$\frac{P_2}{P_1}=\frac{\rho_2}{\rho_1}$$

$$\frac{N_2}{N_1}=\frac{\rho_2}{\rho_1}$$

$$\eta_2=\eta_1$$

式中　Q_1——变化前的风量，m^3/h；

Q_2——变化后的风量，m^3/h；

P_1——变化前的压力，Pa；

P_2——变化后的压力，Pa；

N_1——变化前的功率，kW；

N_2——变化后的功率，kW；

ρ_1——变化前的气体密度，kg/m^3；

ρ_2——变化后的气体密度，kg/m^3；

η_1——变化前的风机效率，%；

η_2——变化后的风机效率，%。

密度效应如图 3-104 所示。

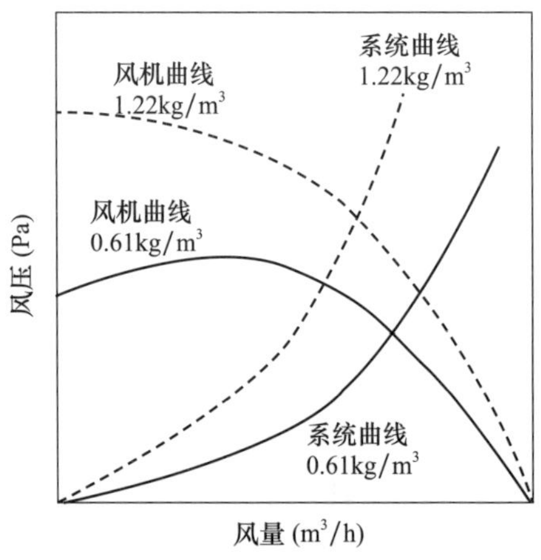

图 3-104　密度效应

3.9.5.3　改变转速对风机性能的影响

在用变速电动机的风机中，改变转速时，遵循风机相似原理，可按下式换算。

$$\frac{Q_2}{Q_1}=\frac{n_2}{n_1}$$

$$\frac{P_2}{P_1}=\left(\frac{n_2}{n_1}\right)^2$$

$$\frac{N_2}{N_1}=\left(\frac{n_2}{n_1}\right)^3$$

式中　n_1—变化前的转速，r/min；

n_2—变化后的转速，r/min。

其相关变化如图 3-105 所示。

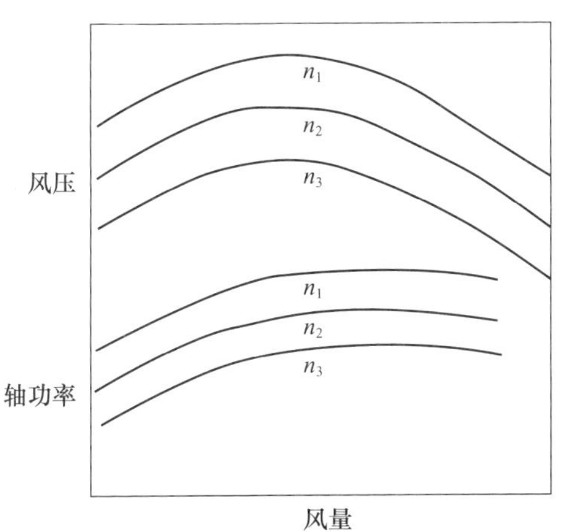

图 3-105　改变转速时性能的变化

3.9.5.4　改变叶轮直径对风机性能的影响

对于不能改变转速的风机，为了有效地改变风机性能，有时采用加工叶轮外径的方法，则加工后的性能，根据风机相似原理，可按下式换算。

$$\frac{Q_2}{Q_1}=\left(\frac{D_2}{D_1}\right)^3$$

$$\frac{P_2}{P_1}=\left(\frac{D_2}{D_1}\right)^2$$

$$\frac{N_2}{N_1}=\left(\frac{D_2}{D_1}\right)^5$$

式中　D_1—加工前的叶轮外径，m；

D_2—加工后的叶轮外径，m。

3.9.6　工艺风机能耗高的原因分析

（1）风机选型不当

设计者和风机厂家对所需要的风量、风压层层加码，导致风机富余量很大，风机运行工况点偏离高效区（设计点），就是人们常说的“风机选大了”。

图 3-106 是由于管网的阻力特性曲线发生改变，而导致风机实际运行工况点偏离设

计工况点。图 3-107 由于管道中的气体密度降低而导致风机本身的特性曲线发生变化，进而实际工况点偏离设计工况点。这两种工况偏离最终都可能会导致风机效率降低，电耗上升。

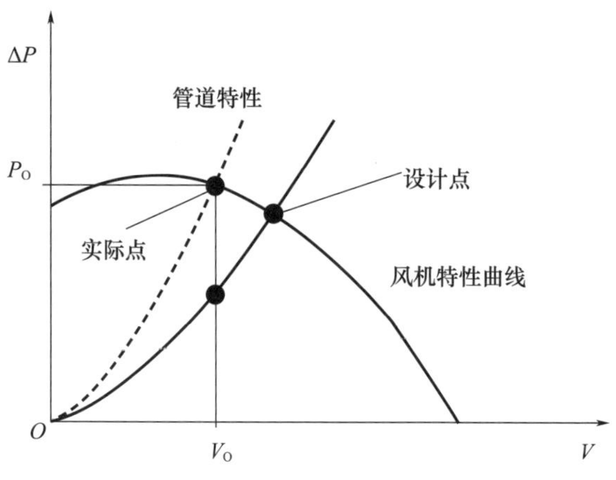

图 3-106　管网特性曲线改变

P_O—运行压力；V_O—运行风量

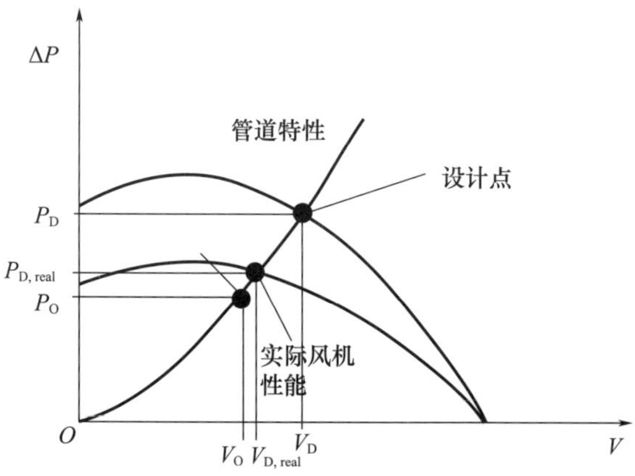

图 3-107　管网气体密度变化

P_D—设计压力；V_D—设计风量；$P_{D,real}$—实际运行压力；$V_{D,real}$—实际运行风量；P_O—理想运行压力；V_O—理想运行风量

（2）风机系列型谱不全

由于原型机的限制，没有好的风机模型可供选择，只好选用其他低效风机替代，也就是说风机本身效率不高。

（3）风机制造精度不高，风机安装不符合要求

很多现场使用的风机，叶轮进风口偏心严重，以及进风口插入叶轮深度不规范，叶轮旋转起来与进风口不刮擦就算“合格”，导致叶轮与进风口径向间隙过大，达到了 20~30mm，风机内漏风严重，效率低下。在风机安装时，轴向间隙应为叶轮外径的

0.8%~1.2%，径向间隙沿圆周应均匀，其单侧间隙值应为叶轮外径的 0.15%~0.4%。其示意如图 3-108 所示。

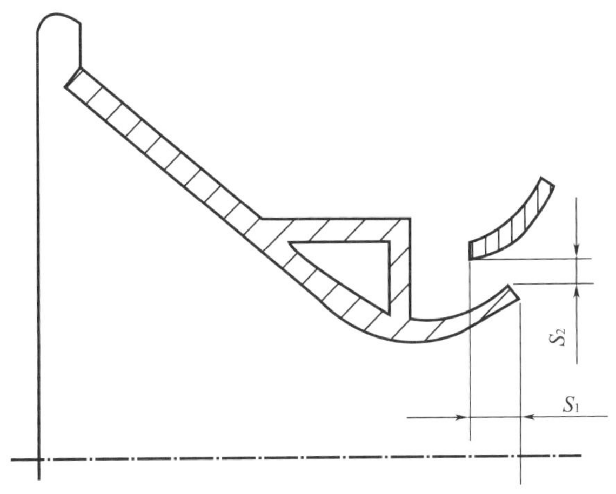

图 3-108 风机轴向间隙和径向间隙示意图

S_1—轴向间隙；S_2—径向间隙

(4) 风机管路设计、布局不合理

特别是风机进出口管道连接处布局不合理，出现突然变大、突然变小、突然转弯的连接。风管弯头设计方案如图 3-109 所示。

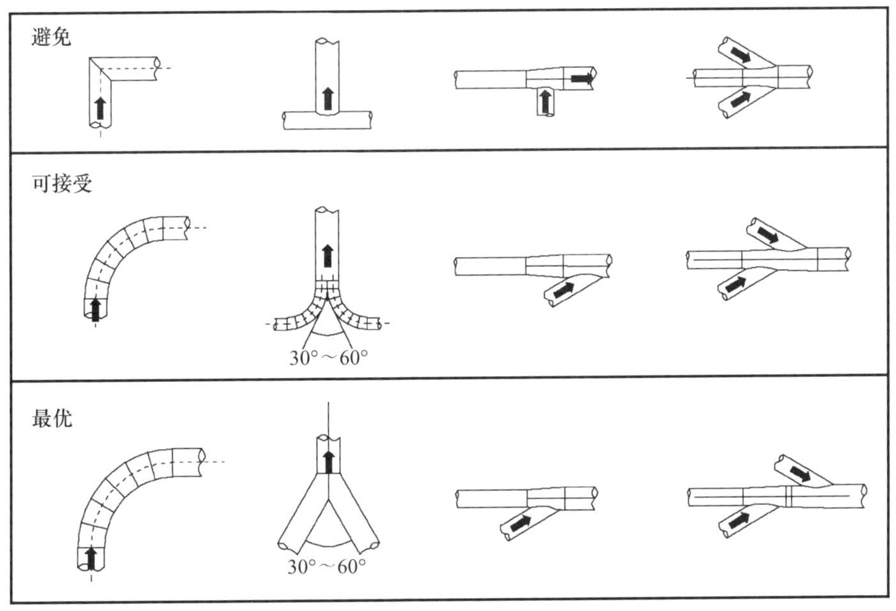

图 3-109 风管弯头设计方案

(5) 管道系统漏风

管道系统漏风会增加噪声、污染环境以及增加能耗。

综上所述，风机能耗高主要是因为风机运行效率低，但把风机能耗高仅仅归结于风机效率低是不准确的，优化管路、减少系统阻力，减少漏风量以及降低风机出口动压，同样可以大幅度降低风机的能耗。

3.9.7 工艺风机碳减排的技术手段

工艺风机碳减排技术手段的核心点在于风机运行效率的提升，具体措施包括以下几点：

（1）检查管道系统是否漏风。有的管道漏风面积很大，很容易就能找到漏风点。漏风在绝大多数情况下既增加了风机的能耗，又可能使产量受到影响。

（2）对不合理的管道要进行优化。去掉多余的管件、风阀、三通及弯头；管道截面不要发生突变，转弯不要太急。优化管道的目的就是尽可能降低系统的阻力。

（3）变频调速。变频器并不能提高风机本身的效率，对于风门开度大于 85% 的风机，不建议采用变频调速，变频器特别是高压变频器价格昂贵，企业要考虑投入产出比。对于风门开度小于 85% 的风机，可以考虑变频调速，风门开度越小，变频节能效果越好。

（4）风机选型合理。风机选型测量时的测点布置要合理，系统运行工况要稳定，确保所标定的数据具有代表性，该工况点必须要在所选风机的高效区内。

（5）更换高效风机。目前已研发出多种高效节能风机可供选择，这种方式最彻底，效果最好。

3.10 燃烧器

水泥回转窑作为水泥熟料生产装备，兼具燃料燃烧、气固换热、化学反应、物料输送等多重功能。但是，它之所以能够承担起这些艰巨任务，首先在于回转窑系统蕴含着一个能够提供充足热量的热力源泉，这就是燃料燃烧器。不仅传统的湿法、干法等回转窑装置在窑头的燃料燃烧器十分重要，对现代预分解窑来说，它所具有的两个热源——窑内及分解炉内的燃料燃烧器也同样十分重要。只有具有优良性能的燃烧器，才能保证喂入窑系统的燃料在燃烧空间内迅速分散均布、及时起火、完全燃烧，并按照要求提供充足的热量，形成一个合理的温度场及热工制度，从而使回转窑系统充分发挥其应有的功能，顺利完成所赋予的各项任务，做到优质、高效、低耗、长期安全运转和满足环境保护规定的要求。

早期的回转窑燃料燃烧器大多为单通道形式，输送煤粉的空气兼作窑用一次风，不仅煤风混合欠佳，且一次风用量大（一般占总燃烧空气用量的 20%~30%），煤粉燃烧速度慢，火焰形状及温度分布也很难调节。虽然生产中曾采用过变更喷煤嘴“拔梢”角度、平头长度喷嘴口径以及在喷管内安装风翅，调整风翅个数、角度、高度、长度及安装位置等办法，作为调整窑内火焰形状及温度分布的措施，但收效不大。尤其对预分解窑来说，是更难适应的。20 世纪 70 年代末期，法国皮拉德公司首先研制开发了用于煤粉燃烧的三通道燃烧器，随后德国 KHD、丹麦 FLSmidth、日本 UBE 等公司也都开发出各种形式的多通道燃料燃烧装置，以适应在预分解窑全系统中不断优化的基础上，对燃料燃烧、低质燃料的应用和环境保护指标方面提出的更高要求。

3.10.1 回转窑煤粉燃烧器的形式

目前，回转窑用的煤粉燃烧器主要有三风道和四风道燃烧器，用于工业废弃物燃烧的多风道燃烧器。

3.10.1.1 皮拉德煤粉燃烧器

图 3-110 所示为皮拉德公司生产的旋流式三风道煤粉燃烧器。该燃烧器煤风在中间，外部的一次净风是轴流风，内部的一次净风是利用头部的螺旋叶片产生的旋流风，利用进风管上的两个阀门调节。

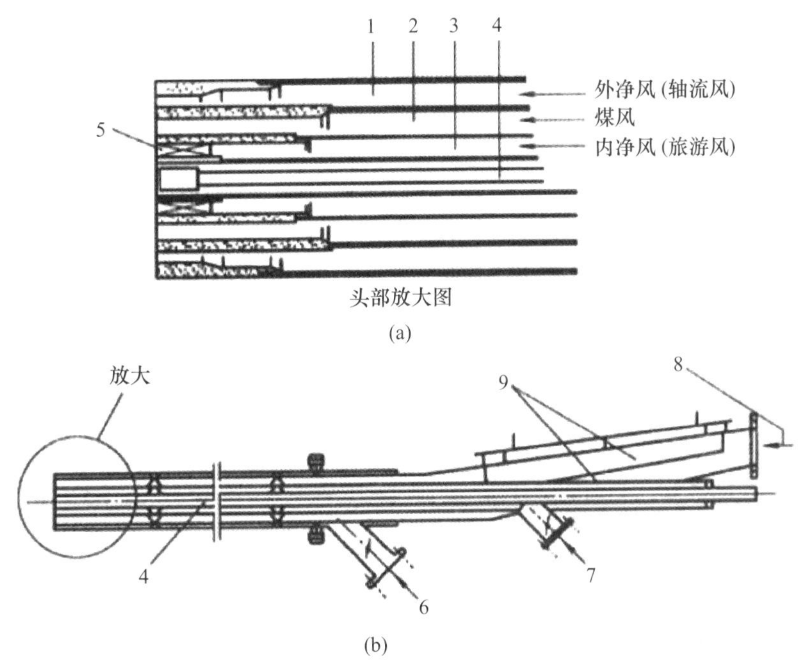

图 3-110 皮拉德公司生产的多通道煤粉燃烧器

1—外净轴流风道；2—煤风道；3—内净旋流风道；4—燃油点火装置；5—螺旋叶片；6—外净风调节阀；7—内净风调节阀；8—煤风进口；9—耐磨层

内风旋转流动有助于煤风的混合。外风风道为直流的环状风道，以保持直流和较高的风速，从而保证火焰有一定的长度、形状和刚度。

煤风处于内净风与外净风之间，有利于煤风混合，对煤粉的燃烧有利。该燃烧器外风道、内风道和煤风道均向外扩散，且各风道出口截面均可调。

燃油点火器通常设在燃烧器的最中间，供点火时使用。

3.10.1.2 KHD 公司的 PYRO-Jet 煤粉燃烧器

PYRO-Jet 燃烧器的轴流空气是由喷嘴环上围成圆形的小孔射出，喷口的数目、尺寸和位置取决于生产能力和燃料种类。

燃烧器结构由外向内依次为直流风、煤风、旋流风、中心风和燃油点火装置，如图3-111所示。

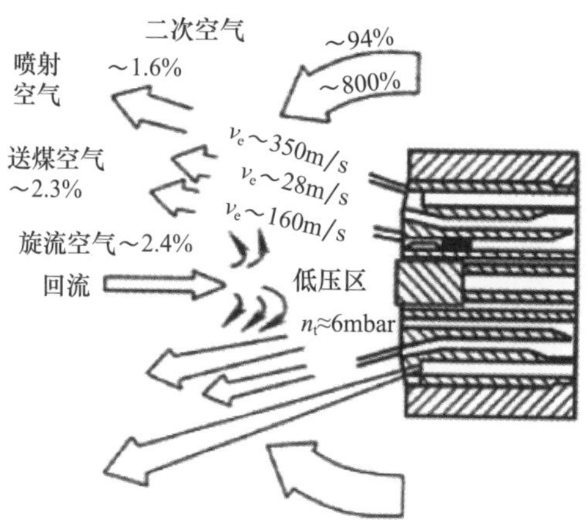

图 3-111 KHD 公司生产的 PYRO-Jet 多通道煤粉燃烧器

n_t—中心空气；v_e—风速

3.10.1.3 FLSmidth 公司的 Centrax 煤粉燃烧器

FLSmidth 公司开发出窑用 Centrax 新型燃烧器，以获得具有强辐射能力的稳定的短窄型火焰，而一次风量降低到4%，适应生产高质量熟料、低 NO_x 和 CO 排放、保护窑皮和使用低活性燃料的需要。试验证明，要获得具有较强辐射能力的稳定的短窄型火焰，推力为4.1~5.1N/MW。Centrax 燃烧器采用4%的一次风量、风速为360m/s时，推力为4.9N/MW。其火焰形状如图3-112所示。

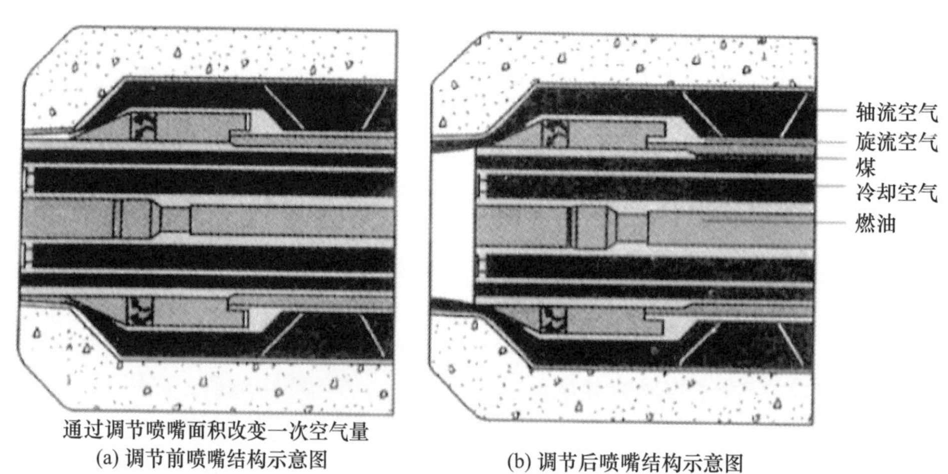

(a) 调节前喷嘴结构示意图　　(b) 调节后喷嘴结构示意图

图 3-112 Centrax 燃烧器的火焰形状

3.10.1.4 TC 型旋流式四风道煤粉燃烧器

TC 型旋流式四风道煤粉燃烧器的结构如图3-113、图3-114所示，从内向外依次为中心风道、煤粉风道、旋流风道、轴流风道和外部套管。

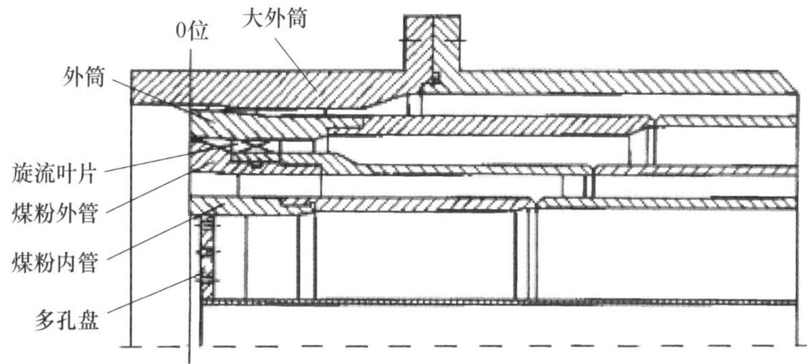

图 3-113 TC 型四风道煤粉燃烧器喷嘴结构

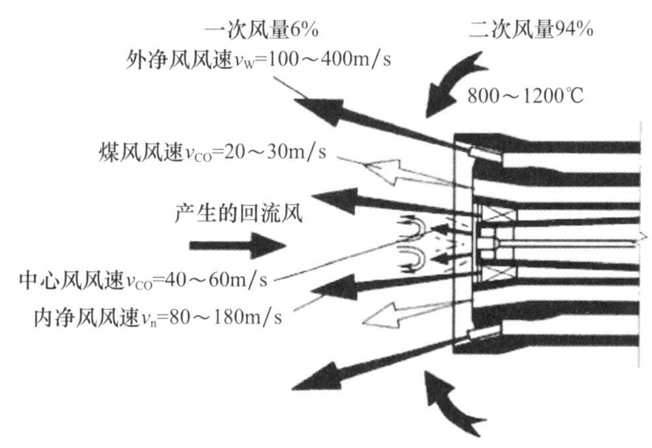

图 3-114 TC 型燃烧器的原理

（1）中心风道头部装有火焰稳定器，在耐热钢板面板上均匀分布着四环圆孔，每环 12 个圆孔射流风速约为 60m/s。

（2）煤粉风道位于中心风道的外层，煤风携带着煤粉以很小的分散度将煤粉喷入，与一次风混合后进行燃烧，此处的风速为 23~25m/s。

（3）旋流风道的头部装有旋流器，旋流器设有 24 个叶片，角度约为 20°，使旋流风在出口时产生旋转，同时向四周喷射，旋流器的旋转风向与回转窑的旋转方向一致，通过出口截面，改变出口风速，从而改变火焰形状。

（4）燃烧器的最外层是轴流风道，其头部为带槽形通道的出口，可以单独喷射空气，通过改变出口截面来改变出口风速，从而改变火焰形状。

（5）外部套管位于燃烧器的最外部，这个部件比其他头部装置长出 62mm，其目的是产生碗状效应时发生气体膨胀，在喷煤管的外风管上设有防止煤管弯曲的筋板。

3.10.1.5 HJ 型节能燃烧器

HJ 型节能燃烧器采用四风道形式，从内到外依次是涡流风道、旋流风道、煤粉风道和外轴流风道，其中，外轴流风道、旋流风道、涡流风道通入一次净风；外轴流风道出口面积可以无级调节；旋流风道和涡流风道的出口面积和角度可以无级调节；煤粉通道通入煤粉风。

（1）外轴流风道

外轴流风道设置在最外侧，外轴流风通过外圈多个带斜度和锥度的半圆形喷嘴喷出多个高速射流，在高速射流作用下，外轴流风道喷嘴口形成局部负压区，周围的高温气体被卷吸并通过两束射流之间的缝隙与煤粉混合，使煤粉快速升温而燃烧。通过外轴流风的高速引射作用，提高高温二次风的用量，从而降低烧成热耗。

（2）煤粉风道

煤粉风道设置在外轴流风道和旋流风道之间。煤粉在外轴流风和外旋流风作用下迅速扩散，使煤粉快速着火；在外轴流风和外旋流风作用下，控制煤粉在窑内的走向和分布，可以有效调节火焰形状和火焰温度的分布。

（3）旋流风道

旋流风道设置在煤粉风道的内侧，外旋流风通过多个带锥度的半圆形螺旋槽的旋流器喷出多个高速旋流风，产生旋流效应，使煤粉在出燃烧器后迅速散开，降低了煤粉浓度，提高了煤粉与空气的接触时间和接触面积，使煤粉能够快速燃烧，提高了煤粉燃烧效率。

（4）涡流风道

涡流风道设置在旋流风道的内侧，多个带不同螺旋角度的半圆形螺旋槽旋流器喷出多个高速涡流风，其中涡流风道的旋流器通过调整轴向位移可以调整涡流风喷出的角度，以调整火焰形状。配合旋流风，使燃烧火焰更加集中。其技术参数见表 3-43。

表 3-43　HJ 型节能燃烧器技术参数

类别	数值
燃烧器发热功率（MW）	85~135
燃烧器发热能力（GJ/h）	345~510
喷煤量（t/h）	3~30
一次风风量（%）	4~5
燃烧器推力（N）	523~600
相对动量（%·m/s）	1300~1500
单位热能推力（N/MW）	5.4~6
一次风压力（kPa）	49~60
一次风速（m/s）	140~460

3.10.2　分解炉用燃烧器

一般来说，由于分解炉内燃料多为无焰燃烧，炉内温度较回转窑燃烧带低得多，因此炉用燃烧器性能不像对窑用燃烧器那样苛求。除了 RSP 型分解炉以煤粉为燃料时，一根单独的燃烧器是从 SB 室插入外，其他炉型大多是在三次风入口处多点设置，目的在于保证燃料喷出口迅速发火燃烧。

分解炉用燃烧器除结构外，关键在于设置部位要同三次风入口位置及生料下料点位置优化匹配，以保证燃料迅速喷入炽热的三次风中，快速发火起燃。同时要避免生料立即涌入刚发火或尚未发火的燃料喷入区，影响燃料的发火起燃。此外，炉用燃烧器的喷入位置及角度也要同三次风入口位置、角度合理匹配，避免吹扫耐火材料。

3.10.3 替代燃料燃烧器

3.10.3.1 NC 型可替代燃料燃烧器

NC 型可替代燃料燃烧器的结构主要由五个环形通道组成（图 3-115）。通道一为外风管，用于输送外风，出口处有一喷嘴板，板上均布有一圈小孔；通道二为煤风管，用于输送煤粉；通道三为内风管，用于输送旋流风，喷嘴出口处安装有旋流器；通道四为中心风管，用于输送直流风，出口处有一喷嘴板，板上均布有小孔；通道五为中心管，中心管由油燃烧器套管和可替代燃料管上下两根管道组成，上面管道用于输送可替代燃料，下面管道用于放置油燃烧器。另外，在煤粉喂入处设有一个带盖的检查孔，打开检查孔盖能查看到煤粉入口区域的磨损情况；煤粉入口处粘贴了耐磨陶瓷片以防管道磨损。

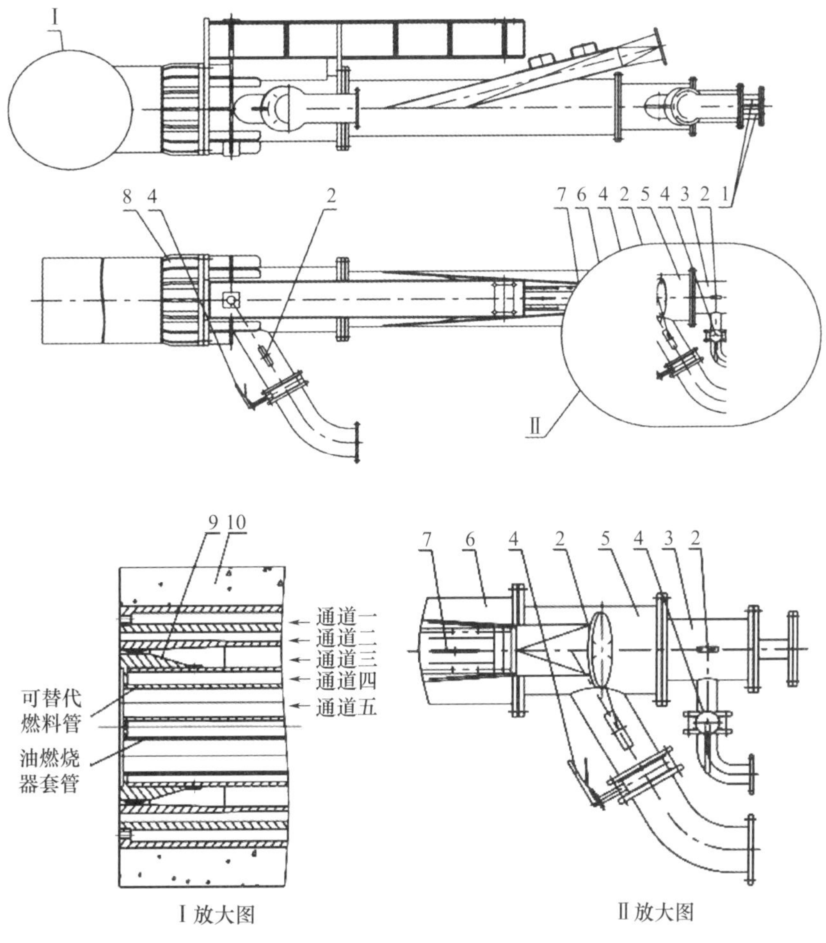

图 3-115 NC 型可替代燃料燃烧器

1—中心管；2—压力表；3—中心风管；4—蝶阀；5—内风管；6—煤风管；7—检查孔盖；8—外风管；9—旋流器；10—耐火浇注料

NC 型可替代燃料燃烧器可用于处理燃烧生活垃圾中的可燃物（如塑料、纸片、树叶、橡胶、皮革等），且煤粉、生活垃圾中的可燃物能与一、二次风混合充分，达到完全燃烧；一次风用量少，并可灵活调节火焰形状，以适应窑内熟料煅烧的需要；正常操作时可得到较低的热耗，节煤效果明显。

3.10.3.2　Unitherm 燃烧器

Unitherm 燃烧器的端面结构如图 3-116 所示，可以 100% 使用烟煤、无烟煤及石油焦，同时可以加入固体废料，一次风用量为 6%~8%，在改善了燃烧环境的同时，也降低了对所用燃料的要求，更能适应劣质燃料的燃烧，是新一代多功能燃烧器。

燃烧器头部 MAS 通道用风由 12 个单独的喷嘴引入，12 个喷嘴由软管连接，可以改变旋流角度，进而调节火焰形状，喷嘴可在 0~40° 之间进行无级调节，轴向风与旋流风同时从喷嘴喷出，比外风道是环形结构的燃烧器有更高的喷射速度。软管外有笼焰罩和浇注料保护，使用寿命很长。

图 3-116　Unitherm 燃烧器

在一次风量不变的情况下，只调节 12 个喷嘴的角度来改变火焰形状，不管火焰具有什么形状，燃烧器的推力始终保持不变。如果需要提高燃烧器的推力，可以通过提高一次风机的风压来实现。

圆形喷嘴结构在磨损后能保持形状不变，解决了环形风道易变形导致火焰跑偏问题，可保证火焰形状的对称，避免发生偏火刷窑皮现象。

MAS 燃烧器是独立喷嘴引射结构，单个喷嘴产生的是单独的引射柱流，12 股引射柱流在燃烧器出口处形成一个低压区，使热的二次风快速均匀地进入火焰内部，加强了火焰内部引入二次风的作用。加快并增强了二次风与燃料的混合，使燃料快速点燃着火，加快对料层的传热。这种结构能以较少的一次风量获得足够的燃烧动力，更适合劣质煤、无烟煤和石油焦的煅烧。

3.10.3.3 Flexiflame™ 燃烧器

Flexiflame™ 燃烧器在外环通过一次空气（外部空气）的高动量流工作，高的动量及由此引起的高出口速度决定了细长而稳固的火焰形状。相比于低动量燃烧器，它形成一个较短的高散射火焰。高动量流有能力控制混合区域火焰从着火点到余下火焰的长度。低动量燃烧器的设计意味着窑内较长的混合区和较长的火焰。试图控制熟料烧成带长度和冷却带长度，对于晶体生长形成并不总是好的。较短的火焰长度和控制火焰的能力也有利于硫在窑口处的循环。

一次空气作为单独的空气喷射流的布置，对燃烧有非常有利的效果，因为它确保了热的二次空气与火焰的迅速混合。火焰的形状通过一次空气动力调整。在燃烧器的煤粉通道或石油焦通道的内外部各设置了一个涡流空气进口，因此可以强烈混合煤粉。这种所谓的双涡流效应使火焰具有高稳定性（提供优异的火焰控制），并且可以快速形成火焰（火焰着火点接近燃烧器）。相比于其他的燃烧器，火焰的几何形状在窑内容易控制，从窑筒体的温度分布就可以看出。

燃烧器的中心部件如油喷枪、固体燃料管、点火器等，并经由燃烧器端板操纵和冷却。如果在燃料混合物和通道布置许可的情况下，就使用轴向对称设计，因为它比非对称设计可以更好地控制火焰。非常安全的结构使得燃烧器拥有极其精确的设置，所有的燃烧器通道是独立可调的。

主燃烧器的混合动力要根据窑炉的不同应用、系统配置、燃料成分和熟料分析等客户的需求来选择特定条件。即使在很敏感的窑炉系统中，如采用行星式冷却机（低的二次空气温度），使用石油焦和固体替代燃料混合物（木屑和固体再生燃料）的白水泥窑生产线上，这种带有复杂几何尺寸喷嘴的燃烧器，也能获得极好的运行效果，从而降低燃料成本。

对 Flexiflame™ 燃烧器完成最新的优化措施是基于固体替代燃料通过设置在燃烧器的中心管道的注入和燃烧。喷射速度的设置可以不取决于输送空气（一般在 35~45m/s，此外空气速率还取决于窑炉类型）。固体替代燃料燃烧器的设计要保证氧气便利地接近燃料注入点，以促进替代燃料更快燃烧。在此区域存在氧气局部缺失现象，因为通常这一区域对于碳燃烧对氧气具有更高的亲和力。除非采取特别的设计措施，替代燃料最初都注入到氧含量低的火焰区，直到干燥和热解之后，发生碳燃烧且有足够的氧气，替代燃料才能在火焰中点火和燃烧。

3.11 替代燃料

替代燃料，也称为二次燃料、辅助燃料，是指可燃废物经过预处理后形成能够代替传统天然化石燃料，用于水泥窑熟料生产的衍生燃料。替代燃料在水泥工业中的应用不仅可以节约一次能源，同时有助于环境保护，具有显著的经济、环境和社会效益。

3.11.1 替代燃料在水泥工业中的发展历程

发达国家从 20 世纪 70 年代就开始使用替代燃料，替代燃料的数量和种类不断扩大，水泥工业成为这些国家利用废物的首选行业。根据欧盟统计，欧洲 18%的可燃废物被工业领域利用，其中有一半是水泥行业，是电力、钢铁、制砖、玻璃等行业的总和。发达国家政府已经认识到其对节能、减排和环保的重要作用，都在积极推动燃料替代的普及和替代率的提高，燃料替代率也越来越高。使用替代燃料能够在熟料生产能耗基本不变的情况下节约一次能源的使用，所产生的 CO_2 享受无排放待遇，同时实现利废、减排和降低成本效果，可谓一举多得，备受国外企业和政府推崇。

经过 30 年多年的探索，欧美等发达国家逐步建立起了贯穿于废物产生、分选、收集、运输、储存、预处理和处置、污染物排放、水泥和混凝土质量安全的一系列法规和标准，水泥行业替代燃料技术和经验已经成熟。目前，发达国家约有三分之二的水泥厂使用替代燃料，可燃废物在水泥行业中的应用替代率平均达 20%，像荷兰、奥地利以及德国等部分国家替代率已经超过 60%。其相关数据如图 3-117、图 3-118 所示。

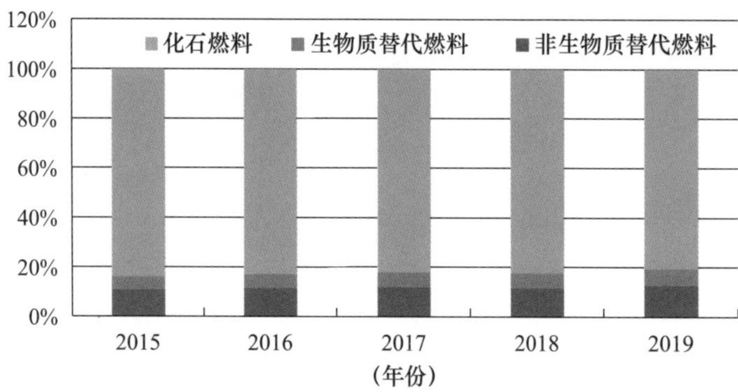

图 3-117　2015—2019 年全球水泥工业不同燃料的使用情况

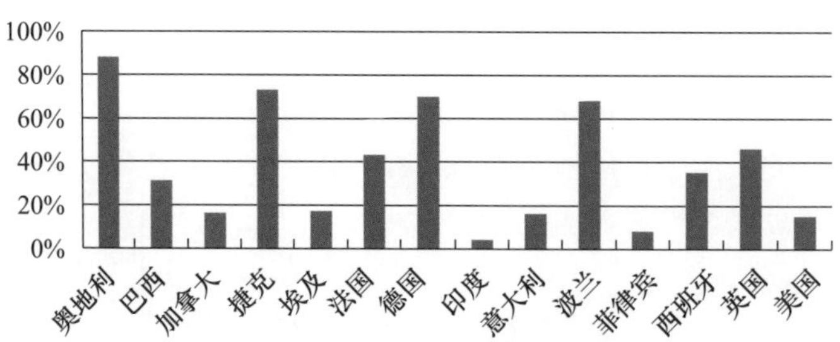

图 3-118　2019 年国外主要国家替代燃料的替代率

目前，国内水泥行业已将部分生活垃圾投入生产实践，但与发达国家对比，我国城市垃圾前端分类尚不完备，通过处置后生成的衍生替代燃料属于低品质燃料，具有水分大、灰分大、粒度大、热值低的特点。种种原因导致我国衍生燃料的替代率仅为 2%，还有很大的提升空间。但是近年来，我国水泥窑协同处置技术发展迅猛，2019 年年初统计，水泥窑协同处置生产线已投产运行 160 余条生产线，年处理废弃物 1566 万 t。其中，水泥窑协同处置生活垃圾投运 57 余条生产线，年消纳处理生活垃圾约 677 万 t；水泥窑协同处置污泥投运 41 余条生产线，年消纳处置污泥约 357 万 t。水泥窑已经在固体废弃物协同处置领域发挥着越来越重要的作用。目前我国水泥窑协同处置生产线主要集中华新、海螺、金隅等企业，具体窑线数量分布如图 3-119 所示。

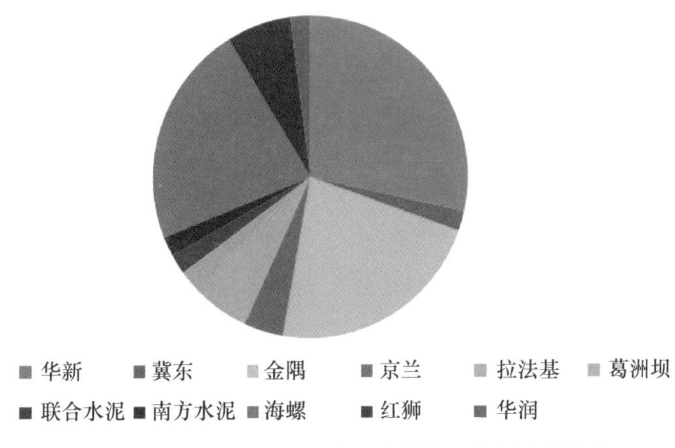

图 3-119　我国各大水泥生产企业协同处置窑线统计

3.11.2　替代燃料的种类及特性

3.11.2.1　生活垃圾

随着经济社会发展，我国生活垃圾产生量也逐年递增，2020 年城市生活垃圾产生量为 3.6 亿 t，清运量 2.35 亿 t，居世界首位。另外，相对美国 95% 的无害化处理率，中国无害化处理率仅为 63.5%，其中城市 77.9%，县城 27.4%。目前，国际上对生活垃圾的处理以填埋、焚烧和堆肥为主，不同国家和地区由于经济发展、生活习惯的区别，在处理方式上有所差异。美国、意大利、英国以卫生填埋为主，丹麦、日本、荷兰、瑞士则以焚烧为主，而芬兰、比利时则以堆肥处理为主。参考 2020 年统计数据，我国生活垃圾约有 62% 为焚烧处理，33% 仍为卫生填埋处理。其数据统计如图 3-120、图 3-121 所示。

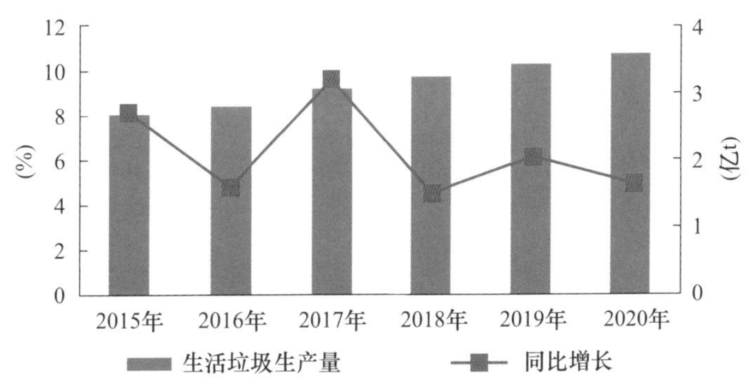

图 3-120　2015—2020 年我国生活垃圾产生量

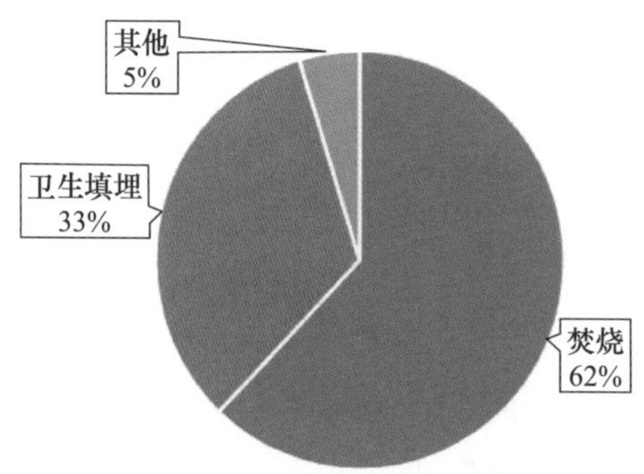

图 3-121　2020 年我国垃圾无害化处理量占比

3.11.2.2　废旧轮胎

制造轮胎的橡胶一般由 60% 的挥发性有机物、30% 的固定碳和 10% 的灰分组成，具有含碳高、热值高（达到 35.6MJ/kg）和水分低等优势，使得废旧轮胎可以作为水泥回转窑的替代燃料。

轮胎是我国最主要的橡胶制品，2020 年我国生产轮胎 8.18 亿条，消耗的橡胶已占全国橡胶资源消耗总量的 70% 左右，同时产生废旧轮胎 5.42 亿条，质量约合 2000 万 t。但国内废旧轮胎综合利用产业发展还不能适应当前严峻的资源环境形势的需要，回收利用率仅为 5%。如果以平均产量 5000t/d 的水泥生产线为例，燃料替代率 40%，每年可处理废旧轮胎约 70000t。其相关数据见图 3-122、图 3-123 和表 3-44。

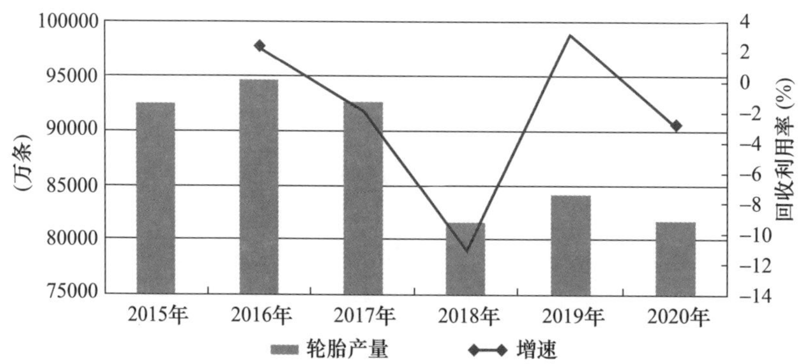

图 3-122　2015—2020 年我国橡胶轮胎产量变化情况

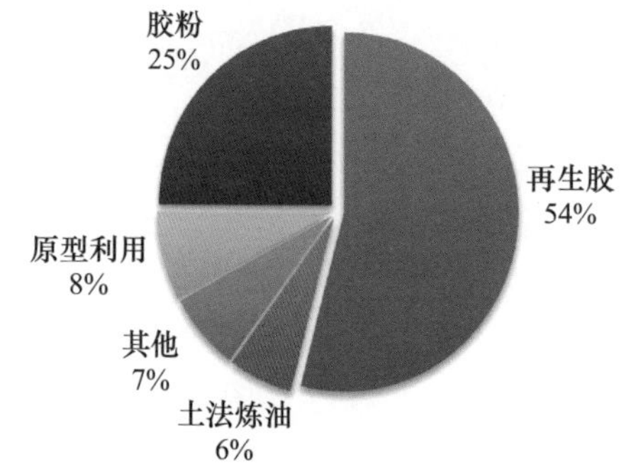

图 3-123　我国各类废旧轮胎处理方法比例

表 3-44 废旧轮胎回收利用方式的对比

废旧轮胎回收利用方式	优点	缺点
轮胎翻新	可多次翻新，消耗材料少、成本低、寿命延长	企业规模小，产值不高，翻新轮胎质量存疑，可用于翻新的废轮胎数量有限，翻新率低
生产再生胶	产量高，可一定程度上缓解橡胶资源供需矛盾	工艺流程复杂，生产能耗高，污染风险大
轮胎衍生燃料	废轮胎热值高，可一定程度上代替化石燃料，发达国家广泛应用于水泥窑、发电厂、造纸厂等	燃烧过程存在排放污染物问题，前期投资费用高，灰分难处理，发展中国家应用少，无法解决我国橡胶资源短缺问题
热裂解	可得到高热值热解产品，收益高，百分之百减量化、资源化、无害化	热裂解技术装备的推广和应用还有待改进

3.11.2.3 漂浮物 / 农业固废

农林废弃物主要包括秸秆、稻壳、木质边角料、树皮、花生壳、刨花等，是一种可再生的生物质能源。据统计，我国每年约产生超过 9 亿 t 农林废弃物。通过发电方式等能源化利用，可年处理农林废弃物约 9000 万 t，仍有大量农林废弃物尚未有效处理，如果处置不当，将不可避免地加剧我国空气、水和土壤的污染。

3.11.2.4 工业废弃物

工业废弃物是指在工业生产和加工过程中产生的各种固态和液态废弃物的总称，主要包括废渣、污泥、废油和废水等。工业废弃物如果不严格按环保标准要求安全处置，直接排入环境，对土地资源、水资源会造成严重的污染。工业废弃物中有相当大比例的可燃废弃物，比如废油、废皮革、废塑料等，经过预处理后便可作为替代燃料供水泥窑使用。

3.11.2.5 传统燃料与替代燃料的差异

传统燃料在工业应用时经常需要做一些常规的分析，主要有热值分析、工业分析、元素分析等，此外传统燃料一般都无法直接用于工业生成，而是需要经过破碎或者粉磨等工序后方可投入使用，因此也需要关注传统燃料的易碎性和易磨性等。而替代燃料除了关注上述特性外，相比传统燃料还需要额外关注孔隙率、黏度、卤族元素和重金属的含量、闪点、爆炸性和毒性等，这主要是由于替代燃料种类繁多，来源广泛，为了能够更好地用于水泥工业，必须对替代燃料的固有特性作出限定。

从表 3-45 可以看出煤粉的平均粒径为 0.038mm，比较均齐，呈现各相同性，在水泥窑系统燃烧效率更高。但替代燃料的粒度分布较广，整体粒度也远远大于煤粉，要想燃烧充分就要确保其在窑系统内的停留时间更长。

表 3-45 RDF 与煤粉的粒度

样品	RDF 混合样	煤粉
平均粒径（mm）	—	0.038
小于 5mm	30.4%	0
5~10mm	38.2%	0

续表

样品	RDF 混合样	煤粉
10~15mm	17.5%	0
15~20mm	3.6%	0
大于 20mm	9.3%	0

3.11.3 水泥窑使用替代燃料的技术现状

在替代燃料的使用方面，水泥窑烧成系统具有工况稳定、热容量巨大、高温高碱、烟气停留时间长等优势，替代燃料可在该系统内均匀、稳定地燃烧，真正地实现了废弃物的无害化、资源化和减量化。目前，水泥窑使用替代燃料技术主要由两部分组成：预处理系统和水泥窑接纳处置系统。通过两个系统的组合，将替代燃料送入水泥窑进行熟料的生产。

预处理系统主要用于原生废弃物的破碎、分选和干化等，经过预处理后的原生废弃物其粒度减小、水分降低、热值提高，进一步保证了替代燃料进入窑系统后的稳定。目前，国内有不少研究机构和水泥企业都对预处理系统进行了研究，典型的几种技术方案如图 3-124~ 图 3-126 所示。

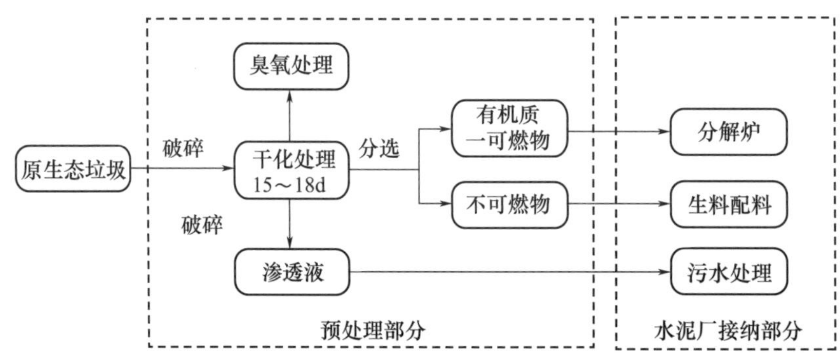

图 3-124 华新 HWT 垃圾处理技术示意流程图

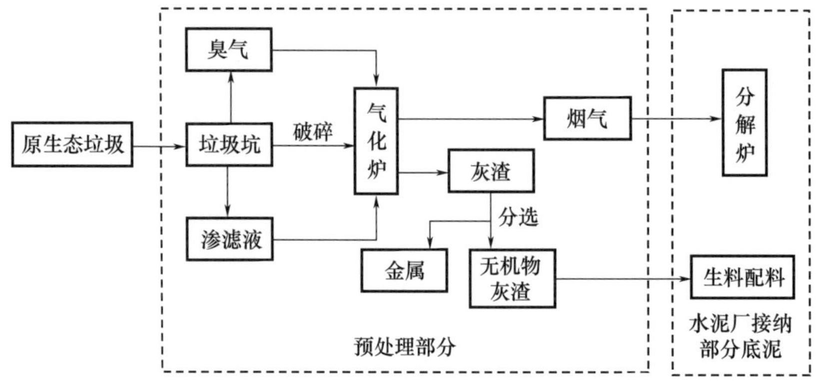

图 3-125 川崎海螺 CKK 系统示意流程图

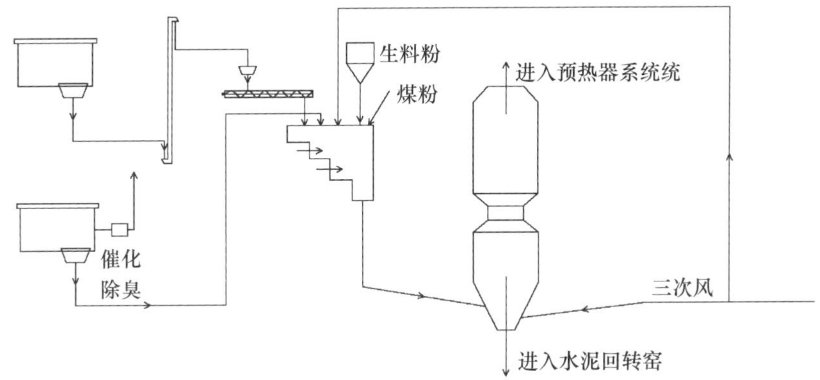

图 3-126 预燃炉废弃物处置技术示意流程图

图 3-124 是华新 HWT 垃圾处理技术示意流程图。原生废弃物经过破碎、干化和分选处理后喂入经过特殊设计的分解炉，该技术核心优势在于通过预处理系统，将原生废弃物制备成符合要求的替代燃料，替代燃料在分解炉内与生料、煤粉实现耦合燃烧以及气化脱硝，既能大规模提高窑尾的热替代率，又能实现水泥熟料低氮排放的生产。

图 3-125 是川崎海螺 CKK 系统示意流程图。原生废弃物经过破碎后喂入气化炉与流化砂混合产生高温气化烟气，气化烟气再送入分解炉内进一步燃烧。烟气中的可燃气体可作为替代燃料；同时烟气中二噁英等有害物质在分解炉高温、足够的停留时间及碱性物料环境中分解、固化，实现彻底消除。该技术通过设置气化炉，将高温烟气喂入分解炉，减少了替代燃料对分解炉内工况的影响，但没有做垃圾的预处理，含水率高，气化后烟气量大，有效热焓低，对分解炉处理能力要求高。总体来看，系统的处置能力低，热替代率低。

图 3-126 是预燃炉废弃物处置技术示意流程图。原生废弃物经过破碎、筛分、烘干以及压实等工艺处理后，再喂入预燃炉内充分燃烧，产生的高温烟气再进入分解炉内供煤粉燃烧和生料分解。该技术虽然可用于各种形状的废弃物的处置，但依然没有解决废水外部处理的问题，热替代率低，分解炉处置能力有限。

3.11.4 水泥窑使用替代燃料的能耗情况

能耗是水泥窑协同处置技术的一个重要指标，替代燃料的使用就是为了减少常规能源的消耗，本节对比了采用不同协同处置技术、不同厂家处置不同固废（生活垃圾、污泥以及危险废物等），对水泥窑产量、单位熟料可比综合煤耗、单位熟料可比综合电耗以及单位熟料可比综合能耗的影响。

（1）替代燃料在分解炉内的燃烧

燃料的燃烧速度由两个因素控制，当燃烧区温度小于 1000℃（通常分解炉内温度），燃烧受制于化学反应；当燃烧区温度大于 1400℃（通常窑内温度），燃烧受制于化学扩散，因此提高分解炉内的热区温度有利于促进燃料燃烧。

由于替代燃料的粒度大、水分高、差异性大，对于使用替代燃料的分解炉，在设计之初就需要具有足够大的炉容，以确保替代燃料在炉内充分燃烧。同时由于替代燃料燃烧后产生的废气量大，进而变相提高了炉体内部风速，缩短了物料的停留时间，因此炉体内部流场分布必须更加合理，炉内的气固湍流效应更加强烈，确保替代燃料的燃烧及入窑生料的分解率。

（2）协同处置对窑产能的影响情况

由于替代燃料属于劣质燃料，因此替代燃料使用量较大时，其系统的配置对窑系统产量影响不一。当系统采用替代燃料时，同样规格的设备会受燃烧能力和蒸发水废气量增多的影响，产量有不同程度的降低。

（3）使用替代燃料对系统热耗的影响

图 3-127 为 RDF 对热耗的影响（此图为一台现有窑系统的运行数据列示），可以看出随着 RDF 使用量的上升，热替代率 TSR 也逐步增大，系统的总热耗也上升。当 RDF 使用量与熟料产量之比为 0.1 时，总热耗大约上升 150kJ/kgcli。这主要是由于 RDF 燃烧不稳定，可能有不完全燃烧，有意识地提高过剩空气量，RDF 含水量高，蒸发后烟气量上升，带走的热多，产量下降等原因导致。但 RDF 的使用降低了系统的煤热耗，RDF 用量越大，煤热耗降低得越多。

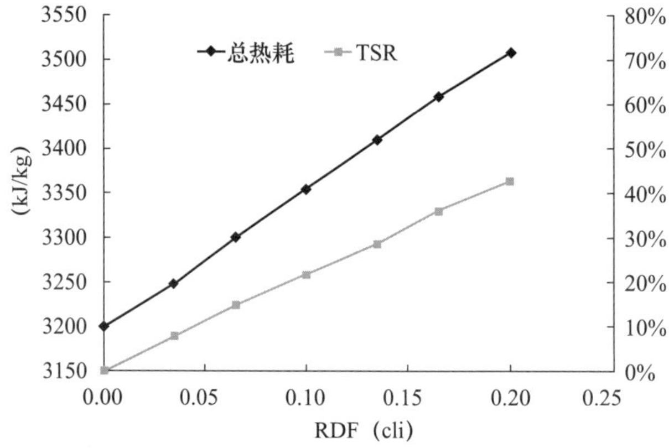

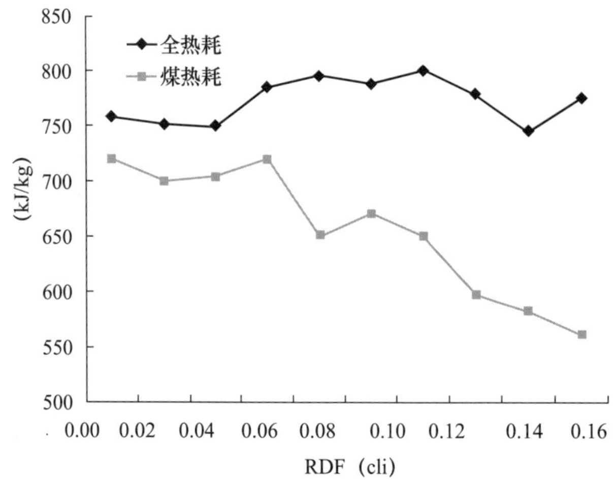

图 3-127　替代燃料使用对窑系统热耗的影响

（4）使用替代燃料对耐火材料的影响

图 3-128 为某集团使用替代燃料的窑线与常规窑线的耐火材料消耗情况与成本对比。从图 3-128 可以看出，未使用 RDF 的工厂耐火材料消耗比常规窑的耐火材料消耗量高的显著表现，使用替代燃料工厂的耐火材料成本逐年上升，主要原因是这些窑线所用耐火材料的品质较好。

（5）使用替代燃料对分解炉的影响

由于 RDF 的粒度大、水分高，燃烧后产生的废气量大，因此在分解炉设计时需要考虑炉容，确保烟气停留时间在 5s 以上，使得替代燃料在分解炉内能够完全燃烧。此外，物料在分解炉内也必须要有一定的停留时间，确保物料分解率大于 90%，因此要尽可能地提高分解炉的固体停留时间比值。在分解炉内气固多相流场应布局合理，增加炉容有效利用率。表 3-46 为几种分解炉的相关技术参数。

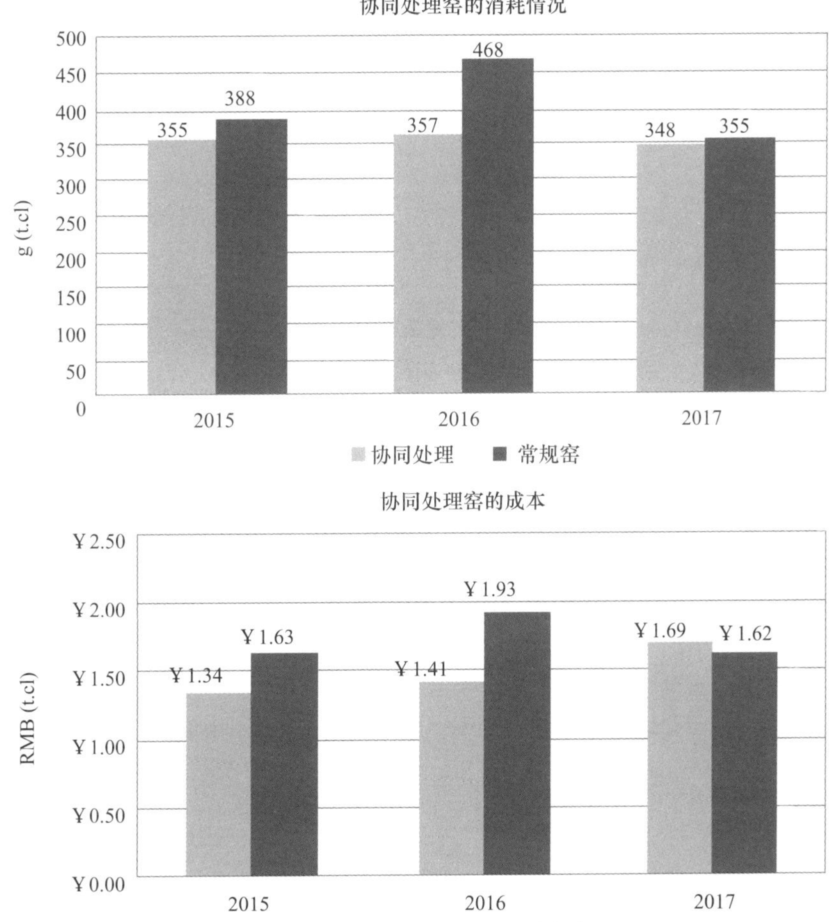

图 3-128　替代燃料使用对耐火材料消耗的影响

表 3-46 不同规格分解炉的技术参数

项目	CB	YX	WX	XY	EP
设计产量（t/d）	4000	6000	6000	5500	5500
炉容（m^3）	1403	1259	1743	1920	2678
单位产量炉容 [$m^3/(t/h)$]	8.4	5.0	7.0	8.4	11.7
RDF 使用量（t/d）	420	650	700	800	800

（6）使用替代燃料的脱硝效应

RDF 在分解炉底部燃烧以及部分气化裂解产生大量的 CO、氨基（$—NH_2$）、甲基（$—CH_3$）等还原性中间产物，还原分解炉内 NO_x，降低氨水消耗 50%~80%。其相关参数见表 3-47。

$$NO_x+CO \longrightarrow N_2+CO_2$$

$$NO_x+-NH_2 \longrightarrow N_2+H_2O$$

表 3-47 替代燃料使用前后氨水用量的对比

序号	替代燃料（t/h）	氨水喷量（L/h）	烟囱 NO_x 排放（mg/m^3）	烟囱 O_2 排放（mg/m^3）	窑尾烟室 NO_x（$\times10^{-6}$）
RDF 使用量增加前	27.37	756.08	314.2	5.97	753.57
	27.15	726.18	264.4	6.08	698.73
	27.08	662.87	306.7	5.87	700.46
	27.21	543.1	331.4	6.01	767.65
	39.73	350.89	342.3	5.98	720.22
RDF 使用量增加后	44.47	242.93	345.7	5.99	608.93
	44.53	235.58	330.8	6.01	754.05
	45.52	234.73	344.5	6.06	506.63
	44.74	232.52	271.7	6.35	575.83
	43.21	235.68	258.4	6.47	501.32
	44.39	229.45	268.6	5.81	455.75

（7）替代燃料在窑系统的喂入点

在完全燃烧状态下，RDF 的绝热火焰温度要远低于煤粉。由图 3-129 可知，随着过剩空气量上升，绝热燃烧火焰温度下降，入窑基 RDF 的绝热燃烧火焰温度最低，煤粉最高。当助燃空气温度为 850℃、过剩空气系数为 20% 时，入窑基 RDF 的绝热燃烧温度为 1595.9℃，远远高于分解炉出口控制温度。通常分解炉的助燃空气温度大于 800℃，因此基于完全燃烧条件下，入窑基 RDF 在分解炉内燃烧释放的热量既能把自有燃烧产物升温至分解炉出口温度，又有富余的热量供给碳酸盐的分解，也即在分解炉内使用 RDF 能够降低煤的消耗。

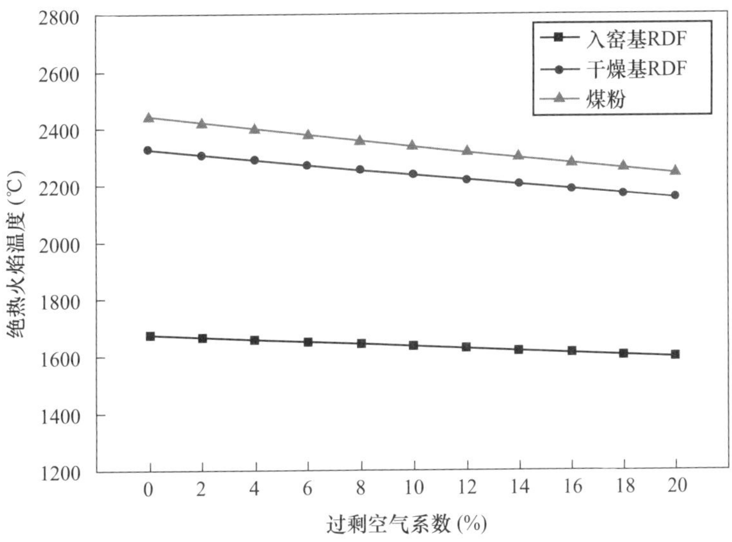

图 3-129　不同燃料的绝热火焰温度

在分解炉内部投烧大量 RDF 后，会使得炉体内部热区温度降低，影响燃烧和分解速率。通过多点分区喂料，调整分解炉的温度场，形成可控的热区，优化 RDF 的使用。不同类别的 RDF 根据其绝热火焰稳定选择合理的喂入点，具体如图 3-130 所示。

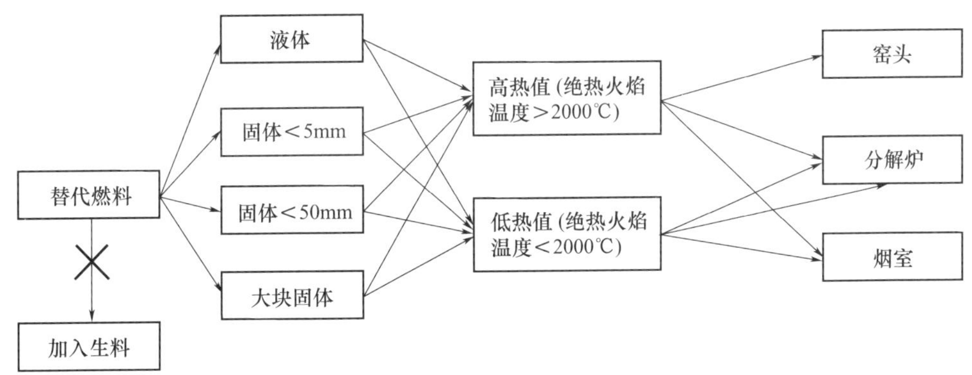

图 3-130　燃料在水泥窑系统的喂入点

（8）替代燃料对水泥窑余热发电的影响

水泥窑系统在使用替代燃料后由于燃烧所需的空气量增多对导致入窑炉的总热量上升，进入窑头 AQC 炉的热量下降，进入窑尾 SP 炉的烟风量、温度、热量上升。因此对于使用 RDF 的工厂，由于烟风条件发生变化，需要对原有的余热发电系统进行改造，应在增加 SP 炉出力的同时保持 AQC 炉的出力稳定；降低窑头的过热负荷；增加窑尾的过热负荷（过热段）；增加窑尾的锅炉出力（蒸发段）。

通常使用替代燃料后，根据投入替代的比例，余热发电会增加发电量 2~6kW · h/tcli。

3.11.5 水泥窑使用替代燃料的问题及对策

在诸多替代燃料中，生活垃圾的处理难度最大，因为生活垃圾通常为原生混合态，要将其制成达到国际标准的衍生燃料，技术难度大，成本高。主要解决以下技术难题：

（1）大处理率协同处置衍生燃料的装备与系统稳定控制

首先是理论创新，针对衍生燃料与煤的燃烧放热峰出现不同步、热力分散问题，设计衍生燃料和煤分级入炉，消除两者燃烧峰耦合时间差，形成耦合强化燃烧模式，实现两者高效共同燃烧，为突破分解炉处置率提供理论基础。

基于新的燃烧模式和衍生燃料特点，通过炉内结构创新设计，研发了新型分解炉，设计喷腾和返混的可控流场，使衍生燃料在所设计的区域充分燃烧，不仅使分解炉能处置高含水率、大尺寸的衍生燃料，而且处置量达到世界最大。通过矢量进料装置，将衍生燃料定量、准确地喂入设计的燃烧区，达到最佳燃烧效果。利用该分解炉的涡旋流场，创造出中心局部缺氧环境，在烟气上升通道形成 CO 富集区，原位还原大量 NO_x，极大地契合了我国减排氮氧化物的环保战略。

通过大量的生产实践和数据分析开发出专家系统，实现了协同处置与水泥生产控制系统的深度融合，保障了水泥生产的稳定运行与产品质量。其原理如图 3-131 所示。

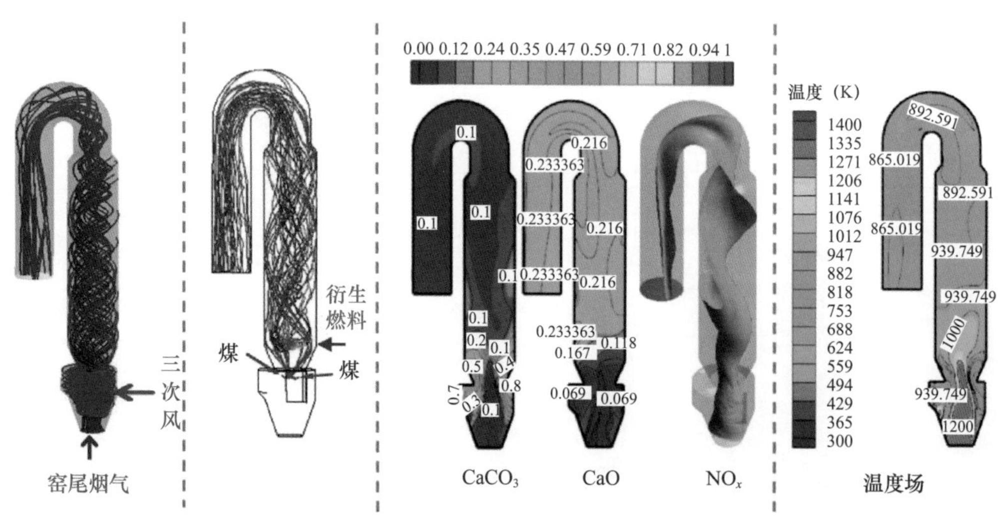

图 3-131 分解炉中煤与 RDF 共燃—生料分解—NO_x 被还原的过程耦合理论

（2）协同处置全程高环保标准消解技术

二噁英是社会最关注的排放污染热点问题。高温下二噁英裂解成含氯前驱物，在降温时又会二次形成。垃圾焚烧设计温度虽高于 800℃，但实际生产波动常出现局部低温，且排气过程无法快速降温，二噁英形成风险大。二噁英超低排放控制理论如图 3-132 所示。

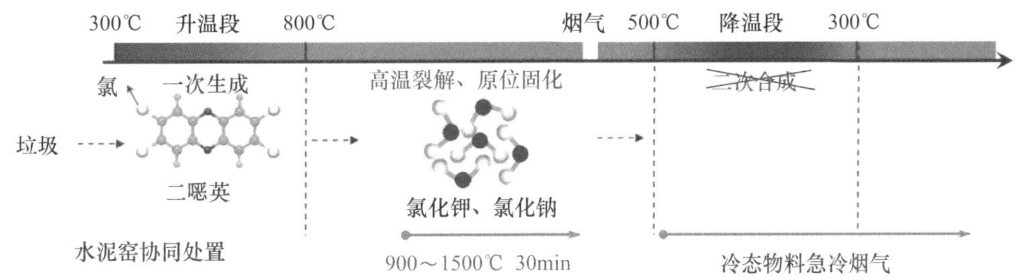

图 3-132 二噁英超低排放控制理论

经过持续的摸索和试验，利用高活态碱性物质原位吸附固化含氯前驱物，从源头上遏制二噁英，通过冷态生料将烟气急冷至 300℃以下，进一步抑制二噁英。结合袋式除尘过滤，保证二噁英排放远低于国际标准限值。其他结论如下：

① RDF 等物料喂料点为水泥窑窑尾及分解炉，该部分属于水泥窑系统的高温段，温度大于 900℃。

② 高温段可以完全分解掉 RDF 中的有害物质。高温段的 Cl^- 与生料和燃料中的 K^+、Na^+ 等形成 KCl、NaCl，大部分在设置的旁路放风运行时会以高温气体态排出，冷却后收集其粉加以利用，其余部分与熟料共融形成矿物。

③ 水泥预分解窑在窑入口到四级筒出口 800~1050℃间的 Cl、S、R_2O 的富集循环及旁路防风系统可有效控制该系统 Cl 的含量不高于 300g/tcli。

④ 水泥窑的旁路放风系统能在瞬间将温度从 1000℃降至 180℃，从而避免二噁英的形成。

⑤ 水泥生料在预热器系统的加入可以在极短时间内（约 1s）把气体从 500℃降到 320℃，避免了二噁英在此合成温度段的形成。

⑥ 二噁英在 260~320℃ SP 炉低温区内有可能合成，但被高料气比的生料粉吸附，脱离出排放的气体中。

粉磨中的生料粉和袋式收尘器内的生料粉对于整个窑系统排出烟气再形成的二噁英吸附作用尤为明显，两者累加质量不但完全吸附在 SP 炉形成的二噁英上，且进一步吸附了一级筒排出的极少量的二噁英。

水泥窑协同处置 RDF，借助水泥窑的高温焚烧和高温碱性生料对入窑物料及其衍生物有强大的消纳能力，高气固比的粉料对于二噁英的强烈吸附作用，在完善的生料制备和收尘系统中得以发挥作用，使得最终的烟气中二噁英远低于 0.1ng TEQ/Nm^3 的国际标准限值，达标排放。

现有技术在处置有机污染渣土和高危有机污染土时，高危有机组分在低温阶段有逃逸、污染大气的风险。对此开发了离线燃烧 - 粉磨技术，引水泥窑 900℃三次风和有机污染土共同进入发明的高温磨机，脱附其中高危组分，脱附气体再进入分解炉彻底焚烧消解；与此同时，磨细的无机组分经配料计算后，作为水泥替代原料进入分解炉。经检测剧毒物质去除率达 99.9999%。

同时，经过上千组的试验，探明了不同类型重金属离子在水泥熟料中的固溶倾向与取代机理，达到了固溶极限。

权威检测机构对多条生产线和产品进行了大量检测，无论是水泥质量还是环保排放指标均优于相关标准。

（3）超大规模生活垃圾生态预处理技术

此前，衍生燃料选取效率很低，另有大量有机可燃物和无机物黏结在一起，分离难度大。充分利用其中厨余组分可供微生物生长繁殖的特点，开发出好氧生物发酵干化、分选与除臭一体化技术，显著提高了衍生燃料的选取效率。技术包含三方面的内容：

① 三段联动高效干化技术。通过分段式动态控风，使微生物长时间保持高活态，显著缩短生物干化周期；设计了独立风室分级控制模式，通过多单元联动控制，大幅提高处置规模；在生物干化前设置机械脱水工艺，消除初始含水率对生物干化效率的影响，提高了技术的普适性；同时，利用水泥窑余热深度脱水，进一步提高了干化效率。

② 连续高效生物和化学除臭技术。生物干化会产生巨量臭气，连续高效的除臭是生态预处理的关键，研发了可快速启动的高效多级串联生物净化除臭系统，同时结合靶向驯化微生物和蜂窝状隔板研发，保证了系统连续稳定运行，最后在化学除臭剂的作用下实现完全达标运行。

③ 衍生燃料高效选取技术。针对干化后的混合垃圾，研发了风场 - 多重力场的衍生燃料选取技术，通过多参数的耦合匹配，利用交互风场的揉搓、激振作用，以及滚轴撕扯及重力形成的多重力场实现衍生燃料的高效选取，使选取率由 30% 提高到 50%。

（4）固废生态化协同处置成套技术

针对不同类型固废的特点，开发了配套的预处理与水泥窑协同处置技术。这些固废经过特定的工艺预处理之后都得到三类中间产物，随后在水泥窑中实现 100% 资源化利用。

（5）生活垃圾衍生替代燃料中氯、硫的逸出与固化问题

有研究表明，在生活垃圾衍生替代燃料焚烧过程中垃圾所含的氯基本上是以 HCl 的形式逸出的，硫主要以 SO_2 的形式释放。HCl 会对人类皮肤和工业设备产生腐蚀，对人类的正常生活和工业窑炉的正常运行造成严重的影响；另外 HCl 还是二噁英形成的前提条件之一。焚烧过程产生的 SO_2 则是产生酸雨的主要因素之一。酸雨可导致土壤的酸化，降低土壤的营养元素，使农作物大幅度减产，并危害水生物的生长，破坏生态环境，进而影响人类的健康。因此，对生活垃圾衍生替代燃料焚烧过程中产生的 HCl 和 SO_2 的逸出行为进行研究，并对其进行有效的固化，是生活垃圾衍生替代燃料焚烧工业化应用必须解决的关键问题。

华新通过技术摸索和试验，有以下经验结论：

① 提高生活垃圾衍生替代燃料处置时的升温速率，导致 HCl 和 SO_2 的热解逸出温度提高。

② 在空气气氛下生活垃圾衍生替代燃料中 HCl 的热解逸出温度比氮气气氛低，HCl 易于逸出。SO_2 在空气气氛下的逸出所对应的温度前期高于氮气气氛，后期比氮气

气氛低。

③ CaO 对生活垃圾衍生替代燃料中的氯和硫的固化效果与 Ca/（S+1/2Cl）摩尔比有关，在本研究中，当 Ca/（S+1/2Cl）摩尔比为 2 时，CaO 可对氯起到最大程度的固化效果；当 Ca/（S+1/2Cl）摩尔比为 3 时，CaO 对硫的固化效果最佳。

（6）水泥窑使用替代燃料对环境的影响

目前，对于水泥行业的大气污染物排放控制指标呈现越来越严的态势。同时，国家标准对于水泥窑协同处置大气污染物检测种类的增加，也极大地增加了协同处置水泥窑满足大气污染物排放限值的压力。除了这些显现的环境压力，预处理和协同处置企业还要面对气味的控制和处理、污染水收集和处理、防止地下水和土壤污染等非传统水泥行业需要面对的环境压力。如果企业在这些方面的防治、治理设施和措施不到位，就会导致负面环境影响。而这些方面的环境影响，有的可以即时显现，有的则是比较隐蔽，有的甚至需要很长时间才能显现。而问题的暴露和污染后的治理，必然需要极高的技术及经济和社会成本。因此需要在业务开展中提前规划好并做好防治。

（7）水泥窑使用替代燃料对熟料产量、质量的影响

水泥窑协同处置经过预处理的替代燃料，不能也不应该影响水泥生产以及水泥熟料的产品质量。所以，对水泥熟料按照国家标准要求定期进行检测，并适当关注其质量的长期发展和变化，特别是在协同处置涉及重金属废物时，关注熟料中重金属的浸出，并对其进行长期且系统性研究，就显得极为必要和重要了。但是，对重金属的关注要适度而不能风声鹤唳，所以，这个“度”要把握好，既不能“过”又不能“不及”。

协同处置特别是直接处置废物的水泥窑，一定要设置适当的心理预期。熟料产量和废物处置量必然存在此消彼长的矛盾，涨跌比的关键因素在于预处理后废物的适应性、原燃料的物理特性、窑操作的敏锐度等。

（8）水泥窑使用替代燃料对水泥设备寿命的影响

现有的水泥设备都是基于水泥生产所需传统原料和燃料成分的基础上进行的材质选取，对有害物质和元素的定义以及防护都是针对传统原、燃料，基本没有考虑替代原料和燃料，更不会考虑直接处置废物带来的有害元素对设备的影响。这些影响的直观表现就是设备寿命的缩短。目前，从事协同处置的水泥企业，有的是这些问题还未开始暴露，有的是问题虽然已经暴露，但仍处于对产生问题的原因进行分析辨识的阶段，建议尽量提前考虑和规划。

3.12 环保管理

水泥生产工艺流程一般包括原材料的采运、原材料（能源）的储存和制备、熟料煅烧、水泥粉磨和储存、包装和发送。粉磨过程电耗最大，同时伴随粉尘排放。窑系统则是最主要的废气污染源，排放大量的粉尘、SO_2、NO_x 以及 CO_2 等。

3.12.1 粉尘主要控制技术

粉尘排放主要是由于水泥生产过程中原燃料和水泥成品储运，物料的破碎、烘干、粉磨、煅烧等工序产生的废气排放或逃逸而引起的。可根据工艺流程特点，选取集中或分散除尘系统，在工艺允许的条件下尽量回收可利用的粉尘。

水泥工业烟气中颗粒物的控制目前主要采用静电除尘器和袋式除尘器。静电除尘器通常用在窑头或者窑尾烟气脱硝前，一般采用高温静电除尘器，对炉窑烟气进行预收尘处理，在湿法脱硫后采用湿式电除尘技术。袋式除尘器一般用于脱硝之后温度较低的地方，同时在半干法脱硫后也采取袋式除尘技术。袋式除尘器的除尘效率一般高于99%，颗粒物排放浓度大多能控制在30mg/m^3以下。袋式除尘器、静电除尘器除了能收集颗粒物外，还能协同捕集重金属等污染物。

水泥窑窑头和窑尾目前使用的除尘技术主要是袋式除尘、静电除尘以及电袋复合除尘，其中部分重点区域因排放限值要求高，采用高效袋式除尘器（覆膜滤料、经优化处理的滤料、降低过滤风速等）、高效静电除尘器（高频电源、脉冲电源、三相电源等）、电袋复合除尘器。其他通风生产设备、扬尘点几乎全部采用袋式除尘器。

3.12.1.1 袋式除尘器技术

袋式除尘技术是利用纤维织物的过滤作用（纤维过滤、膜过滤和颗粒过滤）对含尘气体进行净化。它处理风量范围广、使用灵活，适用于水泥工业各工序废气的除尘治理。适当的过滤材料是袋式除尘器的关键，目前可供选择的滤料材质主要有涤纶（聚酯）、丙纶（聚丙烯）、亚克力（聚丙烯腈）、PPS（聚苯硫醚）、诺梅克斯（芳香族聚酰胺）、玻璃纤维、P84（聚亚酰胺）和PTFE（聚四氟乙烯）等

在国内水泥工业生产中，破碎粉磨、包装、均化和输送系统以及其他扬尘点用袋式除尘器主要选用涤纶滤料。煤粉制备系统用袋式除尘器主要选用抗静电涤纶滤料。水泥窑尾袋式除尘器主要用玻璃纤维滤料和P84滤料。由于诺梅克斯综合性能好，用途较为广泛，典型用途是水泥窑头篦冷机余风的除尘，其过滤风速比用玻璃纤维滤料高，可减小除尘器体积。PTFE性能好，摩擦系数小、耐高温，制成薄膜的微孔多而小，可进行表面过滤，目前利用它的优越性制成表面覆膜，大大改善了普通滤料的过滤性能。

过滤风速、清灰方式对除尘效率有重大影响，当排放浓度限值要求严时，应相应降低过滤风速。早期的袋式除尘器依靠人工振打清灰，之后采用机械振打，目前已被淘汰，现在主要使用反吹风清灰和压缩空气清灰（气箱式、脉喷式），后者是目前的主流，可实现在线清灰。袋式除尘器的箱体大多按模块结构设计，即按一定的布袋数构成一个单元滤室，若干个滤室组成一个除尘器。例如气箱脉冲袋式除尘器可分别以32、64、96、128条袋为一个滤室。这有利于系统维护和环境保护，发现故障、破损，及时对有问题的单元滤室进行在线检修，不影响袋式除尘器的总体性能。

袋式除尘技术的除尘效率可达99.80%~99.99%，颗粒物排放浓度可控制在30mg/m^3以下。使用覆膜袋式除尘器，颗粒物排放浓度可控制在10mg/m^3以下。袋式除尘器的运行费用主要来自更换滤袋和引风机电耗。其工作原理如图3-133所示。

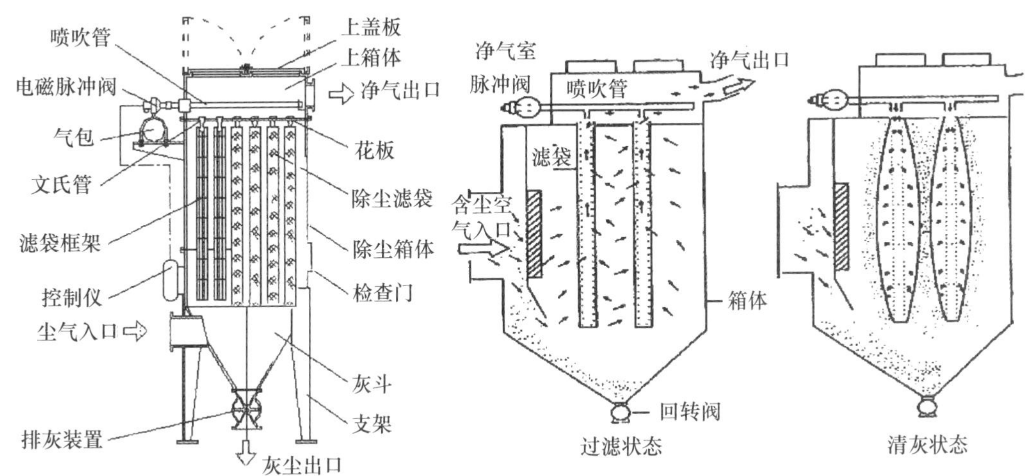

图 3-133　袋式收尘器工作原理图

3.12.1.2　静电除尘技术

静电除尘技术是通过电晕放电使粉尘荷电，然后在电场力作用下，向集尘电极移动并沉积在表面上，通过振打将沉积的粉尘去除，烟气得以净化。它适合大风量、高温烟气的处理，主要用于水泥窑头、窑尾烟气除尘。

静电除尘器由供电装置和除尘器本体两部分构成。除尘器本体包括放电电极、集尘电极、振打清灰装置、气流分布装置、高压绝缘装置、壳体等。供电装置为粉尘荷电和收尘提供所需的电场强度和电晕电流，要求能与不同工况使用的静电除尘器有良好的匹配，从而提高除尘效率和工作稳定性。提高高压电源性能一直是静电除尘技术发展的方向，如开发专家控制系统、减少人工干预，根据烟气条件变化及时调整控制参数和控制方式；使用高频电源脉冲电源、三相电源等。

静电除尘器的除尘效率既与粉尘比电阻等废气性质有关，也与集尘板面积、气流速度等结构设计参数有关。可以通过增大集尘板面积、增加通道数、增加电场级数等方法提高静电除尘器性能。通常，一台三电场的静电除尘器，其第一级电场通常有80%~90% 的除尘效率，而第二、三级电场仅收集含尘量小于 10g/m^3（对回转窑而言）的烟气粉尘，有时为了达到 50mg/m^3 以下的低排放浓度，收集很少的粉尘，需要增设第四、五级电场。可见为了提高除尘效率，以满足严格的排放标准要求，增加电场级数是不经济的。

由于第一级电场捕集粒径比较粗的颗粒，后续电场捕集的粉尘越来越细，最后一个电场捕集的都是微细粉尘，当振打清灰时产生二次扬尘，使部分微细粉尘直接排入大气，因此减少二次扬尘是控制颗粒物排放非常关键的环节，可采用移动电极技术。移动电极的工作原理是将常规卧式静电除尘器最后一个电场的固定电极设计为旋转电极，变阳极机械振打清灰为下部毛刷扫灰，从而改变常规电除尘最后一个电场的捕集和清灰方式，以适应超细颗粒和高比电阻颗粒的收集，提高除尘效率。移动电极技术是静电除尘器未来的发展方向。

此外，振打清灰装置的振打方式、振打频率和强度，气流分布装置的气流分布均匀性，也都对除尘效率有影响。

静电除尘技术的除尘效率为99.50%~99.97%，颗粒物排放浓度可控制在30mg/m^3以下，如果要控制到10mg/m^3以下将很难做到。静电除尘器的运行费用主要来自除尘器本身的电耗。其工作原理如图3-134所示。

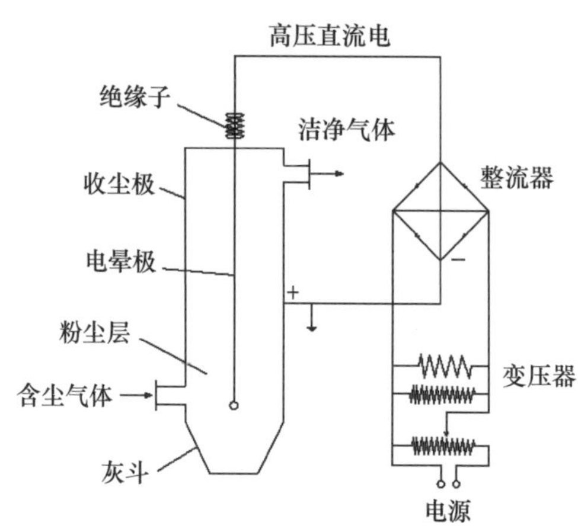

图3-134　电除尘器的工作原理图

3.12.1.3　电袋复合除尘技术

电袋复合除尘器就是在除尘器的前面设置一个除尘电场，发挥电除尘器在第一级电场能收集80%~90%粉尘的优点，收集烟气中的大部分粉尘，而在除尘器的后部装设滤袋，使含尘浓度低的烟气通过滤袋，这样可显著减小滤袋的运行阻力，延长清灰周期，缩短脉冲宽度，降低喷吹压力，延长滤袋的使用寿命，相应地降低了运行维护成本。

电袋复合除尘技术特别适合于原有静电除尘器的改造，它充分结合了静电除尘器和袋式除尘的优点，除尘效率可达99.80%~99.99%，颗粒物排放浓度可控制在30mg/m^3以下。使用覆膜滤袋，颗粒物排放浓度可控制在10mg/m^3以下。除尘器的运行费用既有更换滤袋部分和引风机电耗，也有电场的电耗。

一般水泥企业有大大小小数十台除尘器，常温通风除尘以袋式除尘技术为主。处理水泥回转窑煅烧高温气体，袋式除尘和电除尘技术并存，但随着标准要求的不断提高，袋式除尘器所占比例越来越高。对于高温燃烧气体，过去多用静电除尘器净化，但随着耐高温滤料、覆膜滤料和高新技术的发展，水泥窑尾、烘干机成功应用袋式除尘器的实例不断涌现。由于窑头温度高且工况易变，不如窑尾稳定，因此目前很大部分窑头仍使用静电除尘器，但有越来越多的水泥生产线开始使用袋式除尘器。

3.12.2　二氧化硫主要控制技术

水泥工业二氧化硫的排放主要来自于燃煤，由于水泥行业是煤炭消耗大户，因此提高热效率、降低煤炭消耗量、控制燃用高硫煤是水泥工业二氧化硫减排的重要手段。水泥窑的高温、长停留时间、氧化气氛、碱性条件，有利于酸性气体（HCl、SO_2

等)、有机物的去除。由于水泥煅烧石灰质原料过程有很强的吸硫率，水泥工业 SO_2 排放浓度普遍不高，目前单独采用烟气脱硫装置的水泥企业数量较少。在南方部分地区，个别水泥生产的石灰石中的硫含量过高，造成水泥窑尾烟气 SO_2 有超标现象。

SO_2 排放主要取决于原燃料中挥发性硫含量。如硫碱比合适，水泥窑排放的 SO_2 很少，有些水泥窑在不采取任何净化措施的情况下，SO_2 排放浓度可以低于 10mg/m³。随着原燃料挥发性硫含量（FeS_2、有机硫等）的增加，SO_2 排放浓度也会增加。水泥窑本身就是性能优良的固硫装置，水泥窑中大部分的硫都以硫酸盐的形式保留在水泥熟料中，SO_2 排放不多，特别是预分解窑，因分解炉内有高活性 CaO 存在，它们与 SO_2 接触好，可大量吸收 SO_2，排放浓度相应可控制在 50mg/m³ 以下。水泥窑中硫的来源如图 3-135 所示。

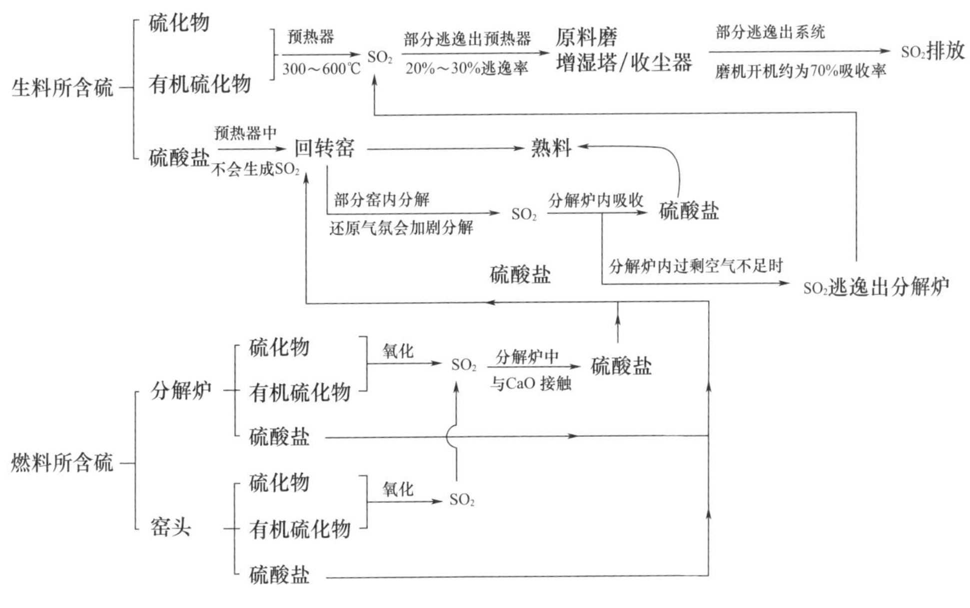

图 3-135 水泥窑中硫的来源

如果将窑尾废气送入正在运行中的生料磨（窑磨一体化运行），会获得额外的 SO_2 吸收能力（可能高达 80%），因此可将生料磨作为 SO_2 的污染削减装置。不同脱硫工艺对比见表 3-48。

表 3-48 不同脱硫工艺对比

脱硫技术	湿法	半干法	干法
脱硫剂	石灰石	氧化钙、氢氧化钙	熟石灰
脱硫效率	＞90%	60%~80%	30%~70%
运行费用	系统设备多、耗电量大、运行管理复杂	是湿法脱硫的 1/2~1/3	熟石灰利用率低，需要的量大
适用范围	运行可靠，适合脱硫要求高、场地资金充裕的工厂	水泥厂可利用增湿塔改造，但会产生管道阀门结垢的问题	成本较低，适合低硫原料的老厂改造

3.12.2.1 复合脱硫技术

复合脱硫技术是一种半干法脱硫技术，主要采用固态脱硫粉剂、碱性液态脱硫水剂的一种或两种相结合的方式对 SO_2 进行吸收、固化，从而降低 SO_2 排放的技术。具体工艺流程见图 3-136，一是利用给料设备在生料输送斜槽处投加脱硫粉剂，带有脱硫粉剂的生料进入 C_1 至 C_3 旋风预热器内，脱硫剂与烧成系统内循环的 SO_2 在不同的温度区间、较长的时间段起化学反应，生成稳定的亚硫酸钙或硫酸钙被固化到熟料中排出系统。二是脱硫水剂通过输送管道泵送至连接 C_2 旋风筒和 C_1 旋风筒上升风管处，通过安装的高效雾化喷枪雾化，与上升的含硫废气进行充分反应，高效捕获逃逸的 SO_2。该系统主要设备为脱硫粉剂罐体、脱硫水剂罐体、输送装置、喷枪等。

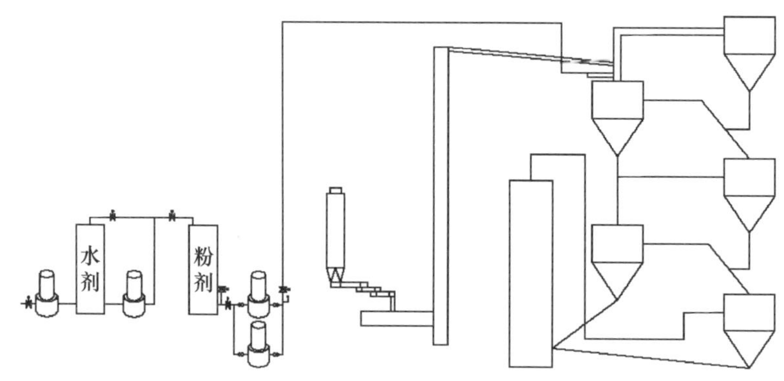

图 3-136 复合脱硫工艺流程图

复合脱硫技术适合窑尾 SO_2 初始排放浓度低于 600mg/m^3 的生产线，可将 SO_2 初始排放浓度从 200~500mg/m^3 降至 50mg/m^3 以下。以某 5000t/d 的熟料生产线为例，生产时水剂喷量为 300~1000L/h，粉剂喷量在 200~500kg/h，平均运行成本约为 3.4 元 /t 熟料。

复合脱硫技术技改工程投资成本低，建设周期短，设备占地面积小，主要是粉剂和水剂的罐体需要占地，工艺操作和运行维护简单。但是，其运行成本相对较高，需要外购脱硫水剂和粉剂，并且水剂对窑尾收尘器和风机等生产设备有腐蚀。当水剂用量大时，还会导致 C_1 筒出口温度降低 5~10℃。该技术仅适用于窑尾 SO_2 初始排放浓度低于 600 mg/m^3 的场合。

3.12.2.2 湿法脱硫技术

湿法脱硫系统主要原理是石灰石浆液作为吸收剂，吸收塔内吸收剂在下降的过程中与烟气形成逆流接触，去除烟气中的 SO_2。主要工艺流程是：将窑尾石灰石粉通过星型给料器送入石灰石浆液箱内加水制成石灰石浆液，然后将石灰石浆液泵输送至吸收塔；由窑尾两台排风机引出的烟气进入吸收塔，经过双气旋气液耦合器耦合扰动与浆液循环泵喷淋下来的石灰石浆液接触，去除烟气中的 SO_2。在喷淋层上部增设多级气旋除尘除雾装置，除去出口烟气中的雾珠、固体颗粒物。烟气经多级气旋除尘除雾装置除去水雾粉尘后，再接入烟道经烟囱排入大气。脱硫后的石灰石浆液经氧化风机氧化变成石膏浆液，石膏浆液通过石膏排出泵送入石膏旋流站浓缩，浓缩后的石膏浆液进入真空皮带脱水机脱水形成石膏，落入石膏储存间存放。石膏旋流站出来的溢流浆液经滤液水箱收集后，一路经滤液水泵输送至废水处理系统进行处理，另外一路输送至吸收塔再利用。湿法脱硫系统包含浆液制备系统、吸收塔系统、氧化空气供应系统、工艺水系统、石膏脱水和储存系统、废水系统以及其他辅助系统。其工艺流程如图 3-137 所示。

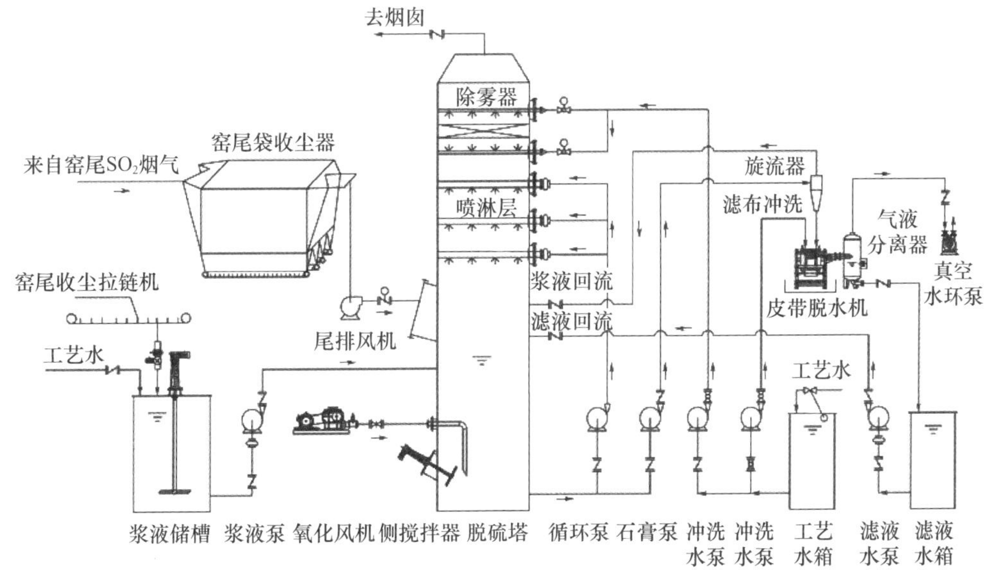

图 3-137　湿法脱硫工艺流程图

湿法脱硫技术工艺脱硫效率达到 90% 以上，可将 SO_2 初始排放浓度大于 3000mg/m^3 的烟气降至 35mg/m^3 以下，达到超低排放限值。该技术无须购买脱硫剂，直接使用窑尾回灰，运行成本约为 3 元 / 吨熟料。整个系统处理烟气量大，适应性强，对 HCl、颗粒物等有害物质也有一定的去除作用，并且还有 SO_3 在 40% 左右的副产品石膏中产生。但是，湿法脱硫工艺涉及的设备多、结构复杂、前期投资大、建设周期长、占地面积大，并且投运期间用水量也大。

3.12.3　氮氧化物主要控制技术

氮氧化物有两个主要来源，即热力型氮氧化物和燃料型氮氧化物。水泥窑熟料煅烧过程是氮氧化物产生的高温燃烧的过程，以热力型氮氧化物为主，其中 NO 约占 95%，NO_2 约占 5%。NO 的产生与燃烧状况密切相关，因此现有水泥窑可采取 NO_x 燃烧过程工艺控制和末端烟气脱硝技术。燃烧过程控制措施可采用低 NO 燃烧器、分解炉分级燃烧减少 NO_x 的产生，烟气脱硝可采用 SNCR、SCR 等技术，可有效减少 NO_x 的排放。

选择性非催化还原（SNCR）是指在没有催化剂的作用下，向 850~1000℃水泥分解炉中喷入还原剂，还原剂迅速热解并与烟气中的 NO_x 反应生成 N_2。炉膛中会有一定量氧气存在，喷入的还原剂选择性地与 NO_2 反应，基本不与氧气反应，所以称为选择性非催化还原法。SNCR 的还原剂一般为氨、氨水或尿素等。结合分段烧成的 SNCR 技术，已经发展为水泥工业中减排 NO_2 最重要的方法。从实践经验来看，SNCR 技术 NO_2

脱除效率为 40%~60%，SNCR 工艺在许多水泥企业中都有应用。

选择性催化还原（SCR）技术已经发展成电力行业、垃圾焚烧设备、特殊场合和其他工业领域里比较成熟的脱硝技术。SCR 脱硝的催化剂对温度的要求较高，目前市面上主要是高温催化剂，要求温度在 300℃以上，其 NO 脱除效率为 70%~90%，在水泥窑上采用 SCR 脱硝的企业还很少。2018 年，郑州宏昌水泥、嵩基水泥等少数企业，在现有 SNCR 脱硝的基础上增加了 SCR 脱硝设施，据初步了解，运行效果较好，NO 浓度可以低于 50mg/m^3，但还需要更长时间的检验。其不同脱销方法对比见表 3-49。

表 3-49　不同脱硝方法的对比

脱硝技术	脱硝效率	投资（万元）	减排潜力
低氮燃烧器	约 10%	50~100	有限
传统分级燃烧	30%~50%	50~300	500mg/m^3
SNCR	约 70%	200~400	200~500mg/m^3
传统分级燃烧 +SNCR	80%~90%	300~700	100~200mg/m^3
升级的分级燃烧 +SNCR	约 90%	2000~300	50~100mg/m^3
传统分级燃烧 + 替代燃料 +SNCR	约 90%	300~700 （不含替代燃料设施投入）	50~80mg/m^3
SCR	约 90%	2500~4000	＜ 50mg/m^3

SNCR 脱硝效率与喷氨量密切相关，一般 NH_3 和 NO 的比率为 1 时，效率在 50%~60%，氨逃逸较少。其次 SNCR 的喷点必须布置在温度窗口合适、适当的 O_2 氛围、CO 浓度低、粉尘浓度低等场合，并且氨水与烟气的反应停留时间长。虽然一些 SNCR 脱硝案例报道的脱硝效率较高，但考虑到氨逃逸的臭味扰民问题，以及上游合成氨生产的高能耗问题，采用 SNCR 方式不宜追求过高的脱硝效率。

工艺控制措施主要是应用低 NO_x 燃烧器、分解炉分级燃烧，以及保证水泥窑的均衡稳定运行。燃烧器具有多通道设计，一般为三、四通道，分为内风、煤风、外风，各有不同的风速和方向（轴向、径向），在出口处汇集成同轴旋转的复杂射流。操作时通过调整内外风速和风量比例，可以灵活调节火焰形状和燃烧强度，使煤粉分级燃烧，减少在高温区的停留时间，相应减少 NO_x 产生量。

分解炉分级燃烧包括空气分级和燃料分级两种，都是通过对燃烧过程进行控制，在分解炉内产生局部还原性气氛，使生成的 NO_x 被部分还原，从而实现水泥窑系统 NO_x 减排工艺波动会造成水泥窑 NO_x 浓度的剧烈变化（NO_x 浓度可作为水泥窑工艺控制参数），须采取措施保证水泥窑系统的均衡稳定运行。通过保持适宜的火焰形状和温度，减少过剩空气量，确保喂料量和喂煤量均匀稳定，可有效降低 NO_x 排放。

综合使用上述工艺控制措施，大约可降低 30% 的 NO_x 排放量，相应 NO_x 排放浓度可控制在 500~800mg/m^3。

SNCR 技术是以分解炉膛为反应器，通过高温烟气（850~1050℃）中喷入还原剂（一般为氨水或者尿素），将烟气中的 NO_x 还原成氮气和水。该技术系统简单，NO_x 排放浓度可控制在 300~500mg/m³。

SCR 技术是在水泥窑预热器出口处安装催化反应器，在反应器前喷入还原剂（氨水或尿素），在适当的温度（300~400℃）和催化剂的作用下，将烟气中的 NO_x 还原成氮气和水。该技术一次性投资较大，运行成本主要取决于催化剂的寿命，NO_x 排放浓度可控制在 100mg/m³ 以下。由于水泥窑尾废气粉尘浓度高，且含有碱金属，易使催化剂磨损、堵塞和中毒，需要采用可靠的清灰技术或预除尘器和合适的催化剂。不同 SCR 工艺对比见表 3-50。

表 3-50 不同 SCR 工艺的对比

项目	高温高尘	高温中尘	中温中尘	低温低尘
布置位置	C_1 与余热锅炉之间	C_1 与余热锅炉之间	高温风机前 / 后	尾排除尘后
温度（℃）	280~350	280~350	180~220	80~130
粉尘浓度（g/m³）	50~150	20~50	30~80	＜ 0.01
O_2 含量（%）	约 3	约 3	约 5	约 10
SO_2 允许浓度（mg/m³）	＞ 500	＞ 500	＜ 50	~0
其他	反应温度佳，脱硝效率最高，吹灰系统要求极高	反应温度佳，脱硝效率高，温降影响余热发电，电收尘效率偏低，吹灰系统要求高	配置低温催化剂，脱硝效率较高，对硫的适应性差，高硫工厂不适合；吹灰系统要求较高	目前尚无高效催化剂，需要升温；无粉尘影响

3.13 余热发电

3.13.1 水泥工业余热发电技术的发展历程

国内新型干法水泥生产线的建设规模已突破日产万吨，水泥熟料热耗也已降低到 3000~3300kJ/kg。即使如此，水泥生产过程中仍然有约占熟料烧成热耗 35% 的温度为 350℃以下的中、低温废气余热不能被充分利用，不仅造成能源浪费，同时也产生严重的热污染。而日趋成熟的资源综合利用技术，可大量回收和充分利用中低品位的余热，用以发电、制冷、供暖或热电联供，已成为国内水泥工业节能降耗的有效途径。

3.13.2 我国水泥工业余热发电大致经历了三个发展阶段

（1）二十世纪二三十年代由于电力紧张，我国建设了一批干法中空窑余热发电水泥厂，水泥窑废气温度约为 900℃、熟料热耗约为 7500kJ/kg，所配套的高温余热发电系统的发电能力为每吨熟料 100~130kW · h。尽管该技术落后，但满足了当时水泥生产用电的需要。二十世纪六七十年代，我国国民经济对水泥需求量增加且电力供应紧张，为我国水泥工业余热发电的发展创造了条件，使我国水泥工业余热发电技术经历了第一个发展时期。二十世纪七十年代末，中国完成了对日本建设的余热发电窑的技术改造，并新建了若干条余热发电窑。在解决了余热锅炉所存在的许多重大技术问题和难题后，吨熟料发电量大于 170kW·h，标志着我国中空窑余热发电技术达到了一个新的水平。

（2）在“八五”期间由国家计委委托国家建材局开展水泥厂中、低温余热发电技术及装备的研究工作。其课题之一是《带补燃锅炉的中、低温余热发电技术及装备的研究开发》，其目的是在国内当时尚不能解决中低品位余热—动力转换机械的条件下，采用国产标准系列汽轮发电机组回收 450℃以下废气余热进行发电。该课题在“八五”期间完成了攻关任务，利用其研发成果，截至 2004 年年底在全国 23 家水泥厂、37 条新型干法窑建设投产了总发电装机约 36.6 万千瓦以煤矸石、石煤作补燃锅炉燃料的中低温余热电站，均取得了可观的经济效益。

（3）进入“九五”期间，为解决回收低品位蒸汽的动力转换机械——低温低压混压进汽式汽轮机的开发研制工作也取得初步成果。在国内有关部门和汽机生产厂的共同努力下，在充分消化吸收国外先进技术后，完成了混压进汽式汽轮机的研究开发工作。随着人们节能和环保意识的提高，在新型干法水泥生产过程中的废气余热温度已降至 350℃以下，取消补燃锅炉，从而降低粉尘、废渣、烟气及 SO_2 排放的单纯以余热利用为目的的纯低温余热发电技术有了较大发展。1995 年国家计委、国家建材局与日本新能源产业技术综合开发机构签订了基本协议书，由中国安徽海螺集团宁国水泥厂与日本川崎重工株式会社建设了一套 6480kW 的纯中低温余热发电系统。该项目 1998 年并网发电一次成功，是我国水泥行业纯低温余热发电实际应用的开始。

3.13.3 水泥工业纯低温余热发电技术的现状

纯低温余热发电技术的关键问题有两个：一是面对中、低品位的热源如何提高发电效率；二是余热锅炉如何适应低温、含尘浓度高的废气。因为废气温度低就要增加换热面积，废气的含尘浓度高会使传热性能降低，并加快设备磨损，尤其是窑头余热锅炉的磨损。

近年来，国内水泥行业科研设计公司、发电设备制造公司、电力行业科研设计公司等通过联合攻关，成功开发、设计、制造、应用了国内低参数、单压或补汽式汽轮机，解决了中、低品位的混压进汽问题，填补了国内汽轮机制造业的空白，技术上与进口的混压进汽式汽轮机相当。同时适合温度低、含尘高特点的余热锅炉也成功开发、制造和应用，为纯低温余热发电在我国水泥工业的推广应用奠定了基础。江西万年、浙江申河等一批国产化的纯低温余热发电项目的建成投产，标志着中国国产化的纯低温余热发电技术进入应用阶段。

水泥制造业作为高能耗产业，成本上涨的压力越来越大，为了节能降耗，提高产品的竞争能力，华新抓住发展良机，建设实施与新型干法水泥生产线配套的纯低温余热发电工程。一方面可以综合利用水泥生产线排放的废热资源，回收高温烟气的热量变废为宝，降低水泥生产成本和提高企业的经济效益，部分缓解生产用电紧张的形势，提高企业的竞争能力；另一方面可降低排烟温度和排尘浓度，节约能源，减少对环境的空气污染和温室效应。华新第一台余热发电机组于 2008 年在武穴工厂并网发电。截至 2020 年年底，华新余热电站累计装机容量突破 350MW。

3.13.4 水泥工业余热发电技术的介绍及对比

3.13.4.1 水泥工业余热发电指导思想

（1）在不影响水泥生产的前提下，充分利用窑头和窑尾废气余热。

（2）在稳定可靠的前提下，坚持技术创新，尽可能采用先进的技术及装备，以降低发电成本和基建投入。

（3）采用经实践证明是成熟、可靠的装备，对于同类型、同规模项目中暴露的问题，要认真地剖析与调研，避免重复出现。

（4）生产设备原则上采用国产设备，但部分关键控制设备和仪表可考虑引进技术产品。

（5）余热电站采用计算机控制系统，以达到高效、节能、稳定生产、优化控制的目的，并尽量地减少岗位操作人员，以降低生产成本。

（6）贯彻执行国家和地方对环保、劳动、安全、消防、计量等方面的有关规定和标准，做到“三同时”。

3.13.4.2 水泥工业余热资源

（1）窑头热资源

由于新型干法生产线篦冷机出口的废气温度约 280℃，需要通过多管冷却器降温后进窑头收尘器排放，浪费热量的同时还要消耗电力。篦冷机尾气直接利用的热源品质低，为了能够充分利用篦冷机余风的热资源，而又不影响生产线的运行，需在篦冷机中部增设一处取风口，将 360~400℃的热风作为 AQC 锅炉的热源，经沉降室进入 AQC 锅炉。篦冷机尾部余风管保留，余风与 AQC 锅炉出口约 100℃的废气汇合后进入窑头收尘器，由窑头排风机排入大气。

（2）窑尾热资源

窑尾预热器一级筒出口废气温度约 320℃，需要经过增湿塔或管道增湿喷水，将废气温度降至 200℃左右，然后通过窑尾高温风机送至原料磨烘干原料。这样不仅白白浪费了热量，同时消耗了大量水资源。为了回收预热器出口废气多余的热量，在一级筒出口与高温风机之间设置 SP 锅炉，将原先需要喷水消耗的热量作为 SP 锅炉的热源。

（3）电气资源

在水泥线窑头、窑尾电气室可以接一路电源分别作为窑头、窑尾余热锅炉的启动电源。为确保余热电站的生产运行及管理的合理与顺畅，在余热电站汽轮发电机房一侧要建高低压配电室。

余热电站发电机出口电压与水泥线总配电站的母线电压一致，发电机与水泥线总配电站的母线采用单回路电缆线进行联络。同期并网操作设在电站侧，并且在发电机出口断路器处设置同期并网点。电站与电力系统并网运行，运行方式为并网不上网。

3.13.4.3 余热发电对水泥工业的影响

根据理论分析并结合国内运行经验，余热发电系统对原生产线的操作、设备的运行均会产生一定影响，现说明如下：

（1）对窑头电除尘器的影响

增设 AQC 炉后窑头电除尘器的入口废气温度下降，对粉尘比电阻产生一定影响。

经测算在120℃左右时，粉尘比电阻处于电除尘器的运行许可范围内。

由于篦冷机中部废气在进入AQC锅炉之前先经过预除尘，有50%左右粉尘沉降下来；又由于篦冷机尾部余风排气量减少，取风口局部流速降低，对粉尘的携带能力大大降低。所以进入电除尘器的粉尘浓度也比原来有较大降低。

（2）对窑头排风机的影响

由于在收尘器前设置了AQC锅炉，使废气全流程阻力增加约800Pa，需要排风机提供更大的负压。但是排气温度下降至120℃以内，使得进入风机的废气工况风量下降，窑头排风机设计能力都有较大的余量，风机的输出风压能够相应提高。一般来说，只需要调整其工作点即可适应改造后的工况。

（3）对窑尾排风机的影响

在风机前加入一台SP锅炉和烟气管道进出口，使窑尾烟道压力损失增加约1000Pa。但因进入风机的湿度降低且工况风量减小，提高了风机的输出压头，而且进入风机的废气含尘量大大降低，故对窑尾风机影响不大，一般只需调整其工作点，不需更换风机。

（4）对原料磨烘干能力的影响

SP锅炉选型阶段应考虑锅炉出口废气温度满足生料磨要求烘干生料的平均温度的要求。即使生料水分季节性增加，也可通过打开SP锅炉旁路风门的方式保证生料磨烘干能力。

3.13.4.4 水泥工业余热发电系统方案及对比

（1）窑头篦冷机取风口数量的对比

① 单取风口：在篦冷机中部设置中温取风口，热风进入AQC锅炉，AQC锅炉出风与篦冷机尾部余风管的余风混合后经除尘器和排风机排入大气。此系统下，AQC锅炉和SP锅炉各自产生的过热蒸汽混合后进汽轮发电机组做功发电。

② 双取风口：在篦冷机前端和中部分别设置高、中温取风口，高温取风口的热风进入ASH锅炉，中温取风口的热风进入AQC锅炉。此系统下，AQC锅炉和SP锅炉均只产生中压饱和蒸汽，饱和蒸汽混合后进入ASH锅炉产生过热蒸汽，再进汽轮发电机组做功发电。

对比：双取风口方式系统复杂，阻力大，且对ASH锅炉的依赖性太强。当高温取风口热风温度低时，主蒸汽过热度低，发电效率低，且有水击风险；当高温取风口热风温度高时，熟料黏结性增加，ASH锅炉极容易堵塞结皮，导致主蒸汽过热度不够；当ASH锅炉故障停运时，整个余热电站都要停运。而单取风口系统简单，AQC锅炉和SP锅炉关联运行又相互独立，AQC锅炉和SP锅炉各自产生过热蒸汽混合后进汽轮机，主蒸汽温度更稳定，且汽轮机运转率更高。

（2）单压系统和双压系统的对比

① 在锅炉热平衡计算过程当中，当部分热量不能完全利用，只有利用更低压力等级的系统再次吸收部分热量，此时需采用双压系统；当选择较低的主蒸汽压力能完全吸收烟气放出的热量时，可直接采用单压系统。

② 双压系统相比单压系统而言可提高系统热效率3%~5%，采用双压系统能提高余

热发电量。双压系统需配置双压余热锅炉及补汽凝汽式汽轮机，系统流程复杂，操作控制要求高，投资较大。

对比：究竟选择单压系统还是双压系统，需要根据水泥厂提供的余热资源和烘干需求两方面因素同时确定。在单压系统能够满足回收热量的前提下，应优先选择单压系统。

（3）其他系统方案

上面两组对比都是水泥工业余热发电的常规方案，即只在窑头篦冷机和窑尾预热器取热风。水泥工业余热发电还有其他一些系统方案，适用于特殊地区或特殊工艺。

① 窑筒体散热回收：适用于北方，回收热量用于生活热水或给余热锅炉供热水。

② 窑头余风再循环：适用于北方，冬季环境温度太低时循环风能用于提高 AQC 锅炉取风温度。

③ 旁路放风系统：适用于原料中氯碱含量很高或者协同处置生活垃圾的水泥窑中氯含量高的生产线。

3.14 水泥生产的碳排放及减排方法

3.14.1 水泥熟料生产的过程碳排放

普通硅酸盐水泥熟料生产过程中的碳排放主要由三部分组成，即过程碳排放即原料中的碳酸盐分解产生的碳排放、燃料燃烧产生的碳排放以及消耗电力折算的碳排放。其中，通常碳酸盐分解产生的碳排放约占 61%，燃料燃烧产生的碳排放约占 32%，消耗电力折算的碳排放约占 7%。

熟料的化学成分决定熟料的矿物组成，水泥的性能由熟料的矿物组成确定。熟料中 CaO 及 MgO 含量对熟料生产过程的碳排放以及熟料性能有较大的影响。熟料化学成分、矿物组成与率值是熟料组成的三种不同表示方法。三者可以互相换算。表 3-51 为普通硅酸盐水泥熟料、中热硅酸盐水泥熟料、低热硅酸盐水泥熟料的率值、矿物组成以及化学成分。与普通硅酸盐水泥熟料相比，中热硅酸盐水泥熟料 CaO 及 MgO 含量降低约 2%，低热硅酸盐水泥熟料 CaO 及 MgO 含量降低约 3%。假定熟料中的 CaO 全部来源于碳酸盐分解、不同 CaO 含量的熟料，吨熟料中来源于碳酸盐分解的碳排放量见表 3-52。与普通硅酸盐水泥熟料相比，中热硅酸盐水泥熟料降低约 16kg，低热硅酸盐水泥熟料降低约 24kg。

基于普通硅酸盐水泥（含中热、低热）熟料的碳排放减少是有限的，大幅度降低 Ca/Si（碳从 3.0 到 2.0 以下）是减碳的关键，但要保持物理性能和早期强度等是关键。

表 3-51 熟料率值、矿物组成及化学成分（基于 MgO 不变）

类型	普硅熟料	中热熟料	低热熟料
SiO_2	22.17%	23.06%	24.43%
Al_2O_3	4.57%	4.30%	3.98%
Fe_2O_3	3.29%	5.38%	5.35%

续表

类型	普硅熟料	中热熟料	低热熟料
CaO	66.06%	64.04%	63.03%
MgO	2.00%	2.00%	2.00%
SO_3	0.70%	0.39%	0.38%
K_2O	0.70%	0.38%	0.37%
Na_2O	0.14%	0.14%	0.13%
KH	0.924	0.853	0.798
KH-	0.900	0.845	0.790
SM	2.82	2.38	2.62
IM	1.39	0.80	0.74
C_3S	58.8%	46.7%	34.3%
C_2S	16.0%	30.2%	43.4%
C_3A	6.6%	2.3%	1.5%
C_4AF	10.0%	16.4%	16.3%

表 3-52　不同氧化钙含量熟料碳排放量

类型	普硅熟料	中热熟料	低热熟料
CaO	66.06%	64.04%	63.03%
MgO	2.00%	2.00%	2.00%
吨熟料 CO_2 排放（kg）	541.0	525.2	517.2

3.14.2　生料粉磨系统碳减排的潜力分析

从前述对生料管磨、生料立磨，生料辊压机三种粉磨方式的分析对比可以看出，管磨、立磨和辊压机三种系统的工序电耗分别为 20~25kW·h/t，12~17kW·h/t 和 11~15kW·h/t。

生料粉磨系统碳排放主要来源于生料粉磨过程中主机和辅机的电力消耗，因此如何降低生料粉磨系统的电耗成为其碳减排的关键，生料消耗系数取 1.53，1kW·h 相当于 0.1229kg 标准煤。全国电网 CO_2 平均排放因子按 0.6101kg/kW·h 来计算，不同粉磨系统吨熟料 CO_2 排放量见表 3-53。

表 3-53　不同生料粉磨系统的碳排放量（tcli）

类别	管磨	立磨	辊压机
折吨熟料标准煤耗（kg）	2.46~3.07	1.47~2.1	1.35~1.84
吨熟料 CO_2 排放量（kg）	18.7~23.3	11.3~15.9	10.4~14.0

从表 3-53 可以看出，管磨系统的 CO_2 排放量最高，辊压机最低。从碳减排的角度

考虑，对生料粉磨的设备选型而言，应优先选择辊压机和立磨。

3.14.3 预热器系统碳减排的潜力分析

不同级数预热器对系统出口温度和热耗的影响见表 3-54。

表 3-54 预热器级数对系统出口温度和热耗等的影响

类别	4 级→ 5 级	5 级→ 6 级
热耗（kcal/kg）	–46	–28
废气温度（℃）	–55	–42
废气量（m^3/kg）	–0.037	–0.012
出口压力（mba）	+5~8	+5~8
吨熟料标准煤减少（kg）	5.44	3.36
吨熟料碳减排（kg）	10.93	6.47

从表 3-54 可以看出，预热器的级数越多，出口废气温度越低，系统的热耗越低，但系统阻力会上升。

取高温风机进口风量为 1.45Nm^3/kg，进口温度为 220℃（有余热发电），风机效率为 75%，单级旋风筒阻力增加 800Pa，吨熟料高温风机电耗增加 0.83kW · h/t，熟料标准煤耗平均值取 107kg，标准煤 CO_2 排放因子按 2.66kg/kg 计算，全国电网 CO_2 平均排放因子按 0.6101kg/kW · h 计算。在不考虑余热发电的情况下，4 级到 5 级预热器吨熟料 CO_2 减排，5 级到 6 级预热器吨熟料 CO_2 减排计算为：

4 级→ 5 级：$46 \times 1000 \div 7000 \times 2.66 - 0.83 \times 0.6101 = 16.97$（kg）

5 级→ 6 级：$28 \times 1000 \div 7000 \times 2.66 - 0.83 \times 0.6101 = 10.13$（kg）

从以上数据可以看出，增加预热器级数，能够降低熟料烧成产生的 CO_2。

考虑余热发电的影响，假定 4 级、5 级、6 级预热器窑尾 SP 锅炉吸收的热能转换为电能效率分别为 21%、20%、19%，则 4 级到 5 级预热器余热发电量降低 10kW · h/t，5 级到 6 级预热器余热发电量降低 6kW · h/t，则吨熟料 CO_2 减排为

4 级→ 5 级：$16.97 - 0.6101 \times 10 = 10.87$（kg）

5 级→ 6 级：$10.13 - 0.6101 \times 6 = 6.47$（kg）

3.14.4 分解炉的碳减排潜力分析（表 3-55）

表 3-55 某工厂预热器分解炉热平衡计算表

热量收入	kJ/kg	%	热量支出	kJ/kg	%
生料显热	88.62	2.31	预热器废气	608.72	15.83
燃料显热	4.08	0.11	预热器飞灰	32.89	0.86
燃料	1856.58	48.29	热散失	170.00	4.42

续表

热量收入	kJ/kg	%	热量支出	kJ/kg	%
三次风	725.42	18.87	化学不完全燃烧	4.62	0.12
三次风粉尘	18.20	0.47	高岭土脱水	32.34	0.84
窑气	774.99	20.16	分解热	1660.85	43.20
送煤风	2.59	0.07	物料	1341.52	34.89
窑尾循环物料	372.70	9.69	其他	-6.46	-0.17
漏风	1.29	0.03			
总收入	3844.48	100	总支出	3844.48	100

分解炉内碳排放的主要来源是燃料燃烧以及工艺碳酸盐分解。首先燃料在分解炉内的气固二相流场中充分燃烧，并将释放的热量传递给生料，生料吸收足够的热量后进行碳酸盐的分解，整个过程都伴随着 CO_2 的排放，这也说明分解炉内进行的燃烧过程和物理化学反应对控制水泥生产过程中的碳排放起着至关重要的作用。对于现有的水泥生产工艺而言，碳酸盐分解过程中的碳减排尚未找到有效方法。最重要的工作是要在分解炉内燃烧完成产生的烟气量最低为最优，一般来讲，除了分解炉追求燃烧完成最重要的指标就是过剩空气系数。如果不考虑一级筒到五级筒之间的预热器的漏风风量，三次风和窑内风给到分解炉的总风量使燃料完全燃烧后的空气过剩系数是决定预分解窑系统热耗的核心。因此优化的目标是在分解炉内用最低的空气过剩系数来燃烧完燃料，这里的燃料包括天然气、重油、煤粉和替代燃料。

当然还需要考虑燃烧过程中的降氮，通过分级燃烧降低出回转窑的氮氧化合物。这个也是通过燃烧点贫氧区来实现的，但燃烧点的选取要留有足够的空间来保证煤粉和燃料在后部空间内完成燃烧。

但是未来使用越来越多的不是像煤粉这样的传统燃料，而是替代燃料，包括液体和固体替代燃料，尤其是固体替代燃料会有块状、片状、焦矸类等形态，因此预处理和燃烧的过程会更困难。不可能像煤那样，先做预均化再粉磨到 80μm 以下的细度，进入煤粉仓均化混合再定量地喷喂入分解炉中，固体替代燃料如果像煤粉这样处理，那么它的处置成本就非常高，经济性很差。

那么如何能在分解炉内，把这种 3D 尺寸在 80mm 以上的各类替代燃料（包括片状的塑料纸张、农业秸秆、废旧轮胎颗粒、工业废弃物等）完全燃烧，而且燃烧所用的过剩空气量还要保持尽可能低，这样才能使分解炉的换热和热耗达到最佳。

新建项目可以用更大的分解炉来解决，而现存的生产线可通过对原有分解炉内各种燃料在不同位置的进入和燃烧气体与助燃空气的混合状态等进行创新设计和优化改造实现，使各类物料能够在分解炉内实现完全燃烧，而且实现的是低过剩空气系数的完全燃烧，这样就能够带来化石燃料最好的替代效果，也是降低碳排放的核心。

在使用替代燃料条件下的分解炉改造需要考虑有足够的燃烧时间能把它燃尽，当过剩空气系数不会增大或者不会增大很多时，燃料在燃烧过程中就要考虑它的颗粒度、重度和燃烧速度，在分解炉的气固二相混合中，有上升、有重力下沉、有旋转等组合使燃烧快速完成的过程。

影响燃烧的因素有三个，第一是燃烧温度，分解炉里的温度相对来讲是一个比较稳定的温度，为900℃左右，但是不能太高。如果高太多的话，液相提前出现，还会给分解炉和预热器带来结皮堵塞等问题。第二是燃料的粒度，通常情况下粒度越细燃烧速度越快，燃尽的时间就越短，如果粒度过大，燃烧需要停留的时间就会越长，就要在炉体结构上进行改变。第三是燃烧氛围的含氧量，如果含氧量高，燃烧的速度会快，燃烧效率也会更高，但是如果含氧量太高，会造成过剩空气系数很大，就会使整个预热器和分解炉系统产生的废气总量增大很多，而大幅度上升的废气量会带走大量的热量，而且这时分解炉各级筒物料和出风之间的温差会加大，系统热耗就会增大。

燃烧的三个因素包括燃烧温度、物料粒度以及含氧量，目标是实现出炉烟气最低含氧量和最低的一氧化碳含量，同时保持分解炉在一个合理的不会产生结皮堵塞的燃烧温度，而对替代燃料的粒度和粒形上进行适当的处理，实现分解炉内完全燃烧。这样就需要充分考虑如何来利用分解炉的空间，比如在混合气流炉内旋转上升的时间显然比在炉内直线上升的时间要长，物料上升下降来回、喷腾回落比单纯的一次上升要燃烧更充分。所以新一代分解炉的设计中气流的设计是以旋、喷、转在有限空间内实现更长时间的停留和湍流运动，以使替代燃料实现上下的喷腾燃烧、重力下落和燃烧后质量减轻的上下来回飘动，实现和高温助燃空气接触来完成燃烧。而且在这个过程中，还要保证燃烧后的温度，用生料分解吸热来控制住整个炉体的温度，不产生液相，保证炉体不结皮堵塞，使得气流物料的混合达到一个均匀换热的程度。这三个因素构成了预热器和分解炉新的概念，新分解炉能尽可能地处理各种更多的不同形状、颗粒度和不同燃烧速度的替代燃料，实现完全燃烧，一氧化碳和氧含量最低，各级气固换热温差最低。这是整个分解炉和预热器设计的核心，这样能使燃料的燃烧效率以及预热器系统的换热效果达到最佳。

分解炉内减排的关键在于降低传统燃料使用。以煤热耗3200kJ/kg计算，分解炉内煤粉燃烧产生的CO_2为174.48kg（吨熟料）。目前，国内水泥行业已将部分生活垃圾投入生产实践，热替代率TSR $<$ 2%。若将TSR提高到10%，相比无替代燃料水泥生产，吨熟料CO_2减排16.2kg。因此大规模使用替代燃料可有效降低传统燃料的碳排放。

3.14.5 回转窑系统碳减排的潜力分析

回转窑内燃料燃烧产生的热量除了用于熟料煅烧外，还有一部分热量被散失掉，如何减少回转窑的热散失，对于降低整个窑系统的热耗和CO_2排放量都至关重要。以某工厂回转窑为例，建立热平衡计算表，见表3-56。

表3-56　某工厂回转窑热平衡计算表

热量收入	kJ/kg	%	热量支出	kJ/kg	%
燃料的燃烧热	1164.5	34.46	窑气	774.99	22.93
燃料显热	2.6	0.08	出窑熟料	1571.06	46.49

续表

热量收入	kJ/kg	%	热量支出	kJ/kg	%
入窑热生料显热	1358.8	40.20	窑尾飞灰	372.70	11.03
窑头送煤风显热	1.3	0.04	液相形成热	109.00	3.23
一次空气显热	1.9	0.06	热散失	130.00	3.85
窑头漏风显热	1.3	0.04	分解热	351.65	10.41
二次空气显热	440.0	13.02	机械不完全燃烧	67.75	2.00
固相反应放热	398.1	11.78	化学不完全燃烧	2.49	0.07
二次风粉尘	11.2	0.33			
总收入	3379.7	100	总支出	3379.7	100

从表 3-56 可以看出，回转窑筒体表面散失量为 130.00kJ/kg，约占总热量支出的 3.85%，标准煤 CO_2 排放因子按 2.66kg/kg 计算，由于窑筒体热散失而导致吨熟料的 CO_2 排放量为 11.55kg。

因此，对回转窑系统而言，可采用低导热系数、保温性能好的优质耐火砖来降低窑筒体的热散失，采用富氧或全氧燃烧提高窑内火焰的辐射强度，采用新式窑头窑尾密封装置来降低系统漏风，这些措施都可降低窑系统的碳排放。

3.14.6 冷却机系统碳减排的潜力分析

影响冷却机系统碳排放的主要因素有冷却机的热回收效率以及冷却机风机运行过程中的电力消耗，因此如何提高冷却机系统的热回收效率以及降低冷却机风机电耗成为其碳减排的关键，以华新 HS 工厂水泥熟料篦冷机为例，建立热平衡计算表，见表 3-57。

表 3-57 华新 HS 工厂水泥熟料篦冷机热平衡计算表

热量收入	kJ/kg	%	热量支出	kJ/kg	%
出窑熟料显热	1429.44	94.04	出冷却机熟料显热	88.92	5.85
入冷却机冷空气显热	90.59	5.96	冷却机排出空气显热	376.81	24.79
			冷却机出口飞灰显热	11.90	0.78
			入窑二次空气显热	320.54	21.09
			三次空气显热	686.49	45.16
			冷却机表面散热损失	5.23	0.34
			其他支出	30.14	1.98
总收入	1520.03	100	总支出	1520.03	100

从表 3-57 可以计算出，该篦冷机的热回收效率为 70.45%。若采取相关措施将该篦冷机的热回收效率提升至 75%，标准煤 CO_2 排放因子按 2.66kg/kg 计算，吨熟料可降低 CO_2 排放 5.91kg。此外，该生产线篦冷机风机电耗约 5.5kW · h/t，全国电网 CO_2 平均

排放因子按 0.6101kg/kW · h 计算，吨熟料 CO_2 排放量为 3.36kg。

因此对熟料冷却机系统而言，应采用三代、四代及其他热回收效率更高的新式篦冷机。在日常运行过程中，还可通过操作优化来提高二、三次风温，降低熟料热损失。对于篦冷机风机系统，应加强日常的维护管理工作，提高风机的运行效率，同时也可采用高效节能风机等方法来降低篦冷机系统电耗，这些都能减少 CO_2 排放。

3.14.7 水泥粉磨系统碳减排的潜力分析

目前整个水泥行业投入生产运行的水泥粉磨系统主要有如下几种，在粉磨水泥产品时表现不尽相同。不同水泥粉磨系统电耗的对比，见表 3-58。

表 3-58 不同水泥粉磨系统的电耗

类别	球磨	辊压机				立磨
	终粉磨	预粉磨	联合粉磨	半终粉磨	终粉磨	终粉磨
电耗（kW · h/t）	39	35	32	30	28	27

从表 3-58 可以看出，单一球磨机系统电耗最高，达 39kW · h/t，远高于其他粉磨系统。辊压机和球磨机组成的联合粉磨系统或者半终粉磨系统电耗在 30~32kW · h/t，并且水泥性能良好；辊压机作为终粉磨设备，虽然电耗较低，但是存在水泥适应性的问题，目前尚未大量采用。立磨作为水泥终粉磨设备，电耗只有 27kW · h/t，节电优势明显。

水泥粉磨系统碳排放主要来源于水泥粉磨过程中主机和辅机的电力消耗，因此如何降低水泥粉磨系统的电耗成为其碳减排的关键，全国电网 CO_2 平均排放因子按 0.6101kg/kW · h 计算。不同粉磨系统 CO_2 排放量见表 3-59。

表 3-59 不同水泥粉磨系统的碳排放量（吨熟料）

类别	球磨	辊压机				立磨
	终粉磨	预粉磨	联合粉磨	半终粉磨	终粉磨	终粉磨
CO_2 排放量（kg）	23.79	21.35	19.52	18.3	17.08	16.47

从表 3-59 可以看出，采用单一球磨机粉磨水泥时，其 CO_2 排放量最高，为 23.79kg；而采用辊压机联合粉磨系统、半终粉磨以及立磨终粉磨，吨水泥 CO_2 排放量分别较球磨机终粉磨系统减少 4.27kg、5.49kg、7.32kg，因此对于水泥粉磨而言，建议采用辊压机 + 球磨机组合而成的联合粉磨系统、半终粉磨系统以及立磨终粉磨系统来降低水泥粉磨所产生的 CO_2 排放。

3.14.8 工艺风机碳减排的潜力分析

不同部位的工艺风机表现出不同的使用性能，但目前水泥工业的大型工艺风机性能普遍发挥不是很好，具体技术指标见表 3-60。

表 3-60　水泥行业大型工艺风机电耗与运行效率

类别	原料磨风机	窑尾高温风机	窑尾排风机	窑头排风机	水泥磨循环风机	水泥磨排风机
风机电耗（kW·h/t）	6~7	6~7	2~3	1~1.5	0.3~0.7	2.8~3.0
风机效率	约 72%	约 70%	约 68%	约 75%	约 75%	约 75%

从表 3-60 可以看出，水泥厂大型风机的效率一般在 60%~75% 之间（小型风机效率更低），风机节能空间很大，如果大型风机效率都能提高到 81% 以上，就有 15%~35% 节电空间，吨熟料或水泥电耗下降 3~4kW·h 以上，CO_2 排放量降低 2kg 左右。由此可见，风机节能对降低水泥生产节能减碳，有着非常重要的意义。

3.14.9　替代燃料碳减排的潜力分析

替代燃料在分解炉内经过高温焚烧，热量贡献给生料的预热和分解，减少了水泥窑自身传统煤粉的消耗，同时由于替代燃料燃烧产生的废气量大，也可进一步提高水泥窑的余热发电量，从而实现 CO_2 的减排。表 3-61 给出了 HXHS 工厂水泥窑在使用替代燃料情况下的能耗指标。

表 3-61　协同处置生活垃圾的碳排放量

类别	数值
熟料产量（t/d）	13493.1
替代燃料使用量（t/d）	2094.0
熟料综合热耗（kcal/kg）	740.9
熟料烧成煤耗（kcal/kg）	452.6
熟料综合电耗（kW·h/t）	50.5
净余热发电量（kW·h/t）	31.2

从表 3-61 可以看出，该生产线全窑系统热替代率达 38.9%，并实现了替代燃料减氮的完全燃烧，单位熟料综合能耗 67kgce/t，折算到熟料碳排放 683.2kg/t。总之，替代燃料在水泥窑系统使用后极大地降低了水泥熟料生产过程中传统燃料的消耗，也减少了 CO_2 的排放，为中国水泥工业的降碳开辟了一条全新的道路。

3.14.10　余热发电碳减排潜力分析

华新某 5000t/d 新型干法水泥熟料生产线，配置五级预热器和自主研发的第四代篦冷机。余热电站采用单取风口单压系统，装机容量 9MW，年运行时间 300d。在设计烟风条件下，AQC 炉主蒸汽参数 1.05MPa-380℃ -22.3t/h，SP 主蒸汽参数 1.05MPa-290℃ -21.3t/h。以下碳减排量均以此水泥生产线为例进行计算。

（1）水泥工业余热电站纯发电的碳减排计算

余热电站平均发电功率 7.5MW，吨熟料发电量 36kW·h/t，年发电量为 5400 万 kW·h，年供电量为 5076 万 kW·h，核算碳减排量为约 3.1 万 t/a。计算公式如下：

余热发电碳减排量 =50760000kW · h × 0.6101kg/kW · h/1000=30969t

（2）水泥工业余热电站发电＋供暖的碳减排计算

在中部和南方地区，集中供暖并不普遍，但人们对生活舒适度的要求越来越高。水泥厂可以响应国家碳中和号召，对常规余热电站进行简单改造，即可在供暖季向周边社区集中供暖；在非供暖季，所有蒸汽仍发电供水泥厂使用。

以一个供暖建筑面积 30 万 m^2 的大型社区为例，计算供暖所需热负荷为 20MW，需要主蒸汽流量 23.8t/h，剩余蒸汽 19.8t/h，可发电 3.4MW。以供暖季 90d 计算，水泥工业余热电站全年发电＋供暖 2160h，剩余 5040h 为纯发电模式，则年供电量 4150 万 kW · h，核算碳减排量为 2.53 万 t/a；供热量 155520GJ，碳减排量为 1.71 万 t/a，余热电站全年共计碳减排量为 4.24 万 t/a。

（3）水泥工业余热电站发电＋墙体材料制砖的碳减排计算

华新研制的蒸养砖是经蒸压釜蒸压、高温蒸汽养护而成的墙体材料。因其质量轻可作为框架结构的填充材料，具有轻质、保温、隔热、可加工、缩短建筑工期等特点。该产品能够消化大量的骨料水洗压滤土和筛下料，是替代烧结黏土砖的产品。

以在水泥厂周边建设年产 1 亿块蒸养砖生产线为例，年运行 300d，需要蒸汽 0.9MPa-190℃ -12t/h 进行养护。计算砖厂需要蒸汽热焓 66848GJ，合计消耗余热蒸汽 22070t/a，损失发电量 379 万 kW · h，剩余供电量 4697 万 kW · h。

发电部分碳减排量为 2.87 万 t/a，蒸养砖按节约燃烧天然气考虑排放因子，碳减排量为 0.41 万 t/a，水泥工业余热电站合计碳减排量为 3.27 万 t/a。计算公式如下：

节约燃气碳减排量 =66848GJ × 1.09 × 0.01532tC/GJ × 0.995 × 44/12=4073t

剩余发电碳减排量 =46970000kW · h × 0.6101kg/kW · h/1000=28656t

碳减排量 =4073t+28656t=32729t

（4）水泥工业余热电站发电＋加气混凝土砌块的碳减排计算

随着国家对装配式建筑和绿色节能建筑的大力推广，加气块、加气板材等加气墙体材料逐渐进入人们的视野。由于其具备轻质、保温、抗震、耐火以及良好的加工性能等优点，现已被广泛应用于高层建筑及保温结构中。加气墙体材料生产过程中，蒸压养护为能耗最高的工序。加气混凝土砌块蒸压养护温度高达 180~200℃，时间 8~12h。而水泥工业余热锅炉产生的高温蒸汽温度高达 330~380℃，若将此高温蒸汽经过降温降压设备处理后用于蒸压养护加气混凝土砌块，能大幅度降低能耗。

以在水泥厂周边建设年产 50 万 m^3 加气混凝土砌块及板材生产线为例，年运行 300d，需要蒸汽 1.2MPa-200℃ -25t/h 进行养护。计算加气混凝土砌块需要蒸汽热焓 506891GJ，合计消耗余热蒸汽 163158t/ 年，损失发电量 2802 万 kW · h，剩余供电量 2274 万 kW · h。

发电部分碳减排量为 1.39 万 t/ 年，蒸养砖按节约燃烧天然气考虑排放因子，碳减排量为 3.09 万 t/ 年，水泥工业余热电站合计碳减排量约为 4.47 万 t/ 年。计算公式如下：

节约燃气碳减排 =506891GJ × 1.09 × 0.01532tC/GJ × 0.995 × 44/12=30881t

剩余发电碳减排 =22740000kW · h × 0.6101kg/kW · h/1000=13874t

碳减排量 =30881t+13874t=44755t

4

混凝土骨料的绿色制造技术及碳排放

4.1　砂石骨料矿山开采碳排放计算及减排措施

砂石骨料是水利工程中砂、卵（砾）石、碎石、块石、料石等材料的统称。砂石骨料是水利工程中混凝土和堆砌石等构筑物的主要建筑材料。人类用来建设和改造世界，每年要消耗数百亿吨砂石骨料。骨料占到硬化混凝土体积的60%~75%，是混凝土的主要组成部分。

4.1.1　砂石的分类

砂是组成混凝土和砂浆的主要组成材料之一，是土木工程的大宗材料。砂一般分为天然砂和人工砂两类。

天然砂：由自然条件作用（主要是岩石风化）而形成，粒径5mm以下的岩石颗粒。

人工砂：即机制砂，是指经除土处理，由机械破碎、筛分制成的粒径小于4.75mm的岩石颗粒。但不包含软质岩石、风化岩石的颗粒。

建筑用砂一般分为细砂、中砂、中粗砂、粗砂。一般混凝土、砂浆用中粗砂。砂的规格按细度模数（表征天然砂粒径的粗细程度及类别的指标）分为粗砂、中砂、细砂、特细砂四种。

粗砂：细度模数为3.7~3.1，平均粒径为0.5mm以上。

中砂：细度模数为3.0~2.3，平均粒径为0.5~0.35mm。

细砂：细度模数为2.2~1.6，平均粒径为0.35~0.25mm。

特细砂：细度模数为1.5~0.7，平均粒径为0.25mm以下。

细度模数越大，表示砂越粗。

建筑用碎石（卵石）按粒径尺寸分为单粒粒级和连续粒级。其中，连续粒级分为六种规格：5~10、5~16、5~20、5~25、5~31.5、5~40；单粒粒级分为五种规格：10~20、16~31.5、20~40、31.5~63、40~80。

石是指粒径大于4.75mm的颗粒。常用的石有碎石及卵石两种。碎石是自然岩石或岩石经机器破裂筛分而制成的粒径大于4.75mm的颗粒；卵石是岩石经自然风化、水流搬运和分选聚集而成的粒径大于 4.75mm 的颗粒。

卵石和碎石中颗粒的长度大于该颗粒所属相应粒级的均匀粒径的 2.4 倍者为针状颗粒，厚度小于均匀粒径的 0.4 倍者为片状颗粒。均匀粒径指该粒级上下限粒径的均匀值。

4.1.2 砂石骨料矿山开采方式及开拓系统

砂石骨料原料矿山多为露天开采，极少数采用地下开采方法。

砂石骨料的开采方式及开拓系统与水泥原料（石灰石）矿山相同。

由于要减少骨料生产中的粉料比例，因此在爆破环节的控制与用于水泥生产的石灰石的开采不同，砂石骨料矿山的爆破要尽量均衡爆破，减少粉料的比例。

4.1.3 常见骨料生产工艺

4.1.3.1 骨料工艺设计与选择

骨料生产系统工艺设计的主要内容是：根据料源岩石性质，重点研究骨料生产方法、破碎加工工艺流程、设备类型、破碎段数及制砂工艺等。

生产方法包括干法生产、湿法生产、干湿法结合三种形式。

破碎加工工艺流程有分段闭路、闭路、开路三种形式。

分段闭路流程具有骨料级配调节灵活、循环负荷量相对较小、检修较为方便等优点，但车间数量相对较多，运行管理相对复杂；闭路流程可根据需要调整骨料级配，车间布置相对集中，但循环负荷量大，检修不够方便。

开路流程没有循环负荷量，车间布置较为简单，但级配调整灵活性较差，级配平衡后可能有部分弃料。特大型、大型人工骨料生产系统宜采用分段闭路生产粗骨料，中小型人工骨料生产系统可采用全闭路或全开路生产粗骨料。

当采用立轴冲击式破碎机或圆锥式破碎机制砂时，应与检查筛分构成闭路生产。当天然砂石级配与需用砂石级配差异较小，直接利用率大于 90%时，可采用全开路生产；当原料与需用砂石级配差异较大时，可结合原料储量经过经济比较后选择分段闭路工艺流程或全开路工艺流程。

制砂工艺应根据原料岩性、所需的处理能力及成品砂的细度模数和石粉含量要求，确定制砂的设备类型、数量以及工艺流程。

总之，系统的工艺设计及选择要根据原料岩石的特性、系统规模、产品级配和质量要求、主体工程混凝土浇筑的进度计划、工程区域的气候条件等诸多因素，经综合分析确定。

4.1.3.2 破碎段数选择

破碎段数的选择与料源岩石性质有关。

对于难破碎、磨蚀性强的岩石，例如玄武岩、流纹岩等火成岩，应选用三段破碎；对于中等可碎或易碎岩石，可采用两段破碎，如石灰岩等。各段破碎的粒径范围见表 4-1。

表 4-1　各段破碎的粒径范围

项目	进料粒度（mm）	出料粒度（mm）
粗碎	≤ 1200	≤ 350
中碎	≤ 350	≤ 100
细碎	≤ 100	≤ 40

各类设备都有一定的破碎比范围，实际采用的破碎比大小还和石料的可碎性及生产流程有关，难碎岩石取小值，易碎岩石取大值。常用破碎机的破碎比范围见表 4-2。

表 4-2　常用破碎机的破碎比范围

破碎机类型	流程类型	破碎比范围
颚式破碎机和旋回破碎机	开路	3~5
标准型圆锥破碎机	开路	3~5
中型和短头型圆锥破碎机	开路	3~6
中型和短头型圆锥破碎机	闭路	4~8
反击式破碎机	开路	10~25

当采用两段破碎工艺时，对于中等可碎或难碎岩石，粗碎选用颚式破碎机或旋回破碎机，其破碎比相差不大，但中碎宜选用破碎比相对较大的中型圆锥破碎机，细碎宜选用短头型圆锥破碎机。对于易碎岩石，也可以采用反击式破碎机作为粗碎和中碎，但应对成品碎石的中径筛余量进行复核。

4.1.3.3　典型工艺流程

料源岩石的特性直接影响着骨料生产系统的工艺设计。特大型、大型人工骨料生产系统的加工工艺设计，应首先取得同类岩石的加工试验资料，了解原料的硬度、可碎性（功）指数、磨蚀性指数、破碎粒度曲线等参数，当无同类岩石加工试验资料时，应进行骨料生产性试验。中小型骨料生产系统可根据典型粒度曲线进行设计。

（1）半成品生产

通常习惯上把原料经过粗碎处理后的产品称为半成品，人工骨料系统的半成品是指原料经过粗碎后所得的产品，根据所选的中碎机型允许进料粒径确定粗碎的最大排料口尺寸。

为确保系统生产均匀连续，一般应设半成品堆场，无特殊要求时，半成品堆场的容积一般不应小于高峰期一个班的处理量。

设备有多重组合形式，三种典型的组合形式如图 4-1 所示。

半成品生产主要有如下 3 种工艺：

工艺 1：较为简洁，对于含土量不高的原矿石，可以按照此方法进行，粗破后物料进入中间堆场，出堆场时用圆振筛除土。

工艺 2：原矿石利用篦条给料机喂料，在喂料的同时进行预筛分，篦条板上方料含泥少，直接进入粗破；下方料含泥多，进入圆振筛除泥，圆振筛筛上料含泥量较少，可

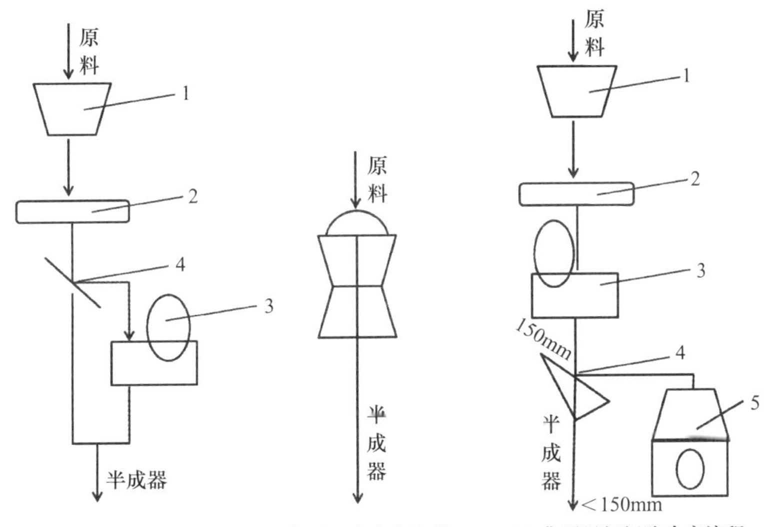

图 4-1　典型的工艺组合方式

1—受料仓；2—给料机；3——次粗碎设备；4—振动筛；5—二次破碎设备

经皮带进入中间堆场，筛下料为泥料，可用于水泥或者制品生产。

工艺 3：在进粗破前端利用辊轴筛除泥，筛下料为泥料，筛上料含泥较少，喂入粗破。粗破后经皮带运往中间堆场 / 堆棚。相关工艺流程如图 4-2 所示。

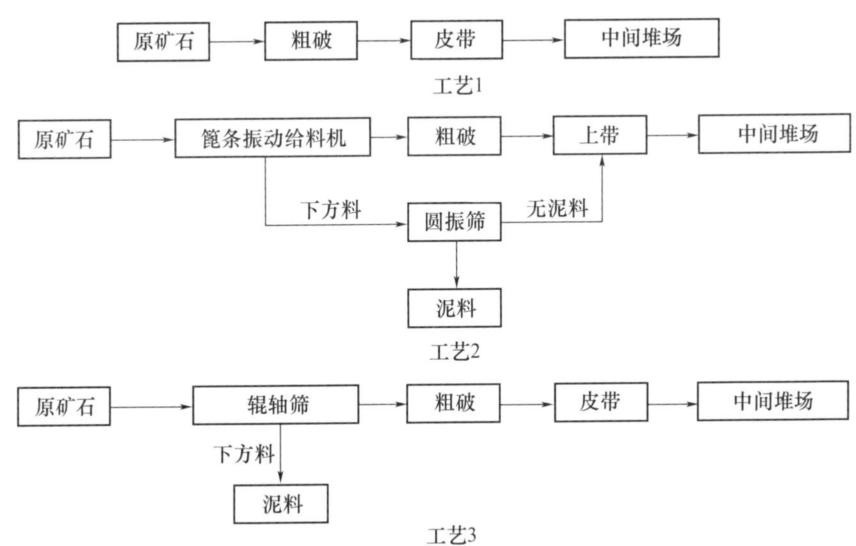

图 4-2　典型的粗加工工艺流程图

(2) 碎石生产

习惯上将粗骨料称为碎石，碎石加工流程一般有开路和闭路两种。

闭路生产粒径分布均匀，产品质量较好，各种规格产品比例可调，产品级配易调整，是人工骨料生产中常用的流程，但其流程复杂，处理效率较低。图 4-3（a）是典型的闭路生产流程。

开路生产各级产品中多余的石料只能进入下一工序处理，不能返回上一工序处理，其优点是流程简单，处理量小，但产品的最大粒径、级配曲线均只能靠排料口尺寸控制，粒径分布由原料特性和排料口决定且不易调整，可能不均匀或不稳定，图 4-3（b）是典型的开路生产流程，采用这种流程时应对产品质量进行专门论证，经过经济比较也可将部分多余石料弃除来调节产品级配。

图 4-3（c）是典型局部闭路生产流程，对小碎石可以循环破碎处理，可控制制砂原料的最大粒径，适用于同时制砂的系统，对于不需要制砂（或某时段不制砂）的系统，经过经济比较也可将部分中石、小石弃除以调整级配。

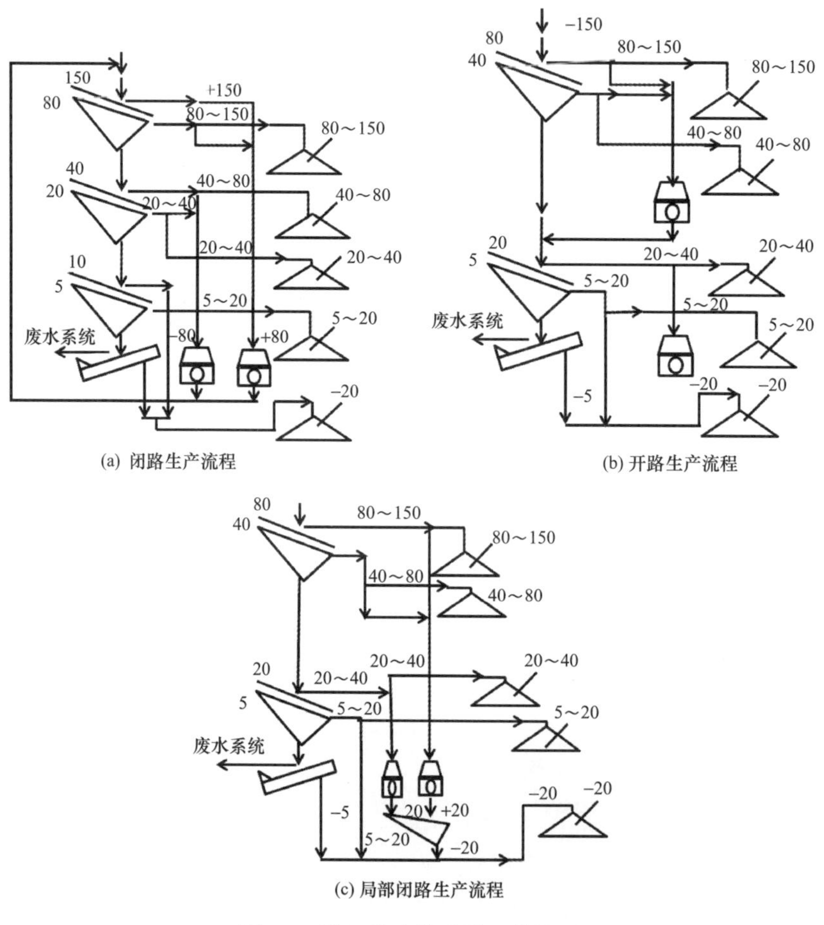

(a) 闭路生产流程

(b) 开路生产流程

(c) 局部闭路生产流程

图 4-3　碎石生产的典型工艺流程

（3）制砂

目前，国内普遍采用的人工制砂工艺为立轴冲击式破碎机与棒磨机联合制砂。对于易碎岩石或中等可碎岩石，也有采用立轴冲击式破碎机单独制砂，并采用高线速度立轴式冲击破碎机整形配合调节。对于硬度特别高、特别难碎的岩石，也有采用短头型（超细腔型）圆锥破碎机制砂，棒磨机配合调节。典型制砂工艺如图 4-4 所示。

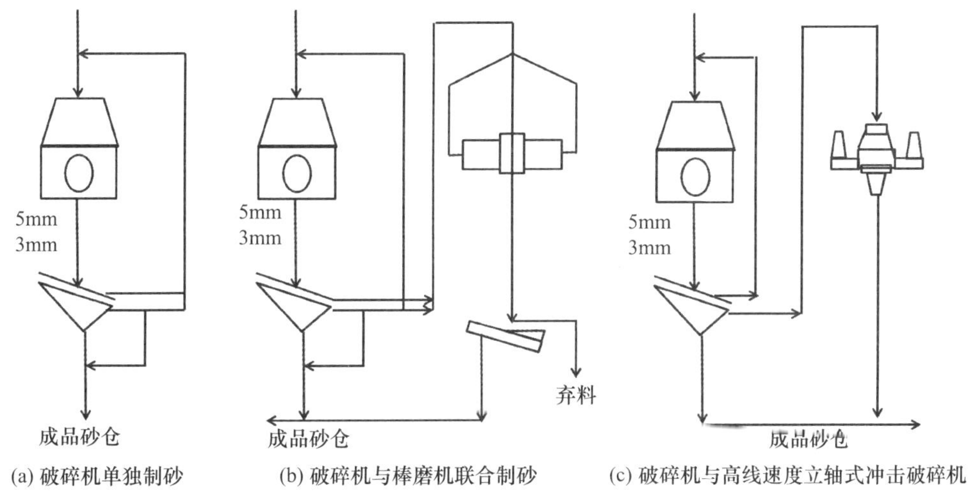

(a) 破碎机单独制砂　(b) 破碎机与棒磨机联合制砂　(c) 破碎机与高线速度立轴式冲击破碎机

图 4-4　典型制砂工艺

（4）碎石生产与制砂属于骨料的深加工环节

深加工是整个骨料生产过程中最为核心的环节，其作用是将粗破后的岩块加工成合格的碎石和机制砂成品。深加工环节涉及的设备包括破碎机、皮带机、筛机、洗砂机、选粉机、制砂机和细砂回收机等。

深加工环节一般设置一级或两级破碎机，选择的破碎机类型包括圆锥式破碎机、反击式破碎机、立轴冲击式破碎机和锤式破碎机，其中，圆锥式破碎机属于挤压式破碎，反击式破碎机、立轴冲击式破碎机和锤式破碎机属于冲击式破碎；筛机一般选择圆振筛即可；常用选粉机有 V 形选粉机（静态）和转子式选粉机（动态），选粉可单独使用静态或者动态，或者静态和动态同时使用。

常用的制砂机有立轴冲击式制砂机、双轴锤式制砂机、棒磨制砂机和对辊式制砂机；洗砂设备有螺旋式洗砂机和轮式洗砂机两种，螺旋式洗砂机通过传动轴上螺旋叶片的摩擦、挤压和推顶作用，将砂颗粒洗净，并由槽体上部排出。轮式洗砂机通过转动叶轮，叶轮上排列的小斗对砂水混合物进行摩擦和搅动，促进粉状物的脱除，同时洗净的砂由叶轮上的小斗捞起，水从斗底部排出，完成洗砂过程。

深加工包含中破、细破、筛分、制砂、水洗和选粉等工艺。根据原矿石特性、产品种类和品质定位，深加工的设备选用和布局非常灵活。图 4-5 列出四种典型的深加工工艺流程图。

工艺 1：较为简单，适用于原矿含土少、对成品品质要求不高的工厂。中间料场的石块经皮带运输进入中破，出中破物料进入筛机获得碎石和伴生砂成品（伴随矿石破碎产生的砂）。超粒径颗粒进入细破，细破后的物料再进入筛机。如果中破的处理能力足够，可取消细破，出料经筛分获得成品后，超粒径物料再返回中破。

工艺 2：相比工艺 1，增加了水洗工艺。在筛分时，对筛面上物料喷水，筛上获得碎石成品，筛下为含砂的泥浆。含砂泥浆进入螺旋式洗砂机或轮式洗砂机洗净后进入脱水筛脱水。由于洗砂过程中会造成砂中细颗粒流失，致使砂级配不良，因此，在洗砂机后端安装旋流器，砂经旋流器底流（细砂）进脱水筛，随洗砂机洗出的砂一同脱水，经

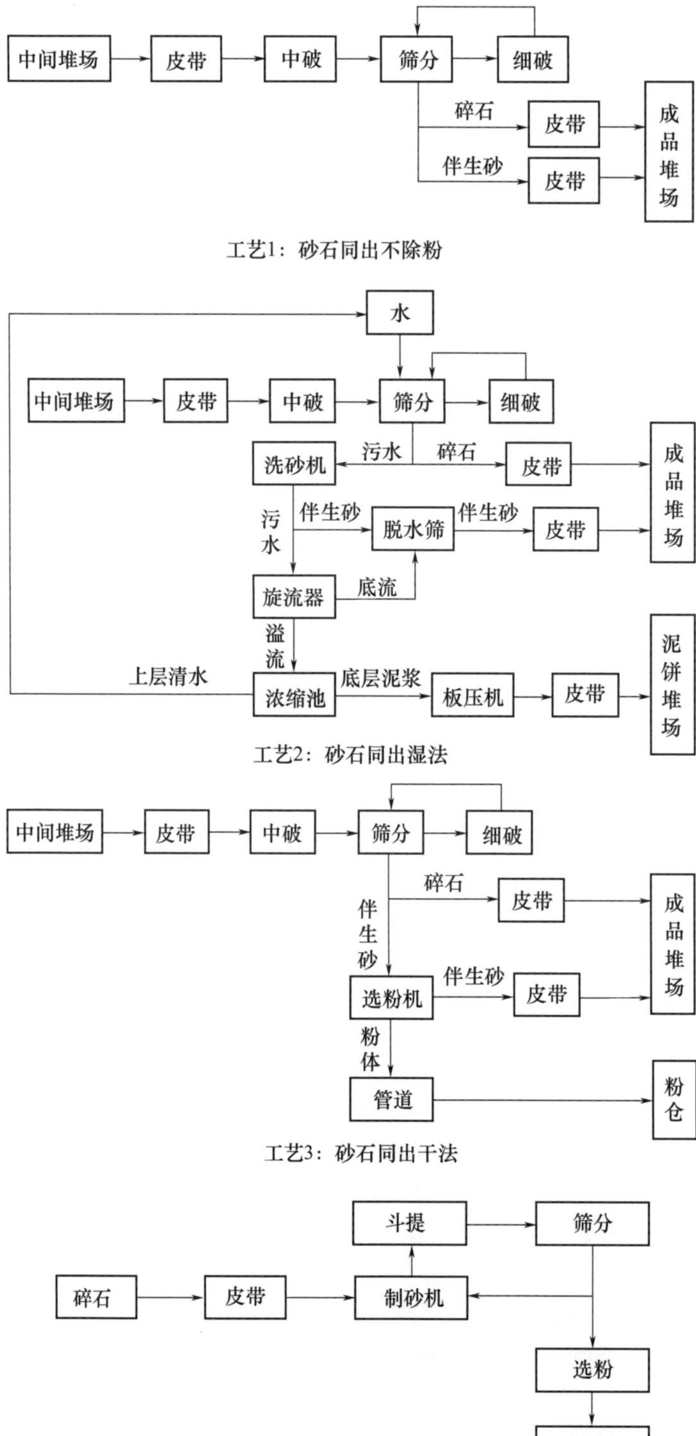

工艺1：砂石同出不除粉

工艺2：砂石同出湿法

工艺3：砂石同出干法

工艺4：楼站式精品砂系统

图 4-5　典型深加工工艺流程图

皮带运输至成品堆场。旋流器溢流进入浓缩池，浓缩池中通过加入絮凝剂促进泥浆快速沉淀，浓缩池上层清水循环用于洗砂，底层污泥泵至板压机，压制成泥饼。

工艺 3：相比工艺 2，其特点在于使用选粉机对伴生砂进行干法除粉，常用设备为 V 形选粉机和转子式选粉机。对于泥粉含量高的机制砂，除粉时可选择将 V 形选粉机和转子式选粉机串联使用。对于粉体中泥含量少的机制砂，可仅使用 V 形选粉机或转子式选粉机，其中，转子式选粉机可较为准确地调整选粉的切割粒径，因此对高石粉砂的选粉效果更好。

工艺 4：为楼站式精品砂制备系统，所用原料一般为碎石。碎石经喂料机喂入制砂机破碎，出机碎料经斗式提升机提升至制砂楼顶部，经过筛分、除粉获得精品砂成品。筛分过程中，获得的筛上物进入制砂机循环。

工艺 1、工艺 2 和工艺 3 中均未加入专门的精品砂制备系统。精品砂制备系统需采用专门的制砂机，机制砂宜选择冲击式破碎机。制砂机制备的砂可以通过水洗或干法除粉，进一步提升其品质。精品砂的工艺流程图见工艺 4。

不同工艺机制砂颗粒级配统计见表 4-3、表 4-4。

表 4-3 不同工艺机制砂颗粒级配统计——分计筛余

筛孔尺寸（mm）	水洗伴生砂（%）	立轴破 无选粉干砂（%）	立轴破 有选粉干砂（%）	锤式破 无选粉干砂（%）	锤式破 有选粉干砂（%）
4.75	0.6	0.4	0	0	0
2.36	17.4	20.6	19	17.4	19
1.18	21.8	23.4	27.4	21.7	31.7
0.6	24.4	22.6	18.2	20.5	20.5
0.3	14.2	9.6	14.5	13.4	16
0.15	10.6	6.6	6.7	5.6	6.3
0.075	7.4	3.6	3.7	5.2	0.3
0	3.6	12.4	10.5	16.2	6.2

注：分计筛余中，“4.75mm”表示大于 4.75mm 颗粒含量；“2.36mm”表示 2.36~4.75mm 颗粒含量；“1.18mm”表示 1.18~2.36mm 颗粒含量，以此类推。

表 4-4 不同工艺机制砂颗粒级配统计——累计筛余

筛孔尺寸（mm）	累计筛余（%）					国家标准级配筛余（%）		
	水洗伴生砂	立轴破无选粉干砂	立轴破有选粉干砂	锤式破无选粉干砂	锤式破有选粉干砂	1 区	2 区	3 区
4.75	0.6	0.4	0	0	0	10~0	10~0	10~0
2.36	18	21	18.6	17.4	19.1	35~5	25~0	15~0
1.18	39.8	44.4	46	39.1	50.8	65~35	50~10	25~0
0.6	64.2	67	64.2	59.6	71.3	85~71	70~41	40~16
0.3	78.4	76.6	78.7	73	87.3	95~80	92~70	85~55
0.15	89	83.2	85.4	78.6	93.5	97~85	94~80	94~75
0.075	96.4	86.8	89.1	83.8	93.8	无规定		
0	100	99.2	99.6	100	100			

4.1.4 砂石骨料生产线 5 大系统及典型生产布置方案

随着天然砂石资源的枯竭和各地环保政策的收紧，人工机制砂石逐渐成为资源的主流。为了充分利用矿山资源和增加企业利润，各大水泥企业纷纷建设砂石骨料生产线。根据每个骨料矿山特点而设计出产品质量合格、安全、环保的生产线，设计起着非常关键的作用。

砂石骨料生产线主要由破碎系统、筛分系统、制砂系统（不生产砂则没有）、储存及发运系统和除尘系统组成，各组成系统的主要设计要点如下。

4.1.4.1 破碎系统

（1）卸料仓设计要点

卸料仓的主要有两种形式：

① 振动给料机布置在卸料仓正底部：它的优点是对不同情况的物料适应强，卸料比较通畅；缺点是仓内物料直接压在设备上，对设备的要求较高，设备的制造成本较高。

② 振动给料机布置在卸料仓底部外侧：它的优点是仓内物料不直接压在设备上，对设备的要求较低，设备的制造成本相应较低；缺点是物料中含土较多或者流动性较差时，容易堵料或者卸料不通畅。

（2）破碎机选择原则

破碎系统主要由粗碎、中碎和细碎（整形）组成，每一阶段设备的选型主要由矿石的破碎功指数、磨蚀指数、最大给料粒度和产品的品质要求决定。

破碎系统典型的流程有：

① 一段（单段锤式破碎机 / 旋回破碎机 / 颚式破碎机系统）+（二段）反击式破碎机 / 圆锥式破碎机系统。

② 一段（颚式破碎机）+ 二段（反击式破碎机）+（制砂机）立轴破碎机系统。

③ 一段（颚式破碎机）+ 二段（圆锥式破碎机）或（三段可选）圆锥式破碎机系统。

④ 一段（反击式破碎机）+ 二段（圆锥式破碎机）+（三段）立轴破碎机系统。

⑤ 一段（反击式破碎机）+ 二段（反击式破碎机）+（三段）制砂系统。

破碎系统的选择应根据物料特性、产品粒形和市场需求综合考虑决定。

（3）上述几种系统的应用案例

单段锤式破碎机 + 圆锥式破碎机系统：其主要应用在水泥企业利用矿山所配置的石灰石破碎机作为初破，将破碎后的石灰石通过筛分系统筛选出合适粒径的碎石，然后进行二次破碎来生产骨料，其余粒径的碎石用作水泥原料。

单段锤式破碎机系统由锤式破碎机和筛分系统组成。该系统的优点是：流程简单、易维护管理、占地少、项目投资低、单位产品能耗低。缺点是：产品品种比例不易协调和对矿石的适应性差，使用范围较窄；产品粒形较差，细粉量大，产品获得率低。

上述破碎机的组合应用，在华新有两种工艺方式：

连续生产工艺：华新 WX 骨料工厂采用连续工艺布置，双转子锤式破碎机破碎后的物料直接进入筛分系统，用于骨料生产的碎石直接进入二级破碎，不设置中间料仓，如图 4-6 所示。

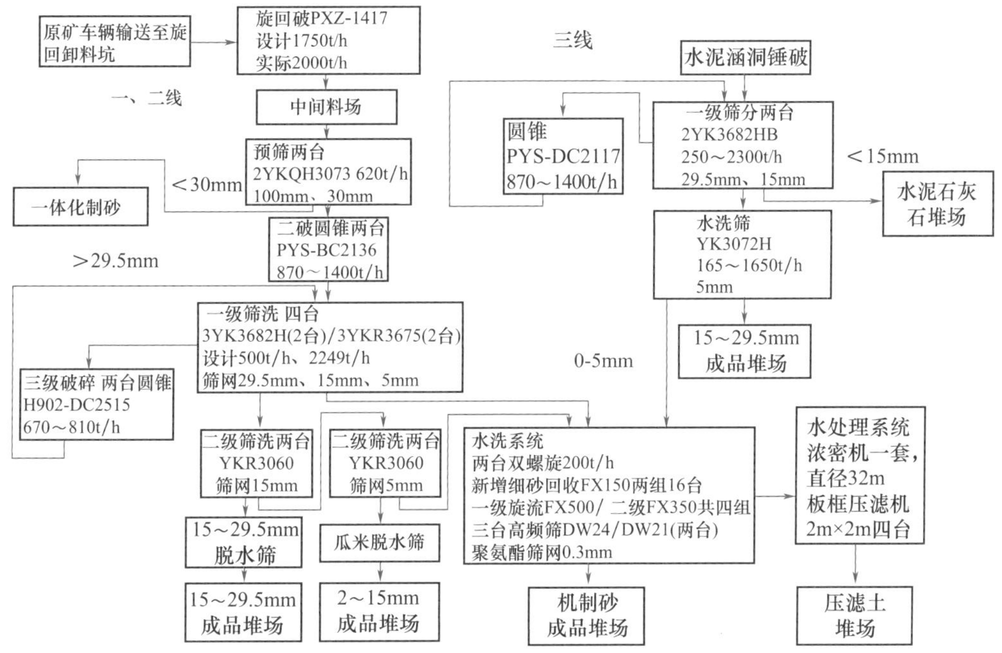

图 4-6 华新 WX 骨料工厂工艺布置

间断生产工艺：华新 CB 骨料工厂采用间断生产系统，双转子锤式破碎机破碎后的物料直接进入初级筛分系统，满足骨料生产的碎石进入中间料仓，工艺如图 4-7 所示。

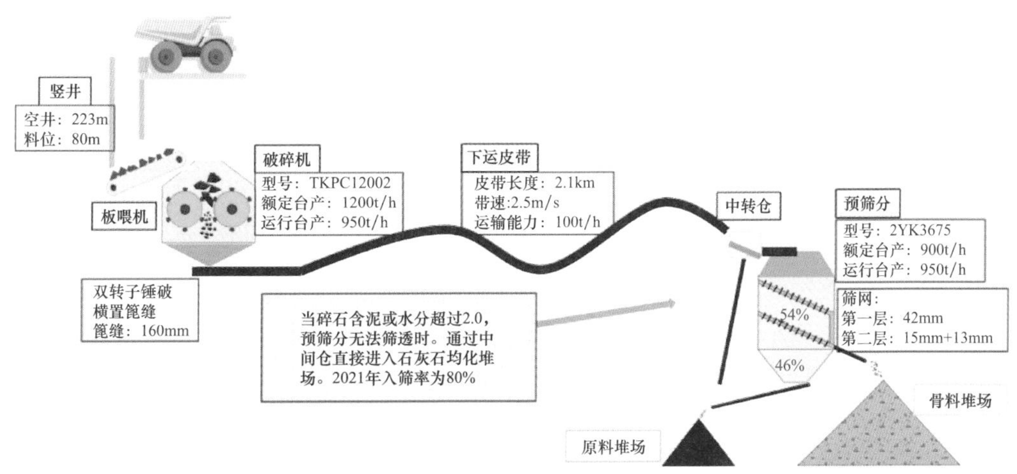

图 4-7 华新 CB 骨料工厂工艺布置

颚式破碎机 + 反击式破碎机系统：此系统由颚式破碎机、反击式破碎机和筛分系统组成。

华新 CY 骨料工厂采用此种工艺布置，如图 4-8 所示。

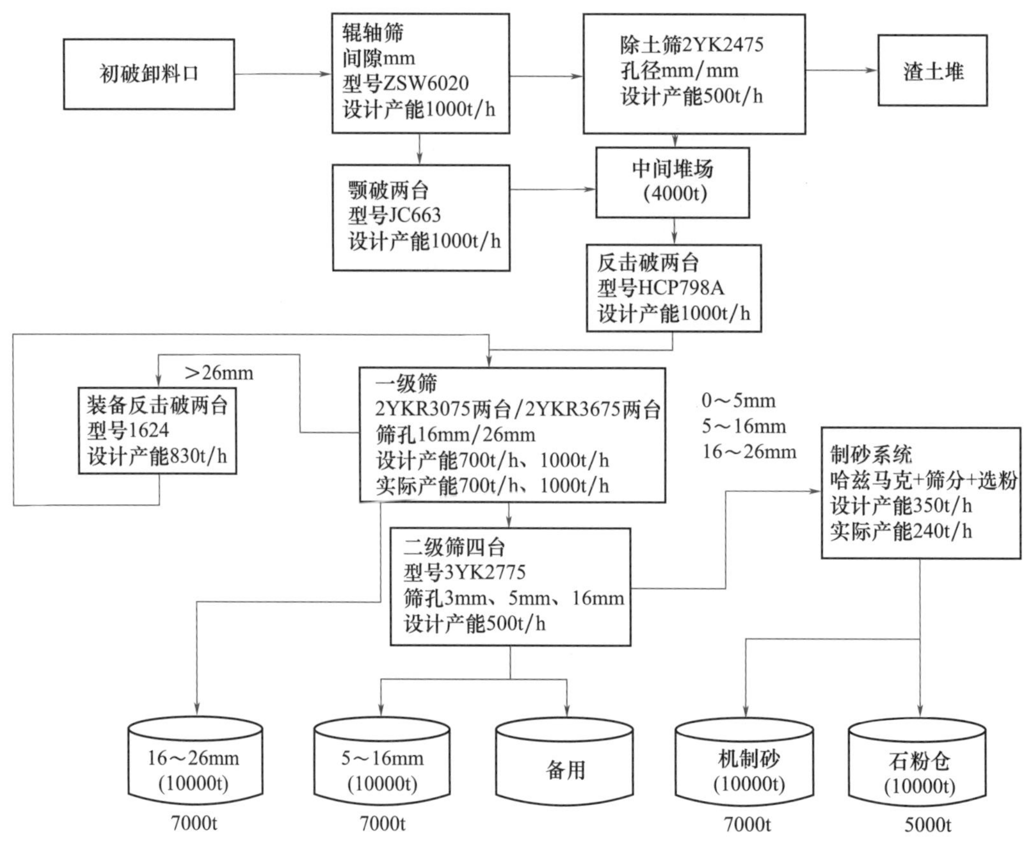

图 4-8 华新 CY 骨料工厂工艺布置

该系统的优点是：系统规格较多，可大型化，使用范围广；产品品种比例易调节；适用于中等磨蚀性指数物料。缺点是：单位产品能耗较高；对高磨蚀性指数矿石的适应性差，产品粒形中等，粗粒径骨料的获得率中等；破碎机需要的收尘风量大；磨损件的消耗比圆锥式破碎机高。

颚式破碎机 + 圆锥式破碎机（二段或三段）系统：此系统由颚式破碎机、圆锥式破碎机和筛分系统组成。

华新 WX 骨料工厂早期曾采用该系统生产骨料。该系统优点是：产品品种比例易调节；适用于高磨蚀性指数物料；产品粒形好，细粉量少，粗粒径骨料的获得率高；破碎机需要的收尘风量小；单位产品能耗低；磨损件的消耗低。缺点是：圆锥式破碎机规格较少，当系统能力要求较大时，需要三级破碎或较多台破碎机，此时流程复杂，项目投资高；其使用范围相对反击式破碎机较窄。

反击式破碎机 + 圆锥破碎系统 + 立轴破碎机系统（图 4-9）：

华新 XY 骨料工厂采用该系统。此系统由反击式破碎机、圆锥式破碎机、立轴破碎机和筛分系统组成，其流程基本与颚式破碎机 + 圆锥式破碎机系统相同，只是增加了立轴破碎机对骨料整形，以满足高品质骨料客户需求。

反击式破碎机 + 反击式破碎机 + 制砂机系统（图 4-10）：

华新 CB 交投骨料工厂采用此系统，初级破碎采用哈兹马克 HPI1822 反击式破碎

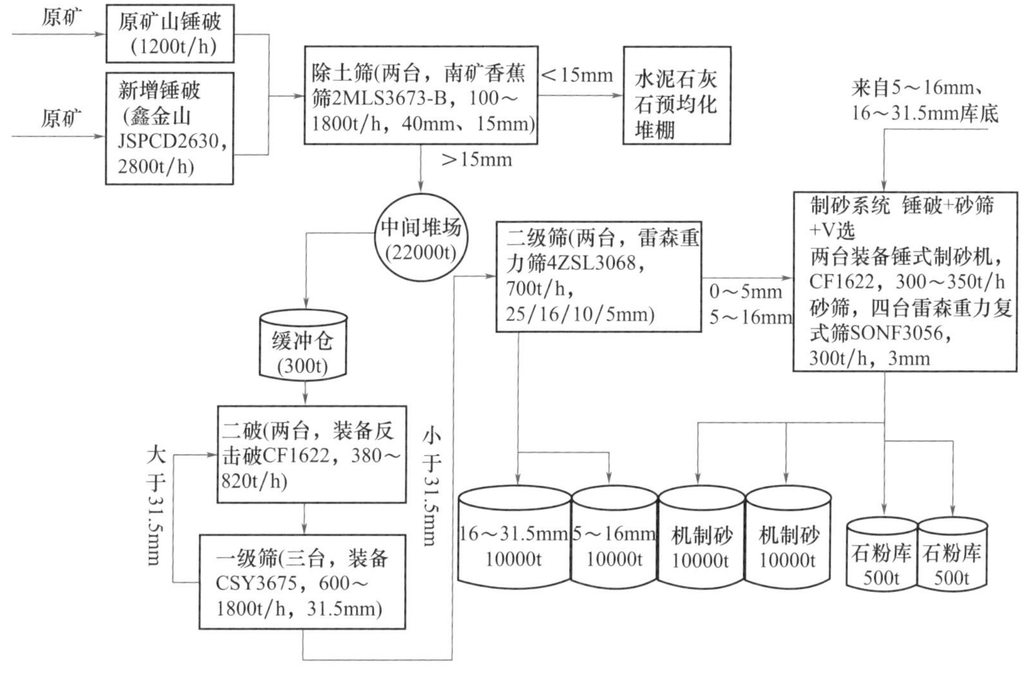

图 4-9　华新 XY 骨料工厂工艺布置

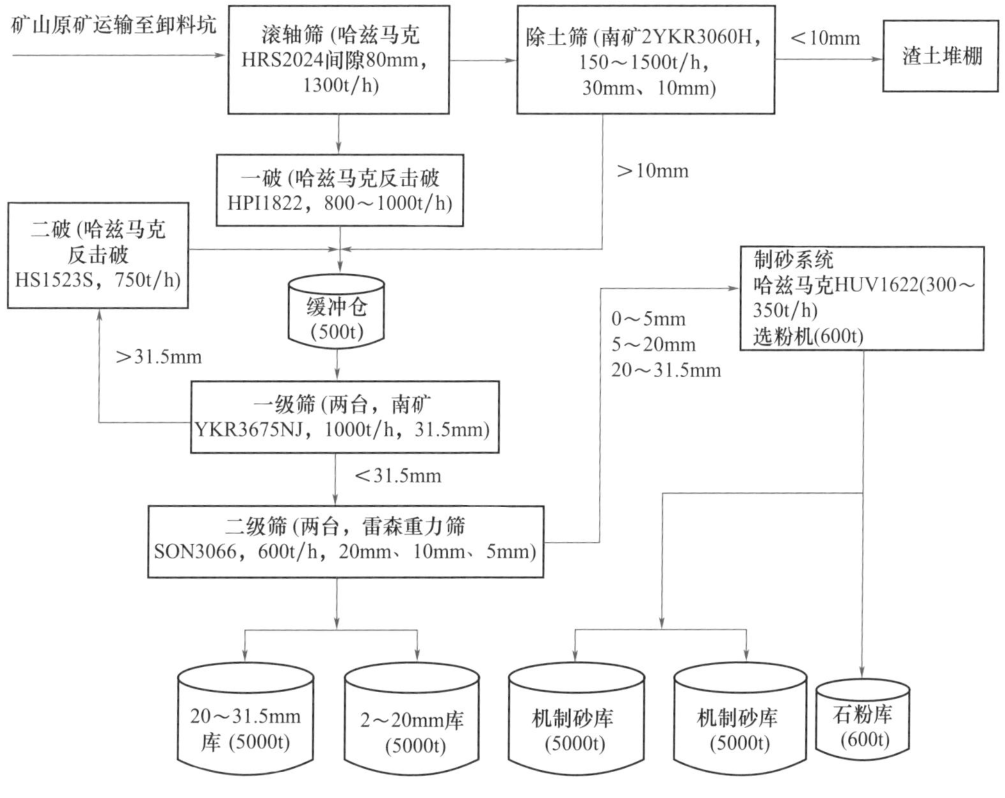

图 4-10　华新 CB 交投骨料工厂工艺布置

机，设计能力 800~1000t/h，二破采用南矿 HS1523S 反击式破碎机，设计能力 750t/h，制砂系统采用哈兹马克 HUV1623 制砂机，台产 300~350t/h。

(4) 初碎之前设计筛分辊道

在骨料生产线的初碎之前设计筛分辊道，这样可以把不需要破碎的细料和土筛除，再通过振动筛可以把土和细骨料筛出来，这样既可以防止细料再破碎增加能耗和粉料，又可以把土除掉，以减少后面工序的扬尘，还可以提高骨料的品质。

(5) 缓冲料堆或者缓冲仓设置

在骨料生产线的初碎和中、细碎之间设计半成品料堆。此半成品料堆的作用是：可均衡骨料生产线整体的系统能力，中、细碎破碎机的规格选型就不用考虑初碎破碎机的波动系数；若初碎车间检修时，则下游的骨料制成车间可以连续生产；另外，为了安全，大部分矿山只在白班进行开采，则下游的骨料制成车间仍可两班生产，以灵活满足市场需求，并且下游的骨料制成车间设备台数可减少一半或者选择生产能力小的设备与上游匹配（因半成品料堆可灵活调节系统能力），相应可以减少系统投资。

4.1.4.2 筛分系统

筛分系统的设计要点主要有：

(1) 合理地选择筛子的面积，上游输送设备与振动筛之间的溜子要确保设计正确，以保证物料能够平铺到整个筛面上。

(2) 合理地配置收尘器的规格，以达到环保要求。

(3) 振动筛与下游输送设备之间的溜子要考虑防磨及防噪声。

4.1.4.3 制砂系统

制砂系统主要由整形制砂机、振动分级筛、级配调整机、空气筛组成，其主要的设计要点有：进入制砂机的原料粒径越接近产品则制砂效率越高，所以生产时尽量用粒径较小的原料，而不要用超规格的原料，这样不但制砂效率有所下降，还会加速设备的损耗；进入空气筛的原料的水分不能超过 2%，否则影响空气筛的分离效率，对于雨水较多的地区，设计要考虑防雨措施。

4.1.4.4 储存及发运系统

成品储存一般采用密闭的储库（或者混凝土库）和钢结构大棚，储库对应的发运系统为汽车自动装车机，钢结构大棚对应的发运系统为铲车装车，它们的优缺点是：储库单位储量的投资要高于钢结构大棚，但其扬尘少且自动装车效率高；钢结构大棚单位储量的投资低，但其工作环境差且装车效率低。在环保要求较严的地区优先采用密闭的储库（或者混凝土库），这样更有利于通过环保验收。

4.1.4.5 除尘系统

除尘系统由喷水降尘和袋收尘器两部分组成，喷水的作用是少产生灰尘，袋收尘器的作用是把产生的灰尘收集起来。

骨料生产线一般在卸料仓和各个转运站的胶带机头部漏斗设置喷水装置，成品储存如果采用钢结构大棚的话也设置喷水装置。喷水装置的设计要点是：喷嘴位置及数量设计合理，水量可以调节，水压有保证，否则降尘效果不明显，还容易堵振动筛的筛孔而影响生产。

袋收尘器的设计要点是：袋收尘器的规格、数量及收尘风管要设计合理，收尘灰需单独设置储库储存，不要再回到生产线，以避免到下游产生二次扬尘。

另外在设计中尽量降低各下料溜子的落差，既可降低一定的建设成本，也是减少粉尘产生的一种手段。

砂石骨料生产线的系统流程应根据具体环境、物料特性、产品粒形和市场需求综合考虑决定。根据骨料矿山的特点，综合考虑各个工序的关键点，才能设计出建设投资低、运营成本低、经济效益高、环境友好型的生产线。

4.1.5 矿山开采工序及碳排放源

砂石骨料矿山开采碳排放源及计算与水泥原料矿山类似，具体可参见相关内容。

4.1.6 破碎工艺及破碎设备

砂石骨料的生产主要分为采矿、破碎、筛分和成型四个环节，一般根据原料特点、系统规模、场地布置条件、系统技术等确定，其主要设备有破碎机、振动筛、制砂机、带式输送机、给料机、石粉回收设备、供水设备和除尘器等。

4.1.6.1 破碎设备的工作原理

（1）一种挤压破碎设备，如颚式破碎机、圆锥式破碎机等，适用于破碎磨损指数较高的原料。产品中石粉含量低，但破碎物料中针状颗粒多，抽吸性能差。

（2）一种冲击破碎设备，如反击破碎机、锤式破碎机、冲击破碎机，其特点是物料破碎比大，结构简单，设备维修方便，颗粒形状好，材料抗压强度损失小。

（3）在大型砂石生产线上，粗碎通常采用颚式破碎机或旋回破碎机，而中破则采用圆锥式破碎机、反击式破碎机或锤式破碎机。

4.1.6.2 砂石骨料生产线常用破碎机及其优缺点和适用范围

（1）颚式破碎机

优点：结构简单，操作可靠，体积小，质量轻，配置高度低，进料口大，流量可调，价格低廉。

缺点：内衬磨损快，产品晶粒形状不好，针板形状多，产量低，需要强制进给。

适用范围：岩石硬度适应性好，一般用于原料粗破碎。

（2）旋回式破碎机

旋回式破碎机也是一种挤压型原理的破碎机，由于其生产能力要比颚式破碎机高3~4倍，所以是大型矿山和其他工业部门粗碎各种坚硬物料的典型设备。相对于颚式破碎机而言，旋回式破碎机的优点是生产能力大，单位电耗较低，工作较平稳，适用于破碎片状物料，以及粗碎、中碎各种硬度的矿石。其缺点是结果复杂，价格较高，检修困难，维护保养费用高，机身高，使得厂房及基础建设费用增加。

旋回式破碎系统一般均设置成两段破碎，旋回破 + 圆锥或反击破，二破之前可以增加预筛分系统，减小二破的设备规格，根据原料情况，也可考虑一破之前是否增加预筛分，从而减小一破的规格，减少投资成本。基本原则是满足下一工序要求的原料能提前筛除的，尽可能预先筛分出来，减少进入破碎机的概率，从而能够延长破碎机易损件的寿命，减少运行维护成本。

（3）锤式破碎机

优点：破碎比大，产量高，晶粒形状好，材料细腻。

缺点：锤子损坏快，更换频繁，工作粉尘大，原料含水率超过 12%，原料不能有效通过。

适用范围：适用于破碎中等坚硬岩石，一般用于水泥、骨料联产生产线。

砂石生产线中每一种设备的选择都会影响成品的质量，在设备配置时需要充分考虑物料成品的材料性能和级配。

上述破碎机主要用于骨料的初加工环节，结构与性能的介绍均可参照“水泥原料矿山相关章节”。其优劣比较见表 4-5。

表 4-5　三种初加工设备各指标的相对优劣

名称	锤式破碎机	颚式破碎机	旋回式破碎机
产品质量	好	差	中
粉料含量	高	低	低
适应性	磨蚀性低	好	好
破碎比	高	高	高
产能	高	中	高
投资及维护成本	低	中	高

（4）反击式破碎机

优点：破碎比大，产品细腻，晶粒形状好，能耗低，结构简单。

缺点：钢板锤和衬垫易磨损，更换维护工作量大，粉尘严重，不适用于破碎的塑料和黏性材料。

适用范围：适用于破碎中硬岩、中粉碎和制砂设备，目前也有一些大型设备用于粗破碎。

（5）新型单段锤式破碎机（锤式反击式破碎机）

新型单段锤式破碎机用于破碎一般性的脆性矿石，如石灰石、泥质、粉砂岩、页岩、石膏和煤等。其特点是破碎比大，与传统的多段破碎系统相比，可节省一次性投资 50%，矿石破碎成本降低 40%。因此，只要矿石的物理性质适合，选择锤式反击式破碎机作为大型矿山的破碎设备是比较经济可靠的。

锤式反击式破碎机作为水泥厂的破碎设备，与同类单转子单段破碎设备相比；具有产量高、耗能低、用途广、操作简单、易损件、破碎较黏物料时不易堵料等特点。

以鑫金山锤式反击式破碎机为例，该破碎机是一种仰击锤式破碎机，主要锤头在上腔中对矿石进行强烈的打击，矿石对反击衬板的撞击和矿石之间的碰撞使矿石破碎。矿石用给矿设备喂入破碎机的进料口，送入高速旋转的转子上，锤头以较高的线速度打击矿石，同时击碎或抛起料块，被抛起的料块撞击到反击衬板上或自相碰撞再次破碎，然后被锤头带入破碎板和篦子工作区，继续受到打击和粉碎，直至小于篦缝尺寸时从机腔下部排出。破碎机的出料粒度可以根据用户的需求设计，其最大出料粒度可放宽到

≤ 180mm，生产能力和所需功率取决于矿石的物理性质和进出料粒度。

（6）圆锥式破碎机

优点：工作可靠，产量高，粒度均匀，内衬磨损小。

缺点：结构复杂，维护要求高，安装尺寸大，价格高。

适用范围：岩石硬度适应性好，骨料生产线上最常用的中细碎设备。

骨料生产中，常见的深加工环节设备为圆锥式破碎机和反击式破碎机，两者的主要指标优劣见表 4-6。

表 4-6　圆锥式破碎机和反击式破碎机各指标的相对优劣

名称	反击式破碎机	圆锥式破碎机
产品质量	好	中
粉料含量	高	低
适应性	仅软质岩	高
破碎比	中	中
产能	中	中
投资及维护成本	投资低、维护成本高	投资高、维护成本低

（7）冲击式破碎机

冲击式破碎机又名冲击破、冲击式制砂机，是较为常用的石料破碎设备之一，适用于软或中硬和极硬物料的破碎、整形，广泛应用于各种矿石、水泥、耐火材料、铝矾土熟料、金刚砂、玻璃原料、机制建筑砂、建筑骨料、人工造砂以及各种冶金渣的细碎和粗磨作业，特别对碳化硅、金刚砂、烧结铝矾土、美砂等高硬、特硬及耐磨蚀性物料比其他类型的破碎机产量功效更高。

冲击式破碎机的工作原理：简单一点说是石打石的原理。物料由进料斗进入破碎机，经分料器将物料分成两部分，一部分由分料器中间进入高速旋转的叶轮中，在叶轮内被迅速加速，其加速度可达数百倍重力加速度，在高速离心力的作用下，然后以 60~70m/s 的速度从叶轮三个均布的流道内抛射出去。首先同由分料器四周落下的一部分物料产生高速撞击与粉碎，然后一起冲击到涡流腔内物料衬层上，被物料衬层反弹，斜向上冲击到涡动破碎腔的顶部，又改变其运动方向，偏转向下运动，从叶轮流道发射出来的物料形成连续的物料幕。这样一块物料在涡动破碎腔内受到两次以至多次撞击、摩擦和研磨破碎作用。形成闭路多次循环，由筛分设备控制达到所要求的成品粒度。被破碎的物料由下部排料口排出，和循环筛分系统形成闭路，一般循环三次即可将物料破碎到 20 目以下。在整个破碎过程中，物料相互自行冲击破碎，不与金属元件直接接触，而是与物料衬层发生冲击、摩擦而粉碎，这就减少了污染，延长了机械磨损时间。涡动破碎腔内部巧妙的气流自循环，消除了粉尘污染。

冲击式破碎机的结构：冲击式破碎机由进料斗、分料器、涡动破碎腔、叶轮体、主轴总成、底座、传动装置及电机等几部分组成。

（8）双轴锤式制砂机

双轴锤式制砂机是在传统的单轴锤式制砂机的基础上发展起来的制砂设备，其主要组成部件有机体、破碎板、上转子、下转子、摆锤、旋转驱动装置、筛板等。双轴锤式制砂的两个转子转动方向相反，喂入的物料经第一个转子击打后，飞向第二个转子，第二个锤头与飞来的物料相向运行，因此，第二个转子会对飞来的物料具备更大的撞击力。物料在经两个锤头的反复打击以及破碎板的反弹破碎，致使物料的粒度迅速降低，而后经篦条的缝隙排出。

双轴锤式制砂机的出料粒形较好，生产能力大，可达时产 250t，只能适用于磨损量低的岩石（如石灰石）。不仅双轴锤式制砂机的产量大和设备结构简单，其生产单位产品的电耗和运行成本低，而且，该工艺可调整的技术参数少，对产品质量的可控性比较简单。

（9）对辊式制砂机

对辊式制砂机是基于传统的对辊式破碎机发展起来的制砂设备。对辊机主要由轴承、辊轮、压紧和调节装置，以及驱动装置组成。两辊轮之间装有楔形或垫片调节装置，楔形装置的顶端装有调整螺栓。当调整螺栓将楔块向上拉起时，楔块将活动辊轮顶离固定轮，即两辊轮间隙变大，出料粒度变大。当楔块向下时，活动辊轮在压紧弹簧的作用下两轮间隙变小，出料粒度变小。垫片装置是通过增减垫片的数量或厚薄来调节出料粒度大小的，当增加垫片时两辊轮间隙变大，当减少垫片时两辊轮间隙变小，出料粒度变小。驱动机构是由两个电动机通过三角皮带传动到槽轮上拖动辊轮，按照相对方向运动旋转。在破碎物料时，物料从进料口通过辊轮经碾压而破碎，破碎后成品从底架下面排出。

喂入的物料经给料口进入两辊之间进行挤压、切削和研磨，使物料破碎，而沿两辊之间的缝隙自然落下。遇有过硬或不可破碎物时，其辊子可凭液压缸或弹簧的作用自动退让，使辊子间隙增大，过硬或不可破碎物落下，从而保护机器不受损坏。相向转动的两辊子有一定的间隙，改变间隙即可控制产品粒度、粒形和细度模数。双辊破碎制砂机是利用一对相向转动的圆辊或异形辊进行破碎，四辊破碎制砂机则是利用两对相向转动的圆辊或异形辊进行破碎作业。

对辊式制砂机的结构简单，运行稳定，维护方便，能耗低，成品率高。但其产能较低，最大可到 100t/h，产品质量一般，不及立轴冲击式制砂机，与双轴锤式制砂机产品质量相当或更差。

（10）棒磨制砂机

棒磨制砂机一般采用湿法工艺，主要由筒体、钢棒、轴承、传动装置和基础组成。在筒体旋转过程中，钢棒借助离心力和摩擦力的作用，被筒体提升到一定的高度后抛出，然后以一定的线速度和自转速率被抛下，与物料产生撞击、切削和研磨，使矿石粉碎。典型的棒磨制砂机为一端进料，磨细的原料经另一端溢流出。溢流出的原料经螺旋洗砂机分级为粗机制砂和泥浆，泥浆经旋流器分级获得细砂，细砂补充到经螺旋式洗砂机分级出的粗砂中，以调整机制砂级配。旋流器溢流泥浆进入浓缩池沉淀，沉淀的泥浆经板框式压滤机压制，形成泥饼。由于棒磨机为湿法制砂，因此其后端必须配置湿法砂的分级、回收和污水的处理系统。

棒磨砂的粒形好，级配优良，生产运行稳定。但其生产能力低，用水量大（据统计每吨机制砂需消耗 1~1.5t 水），进料粒径小（一般不超过 25mm），钢棒的磨耗大。由于棒磨制砂为湿法工艺，后端附件多，致使棒磨机造价高和占地面积大。

（11）立磨制砂系统

立磨制砂系统效率高，以辊式磨制砂，制砂过程以挤压研磨代替反击或冲击破碎碾磨的制砂系统，出砂率可高达 80%，其选粉系统可以与磨机集成一体，实现返粗、选砂和选石。系统的集成化程度高，设备集碾碎、选砂、选粉、石粉收集系统为一体，通过分选风循环分选，无振动筛实现闭环清洁生产。

目前，主流的制砂设备有立轴冲击式制砂机、双轴锤式制砂机、对辊制砂机、棒磨制砂机。四种制砂机主要指标对比见表 4-7。

表 4-7　四种制砂机主要指标

制砂机类型	立轴冲击式制砂机	双轴锤式制砂机	对辊制砂机	棒磨制砂机
辅助设备	收尘器、选粉机、筛机、提升机、输送设备	收尘器、选粉机、筛机、输送设备	收尘器、筛机、输送设备	螺旋式洗砂机、旋流器、沉淀池、板压机、脱水筛、泥浆泵、板框式压滤机、输送设备
产品质量	好	中	中	好
能耗	高	低	低	高
环保性	优	中	中	差
产能（t/h）	＜ 150	＜ 250	＜ 100	＜ 100
成品率	65%~85%	80%~100%	100%	60%~80%
投资及维护成本	高	低	低	高

4.1.7　砂石骨料矿山破碎技术的节能降耗与减排

砂石骨料的生产主要分为采矿、破碎、筛分和成型等几个环节，一般根据原料特点、系统规模、场地布置条件、系统技术等选择确定，主要设备有破碎机、振动筛、制砂机、辅助设备为带式输送机、给料机、石粉回收设备、供水设备和除尘器等。

4.1.7.1　预筛分破碎

预筛分是在矿石进入破碎机之前预先筛出合格的粒级，以减少进入破碎机的矿量，提高破碎机的生产能力，同时可以防止过粉碎。

预筛分可将大部分泥土筛除，从而可以避免破碎机的堵塞。按照这个原则，波动筛分给料机和抗磨型单段反击式破碎机组成的破碎系统，可以适应黏湿料和高磨蚀性硬物料的混合矿。破碎机需要在雨季能正常工作，由于合格料已预先筛出，破碎机的磨耗件寿命大大高于预期值。在处理含水分较高和粉矿较多的矿石时，潮湿的矿粉会堵塞破碎机的破碎腔，并显著降低破碎机的生产能力。利用预筛分除掉湿而细的矿粉，可为破碎机创造较正常的工作条件。

当原矿中的碎料较多时，采用预筛分可以减少破碎机的工作量，采用较小的机型，系统的产率可以提高，同时又减少了产品的过粉碎，综合电耗降低，金属消耗量减少。

4.1.7.2　移动破碎

随着露天开采规模的扩大，传统的开采工艺需要很多大型挖掘机和运输车辆，使组织生产十分繁杂。而持续和半持续开采工艺的应用则可以取得显著的节能效果和可观的经济效益。

移动破碎跟随挖掘机移动，将大块矿石破碎成碎石后再用胶带输送机运输，可以省却汽车运输，从而大大节省人力和燃料。

4.1.8 骨料生产典型工艺案例与碳排放核算

由于骨料生产工艺的设备选型和工艺选择非常灵活，变量很多，因此，本节结合三座已正常生产的骨料工厂，核算干法砂石同出、湿法砂石同出和精品砂生产工艺条件下骨料的碳排放。在估算骨料生产能耗时，仅统计初加工、深加工和发运环节。矿山开采和产品物流碳排放分析见本书相关章节。

4.1.8.1 典型骨料工艺简述

（1）湿法砂石同出

华新 WX 骨料工厂湿法砂石同出生产工艺如图 4-6 所示，其采用三级破碎，依次是旋回式破碎机、标准圆锥式破碎机和短头圆锥式破碎机，水洗工艺是筛面喷水和螺旋式洗砂相结合。2021 年 1—6 月其各工艺环节电能和柴油消耗平均值见表 4-8。

表 4-8 湿法工艺各工艺段电耗与油耗

工艺段	电耗（kW · h/t 成品）	油耗（L/t 成品）
初加工	0.33	0.0049
深加工	2.42	0.0038
发运	0.52	0.0047

（2）干法砂石同出

华新 YJ 骨料工厂干法砂石同出骨料工艺图如图 4-11 所示，其采用两次破碎，依次是锤破和立轴破，通过收尘器除粉，未配备专门的选粉设备，生产电耗和油耗见表 4-9。

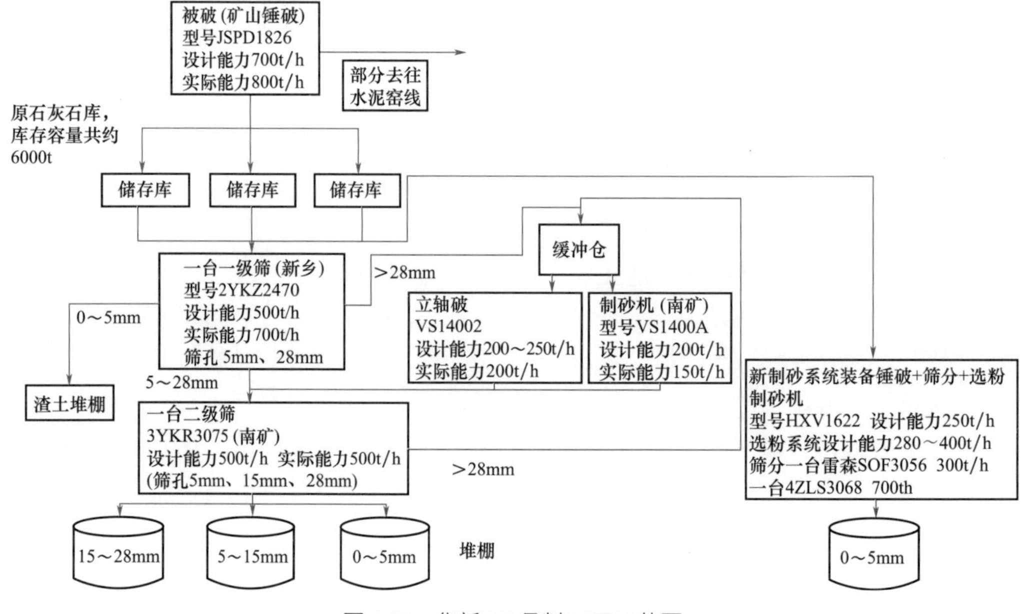

图 4-11 华新 YJ 骨料工厂工艺图

表 4-9 湿法工艺各工艺段电耗与油耗

工艺段	电耗（kW·h/t 成品）	油耗（L/t 成品）
初加工	2.50	0
深加工		
发运		

（3）精品砂生产工艺

华新 XY 骨料工厂双线时产 600t 楼站式精品砂生产线工艺如图 4-9 所示。该生产线为楼站式布局，采用锤式制砂机，配合重力筛分机和空气选粉机，制备精品砂。根据主机设备功率，可估算该设备达产时的电耗。该机制砂生产线的主机功率和估算的成品电耗见表 4-10。

表 4-10 华新 XY 骨料工厂机制砂线生产线主机功率和电耗

主机名称	功率（kW）	总功率（kW）	估算电耗（kW·h/t 成品）
带式定量给料机	5.5×2	2069.8	3.45
锤式制砂机	630×2		
带式输送机	15×2		
斗式提升机	97.5×2		
重力筛分机	28.7×2		
电动弧形阀	1.1×4		
空气分级机	0		
均化机	55×2		
斗式提升机	178.5×2		
带式输送机	45		

4.1.8.2 碳排放量核算

（1）直接碳排放

骨料生产过程中的直接碳排放来源于化石燃料（柴油）的燃烧，单位质量骨料成品的直接碳排放按下式计算：

$$CE_d = K_D \cdot E_D \cdot \rho_D \sum_{i=1}^{n} \cdot D_i$$

式中 CE_d——直接碳排放量，$kgCO_2$/t 成品；

K_D——柴油的碳排放因子，74100$kgCO_2$/TJ；

E_D——柴油的净发热值，43.0TJ/Gg；

ρ_D——柴油的密度，850kg/m^3；

D_i——第 i 个工艺环节的柴油消耗，L/t 成品；

n——骨料生产的工艺环节总数。

（2）间接碳排放

骨料生产过程中的间接碳排放来源于电能消耗。基于电能的碳排放因子，可按照下式计算：

$$CE_{id}=K_E\sum_{i=1}^{n}\cdot E_i$$

式中　CE_{id}——间接碳排放量，$kgCO_2$/t 成品；

K_E——电的碳排放因子，$kgCO_2$/（kW·h）；

E_i——第 i 个工艺环节的电耗，kW·h/t 成品；

n——骨料生产的工艺环节总数。

（3）总碳排放量

骨料生产总碳排放量为直接碳排放量和间接碳排放量之和，按下式计算：

$$CE_T=CE_d+CE_{id}$$

式中　CE_T——总碳排放量，$kgCO_2$/t 成品。

根据以上表、式，取碳排放因子 0.6101$kgCO_2$/（kW·h），可计算骨料生产过程中的碳排放量，见表 4-11。由表 4-11 可知，骨料生产过程中，间接碳排放（电能消耗产生）占主导地位。

表 4-11　干法砂石同出、湿法砂石同出和楼站式精品砂工艺的碳排放量

工艺类型	工厂	碳排放量（$kgCO_2$/t 成品）		
		直接	间接	总量
干法砂石同出	华新 YJ 骨料	0	1.5253	1.5253
湿法砂石同出	华新 WX 骨料	0.0363	1.9950	2.0313
楼站式精品砂	华新 XY 骨料	0	3.6301	3.6301

注：因楼站式精品砂生产原料为碎石，在计算精品砂间接碳排放时，需要考虑制备碎石原材料所产生的碳排放。

4.2　混凝土的现代绿色制造技术及碳排放核算评价

4.2.1　普通预拌混凝土

4.2.1.1　生产工艺

（1）原材料入场

混凝土的原材料包括水泥、矿物掺和料（粉煤灰、矿粉、石粉等）、骨料（碎石、机制砂）、外加剂和水。一般情况下，搅拌站所需的水泥、矿物掺和料、骨料和外加剂均需从厂外运输进场，水泥、矿物掺和料和外加剂使用罐车运输，骨料使用重卡运输。拌和水使用自来水或抽取地下水。当前，随着传统水泥生产商产业链延伸和完善，其业务范围逐步涵盖了骨料、混凝土甚至外加剂的生产。新建的骨料和混凝土工厂紧邻水泥

厂，使得搅拌站用水泥、石粉掺和料、骨料可以皮带和管道的方式运输。相比传统的通过柴油车运载的方式，利用皮带进行近距离运输将极大地降低运输过程中产能的能耗和碳排放。

（2）混凝土制备

混凝土的制备环节包括原材料出库、计量和拌和。对于储存于粉库中的胶凝材料，通过螺旋铰刀给料；对于储存于原料堆场的骨料，使用装载机铲装给料；对于储存于骨料库中的骨料，打开库下方放料阀可直接给料，并由皮带运输至搅拌楼；对于外加剂和水，使用管道泵送。给料时，配备了计量设备，计量好的骨料进入中间仓，而后，备料仓中的物料投入搅拌机，搅拌机搅拌过程中加入经过计量的水和外加剂，完成混凝土拌和。

（3）装车和运输

混凝土装车基本无能量消耗，直接打开搅拌机下方放料口即可。混凝土的运输工具为混凝土搅拌车，运输过程中会产生显著的碳排放，其碳排放来源于柴油的燃烧。

4.2.1.2　预拌混凝土碳排放

（1）原材料

预拌混凝土所需的外部原材料在生产过程中会产生碳排放，但对商品混凝土搅拌站而言，这些材料产生的碳排放为间接碳排放。相关原材料所产生的碳排放见表 4-12。为方便下文对碳排放量的计算，矿渣微粉碳排放量取中间值 19.2kgCO_2/t。

表 4-12　预拌混凝土常见原材料生产综合碳排放量

原材料名称	定义	碳排放量（kgCO_2/t）
水泥（平均）	工业产品	691
灰岩碎石		3.004
机制砂		3.004
精品机制砂		6.11
粉煤灰 [b]	工业废物	0
矿渣颗粒 [b]	工业废物	0
矿渣微粉	工业产品	17.6~20.8（中位值）[a]
石粉	工业产品	8.0~11.2（中位值）[a]
骨料伴生石粉 [b]	工业废物	0
聚羧酸减水剂（粉）	工业产品	944
水	—	0

a　生产矿渣粉和石粉过程中的磨机电耗。

b　粉煤灰、矿渣颗粒和骨料生产过程中的伴生石粉为工业废弃物，其生产的综合碳排放量为零。

基于混凝土配合比和以上各种原材料的碳排放数据，可按下式计算每 1m^3 混凝土原材料引入的间接碳排放量：

$$CE_{\mathrm{RM}}=\sum_{i=1}^{n}(m_i \cdot CE_{\mathrm{RM}i})$$

式中　CE_{RM}——原材料引入的碳排放量，$kgCO_2/m^3$ 混凝土；

CE_{RMi}——第 i 种原材料的碳排放量，$kgCO_2/t$；

m_i——每 $1m^3$ 混凝土中第 i 种原材料的质量，t/m^3 混凝土；

n——原材料种类总数。

基于上式和混凝土的配合比，可计算原材料引入的碳排放量，见表 4-13。由表 4-13 可知，混凝土的强度等级越高，原材料引入的碳排放量越大，高强度等级的 C50 混凝土，其原材料引入的碳排放量约为 C15 混凝土的 3 倍。

表 4-13　不同强度等级混凝土原材料引入的间接碳排放量

强度等级	水泥	矿粉	粉煤灰	碎石	机制砂	水	外加剂	CE_{RM}（$kgCO_2/m^3$ 混凝土）
C15	140	35	105	930	950	185	3.00	105.89
C20	160	45	95	930	950	180	3.80	120.66
C25	180	75	90	910	930	175	5.20	136.26
C30	200	80	80	940	920	170	5.50	150.52
C35	280	60	50	960	870	165	6.10	205.89
C40	300	60	80	980	820	160	6.65	220.14
C45	400	60	30	1000	760	160	7.80	290.20
C50	420	70	40	1000	720	160	8.50	304.75

（2）混凝土制备

混凝土制备环节所用设备为电动设备，表 4-14 所示为不同生产能力搅拌站生产设备装机总功率参数。由表中数据可计算混凝土生产的理论电耗和电能消耗带来的间接碳排放量。

表 4-14　不同生产能力搅拌站设备装机总功率

搅拌机型号	HZS120	HZS180	HZS200	HZS225	HZS250	HZS300
理论生产能力（m^3/h）	100[b]	150	200	225	250	300
主机及附件总功率（kW）	155	200	265	265	330	416
理论电耗[a]（$kW·h/m^3$）	1.55	1.33	1.33	1.18	1.32	1.39
间接碳排放量 CE_{CM}[c]（$kgCO_2/m^3$）	0.944	0.815	0.815	0.724	0.807	0.845

a　指按照总功率和理论生产量运行时的理论电耗值。

b　总功率数据摘自南方路基官网。

c　间接碳排放量的计算方法为总功率乘以电能碳排放因子，此处按照电能碳排放因子计算，取 K_E=0.6101gCO_2/kW·h。

（3）预拌混凝土产品碳排放（不含物流）

预拌混凝土产品碳排放包括原材料的碳排放 CE_{RM} 和混凝土制备碳排放 CE_{CM}，两者均为间接排放。按照所述公式，可计算原材料和混凝土生产环节的碳排放，进而计算混凝土产品的碳排放值，见表 4-15。由表 4-15 可知，混凝土产品的碳排放由原材料的碳排放量决定，混凝土生产环节产生的碳排放量非常少。随着混凝土强度等级的增加，胶凝材料用量增加，产品总碳排放量增加。

表 4-15 传统混凝土碳排放值

强度等级[a]	碳排放量（$kgCO_2/m^3$ 混凝土）		
	原材料 CE_{RM}	混凝土制备 CE_{CM}[b]	产品总碳排放量
C15	105.89	0.825	106.72
C20	120.66		121.48
C25	136.26		137.08
C30	150.52		151.34
C35	205.89		206.71
C40	220.14		220.96
C45	290.20		291.03
C50	304.75		305.58

a 具体配合比数据见表 4-13。
b 为表 4-14 中的平均值。

4.2.2 超高性能混凝土

4.2.2.1 生产工艺

相较普通混凝土，超高性能混凝土（UHPC）是一种新型混凝土，其以超高强度（抗压强度≥ 120MPa）和超长耐久性著称。超高性能混凝土的生产过程与普通混凝土基本一致，其主要差别在于配合比。超高性能混凝土粉体用量高，水胶比小，使用了钢纤维，一般不使用粗骨料。

4.2.2.2 超高性能混凝土碳排放核算

本节超高性能混凝土产品碳排放计算基于某工程所用 UHPC 配合比，如表 4-16 所示，表 4-17 为该配合比中所用原材料的碳排放数据。

表 4-16 UHPC 配合比 单位：kg/m^3

水泥	微粉 1	微粉 2	砂	钢纤维	外加剂	水
604	175	195	1150	195	39	146.3

注：外加剂固含为 20%，钢纤维掺量体积比为 2.5%。

表 4-17 UHPC 原材料碳排放

原材料名称	定义	碳排放量（$kgCO_2/t$）
水泥（平均）	工业产品	691
微粉 1	工业废物	0
微粉 2	工业废物	0

续表

原材料名称	定义	碳排放量（$kgCO_2/t$）
砂	工业产品	10.2
聚羧酸减水剂（粉）	工业产品	944
钢纤维[a]	工业产品	2625

a 钢纤维的成产来自文献数据，由钢材生产碳排放和钢材加工成纤维过程中的碳排放相加而得，据相关文献资料，钢铁的平均碳排放约为 1.97tCO_2/t 成品，钢材加工成钢纤维过程中电耗约为 1075kW・h/t 成品。电能的碳排放因子按 0.6101$kgCO_2/$（kW・h）计算，可知，钢材生产的碳排放量为 2625tCO_2/t 成品。

假设湿拌 UHPC 和预拌混凝土生产环节能耗相同，可计算湿拌 UHPC 产品的碳排放值，见表 4-18。理论上 UHPC 1m^3 碳排放指标更高，其原因是 UHPC 胶凝材料用量高，所用的一些原材料具有较高的碳排放值。但在具体的应用场景中，UHPC 可以节省钢筋和普通混凝土的用量，因此其总体的碳排放核算需要综合考量。

表 4-18　湿拌 UHPC 碳排放量　　单位：$kgCO_2/m^3$

原材料 CE_{RM}	混凝土生产 CE_{CM}	钢纤维	产品总碳排放量
466	1	512	979

5

水泥、混凝土等建材产品物流的碳排放

据世界自然研究所（WRI）薛露露、靳雅娜等人发表的《中国道路交通 2050 年“净零”排放路径研究》，交通运输行业碳排放量占中国总碳排放量的近 9%，现有的技术条件下，交通运输行业近期的碳减排潜力相对较小。在基准情景、现有政策情景以及 1.5℃温控目标情景下，交通运输行业碳排放达峰时间为 2040 年、2035 年及 2020 年，对应的碳排放量分别为 18 亿 t、15 亿 t 及 12 亿 t。交通运输部门的碳排放量对于中国“双碳”目标的实现具有重要影响。

水泥及混凝土等建材产品的物流是支撑整个水泥产品从生产到最终用户的关键环节，也是建筑材料碳足迹核算的必不可少的环节。水泥及混凝土产品物流的碳排放核算以及后续的碳减排路径规划，将为水泥及其相关产品的碳足迹核算乃至未来低碳、绿色建筑的碳足迹核算奠定基础，也是核算水泥行业范围 3（供应链）碳排放的有效支撑。根据国际上通行的规则，水泥及混凝土的物流属于范围 3 排放。范围 1 为化石燃料燃烧和工艺过程排放；范围 2 为电力间接排放。

5.1 水泥工业的现代物流方式

水泥及产品的运输距离差异性很大，运距从几公里到几百公里，甚至数千公里不等，其物流形式主要取决于目标销售市场的距离。同时由于区域内交通网络发展的差异性，导致了产品物流的多样化，除空运外，船运（水运）、铁路运输和公路运输均有涉及，即使采用相同的运输方式，其运输工具也多样化。

5.1.1 公路运输

公路运输适用于中短途产品的输送，在传统的水泥工厂销售半径 200km 范围内具有明显的优势，现阶段，国内的散装水泥、袋装水泥的运输主要以公路运输为主。其主要优势如下：

（1）可借助区域已形成的公路网络，不需要单独新建交通网络。

（2）机动灵活，可实现点对点、产品到用户的直接对接。

(3) 运输工具齐全，可选择性大，适用于不同的客户群体。

(4) 中、短途运输速度快。

其主要缺点如下：

(1) 运输能力小，车型复杂。

(2) 能耗和运输成本高。

(3) 运输组织较复杂。

5.1.1.1 散装水泥公路运输

散装水泥通过散装车直接运抵混凝土搅拌站、建筑工地、建材产品生产加工厂等待用，或者运送至经销商中转库实施二次分销。其运输模式如图 5-1 所示。

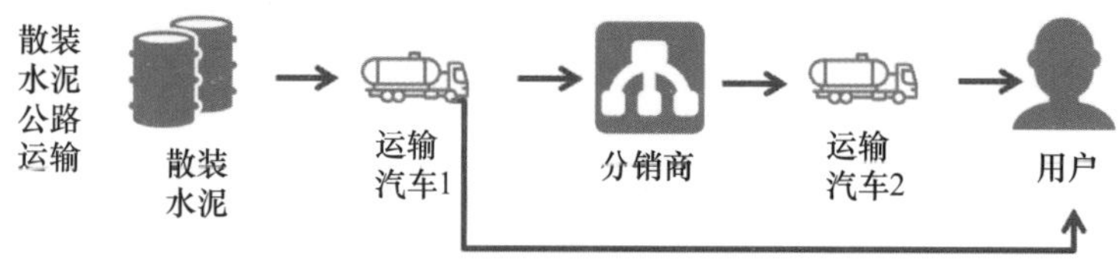

图 5-1 散装水泥公路运输模式

5.1.1.2 袋装水泥公路运输

采用直接装运或者采用托盘化装运技术装车后，采用汽车运送至经销商所在仓库后，再进行二次销售，或者直接运送至建筑施工现场、民用建筑、装修待用。其运输模式如图 5-2 所示。

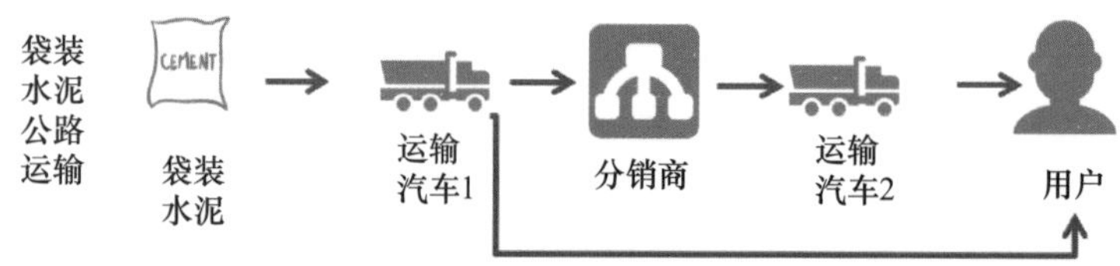

图 5-2 袋装水泥公路运输模式

5.1.2 铁路（火车）运输

铁路运输距离为 300km 以上，与公路运输相比，具有明显的物流优势，其主要优点如下：

(1) 运输半径大，一次运量多，运输成本低。

(2) 运行稳定，可实现连续运输。

(3) 安全性能强，受天气影响程度小，货运准点率高。

其主要缺点如下：

(1) 铁路专线固定投资高。

(2) 铁路运输属于国有，专项线路及运力安排具有不确定性。

(3) 水泥厂远距离目标市场少，物流周转率不高。

5.1.2.1 散装水泥火车运输

实施火车接轨的水泥工厂，直接在水泥工厂发运中心装车后发送至需求地所在铁路货运中转站，然后输送至货运站场散装库 [或在货运站场，采用散装罐车先输送至分销商（经销商）散装库后] 后，采用散装罐车分销给用户。其运输模式如图 5-3 所示。

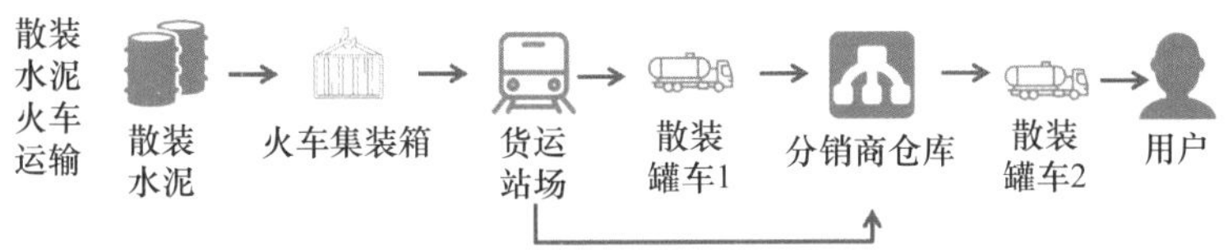

图 5-3　散装水泥火车运输模式

5.1.2.2　袋装水泥火车运输

实施火车接轨的水泥工厂，直接在水泥工厂发运中心装车（或采用汽车运输至始发地火车站场）后发送至需求地所在铁路货运中转站 [或在货运站场，采用载重汽车先输送至分销商（经销商）水泥库后]，再采用载重汽车分销给用户。其运输模式如图 5-4 所示。

图 5-4　袋装水泥火车运输模式

5.1.3　船运（水路）运输

水路运输一般包括江运、海运和运河运输，在沿江、沿河、沿海的水泥工厂得到较广泛的应用。其主要优点如下：

（1）运输能力大，输送半径长。

（2）运输成本及能耗低。

（3）运输条件良好的航道，通行不受限制。

其主要缺点如下：

（1）受天气影响大，比如枯水等季节，不能保证连续通航。

（2）固定投资高，需要建设专门码头护岸，配套专用装卸设施设备，运输速度慢。

5.1.3.1　散装水泥船运（水路）运输

散装水泥通过输送皮带 / 管道运输至码头，通过船运至分销区域后，采用散装车转运分销至客户群。其运输模式如图 5-5 所示。

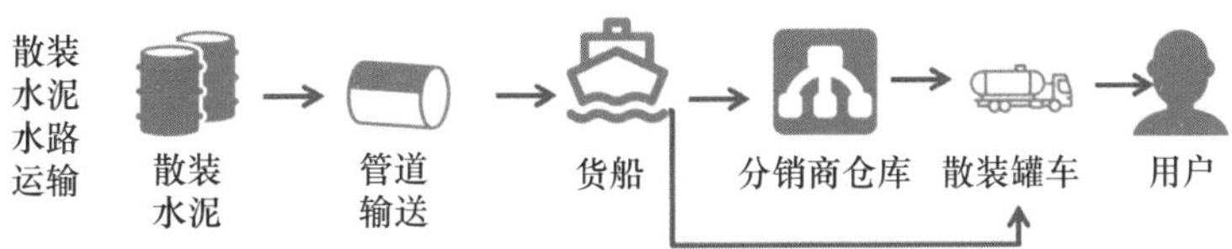

图 5-5　散装水泥船运（水路）运输模式

5.1.3.2 袋装水泥船运（水路）

袋装水泥通过输送皮带或通过载重汽车运输至码头，通过船运至分销区域后，再采用载重车转运分销至客户群。其运输模式如图 5-6 所示。

袋装水泥水路运输
袋装水泥 → 输送皮带 → 货船 → 运输汽车1 → 分销商仓库 → 运输汽车2 → 用户

图 5-6 袋装水泥船运（水路）运输模式

5.2 商品混凝土的现代物流方式

受限于混凝土质量控制及用户需求，预拌混凝土运输半径一般在 30~60km 范围内，预拌混凝土通过特制混凝土搅拌运输车直接输送至建筑施工现场待用。其物流方式如图 5-7 所示。

图 5-7 商品混凝土的现代物流方式

5.3 骨料的现代物流方式

现阶段，骨料运输主要以水运和公路运输为主。

5.3.1 骨料船运（水路）运输

不同级配的骨料通过皮带输送至码头，通过船运至分销区域后，再采用载重汽车转运分销至客户群（或通过分销商仓库暂存后再进行二次分销）。其运输方式如图 5-8 所示。

图 5-8 骨料船运（水路）运输方式

5.3.2 骨料公路运输

骨料公路运输直接采用载重汽车运输方式，实现从工厂到用户终端（或通过分销商仓库暂存后再进行二次分销）。其运输方式如图 5-9 所示。

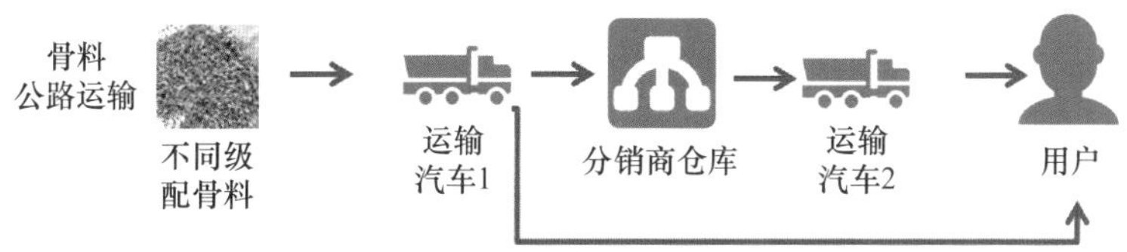

图 5-9 骨料公路运输方式

5.4 不同类型运输方式的能耗及碳排放情况

5.4.1 袋装水泥、骨料及其他胶凝材料公路运输能耗及碳排放

现阶段，中国公路运载工具主要以柴油载重汽车为主，车型主要为载货汽车、翼开启厢式车、厢式运输车、平板运输车、仓栅式运输车等。运输过程中主要为柴油燃烧产生的碳排放量。根据交通运输部运输服务司 2021 年 6 月发布的《通路运输车辆达标车型表（第 33 批）公示》，选用安徽江淮汽车集团股份有限公司、东风汽车集团有限公司、中国第一汽车集团有限公司、陕西汽车集团有限责任公司、成都大运汽车集团有限公司、北京福田戴姆勒汽车有限公司、中国重汽集团福建海西汽车有限公司、北汽福田汽车股份有限公司等汽车生产厂家的整车数据进行核算，其相关数据见表 5-1。

表 5-1 不同汽车类型吨产品百公里柴油消耗 单位：L

汽车类型	吨产品百公里柴油消耗		
	最大值	最小值	平均值
牵引汽车 + 半挂车	1.09	1.05	1.07
载货汽车	1.34	1.07	1.26
仓栅式运输车	2.03	1.06	1.40
平板运输车	1.87	1.05	1.70
厢式运输车	1.71	1.05	1.38
翼开启厢式车	1.33	1.07	1.24

基于国家发布的《轻型汽车污染物排放限值及测量方法（中国第六阶段）》（GB 18352.6—2016），每升柴油碳排放量为 2.6kg，计算吨产品百公里碳排放量见表 5-2。

表 5-2 不同汽车类型吨产品百公里碳排放量 单位：kg

汽车类型	吨产品百公里碳排放量		
	最大值	最小值	平均值
牵引汽车 + 半挂车	2.83	2.72	2.77
载货汽车	3.48	2.79	3.26
仓栅式运输车	5.28	2.76	3.63
平板运输车	4.85	2.73	4.42

续表

汽车类型	吨产品百公里碳排放量		
	最大值	最小值	平均值
厢式运输车	4.44	2.73	3.59
翼开启厢式车	3.47	2.78	3.22

注：1. 牵引汽车采用“拖挂车总质量 40t”的机车，拖挂车均采用整备质量为 40t 的挂车进行核算。
2. 本数据仅依据车辆出厂核定的油耗进行核算，未考虑海拔高度、车辆状况、路面等级、地区温度等影响因素。

从以上数据分析可以看出，公路运输中“牵引汽车 + 半挂车”的运输方式与载货汽车、仓栅式运输车等相比，吨产品百公里碳排放量最低，翼开启厢式车次之，其他车型碳排放量因整备质量及百公里油耗的差异呈现不同的排放强度。

5.4.2 散装水泥公路运输能耗及碳排放

散装水泥公路运输以载重低密度粉粒物料运输车为主，运输过程中主要为柴油燃烧产生的碳排放量。根据交通运输部运输服务司 2021 年 6 月发布的《通路运输车辆达标车型表（第 33 批）公示》，选用中国重汽集团湖北华威专用汽车有限公司、北京福田戴姆勒汽车有限公司、湖北四通专用汽车有限公司、洛阳中集凌宇汽车有限公司等整车厂家生产的低密度粉粒物料运输车进行核算，吨产品百公里油耗为 1.06~1.34L，平均油耗为 1.11L；计算吨产品百公里碳排放量为 2.76~3.48kg，平均碳排放量为 2.88kg。

5.4.3 水泥 / 熟料铁路运输能耗及碳排放

根据 2020 年中国铁道公报，单位运输工作量主营综合能耗 4.32×10^{-6}t 标准煤 /(t・km)，比上年增加 4.8×10^{-7}t 标准煤 /(t・km)，增长 12.6%。

考虑到 2020 年新冠肺炎疫情对铁路货运的影响，我们采用 2019 年铁路能耗数据，吨百万公里标准煤耗为 3.84t 标准煤，折算吨百公里标准煤耗为 0.384kg 标准煤。因现有中国铁路已实现了电气化，采用能源统计通用标准，推算吨百公里电耗为 3.12kW・h，采用国家电网碳排放因子 0.6101kgCO_2/(kW・h)，折算吨百公里铁路货运碳排放量为 1.90kg。

5.4.4 散装水泥 / 熟料水路（船运）运输能耗及碳排放

散装水泥 / 熟料水路（船运）运输主要以内河航运船舶运输为主，辅助以粉粒物料运输车，运输过程中主要为货船及粉粒物料运输车柴油燃烧产生的油耗对应的碳排放量，以及货船柴油发电机电力消耗产生的碳排放。其中内河碳排放量可采用中国船级社《船舶能效管理认证规范》（2011）确定的能效认证数据或采用中国船级社《内河绿色规范》（2020 年）确定的 EEDI（船舶能效设计指数）值或基于统计周期内船舶的柴油消耗水平、通航里程及运输量核算其碳排放量。参考中国船级社 2020 年出版的《内河绿色船舶规范》，以 1550t 散货船作为核算示范，计算船舶碳排放值为 8.842g/(t · n mile)，即 4.77×10^{-3}kgCO_2/(t · km)。

5.4.5 混凝土公路运输能耗及碳排放

混凝土公路交通运输采用混凝土搅拌运输车，目前市场上以柴油车为主，极少部分为电动车。运输过程中的能耗及碳排放源主要来源于混凝土搅拌车柴油燃烧产生的碳排放。根据交通运输部运输服务司 2021 年 6 月发布的《通路运输车辆达标车型表（第 33 批）公示》，选用徐州徐工汽车制造有限公司、唐山亚特专用汽车有限公司、唐鸿重工专用汽车股份有限公司、陕西汽车集团有限责任公司、河北雷萨重型工程机械有限责任公司、河北中瑞汽车制造有限公司、湖南汽车制造有限责任公司、洛阳中集凌宇汽车有限公司、陕西汽车集团有限责任公司、天津星马汽车有限公司、郑州宇通集团有限公司、中国第一汽车集团有限公司、中国重汽集团济南卡车股份有限公司、中国重汽集团柳州运力专用汽车有限公司、中集车辆（江门市）有限公司、中联重科股份有限公司、扬州中集通华专用车有限公司、郑州博歌车辆有限公司、中国重汽集团福建海西汽车有限公司、中国重汽集团青岛重工有限公司等厂家生产的混凝土搅拌车进行核算，吨百公里柴油消耗为 1.06~1.53L，平均值为 1.19L，折算碳排放量为 2.75~3.98kg，均值为 3.09kg。

目前，有极少部分纯电动混凝土搅拌车，运行过程中主要为蓄电池充电过程中的电力消耗对应的间接碳排放量。选用安徽华菱汽车有限公司出品的纯电动混凝土搅拌运输车（HN5315GJBB36C5BEV），最大输出功率 125kW（蓄电池为磷酸铁锂电池，32650-6Ah，深圳市沃特玛电池公司出品），最高时速 80km/h，额定整车质量为 31t，以充放电 1.5 : 1 核算，考虑理想状态（电池输出功率有效转化率为 100%）吨产品百公里电耗 =（125/80）×（100/31）× 1.5=7.56kW · h，折算碳排放量 4.61kg，高于现有柴油搅拌车。从现有发电系统仍以传统化石燃料为主的输出配置下，纯电动车暂不具有碳减排优势。

5.4.6 水泥包装袋及包装发运环节碳排放

基于《聚丙烯单位产品能源消耗限额》（GB 31826—2015），考虑工艺生产水平，采用能耗限额准入值均值计算，吨产品综合能耗为 60kg 标准油。

参考《高压聚乙烯单位产品能源消耗限额》（DB11/T 980—2013），聚乙烯单位产品能源消耗限额准入值 238kgoe/t。

中国以及一些以煤炭消费为主的国家，则通常采用标准煤作为能源的统一计量单位。即 1t 标准煤等于 0.7t 标准油。

按常规品种 660 mm × 500 mm × 100 mm 的袋型、逐步主流的热封工艺计算，每只水泥包装袋中：PP 聚丙烯含量 59.103g，PE 聚乙烯含量 3.751g。生产过程中的电耗为 0.0314kW · h。

（1）原料带入的间接碳排放（表 5-3）：

表 5-3　包装袋原料中带入的碳排放量

间接碳排放源	含量(g)	能耗限额(kgoe/t)	oe 和 CE 转换系数	能源消耗量(kg 标准煤)	标准煤折算 CO_2 系数	CO_2 排放量(g)
PP	59.10	60.00	1.43	0.00	2.66	9.43
PE	3.75	238.00	1.43	0.00	2.66	2.37

（2）电力产生的间接碳排放（表 5-4）：

表 5-4　包装袋生产中的电力间接碳排放量

电力消耗	0.03140	kW · h
碳排放量	19.16	g

综合计算，每只包装袋的碳排放量约 31g，折合每 1t 包装水泥中包装袋的碳排放量是 0.6kg。另外包装水泥发运现场环节的电耗约 2kW · h/t，折算下来每 1t 包装水泥发运环节的碳排放量约为 1.8kg。

5.5　不同输送环节的碳排放核算

5.5.1　散装水泥 / 熟料水运（船运）产生的碳排放

$$E_0=(D_f\times W_f\times O_f\times 2.6+D_s\times W_s\times E_s)/100$$

式中　E_0——散装水泥 / 熟料水运（船运）碳排放量，kg；

D_f——粉状物料运输车辆运输总距离，km；

W_f——粉状物料运输车整车质量（车辆整备质量与货物质量之和，即车辆出厂过磅毛重），t；

O_f——粉状物料运输车吨产品百公里柴油消耗，L（取值范围为 1.06~1.34，保守值为 1.11）；

2.6——《乘用车燃料消耗量限值》（GB 19578—2021）规定的柴油碳排放系数，kg/L；

D_s——内河船运运输距离，km；

W_s——船运总质量（船体自重与货物质量之和），t；

E_s——内河船运吨产品百公里碳排放量，kg/(t · km)。

E_s 数据采集：(1) 采用中国船级社《船舶能效管理认证规范》(2011) 确定的能效认证数据；(2) 采用中国船级社《内河绿色规范》(2020 年) 确定的 EEDI 值；(3) 采用统计周期内船舶的碳排放量 [基于交通运输部发布的《船舶能耗数据收集与报告技术要求》(JT/T 1340—2020)]。

5.5.2　袋装水泥、骨料水运（船运）产生的碳排放

$$E_1=\left(\sum_{i=1}^{n}D_{pi}\times W_{pi}\times O_{pi}\times H_i\times 2.6+D_s\times W_s\times E_s\right)/100$$

式中 E_1——袋装水泥、骨料水运（船运）碳排放量，kg；

D_{pi}——第 i 种道路运输车辆运输距离，km；

W_{pi}——第 i 种道路运输车辆整车质量，t；

O_{pi}——第 i 种车辆公路运输吨产品百公里柴油消耗，L（参见表 5-1 不同汽车类型吨产品百公里柴油消耗）；

D_s——内河船运运输距离，km；

W_s——船运总质量，t；

E_s——内河船运吨产品百公里碳排放量，$\times 10^{-6}$kg/(t·km)。

5.5.3 散装水泥 / 熟料公路运输产生的碳排放

$$E_2=\sum_{i=1}^{n} D_{ri}\times W_{ri}\times O_{ri}\times 2.6$$

式中 E_2——散装水泥 / 熟料公路运输碳排放量，kg；

D_{ri}——第 i 种散装运输车辆运输距离，km；

W_{ri}——第 i 种散装运输车辆运输质量，t；

O_{ri}——粉状物料运输车吨产品百公里柴油消耗，L（取值范围 1.06~1.34，保守值为 1.11）。

5.5.4 袋装水泥 / 骨料公路运输产生的碳排放

$$E_3=\left(\sum_{i=1}^{n} D_{pri}\times W_{pri}\times O_{pri}\times 2.6\right)/100$$

式中 E_3——袋装水泥 / 骨料公路运输碳排放量，kg；

D_{pri}——第 i 种公路运输车辆运输距离，km；

W_{pri}——第 i 种公路运输车辆整车质量，t；

O_{pri}——第 i 种公路运输车吨产品百公里柴油消耗，L（参见表 5-1 不同汽车类型吨产品百公里柴油消耗）。

5.5.5 散装水泥 / 熟料铁路运输产生的碳排放

$$E_4=\left(\sum_{i=1}^{n} D_{fi}\times W_{fi}\times O_{fi}\times 2.6+D_t\times W_t\times E_t\right)/100$$

式中 E_4——散装水泥 / 熟料铁路运输碳排放量，kg；

D_{fi}——第 i 种粉状物料运输车辆运输总距离，km；

W_{fi}——散装运输车整车质量，t；

O_{fi}——第 i 种散装运输车吨产品百公里柴油消耗，L（取值范围 1.06~1.34，保守值为 1.11）；

D_t——铁路运输距离，km；

W_t——铁路运输总质量，t；

E_t——铁路吨产品百公里碳排放量，$\times 10^{-2}$kg/(t·km)（取值为 1.9）。

5.5.6 袋装水泥铁路运输产生的碳排放

$$E_5=\left(\sum_{i=1}^{n} D_{\mathrm{pt}i}\times W_{\mathrm{pt}i}\times O_{\mathrm{pt}i}\times 2.6+D_{\mathrm{t}}\times W_{\mathrm{t}}\times E_{\mathrm{t}}\right)/100$$

式中 E_5——袋装水泥铁路运输碳排放量；

$D_{\mathrm{pt}i}$——第 i 种公路运输车辆转运距离，km；

$W_{\mathrm{pt}i}$——第 i 种公路运输车辆整车质量，t；

$O_{\mathrm{pt}i}$——第 i 种运输车吨产品百公里柴油消耗，L（参见表 5-1 不同汽车类型吨产品百公里柴油消耗）；

D_{t}——铁路运输距离，km；

W_{t}——铁路运输总质量（车辆质量与载货质量之和），t；

E_{t}——铁路吨产品百公里碳排放量，$\times 10^{-2}$kg/(t · km)（取值 1.9）。

5.5.7 混凝土公路运输产生的碳排放

$$E_6=D_{\mathrm{rmx}}\times W_{\mathrm{rmx}}\times O_{\mathrm{rmx}}\times H_{\mathrm{rmx}}\times 2.6/100$$

式中 E_6——混凝土公路运输碳排放量，kg；

D_{rmx}——混凝土运输距离，km；

W_{rmx}——混凝土运输车整车质量，t；

O_{rmx}——混凝土运输车公路运输吨产品百公里油耗，L（取值范围为 1.06~1.53kg，保守值为 1.19L）。

5.5.8 骨料 / 墙材公路运输产生的碳排放

$$E_7=\sum_{i=1}^{n} D_{\mathrm{br}i}\times W_{\mathrm{br}i}\times O_{\mathrm{br}i}\times 2.6/100$$

式中 E_7——骨料 / 墙材公路运输碳排放量，kg；

$D_{\mathrm{bt}i}$——第 i 种公路运输车辆运输距离，km；

$W_{\mathrm{bt}i}$——第 i 种公路运输车辆整车质量，t；

$O_{\mathrm{bt}i}$——第 i 种公路运输车吨产品百公里柴油消耗，L（参见表 5-1 不同汽车类型吨产品百公里柴油消耗）。

5.5.9 液化天然气 / 石油气运输工具产生的碳排放

$$E_{\mathrm{ng}}=D\times W\times NG_{\mathrm{v}}\times Q_{\mathrm{net}}\times T_{\mathrm{c}}\times O_{\mathrm{F}}\times 44/12/100$$

式中 E_{ng}——液化天然气 / 石油气运输工具产生的碳排放量，kg；

W——货物运输车辆整车质量，t；

D——运输距离，km；

NG_{v}——吨产品百公里液化天然气 / 石油气消耗量，Nm^3；

Q_{net}——液化天然气 / 石油气低位热值，$\mathrm{GJ}/10^4\mathrm{m}^3$；

T_c——液化天然气 / 石油气单位热值含碳量，tC/GJ；

O_F——碳氧化率，%。

不同燃料的碳氧化率见表 5-5。

表 5-5　不同燃料的碳氧化率

燃料品种	低位发热量 ($GJ/10^4m^3$)	单位热值含碳量 (tC/GJ)	燃料碳氧化率 (%)
液化天然气	51.44	17.2×10^{-3}	98
液化石油气	50.179	17.2×10^{-3}	99.5

5.5.10　纯电动或电气混合动力运输工具产生的碳排放

$$E_{mix}=Eng_{mix}+E_e$$

$$E_e=\frac{D\times E_w\times EF_g}{V\times E_{et}\times B_e}$$

式中　Eng_{mix}——电气混合动力运输过程中液化天然气 / 石油气产生碳排放，计算方法同“液化天然气 / 石油气运输工具产生的碳排放”；

E_e——电气混合动力运输过程中电力间接碳排放，kg；

D——运输距离，km；

V——车辆平均运行速度，km/h；

E_w——电池平均输出功率，kW；

E_{et}——电网充电转换效率，%；

B_e——电池功率输出效率，%；

EF_g——电网碳排放因子，采用国家最新公布的电网碳排放因子数据，现有的电网碳排放因子为 0.6101kgCO_2/kW · h。

5.5.11　氢燃料电池、甲醇液态燃料电池动力运输工具碳排放

单从燃料来说，氢燃料电池动力运输车辆运行过程中不产生碳排放，但应考虑 H_2 在生产、输送、储存等环节的碳间接排放。

5.5.12　生物乙醇、生物柴油等动力运输工具碳排放

生物乙醇与柴油、汽油等燃料车辆相比，具有低碳属性。从长远来看，生物乙醇的制备需要牺牲一部分农业（比如牺牲玉米的粮食属性），预测在中国不会广泛推行，其对运输行业的碳减排不太具有规模效益。与生物乙醇类似，生物柴油具有环保性能好、燃料性能好、原料来源广泛及低污染物排放等特性，也属于碳中性燃料，后期的使用主要关注其生产加工过程中的能源消耗导致的碳排放。

5.5.13 其他物料运输方式产生的碳排放量

其他粉状物料的运输参考散装水泥 / 熟料碳排放计算方法；其他原燃材料物流的计算方法参考袋装水泥不同运输方式的碳排放核算方法。

5.6 水泥工业未来物流方面持续的减碳潜力分析

“加快大宗货物和中长途货物运输公转铁、公转水”被列入《中华人民共和国国民经济和社会发展第十四个五年规划和 2035 年远景目标纲要》中。从数据分析来看，吨产品百公里碳排放量水运（船运）最低、铁路运输次之、公路运输最高。同时，因运输工具自身自重的问题，所有的模型条件下，采用额定荷载的状态下，水（船）运吨百公里碳排放最低。未来，对于水泥及其胶凝产品的物流，在基于市场需求及低碳价值链的要求下，大力发展低碳物流，减少产品运输流通环节碳排放量，实现水泥及其产品碳足迹的下降是必然趋势。可行的措施包括：

（1）配合实施“公转铁”“公转水”战略，推进物流配置优化。尽量减少公路物流输送，尤其是中长距离公路运输，大力发展拖挂车等低碳公路货运方式。

（2）在铁路、水路发达区域，在产品目标市场范围内，尽量选择铁路、船运运输，配套发展点对点物流，实现水泥及混凝土等胶凝材料从水泥生产商直接配送到客户，减少产品中间转运环节。

（3）实施双向物流，减少运输工具空载率。

（4）大力发展电气化铁路运输。

（5）加速实施燃油车替代，发展纯电动、氢能、氢燃料电池驱动等“零碳”公路运输工具，配套分布式能源发电、充电及电池快速换电场景，形成绿色运输链。

（6）开拓水运物流模式，近期选择低能耗的或低碳排放的（如 LNG）船技术，未来逐步发展电气化、氢能、氨能或甲醇等“零碳”驱动的运输模式。

（7）发展化石燃料驱动的运输工具车配套 DACCS 技术，实现去碳化。

（8）水泥工业实施全生命周期碳排放核算，敦促产业链上下游物流单位采取低碳物流技术，优先采用碳排放绩效优（低碳、零碳排放）的运输商。

在现有电动汽车公路中长距离运输不具有低碳属性的前提下，短距离（厂区内部转运及充电桩分布广泛区域）运输可以逐步考虑电气化车辆替代，中长距离选择相对碳排放量低的货运车辆，如油电混合、天然气、氢燃料电池等车型。后续，水泥及混凝土等建材产品的物流低碳化，需要借助绿电、绿氢等清洁能源比例进一步上升，以及突破固态电池的能源储存密度的瓶颈。

对于新建的建材产品生产线，应综合考虑区域交通网络发展规划，如地区码头岸线及铁路发展等规划，充分考虑下游市场定位及布局，选择适合企业发展战略要求和更加低碳的物流方式。

表 5-6 列出现有运输方式，通过改变燃料类型等方式分析产品物流减碳潜力。

表 5-6　不同物流碳减排方式及潜力

运输方式	减碳途径	成本	可行性	吨产品百公里碳减排潜力
水（船）运	使用 LNG（液化天然气）、纯电力或者采用液氨、氢能源（或氢燃料动力电池）等驱动船舶	高	高	碳减排潜力（与基准情形相比）： 近期至 2025 年：0%~30% 2025 年后：＞30%
铁路运输	使用低能耗的运输机车，采用绿电	高	高	碳减排潜力（与基准情形相比）：0%~100%。 依赖于中国的绿电比例，绿电比例上升直接导致间接电力碳排放下降
公路运输	1. 提升挂车运输比例，提高公路货运载货率，降低能耗； 2. LPG（液化石油气）、LNG（液化天然气）、生物乙醇、生物柴油等替代燃料车，逐步转型为使用插电混合动力、纯电力或者氢能源（氢燃料电池）作为驱动的清洁能源车； 3. 柴油车执行《轻型汽车污染物排放限值及测量方法（中国第六阶段）》及以上排放标准； 4. 发展货车节能技术，减少车身质量和轮胎摩擦、提高发动机热效率，增加空气动力结构等，减少自重对碳排放量增加的影响	中	高	碳减排潜力（与基准情形相比）：50%~100%。 1. 若后期柴油运输车辆全面执行国六及以上排放标准，碳排放将至少下降 50%。《轻型汽车污染物排放限值及测量方法（中国第六阶段）》排放标准较第五阶段排放标准而言，测试质量＞ 1760kg 的车型，具有挥发性的总烃碳 THC（以分子式 $CH_{1.86}$ 计）排放限值由 160mg/km 下降至 80mg/km，下降 50%，预测每公里柴油消耗量下降 50%； 2. 依赖于中国电动车 / 新能源车市场及其配套的电气化 / 新能源燃料加注站等设施的建设； 3. 依赖于中国的绿电比例，绿电比例上升直接导致纯电动车电力间接碳排放下降

6

水泥工业未来的绿色低碳技术

6.1 低碳水泥的绿色制造技术

围绕“双碳”目标，各行业纷纷开展碳减排路径剖析、新兴技术研讨、投资成本预测、国际实践分享等众多主题，也会探究传统碳减排工艺革新，以及碳捕集利用与封存等新技术。

水泥工业是我国国民经济的重要基础产业，目前要面临绿色转型。新的绿色制造技术不仅要契合国家宏观政策，也要综合考量碳减排成本、技术可行性、资源可用性等，现阶段大部分的研究都聚焦能效提升、替代燃料、碳捕集技术等，本书已在其他章节进行了相关介绍。事实上，在胶凝材料方面的绿色制造技术，一旦得到大面积推广，也能起到非常重要的减碳作用。本节从胶凝材料的角度，在熟料高效利用、熟料改性、吸碳熟料等方面阐述几种低碳水泥的绿色制造技术。

6.1.1 熟料的高效利用

为提高水泥行业产能利用率和产品质量，政策层面上于 2019 年 10 月 1 日起开始实施的《通用硅酸盐水泥》（GB 175—2007）取消了 P·C 32.5 水泥，也对现行最广泛应用的 P·O 系列水泥中的熟料用量进行了限制。从某种程度上来说，此举提升了水泥行业的熟料使用比例，进而增加了碳排放强度。要应对这一挑战，可以在满足建筑施工技术要求的前提下，充分高效地利用熟料来达到碳排放强度和熟料总用量之间的平衡关系。提高熟料综合利用率的方式可以复合水泥（如 P·C 42.5）为例，从物理方式和化学方式两个方面来描述。

（1）物理方式

复合水泥中，水泥熟料、矿渣等高活性组分易磨性较差，经粉磨后多以粗颗粒的形式存在，导致其各龄期水化程度较低，硬化浆体孔隙未得到有效填充，最终表现为复合水泥各龄期强度较低。目前，工业生产中 P·C 42.5 比表面积在 350m^2/kg 左右，其中熟料的比表面积为 320m^2/kg 左右甚至更低，熟料 28d 水化程度仅为 50%~60%，水泥熟料胶凝性能未得到高效发挥，造成了很大的浪费。我国著名水泥化学家唐明述院士曾提出，水泥混凝土若具有良好的堆积，不需要全部水化即可形成较高的强度，关键在于颗粒堆积状态及颗粒之间的界面结合。唐明述院士的观点从水泥角度阐述了水泥强度与粉体亚、微观结构的关联性，即颗粒分布、孔隙率与水化性能的关系。关于水泥颗粒分布与性能的关系，国外学者和专家做了许多研究工作，在理论和实际应用中取得了许多成果，提出了一些堆积模型。

Horsfield 模型：Horsfield 等人根据刚性球体的最紧密堆积理论提出了粉体最紧密堆积模型。假定初次颗粒呈六方紧密堆积，六面体和四面体孔隙分别由二次和三次颗粒填充。四次和五次颗粒分别填充于初次颗粒与二、三次颗粒间的空隙，剩余空隙最终被极小的等径颗粒填充，可达到最小的孔隙率（3.9%）。其相关数据见表 6-1。

表 6-1　Horsfield 堆积模型

粒级	粒径（相对于第一级颗粒）	颗粒数	孔隙率（%）
第一	1.000	—	25.9
第二	0.414	1	20.7
第三	0.225	2	19.0
第四	0.177	8	15.8
第五	0.116	8	14.9
第六	0+	无数	3.9

Aim & Goff 模型：对于使用超细粉磨混合材的水泥粉体，属于简单的二元粉体，取得最大堆积密度时超细颗粒的体积分数（φ_p*），符合 Aim & Goff 模型。

$$\varphi_p^*=\frac{1-\left(1+\dfrac{0.9d_p}{d_c}\right)(1-\varepsilon_o)}{2-\left(1+\dfrac{0.9d_p}{d_c}\right)(1-\varepsilon_o)}$$

式中　d_p——超细颗粒的粒径；

d_c——水泥颗粒的粒径；

ε_o——单一粒径粉体的孔隙率。

当超细颗粒的体积分数 $\varphi_p < \varphi_p^*$ 时，系统的堆积密度 φ 可用下式计算：

$$\varphi=\frac{1-\varepsilon_o}{1-\varphi_p}$$

当 $\varphi_p > \varphi_p^*$ 时，系统的堆积密度 φ 按下式计算：

$$\varphi=\frac{1-\varepsilon_o}{\varphi_p+(1-\varphi_p)\left(1+\dfrac{0.9d_p}{d_c}\right)(1-\varepsilon_o)}$$

由此模型可以看出，体系的堆积密度取决于超细颗粒与水泥颗粒的粒径比及超细颗粒的体积分数，且粒径比越小，体系的堆积密度越高。

Andersen 模型：连续分布的提倡者 Andersen 认为最紧密堆积时，粗颗粒体积总是细颗粒体积的恒定分数，其颗粒分布表达式如下：

$$U(D)=100\left(\frac{D}{D_1}\right)^n$$

式中　$U(D)$——筛孔径为 D 时的筛析通过量，%；

D_1——体系中最大颗粒的粒径，μm；

n——分布模数。

Andersen 指出堆积孔隙率随分布模数 n 值的减小而下降，当 n 值降至 1/3 时，粉体可获得最大堆积密度，孔隙率最小。采用球磨工艺生产水泥，其颗粒分布基本符合 Andersen 模型。

Rosin-Rammler-Bennet 分布：大量研究和生产实践表明，球磨制备的水泥基本符合 Rosin-Rammler-Bennet (RRB) 分布。RRB 分布也是在水泥生产领域应用最为广泛的颗粒分布模型。其公式表述如下：

$$R(D)=100\exp\left[-\left(\frac{D}{D_e}\right)^n\right]$$

式中　$R(D)$——筛孔径为 D 时的筛余量，%；

D_e——特征粒径，对应于 $R(D)$=36.79% 时颗粒粒径，μm；

n——均匀性系数，表示粒度分布范围的宽窄，n 越大表示粒度分布越窄。

S.Tsivilis 分布：S.Tsivilis 分布是以提高水泥混凝土后期强度为主要目的而提出的一种代表性观点。该理论主要考虑了粒度分布对硅酸盐水泥水化性能的影响，并认为超细颗粒（< 3μm）水化过快（甚至在混凝土浇筑之前完全水化），对提高水泥混凝土后期强度不利；粗颗粒（> 30μm）水化程度较低，同样对提高混凝土后期强度不利。S.Tsivilis 等认为硅酸盐水泥中 3~30μm 颗粒对水泥强度起主要作用，其含量应占 65% 以上，同时 ≤ 3μm 颗粒含量应在 10% 以下。也就是说：$Y(30)-Y(3) \geqslant 65\%$ 和 $Y(3) \leqslant 10\%$ [$Y(X)$ 为筛孔径为 X 时的筛析通过量]，解两不等式可得其颗粒分布参数。该分布参数的取值范围较窄，颗粒特征粒径 X 为 19.6~24.0μm，均匀性系数 n 为 1.12~1.20。取其平均值作为硅酸盐水泥最佳颗粒级配代表，即 X=21.8μm，n=1.16，将符合上式的颗粒级配简称为 S.Tsivilis 分布。

Fuller 分布：为实现混凝土骨料的密实堆积，20 世纪 30 年代初 Fuller 和 Thompson 提出了理想筛析曲线，简称 Fuller 分布（图 6-1）。符合 Fuller 分布的水泥，其 80μm 筛筛余和比表面积较大，颗粒分布较宽，导致其标准稠度用水量较大，早期强度较高，后期强度较低，开流磨的产品属于这种类型。

目前，在水泥基材料领域应用较多的颗粒分布为 S.Tsivilis 分布和 Fuller 分布。S.Tsivilis 分布适用于高活性粉体，充分考虑了水泥颗粒水化对浆体需水量、流动性及硬化浆体强度等性能的影响，是较为成功的，适用于硅酸盐水泥的颗粒级配模型。Fuller 分布出发点是实现颗粒的最密实堆积，而没有考虑水泥颗粒水化对水泥浆体和硬化浆体性能的影响，因此，Fuller 分布适用于惰性或低活性颗粒的堆积。

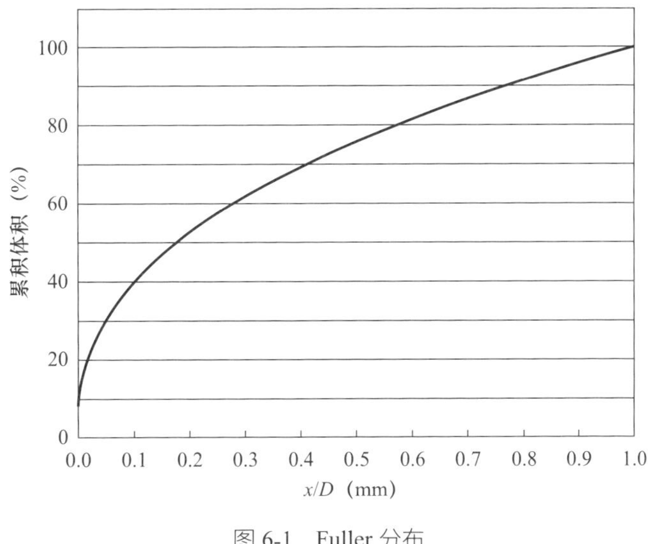

图 6-1 Fuller 分布

但是，没有一种模型可以代表最优级配和最紧密堆积，将 S.Tsivilis 分布与 Fuller 分布进行比较（表 6-2）。

表 6-2 不同区间内 S.Tsivilis 分布与 Fuller 分布对应的颗粒体积含量 单位：%

颗粒分布	0~2.7μm	2.7~14.0μm	14.0~42.2μm	42.2~100μm
S.Tsivilis 分布	8.49	37.10	43.47	10.69
Fuller 分布	23.58	21.97	25.27	28.94
差值	–15.09	15.13	18.20	–18.25

张同生等认为，将这两种分布模型结合在一起，得出一种“区间窄分布，整体宽分布”的粒度分布，可得到水泥颗粒较完美的堆积模型。“区间窄分布”不仅有利于提高粉体的堆积密度，更有利于各粒度区间粉体的水化作用发挥。“整体宽分布”则有利于降低需水性，提升浆体流动性和水泥应用性能。

（2）化学方式

在分析颗粒级配的最密堆积模式之后，化学方式的高效利用，主要通过分析水泥熟料不同颗粒的水化程度、填充能力和强度贡献率，进行优化匹配，实现水泥熟料高效利用和水泥的低碳排放强度。

不同胶凝材料粒度对于强度的贡献，国内外已有不少的研究。Ranganath 研究了粒度对湿排粉煤灰火、山灰活性的影响，发现小于 75μm 湿排粉煤灰才具有火山灰活性。Binici 等研究表明，当矿渣、玄武岩复合水泥的比表面积大于 550m^2/kg 时，复合水泥的强度、抗硫酸盐侵蚀性可大幅度提高。张永娟等的研究表明，5~10μm 矿渣对水泥 7d 强度的贡献较大，10~20μm 矿渣对水泥 28d 强度的贡献最大。Mehta 认为水泥中大于 45μm 颗粒很难水化，而大于 75μm 颗粒几乎不水化。张文生等综述了不同粒度粉煤灰的水化性能，发现小于 2μm 粉煤灰颗粒可以在 28d 内完全水化，2~5μm 粉煤灰颗粒能够快速水化，5~10μm 粉煤灰颗粒也能够较快水化。徐德龙认为在水泥中掺加适量小于

7μm 的粉煤灰不会降低水泥的强度。张同生等关于不同粒径胶凝材料填充能力、水化程度、强度贡献的探索（图 6-2~ 图 6-4），是最近期也比较有借鉴意义的研究。

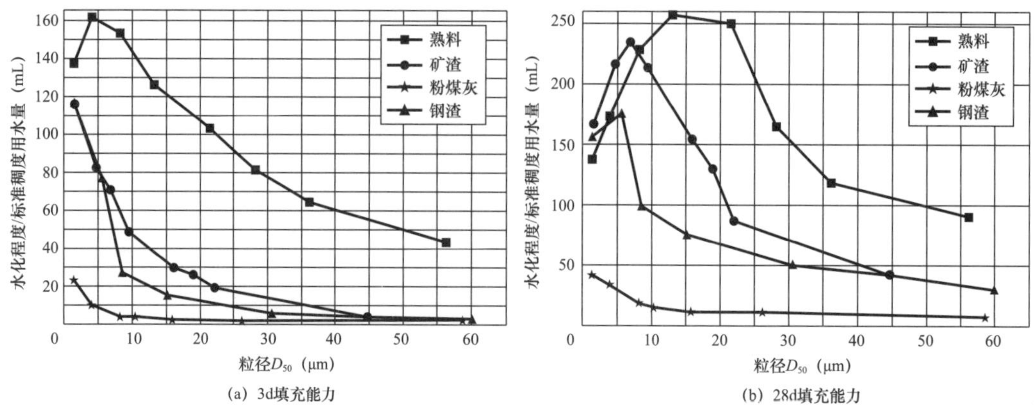

图 6-2　不同胶凝材料不同粒径的填充能力

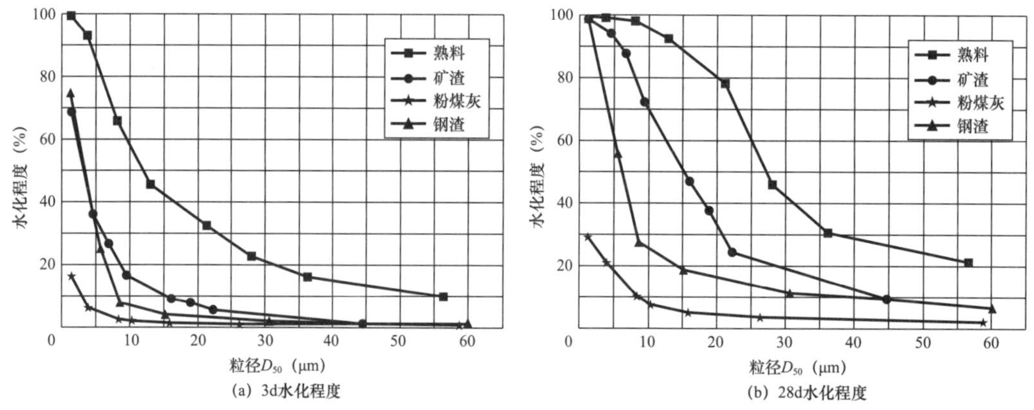

图 6-3　不同胶凝材料不同粒径的水化程度

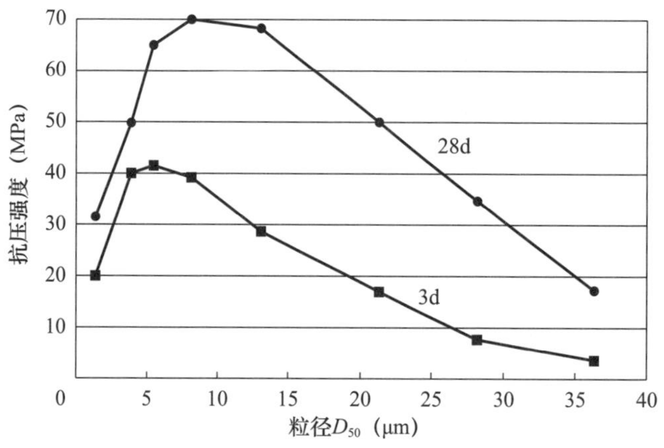

图 6-4　不同粒径熟料颗粒的抗压强度

从优化匹配的原则，得到如下结论：

细粒度区间（< 8μm）：水泥熟料需水量大、水化过快，早期水化程度过高，剩余水泥熟料量很少，水化后期生成的少量水化产物无法有效填充浆体孔隙，导致对水泥的早期强度和后期强度贡献均较小；矿渣等高活性辅助性胶凝材料需水量较低，水化速率较理想，水化程度较高（28d 水化程度可达 70% 左右），填充能力和强度贡献均超过水泥熟料。因此，细粒度区间应采用矿渣等高活性辅助性胶凝材料。

中粒度区间（8~24μm）：水泥熟料需水量较小，水化较为温和、持续，各龄期水化程度较为理想，对水泥的早期强度和后期强度贡献最大。该区间辅助性胶凝材料的水化速率非常慢，其早期水化可被忽略，后期水化生成的水化产物也较少，导致其对水泥性能的贡献较小。因此，中粒度区间应采用水泥熟料。

粗粒度区间（> 24μm）：水泥熟料水化较慢，各龄期水化程度均较低（28d 水化程度不足 50%），胶凝性能未得到充分发挥，使其 3d 和 28d 强度也较低；辅助性胶凝材料的水化程度更低，生成的水化产物非常少，导致其强度贡献率非常低，说明无论胶凝材料的水化活性有多高，粗粒度区间胶凝材料的水化程度均较低，对水泥的早期强度和后期强度贡献较小。因此，粗粒度区间应采用低活性材料或惰性填料。

（3）熟料高效利用的实现方式

目前，比较常用的生产水泥的方式是立磨系统、闭流磨系统以及带预粉磨的球磨系统（图 6-5~ 图 6-7）如下。

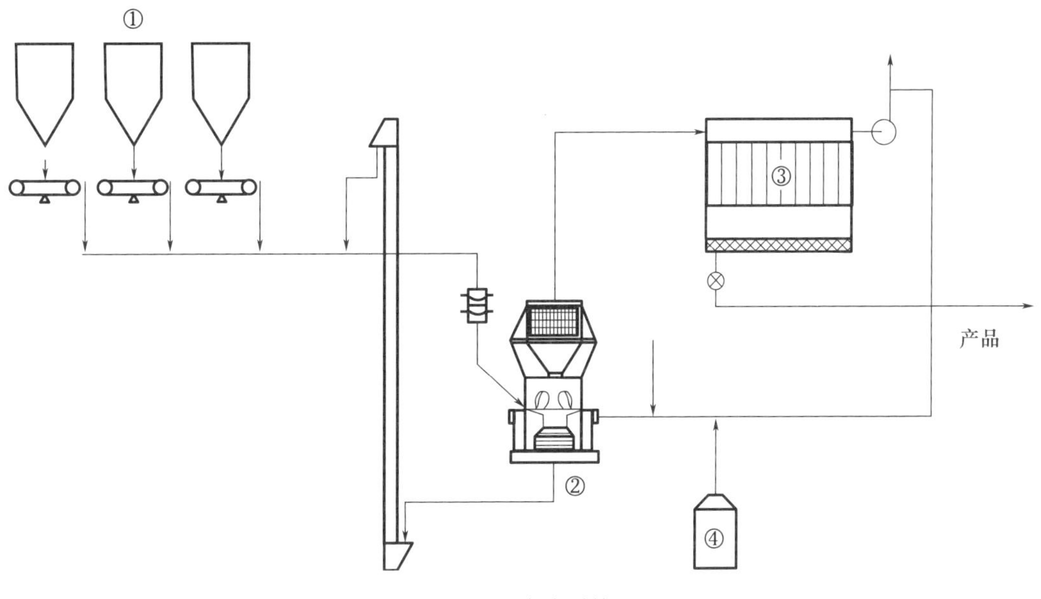

图 6-5　立磨系统

注：①为配料仓；②为立磨；③为收尘器；④为热风炉。

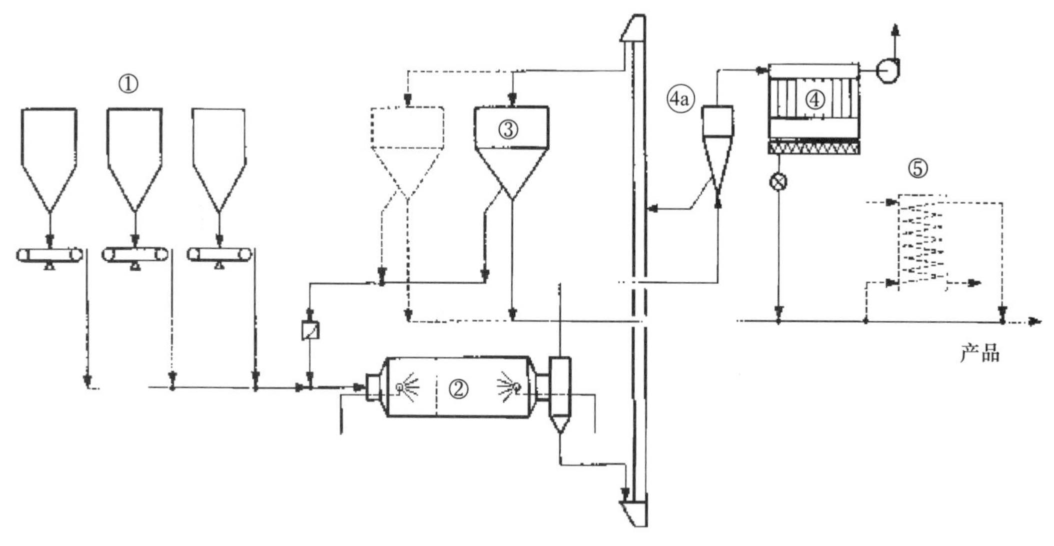

图 6-6　闭流磨系统

注：①为配料仓；②为球磨机；③为选粉机；④为收尘器；⑤为水泥冷却器。

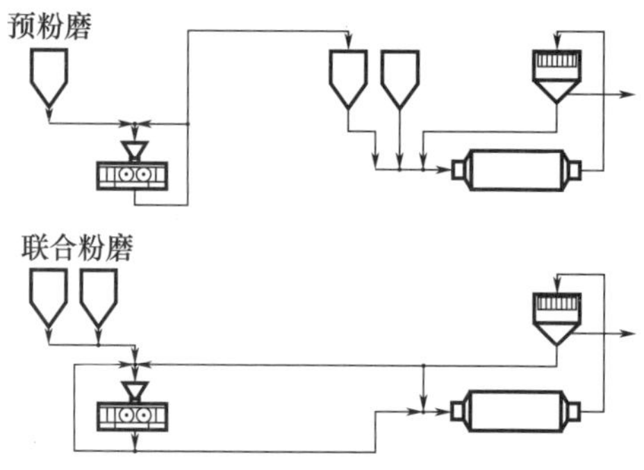

图 6-7　带预粉磨的球磨系统

根据实际的经验，生产任何一种非单一原料的产品，超细粉磨都无法真正实现最密堆积，最终可能是过粉磨，造成能耗、胶材活性、磨机消耗等浪费，甚至对产品性能（如早期水化热、需水量等）造成影响。表 6-3 和图 6-8 所示的数据为华新某工厂在生产管桩、轨枕专用的 P · O52.5 水泥时做的磨机优化试验。

表 6-3　管桩 / 轨枕水泥测试

序号	工艺方式	比表面积 (m^2/kg)	强度（MPa）		净浆流动度 (mm)
			R_{3d}	R_{28d}	
开流磨	开流磨	385	36.0	55.7	190
1 号	闭流磨	336	34.7	58.2	140
2 号	闭流磨	352	33.1	57.6	150
4 号	闭流磨	360	33.5	57.0	150
5 号	闭流磨	358	33.5	56.8	150
联合粉磨	混灰机	324	37.2	61.4	210

注：净浆流动度为相同外加剂掺量下的同配合比水泥净浆。

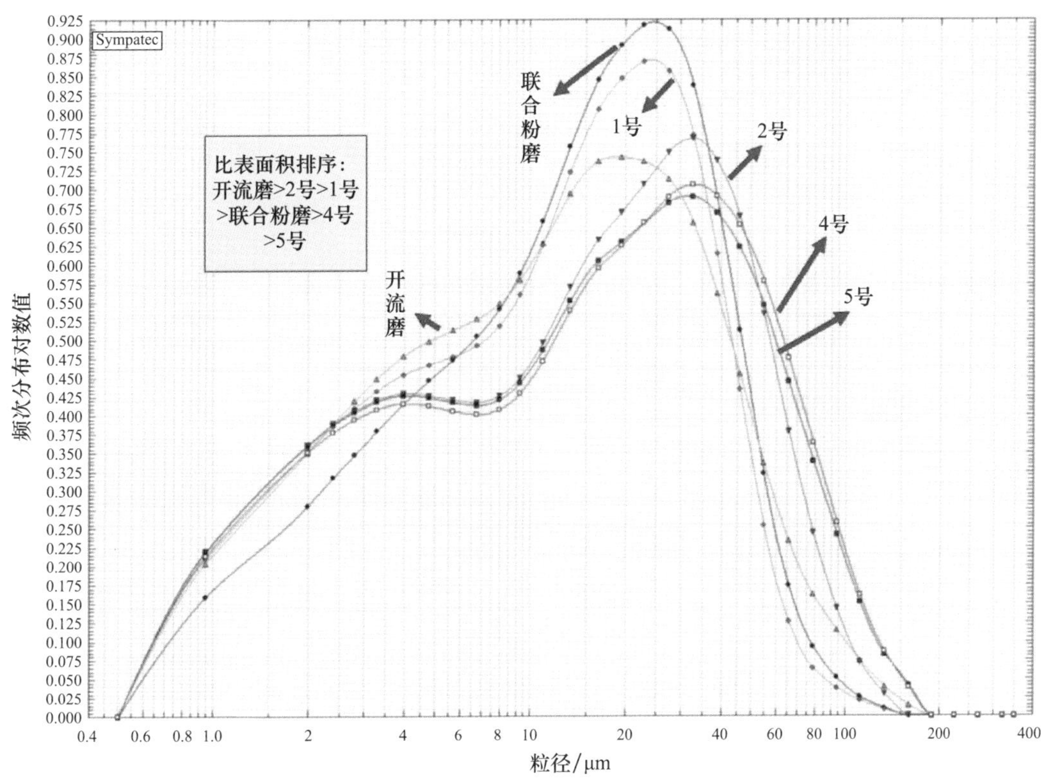

图 6-8　不同工艺下 P·O52.5 的 PSD 曲线

从 PSD 曲线以及强度和工作性能数据来看，混灰机复配的“联合粉磨”样条曲线非常接近紧密堆积理论下的颗粒级配分布，同时，也表现出了最优的强度和工作性能。

在碳达峰、碳中和背景下，要达到熟料最高效利用，将熟料与辅助材料分开粉磨，并合理控制级配范围，将是一项可行的、最优化的绿色水泥生产技术。

6.1.2　硫铝改性熟料开发及应用

硫铝酸盐水泥具备耐海水侵蚀、低温施工、快硬高强、膨胀、防水和低碱等性能，使其大量应用于海工工程、地下工程、冬期施工工程、抢修工程、修补工程等。但硫铝酸盐水泥存在后期强度倒缩，早期凝结过快以及胶凝性能不如硅酸盐水泥等缺点。业内也一直在研究，如何将硫铝酸钙用来改性普通硅酸盐水泥，使最终的水泥产品能同时拥有高早强、高后强、良好的胶凝性、微膨胀等多种优异性能。主要集中在以下两个方面的研究。

（1）贝利特 - 硫铝酸盐水泥

针对高贝利特水泥、硫铝酸盐水泥存在的性能缺陷，以及硫铝酸盐水泥生产对原材料的要求相对较高的不足，开发贝利特 - 硫铝酸盐水泥无疑是兼顾低碳与性能的优选项之一。一般认为，其熟料矿物组成为 30%~40% 的硫铝酸钙、36%~56% 的硅酸二钙时，性能比较理想，但仍处于实验室研究阶段。2014 年宁夏建材集团乌海赛马水泥有限公司试产的贝利特-硫铝酸盐熟料，其28d强度仅46MPa。2015年山西阳泉天隆特种材料有限公司在130t/d的小型预热窑进行了为期6d的试生产，熟料28d强度提升至57~60MPa。

（2）阿利特-硫铝酸盐水泥

将硫铝酸钙引入普通硅酸盐熟料矿物组成即为阿利特-硫铝酸盐水泥熟料。根据硫铝酸钙含量的高低，阿利特-硫铝酸盐水泥可分为低硫型（硫铝酸钙的含量3%~4%）、高硫型（硫铝酸钙的含量10%~20%）两类。前者20世纪60年代，苏联就进行了研究、生产及应用。后者则是近年来为进一步“低碳”而逐渐成为研究热点，但还处于实验室阶段，其技术关键在于解决硫铝酸钙与硅酸三钙共存的问题。华新在该熟料中引入Ba，部分取代硫铝酸钙中的Ca，取得了良好效果。

华新也在这一方面进行了相关的研究，并取得了一定的成果。阿利特-硫铝酸盐熟料是将$C_4A_3\overline{S}$矿物引入硅酸盐体系中，取代C_3A，其主要矿物组成为C_3S、C_2S、C_4A_3S以及C_4AF，以$C_4A_3\overline{S}$改善和提高早期强度，同时C_3S又能保证后期强度。阿利特－硫铝酸盐熟料与普通硅酸盐熟料矿物组成差异较大，无法直接使用普通硅酸盐熟料计算公式，阿利特-硫铝酸盐熟料矿物计算公式如下。

率值：

$$KH=\frac{CaO-0.55Al_2O_3-1.05Fe_2O_3-0.7SO_3}{2.8SiO_2}$$

$$SM=\frac{SiO_2}{Al_2O_3+Fe_2O_3}$$

$$IM=\frac{Al_2O_3}{Fe_2O_3}$$

$$Pm=\frac{SO_3}{Al_2O_3-0.64Fe_2O_3}\text{（硫铝比）}$$

矿物组成：

$$C_3S=3.8(3KH-2)SiO_2$$

$$C_4A_3\overline{S}=1.995(Al_2O_3-0.64Fe_2O_3)$$

$$C_2S=8.61(1-KH)SiO_2$$

$$C_4AF=3.04Fe_2O_3$$

$$C\overline{S}=1.70(SO_3-0.26Al_2O_3+0.17Fe_2O_3)$$

改性后的熟料矿物组分见表6-4和图6-9，强度结果如图6-10所示。

表6-4 阿利特-硫铝酸盐水泥的矿物组成

编号	$C_4A_3\overline{S}$	C_3S	C_2S	$C_{12}A_7$	C_4AF	$CaSO_4$	MgO	CaO	C_3S/C_2S
G-0	13.6	49.8	25.6	2.0	1.8	5.0	1.8	0.8	1.95
G-1	12.0	37.8	37.7	1.1	4.3	5.1	2.0	0.5	1.00
G-2	11.8	33.5	41.0	1.1	5.9	5.0	1.8	0.4	0.82

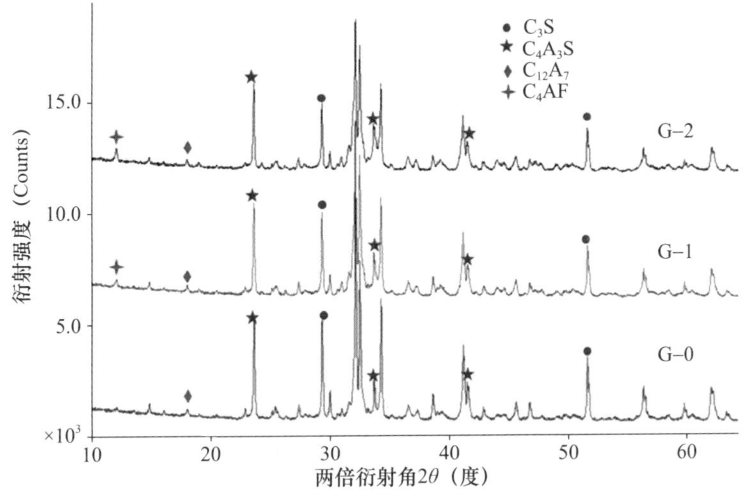

图 6-9　阿利特 - 硫铝酸盐水泥 XRD 衍射图

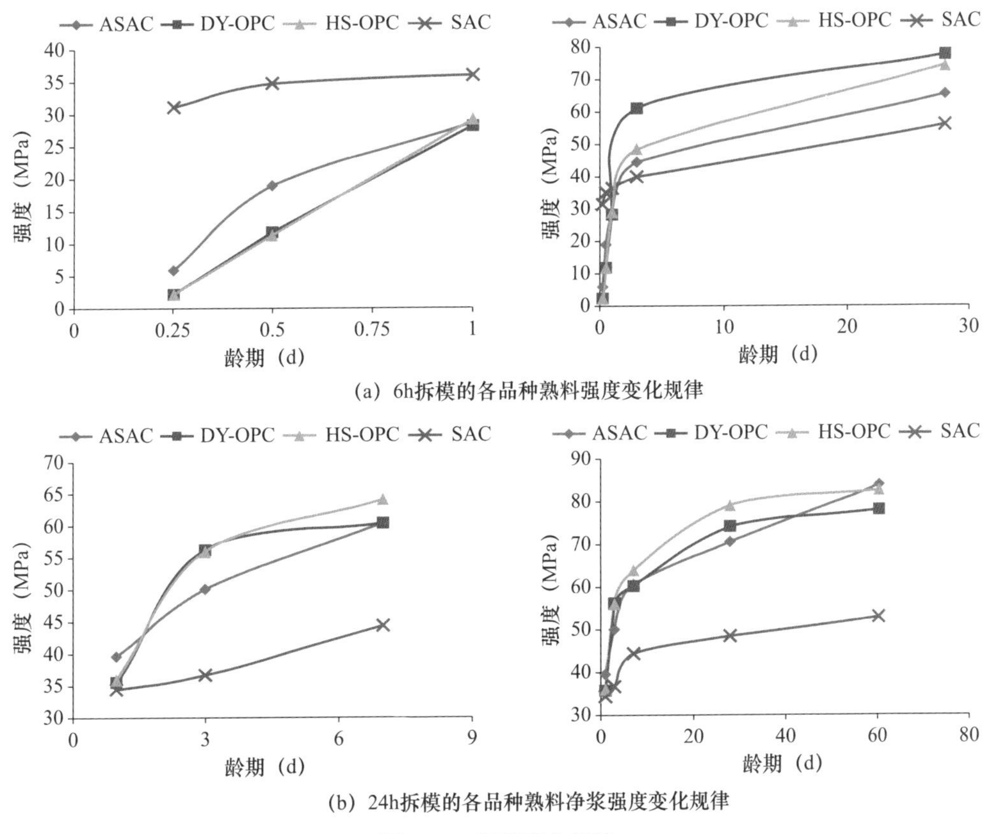

图 6-10　强度变化规律

6h 脱模试块：阿利特 - 硫铝酸盐水泥（ASAC）熟料强度，6h、12h 龄期高于普通硅酸盐水泥熟料（DY-OPC&HS-OPC），低于硫铝酸盐水泥熟料（SAC），24h 龄期低于 SAC 熟料强度，与普通硅酸盐水泥熟料强度相当。3d 之后龄期强度高于 SAC，低于 OPC 强度。24h 脱模的试块：阿利特 - 硫铝酸盐水泥（ASAC）熟料强度，1d 龄期高于普通硅酸盐水泥熟料（DY-OPC&HS-OPC），3d、7d、28d 龄期与普通硅酸盐水泥熟料相当，60d 龄期强度高于普通硅酸盐水泥熟料；与 SAC 熟料相比，除 1d 龄期强度略高于 SAC，其他各龄期都远高于 SAC 熟料。同时，ASAC 目前所有样品的体积稳定性结果都显示为微膨胀，较为突出的大面积推广障碍为凝结时间很短，多为 20~30min。

阿利特 - 硫铝酸盐熟料的主要矿物为硫铝酸钙和硅酸三钙，与普通硅酸盐水泥熟料相比，使用了约 10% 的磷石膏代替石灰配料，碳酸盐分解产生的碳排放约低 20%，同时，由于烧成温度低（只有 1300℃），燃料燃烧产生的碳排放量也相对减少。根据不完全计算，阿利特 - 硫铝酸盐熟料相比普通硅酸盐水泥熟料要减少碳排放 30%~40%，是一款绿色的低碳水泥产品。

（3）展望

从理论上来讲，硫铝酸钙加上贝利特应该是一对优秀的组合，早期强度加稳定的后期强度发展。但是从实际的生产经验来讲，α- 贝利特是比较难以获得的，β- 贝利特易磨性非常差，在磨机生产环节，基本每增加 1% 的贝利特含量，磨机产量下降 5%，且水泥浆体在拌和初期的胶凝性也不会很好。因此，高贝利特 - 硫铝酸盐水泥的推广可能是比较困难的。

而阿利特 - 硫铝酸盐熟料中有大量的 C_3S 和少量的 $C_4A_3\bar{S}$，在易磨性和胶凝性方面要优于高贝利特 - 硫铝酸盐水泥，早期强度、后期强度发展均无很大的障碍，如果加上合适的调凝剂，可以大面积覆盖现有市场水泥产品。

6.1.3 碳化活性熟料开发及应用

为更好地满足工程需要，充分利用水泥熟料各矿物组分的性能，普通硅酸盐水泥熟料组成往往采用高钙硅比进行设计、生产，导致熟料氧化钙含量及化石燃料消耗居高不下，这是造成水泥工业高碳排放的根本原因。表 6-5 给出了各主要硅酸盐矿物的氧化钙含量及其形成特征。

表 6-5　主要硅酸盐矿物的氧化钙含量及其形成特征

	C_3S	C_2S	C_3S_2	CS
CaO 含量（%）	73.6	65.1	58.3	48.3
形成焓（kJ/kg）	1770	1268	1170	1400
大量形成温度（℃）	1400~1450	1250~1300	1270~1320	1250~1300
形成速率	较慢	快	最慢	慢

普通硅酸盐水泥熟料碳排放因子为 0.860tCO_2/t，主要由碳酸盐的分解排放、化石燃料排放和电力消耗排放组成，其占比分别为 62%、35% 和 3%。

通过降低熟料中氧化钙含量，从根本上降低水泥熟料的碳排放，为此，水泥行业的工作者们基于硅酸盐水泥熟料矿物组成体系，在配料、烧成、性能研究及工程应用方面做了大量的尝试。而从熟料应用的角度，按其主要矿物的反应活性特点可分为水化活性熟料与碳酸化活性熟料两大类，前者在此不再赘述，本章节主要对后者进行展开。

碳酸化活性熟料矿物组成为：α-CS、C_3S_2、β-C_2S、γ-C_2S、C_2AS 或 C_3A 及铁相固溶体。按氧化钙含量由低到高，其核心硅酸盐矿物可设计为 α-CS 与 C_3S_2、C_3S_2 与 C_2S，以及 C_2S 三种组合。

（1）生料原料

与普通硅酸盐水泥熟料类似，碳酸化活性熟料的原料主要有钙、硅及铁质原料三类。需要指出的是，碳酸化活性熟料虽属于低钙熟料范畴，但并不意味着对钙质原料品位要求低。已有的研究表明："高温快烧"的工业生产条件下，上述三类原料组合的碳酸化活性熟料因目标矿物形成过程的明显差异及熟料性能的侧重点不同，对原料的要求也不尽相同。

① α-CS、C_3S_2 碳酸化活性熟料对原料的要求

采用化学试剂为生料原料，结合 CaO-SiO_2 二元相图，分别制备单矿的 α-CS 或 C_3S_2，探索其烧成热动力学，从而揭示其形成规律，不失为一个良好的角度。

按 CaO : SiO_2 摩尔比 1 : 1 配料，1150℃后，随着温度升高，在 α-CS 的形成过程中，按硅酸盐矿物的形成次序，主要发生以下化学反应：

$$2CaO+SiO_2 \longrightarrow C_2S$$

$$CaO+SiO_2 \longrightarrow \alpha\text{-}CS$$

$$3CaO+2SiO_2 \longrightarrow C_3S_2$$

$$3C_2S+SiO_2 \longrightarrow 2C_3S_2$$

$$C_2S+SiO_2 \longrightarrow 2\alpha\text{-}CS$$

$$C_3S_2 \longrightarrow C_2S+CS$$

$$C_2S+SiO_2 \longrightarrow 2\alpha\text{-}CS\ \text{（出现大量熔体）}$$

由上述反应过程可知，在现行的普通硅酸盐熟料烧结工艺下，无法得到高纯度的 CS，必然伴生有 C_3S_2、C_2S 和 SiO_2。

同样地，按 CaO : SiO_2 摩尔比 3 : 2 配料，随着温度升高，在 C_3S_2 的形成过程中，在碳酸盐完全分解后，主要发生以下化学反应：

$$2CaO+SiO_2 \longrightarrow C_2S$$

$$3CaO+2SiO_2 \longrightarrow C_3S_2$$

$$3C_2S+SiO_2 \longrightarrow 2C_3S_2$$

$$2C_3S_2 \longrightarrow 3C_2S+SiO_2$$

由上述反应过程可知，在现行的普通硅酸盐熟料烧结工艺下，能够得到高纯度的 C_3S_2。

为探索工业原料中存在的 Al_2O_3、Fe_2O_3、MgO 对 α-CS 生成的影响，Solidia 科技公司在固定 CaO : SiO_2 摩尔比 1 : 1 的前提下，分别掺入 2.5%~10% 的 Al_2O_3、Fe_2O_3、MgO，研究了 1150~1250℃范围内，该熟料矿物组成的变化，证实了烧结态下 α-CS 无法高纯度生成，也表明了 α-CS 含量在 45% 以上时，熟料中 Al_2O_3、Fe_2O_3 及 MgO 的含量分别在 2.5% 以下、2.5%~5.0% 之间和 2.5% 以下，如此低的铝含量对原料品质提出了很高的要求。

华新的试验研究也表明：以高纯硅钙材料配料，固定 CaO : SiO_2 摩尔比接近 1 : 1

的条件下，随着熟料中 Al_2O_3 含量的提高，烧成温度明显降低，但降速逐步平缓，且相同烧成温度下 α-CS、C_3S_2 的含量相当，当 α-CS 含量在 40% 以上时，Al_2O_3 含量不宜大于 4%。

② C_3S_2、C_2S 及 C_2S 碳酸化活性熟料对原料的要求

目前，尚无针对性的报道，相关研究中，由于对自粉化（无须粉磨或粉磨电耗降低 50% 以上）要求较高，所采用的钙质、硅质、铁质原料化学成分见表 6-6，品位均较高，尤其是石灰石。若对 C_3S_2、C_2S 及 C_2S 碳酸化活性熟料的自粉化要求不高（相比于普通硅酸盐水泥熟料，其易磨性差），利用常规原料是可以制得目标熟料的，但相应的矿物含量会相对低一些。

表 6-6　相关研究中所用工业原料化学成分　　单位：%

研究机构	品种	LOI	SiO_2	Al_2O_3	Fe_2O_3	CaO	MgO	熟料矿物
江苏大学	石灰石	43.47	0.24	0.24	0.12	54.87	0.15	C_3S_2 γ-C_2S β-C_2S C_2AS 铁相
	砂岩	2.4	86.78	4.5	2.1	1.48	0.88	
	黏土	9.42	56.92	15.36	7.1	5.25	2.36	
河南工大	石灰石	41.51	3.7	1.54	0.48	50.81	1.7	γ-C_2S β-C_2S C_3A C_4AF
	砂岩	0.99	85.87	2.27	7.03	1.41	0.41	
	铁矿土	13.41	30.8	20.91	25.32	4.38	0.81	

需要进一步明确的是，烧成温度是 α-CS、C_3S_2 大量生成的核心因素，工业原料中助熔组分的进入，降低共熔点后可能导致烧成温度偏低，熟料矿物含量与设计目标值出现较大偏差。当然，类似这种副产物较多的碳酸化熟料，其性能若能满足应用需要，也是值得考虑的。

（2）配料计算

① α-CS、C_3S_2 碳酸化活性熟料的配料计算

α-CS 不能高纯度生成的特点，使得 α-CS、C_3S_2 的碳酸化活性熟料目前难以像普通硅酸盐水泥熟料一样进行理论配料计算，虽然有关研究中对配料计算进行了尝试，但一方面未指明相应烧成温度范围内，Fe_2O_3、MgO 的存在形态以及 SO_3、Na_2O、K_2O 对熟料矿物形成及熟料性能的影响，另一方面也未经工业化生产实践的案例验证、修正，争议明显。

② C_3S_2、C_2S 及 C_2S 碳酸化活性熟料的配料计算

C_3S_2 虽能高纯度生成，但在 C_3S_2、C_2S 碳酸化活性熟料的配料计算方面，与 α-CS 一样面临类似的问题。研究中采用品位较高的原料配料，熟料的次要组分，特别是 Fe_2O_3、MgO 对熟料矿物形成影响的针对性研究较少，但可以按 C_3S_2、C_2S、C_2AS、C_2AF 或 CF 为设计矿物进行初步的配料计算，然后根据试验乃至工业试生产数据进行验证、调整。

C_2S 碳酸化活性熟料的配料计算可按照普通硅酸盐四矿组成进行，其 γ-C_2S 含量可

通过调高硅率、降低铝率及冷却速率来实现。

表 6-7 给出了国内研究中采用工业原料制得的碳酸化熟料的化学成分及采用 XRD 半定量的实际矿物组成，其烧成温度为 1300℃、烧成时间 90~120min。需要注意的是，由于碳酸化硅酸盐熟料矿物组成的复杂性，如反应不充分、杂质离子固溶等，使得各硅酸盐矿物特征衍射峰常会呈现“叠加、合成”的形态，需要大量的样品综合分析实践经验，方可将半定量的误差控制在 10% 以内。

表 6-7　国内有关研究中碳酸化熟料化学成分及其矿物组成　　单位：%

化学成分					主要矿物组成					
SiO_2	Al_2O_3	Fe_2O_3	CaO	MgO	α-CS	C_3S_2	C_2AS	C_2S	C_3A	铁相
45.1	2.5	3.9	45.7	1.7	63.9	14.2	17.3			
38.5	4.1	2.2	53.1	0.2		58.3	12.3	19.2		
27.3	5.1	5.4	61.1	2.2				79.2	4.2	14.5

国外方面，Solidia 科技公司关于碳酸化熟料的专利中显示，烧结态下，采用工业原料配料，烧成温度 1150~1250℃制得的熟料，其矿物组成中含有大量的 SiO_2 和 f-CaO，但也获得了良好的碳化性能，这可能与其后续的性能研究内容、方法及表征手段有关。

（3）熟料碳化性能

① 碳化原理

普通硅酸盐熟料矿物中的 C_3S、β-C_2S 均能碳化，只是与碳酸化熟料矿物中的 α-CS、C_3S_2 及 γ-C_2S 相比要慢得多。熟料接触水分和 CO_2 后，在表面附着水的催化作用下，发生以下碳化反应。$CaCO_3$ 的填充及 SiO_2 凝胶聚合是其硬化的主要原因。

$$CaO \cdot SiO_2+CO_2 \xrightarrow{H_2O} CaO_3+SiO_2\ (gel)$$

$$3CaO \cdot 2SiO_2+3CO_2 \xrightarrow{H_2O} 3CaO_3+2SiO_2\ (gel)$$

$$2CaO \cdot SiO_2+2CO_2 \xrightarrow{H_2O} 2CaO_3+SiO_2\ (gel)$$

上述碳化反应是一个受扩散控制的过程：反应开始时，CO_2 快速扩散，熟料颗粒表层迅速形成大量碳化产物，包裹在颗粒表层形成碳化产物层，随着反应的进行，碳化产物层不断增厚，进而阻碍 CO_2 的扩散，反应速率大大降低。

② 碳化具体反应过程

碳化反应涉及气 - 液 - 固三相，具体由以下几个步骤组成：

a. CO_2 的气相扩散；

b. CO_2 的固相渗透扩散；

c. CO_2 孔溶液中溶解；

d. CO_2 缓慢水化形成 H_2CO_3；

e. H_2CO_3 快速电离形成 H^+、HCO_3^-，降低孔溶液 pH，使得硅酸钙快速溶解，释放

出 Ca^{2+}、SiO^{4-}，不断循环反应。

f. $CaCO_3$ 晶体成核、固相沉淀，晶型转变、SiO_2 凝胶聚合。

针对碳化反应的过程特点，优化熟料组成（包括外掺其他粉体组分），提高 CO_2 浓度、压力，引入细颗粒晶种，控制合适的温度、湿度、试样厚度及其孔隙率，均能促进反应进程，从而获得良好的碳化性能，以上方面均有相应的研究。

③ 碳化性能表征

碳化性能表征主要是围绕固碳量和碳化强度而展开的相关影响因素的研究。表 6-8 给出了以工业原料配料、采用传统的普通硅酸盐水泥熟料生产工艺而获得的不同类型的碳酸化熟料的固碳量及碳化强度，从目前来看，固碳效率仍有待提高。

表 6-8　国内有关研究中碳酸化熟料化学成分及其矿物组成

<table>
<tr><th>类型</th><th>成型方式</th><th>试样尺寸（mm）</th><th>碳化前水灰比</th><th>CO_2 浓度</th><th>压力（MPa）</th><th>温度（℃）</th><th>湿度</th><th>抗压强度（MPa）</th><th>固碳量</th></tr>
<tr><td>α-CS+ C_3S_2</td><td>4MPa 净浆压制</td><td>20 × 20 × 20</td><td>0.10</td><td rowspan="5">100%</td><td>0.3</td><td>25</td><td>—</td><td>24h：87.6
72h：102.7</td><td>13%</td></tr>
<tr><td>C_3S_2+ C_2S</td><td>胶砂浇筑</td><td>40 × 40 × 160</td><td>—</td><td>0.5</td><td>60</td><td>60%</td><td>3d：19.7
7d：57.4
28d：71.2</td><td>14%</td></tr>
<tr><td rowspan="3">γ-C_2S+ β-C_2S</td><td>4MPa 净浆压制</td><td>ϕ30 × 16</td><td rowspan="3">0.10</td><td rowspan="3">0.3</td><td rowspan="3">25</td><td rowspan="3">—</td><td>8h：76.8</td><td>16%</td></tr>
<tr><td>净浆浇筑</td><td>20 × 20 × 20</td><td>8h：56.9</td><td rowspan="2">—</td></tr>
<tr><td>胶砂浇筑</td><td>40 × 40 × 160</td><td>8h：51.2</td></tr>
</table>

（4）碳排放估算（表 6-9）

表 6-9　不同碳化活性矿物的碳排放估算

类型	减排来源	碳减排类型及其减排量（$kgCO_2/t$）				总减排量（$kgCO_2/t$）
	CaO 降低	碳酸盐分解	化石燃料	综合电耗	固碳量	
α-CS+ C_3S_2	25%	–25% 133.3	–12% 36.12	+20% 5.16	11% 110	274.26
C_3S_2+ C_2S	15%	–15% 79.98	–7.5% 22.58	–20% 5.16	13% 130	237.72
γ-C_2S+ β-C_2S	10%	–10% 53.32	–4% 12.04	–40% 10.32	16% 160	235.68

（5）应用前景及展望

目前，碳化熟料的应用方向主要集中于建材制品，在用作普通混凝土矿质添加剂方面亦有所探索，但规模化的生产和碳化预制品的应用未见报端。随着“双碳”政策的持

续发力及 CO_2 加速碳化技术的不断进步，可同时实现水泥工业双向碳减排及高附加值建材制品的制备，应用前景广阔。但仍需要解决以下问题：

① 对比于 CO_2 液相碳化，当前各碳酸化水泥熟料的固碳量偏低，即使在特定的养护条件下仍不能接近固碳量的理论最大值，有着明显的提升空间。

② 碳酸化水泥熟料制品碳化养护的影响因素较多，不同碳酸化水泥熟料对应的关键性影响因素及其强化方法存在一定的差异，但仍需要从熟料特性出发，开发有效的碳化反应强化方法；特别是，水泥窑尾气的低浓度 CO_2 环境下，碳化养护制度和性能控制技术体系需要逐步建立。

③ 在碳酸化水泥熟料的开发方面，工业原料化学成分及物理特征，杂质成分如硫、碱、镁等，对目标矿物形成的影响规律尚不明确，主要化学模数与矿物组成的相关性需要建立，为规模化的生产实践奠定基础。

6.1.4 国内外低碳水泥应用案例

国际水泥巨头 Holcim 在 2021 年正式推出了其低碳水泥品牌 ECOPlanet Cement，凭借其行业领先的专业经验，ECOPlanet 的可持续发展由创新的低排放原材料推动，包括煅烧黏土和回收的建筑垃圾，以及替代燃料的使用等技术，将碳足迹降低至少 30%，同时水泥产品仍具有卓越的性能。ECOPlanet 首批在德国、罗马尼亚、加拿大、瑞士、西班牙、法国和意大利等国家推广使用，后续推广至全球。ECOPlanet 符合从 BREEAM 到 LEED 的全球最高可持续建筑认证标准。

在斯坦福大学能源研究中心战略能源联盟的资助下，斯坦福大学物理学副教授 Tiziana Vanorio 和她的团队模拟可以消除释放 CO_2 化学反应的水泥制造技术，方法是使用火山岩来制造熟料，火山岩含有所有必备元素，但是不含碳。Vanorio 建议完全不用石灰石，用一种可以在世界上很多火山区域都能采到的岩石来替代。采到这种岩石，将之粉磨，然后加热来生产出熟料，过程中使用和石灰石生产熟料同样的设备。用热水和这种低碳熟料搅拌，不仅可以形成水泥，而且可以促使在显微镜下看起来像纤维缠绕的长的、缠结的分子链的形成。这类结构可以在热液环境岩石中发现，在这种环境中极热的水在地下循环。在已经经受了 2000 多年的海水侵蚀和波浪冲击的罗马港混凝土结构中也有这类结构，就像皮肤康复一样，地球最外层的裂缝和瑕疵会随时间的推移，通过矿物和热水的反应而逐渐黏结在一起。Vanori 正在与材料科学与工程教授 Alberto Salleo 合作，模仿地质特性来控制其过程，得出特定的成果，利用纳米工程获得机械属性。

2021 年，法国 Hoffmann 绿色水泥科技公司获得了一项欧洲专利技术，该技术可用于配制低碳水泥。高性能碱活化（H-P2A）是一种地质聚合物技术，能够为砂浆和工业黏合剂市场配制低碳水泥。使用该技术生产的水泥由闪蒸黏土（黏土污泥的副产品）与硅酸盐以及该公司专门配制的活化剂和超级活化剂混合而成。经过五年多的评估后，H-P2A 专利被欧洲专利局验证，并在 2020 年获得了美国专利。Hoffmann 公司表示，这种无熟料低碳水泥的碳足迹比传统水泥要低得多。H-P2A 水泥是一种双组分产品，由活性粉末和液体溶液或两种糊状混合物混合而成，可获得快速凝固效果。它还可以完美地兼容现有的生产流程，用该水泥生产的混凝土抗拉强度超过 25MPa。

Cementir 集团向市场投放未来水泥 FUTURECEM™，该产品是由集团在丹麦奥尔堡的研发部门与丹麦的子公司 Aalborg Portland 密切合作而研制出来的新型灰水泥。FUTURECEM™ 是一项创新的、经过验证且获得专利的技术，可以将水泥中 35% 以上的高能耗熟料替换为石灰石和煅烧黏土。FUTURECEM™ 中这种成分的组合使得它成为一种更加可持续化的高强度等级水泥，与普通波特兰水泥相比，碳足迹降低了 30%，而且 FUTURECEM™ 的低碳效益并没有以牺牲强度和质量为代价。

2021 年 9 月，英国 Hanson 水泥位于兰开夏州的 Ribblesdale 工厂水泥窑成功使用了净零燃料运行，这个净零燃料是世界上第一次使用氢技术的尝试。Ribblesdale 工厂的试验期间，在经过多年工作努力后，水泥窑主燃烧器中的燃料比例已逐渐成为完全的净零碳排放，燃料转化试验使用了“灰色”氢气来验证理论，将来可以用“绿色”氢气来代替。在 100% 的净零燃料混合物中，水泥窑中各燃料比例大致为：39% 氢气，12% 肉骨粉，49% 甘油。这些分别来自提炼和生物柴油行业的副产品，这也开启了水泥生产中淘汰化石燃料的道路。

2022 年，Cemex 公司成功地将熟料生产过程和 Synhelion 公司的太阳能接收器相关联，生产出太阳能熟料。这个革命性的创新是开发完全由太阳能驱动的水泥厂的第一步。Synhelion 和 Cemex 研发中心团队建立了一个试点批量生产装置，通过将熟料生产过程与 Synhelion 太阳能接收器相关联，用集中的太阳能辐射来生产熟料。这个试点装置安装在西班牙的 IMDEA 能源研究所的高聚集太阳能塔，Synhelion 的太阳能接收器交付了超过 1500℃的破纪录温度。太阳能接收器加热气态传热流体，然后为熟料生产提供必要的工艺热。Synhelion 的太阳能接收器可以在太阳能塔右侧光圈中看到，同时太阳光被集中到左侧光圈的热量计中。这个试点实现了熟料的成功煅烧，联合研发项目的下一阶段，Cemex 和 Synhelion 公司致力于生产更大数量的太阳能熟料，他们的目标是在水泥厂进行工业规模试验如图 6-11 所示。

图 6-11　Cemex 和 Synhelion 公司在西班牙马德里附近的
IMDEA 能源研究所的太阳能塔里生产出了世界上第一个太阳能熟料

6.2 绿色骨料

6.2.1 建筑垃圾再生骨料

建筑垃圾再生骨料是指以建（构）筑物、路面翻修、混凝土生产、工程施工等状况下产生的废弃混凝土块为原料，制备的骨料。由于骨料的强度高于硬化水泥浆体的强度，在加工过程中，硬化浆体破碎，骨料颗粒得以保存，因此，理论上建筑垃圾再生骨料可以具有可靠的强度。

建筑垃圾再生骨料在国外起步较早，第二次世界大战后，日本、美国和西欧国家纷纷开始对建筑废物进行资源化研究，经过近 30 年研究和应用实践，形成了以建筑垃圾再生骨料为核心产品的建筑垃圾资源化利用产业链，其建筑垃圾的资源化利用率达 80% 以上。欧洲国家自身国土面积相对狭小，因而其十分注重资源的循环利用。国际材料与结构研究实验联合会（RILEM）从 20 世纪 80 年代先后提出“混凝土拆除与回收利用”“混凝土和灰浆的拆除和再利用指南”和“再生材料的使用”三项专项工作。其中，在 1993 年 10 月召开的第三届“混凝土与灰浆拆除与再利用”研讨会上讨论通过了《使用再生骨料的混凝土标准》的草案，并于 1994 年发布名为 RILEM 的推荐标准。而在日本，早在 1994 年日本建筑业协会（BCSJ）便提出了建议性标准《再生骨料和再生骨料混凝土的使用标准》。21 世纪以来，我国也开始了建筑垃圾再生骨料的研究，并于 2011 年发布国家标准《混凝土用再生粗骨料》（GB/T 25177—2010）和《混凝土和砂浆用再生细骨料》（GB/T 25176—2010）。

在我国自然资源紧张和环境问题日益严重的当下，大宗固体废弃物的综合利用提到了新的高度。推广建筑垃圾再生骨料，对建筑拆废物进行资源化利用，可减少常规的建筑材料处置方法对环境产生的不利影响；与此同时，利用建筑垃圾再生骨料替代部分传统骨料，缓解骨料资源短缺问题，可减少建筑行业对天然矿山资源的依赖。

6.2.1.1 性能及强化

建筑垃圾再生骨料表面会附着大量的硬化砂浆，这些硬化砂浆吸水率大、表面粗糙、强度低、内部微裂纹较多。因而，相较传统骨料，建筑垃圾再生骨料的压碎值和吸水率偏高，造成利用建筑垃圾再生骨料制备的混凝土工作性能差、强度低和耐久性差等问题。由于再生骨料中的杂质多，如泥粉、木屑、砖瓦渣等，这些有害因素又进一步弱化了建筑垃圾再生骨料性能。建筑垃圾再生粗骨料在非承重结构混凝土中的应用和研究较多，研究表明，使用再生粗骨料取代小部分的碎石，对混凝土力学性能的影响不大，但对混凝土拌和物工作性能和耐久性有不利影响。在使用建筑垃圾再生粗骨料时，对再生骨料进行饱水处理，可改善再生粗骨料混凝土的工作性能。再生细骨料由于含有大量硬化砂浆和各种杂质碎屑，其吸水率高、压碎值低，较少用于制备混凝土，而在砂浆和砌块生产中应用较多。

建筑垃圾再生骨料性能差的主要原因是再生骨料表面附着较多的老砂浆，其孔隙率大、强度低、吸水性强、内部缺陷众多。因此，对建筑垃圾再生骨料的改性主要围绕去除老砂浆和对老砂浆进行强化处理两个方面进行。对建筑垃圾再生骨料的强化方法有多种，包括机械研磨、酸液浸泡、浸泡包裹强化、CO_2 碳化等，如图 6-12 所示。去除老砂浆可采用机械研磨和酸液处理的方法，机械研磨能耗高、粉尘大，酸液浸泡成本高、环境污染大，其可能在骨料中引入有害离子。强化老砂浆可采用多种方法，如用水玻璃、火山灰、纳米 SiO_2 溶液包裹等方法可在一定程度上强化老砂浆，但同样存在成本高、工艺复杂等缺陷，难以用于实际生产。通过饱水处理可以提升建筑垃圾再生骨料混凝土的工作性能，但对强度和耐久性可能有进一步的劣化作用。相较以上的强化方法，利用 CO_2 碳化强化具备特殊优势，CO_2 可来源于工厂的高碳尾气，生产过程无扬尘，无二次废物排放，且不会对骨料产生二次破坏。

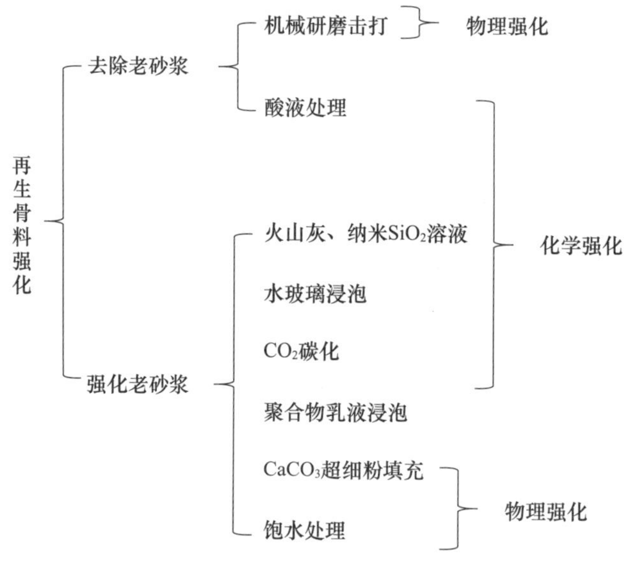

图 6-12　建筑垃圾再生骨料强化方法

建筑垃圾再生骨料经碳化处理后，可明显改善再生骨料的表观密度、吸水率和压碎值等物理指标。有研究表明，建筑垃圾再生粗骨料经 24h 碳化后，吸水率下降 10% 以上、压碎值降低 20% 以上、制备的混凝土抗弯强度提升 25% 以上。一些学者的研究也表明建筑垃圾再生骨料经碳化后，性能有不同程度的提升。建筑垃圾再生骨料在碳化过程中，表层砂浆碳化形成方解石、硅胶和铝胶等物质，起到了填充和黏结的作用，增强表层砂浆的机械性能。

6.2.1.2　生产工艺

建筑垃圾再生骨料的生产工艺与传统机制骨料的生产工艺相似。但由于建筑垃圾成分复杂，含钢筋、木材、塑料、布头等杂质，因此对杂质的分选是建筑垃圾再生骨料的关键环节。

对于复杂的建筑垃圾再生，应考虑使用“先筛后破”基本工艺。由于建筑垃圾中含有大量的工程渣土、生活垃圾或装修垃圾等杂物，这些杂物必须先进行预分拣和预筛分处理后，再进行破碎处理，避免杂物进入破碎机后造成麻烦。根据物料的情况，分拣可以是人工在线分拣，也可以采用机械分拣，主要是将大块的木头、塑料袋、布头和铁质物等杂物分拣出来，在线分拣要设置封闭的分拣室，分若干个分拣工位，各工位设有杂物分料出口。机械分拣可以采用篦条筛或辊筒筛，主要是筛除渣土，清除轻质杂物，无论使用哪种筛子，都要考虑其能够承受大块骨料的冲击，在结构设计上要加强。复杂建筑垃圾中混杂的部分生活垃圾，可能含有细菌、病毒等有害的微生物，污染生产环境、再生骨料及其制品，影响生产操作者身体健康，有必要在工艺流程的前端设计消毒工序，消毒装置的配置要做到所有的输出物料要全部消毒，密封无外露，无二次污染。

在工艺设计上，预筛分后的建筑垃圾通常要进行两次破碎，第一次为粗破碎，采用颚式破碎机；第二次为中破碎，根据骨料使用情况，可以使用反击式破碎机或圆锥式破碎机。在两次破碎之间，应充分配置清除轻质物和除铁工艺环节。

轻质物的清除是建筑垃圾资源化再生利用工艺设计中的重点，也是技术难点。轻质物清除得是否彻底直接关系到再生骨料的品质和再生制品的质量。轻质物的清除包括风选和水浮选两种形式。风选机多数采用正压、负压一体式，物料应宽幅播撒，将物料均匀散开，空气气流可控，风速在 10~25m/s，设置鼓式分离器和扩展分离仓，配备低噪声鼓风和粉尘收集系统。水浮选工艺是高品质骨料生产的必备工艺。它是利用水浮力原理，分离清除物料中的轻质物，同时，清洗骨料表面的泥土，可大大降低物料中的轻质物和泥土的含量，提高骨料品质。水浮选系统包括浮选槽、除杂器、清洗管道、骨料皮带、沥水筛、淤泥排出装置和水净化系统等。水净化系统包括供水及回水装置、过滤装置、沉淀池等，系统工艺设计应满足水浮选系统的需要，及时过滤清除污水中的淤泥，保证水的循环使用，没有污水外排。风选工艺和水浮选工艺可独立使用，多级配置，也可以同时配置，混合使用，或者将风选和水浮选并行设计，以方便用户按照不同的骨料生产要求，灵活选择工艺路线。

除铁工艺的关键是选择配置节点。一般是考虑在每次破碎后各设置一次除铁工序，将破碎后暴露出的钢筋等铁质物分离。除铁设备采用电磁或永磁式除铁器，具有自动“卸铁”功能，安装在物料输送皮带机上方，选型时要注意适应皮带机的宽度，悬吊安装高度距皮带 250~300mm。对于将再生骨料用于干混砂浆或机制砂的工艺设计，应设置第三次破碎，即细破碎工艺，以便将中碎后的物料进一步破碎。一般选用冲击式破碎机或反击细破碎机，其兼具破碎和整形的特点，骨料粒形圆润。三级破碎后，应设置骨料含粉量控制工艺，含粉量控制在 8% 左右为宜。根据骨料使用场合，可选择干法式选粉机或湿法式洗砂机。

6.2.1.3 碳排放核算

重庆大学田金枝基于重庆市当地的建筑垃圾组分状况，计算了典型工艺下建筑垃圾再生骨料生产环节能耗。计算过程中所设定的再生骨料生产工艺如图 6-13 所示，所用设备的技术参数见表 6-10。该生产线设定的处理能力为 70 万 t/a，每年运行 12 个月，每月运行 25d，每天运行 8h。根据重庆市不同施工现场建筑垃圾中废弃混凝土含量可知，当地建筑垃圾中废弃混凝土的含量约为 40%，因此，假定处理 70 万 t 建筑垃圾所制备的再生骨料为 70 × 40%=28 万 t/a。

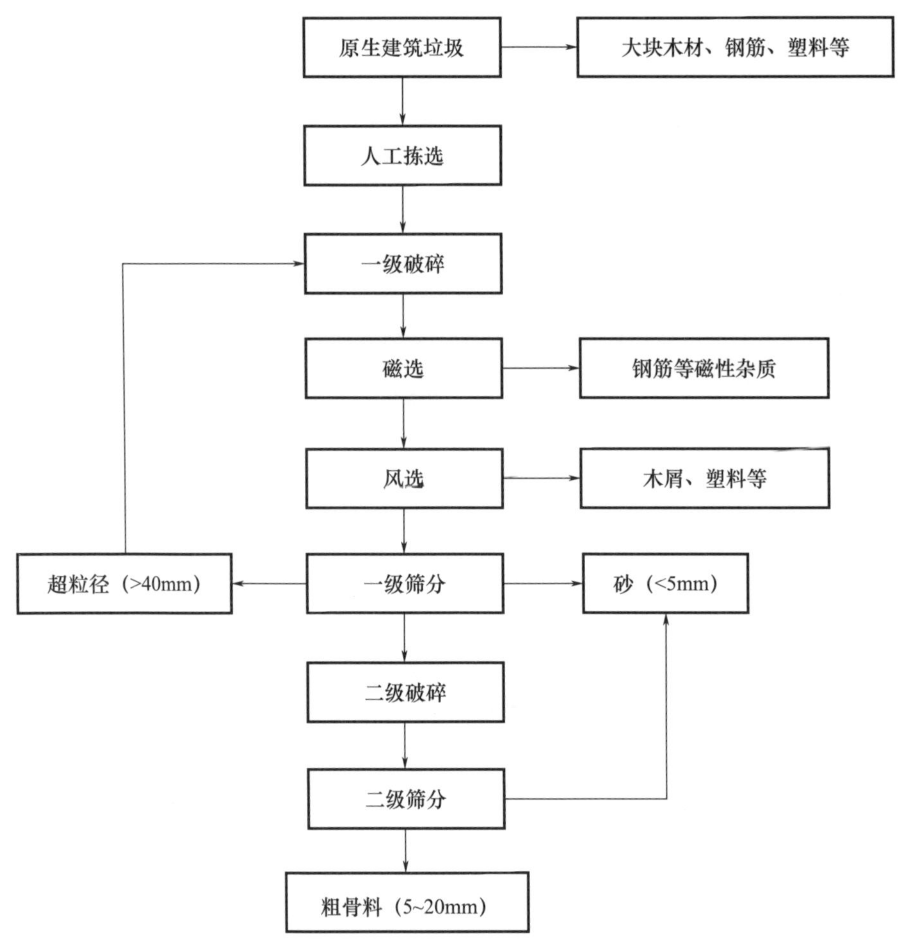

图 6-13　年处理量 70 万 t 建筑垃圾的再生骨料生产工艺图

表 6-10　设备技术参数

序号	设备名称	型号	数量（台）	处理能力（t/h）	功率（kW）
1	装载机	L952 5t	4	—	162
2	振动给料机	ZSW 490X110	2	180~380	10.5
3	圆锥破碎机	ZS66B	2	190~490	220
4	颚式破碎机	PE900 × 1200	2	220~380	130
5	风选机	FXS-300	2	3~200	9.7
6	磁选机	CTB1500 × 3000	2	120~200	11
7	皮带输送机	B6X800	4	400	20.5
8	振筛机	S5X1545-2	4	45~380	11

假设表 6-10 中所有设备按照额定功率运行，可计算工艺系统的总功率为 847.4kW（不含装载机），则单位质量再生骨料对应的电耗为 847.4 × 12 × 25 × 8/280000=7.26kW · h/t

成品。装载机为柴油驱动，田金枝根据调研数据，设定装载机油耗为 0.25kg/(kW·h)，则单位质量再生骨料对应的装载机油耗为 $0.25\times4\times162\times12\times25\times8/280000$=1.39kg/t 成品。根据柴油和电的碳排放因子，可计算单位质量再生骨料产品对应的直接碳排放（柴油）和间接碳排放（电），柴油的碳排放因子为 3.19kgCO_2/kg；电的碳排放因子取 0.6101kgCO_2/(kW·h)。经计算而得的碳排放值见表 6-11。由此可知，该再生骨料生产线制备再生骨料的碳排放量远远高于传统机制骨料，其主要原因是建筑垃圾中杂质带来的无效铲装、输送、破碎和筛分消耗了较多能量，由此造成大量额外的碳排放。另一个原因是，该生产线产能相对较小，能源利用效率低于大型常规骨料生产线。虽然建筑垃圾再生骨料生产的碳排放高于常规骨料，但其消耗了大量建筑垃圾，所分选出的杂质具有较高的附加值，其依然可以视为一种绿色骨料。由于我国建筑垃圾再生骨料生产起步较晚，虽然近年来已经具备一定规模，但相关工艺与国外相比依然有差距。在可以预见的将来，随着工业技术的进步，我国建筑垃圾再生骨料生产技术有望朝更为高效和绿色的方向发展。

表 6-11　建筑垃圾再生骨料生产碳排放（kgCO_2/t 成品）

直接碳排放	间接碳排放	合计
4.43	4.43	8.86

6.2.2　固废烧结陶粒

陶粒是一种新型的建筑功能材料，具有轻质、保温、高强等特点，是《产业结构调整指导目录（2019 年本）》中装配式建筑推荐使用的材料，同时也是《“十三五”国家战略性新兴产业发展规划》和《建材工业发展规划（2016—2020 年）》中规定的多功能材料。传统的烧结陶粒以页岩和黏土为主要原料。为了顺应绿色循环经济的发展要求，大宗的固体废弃物开始作为原材料用于烧结陶粒的生产。多数的大宗固废化学组成与传统的陶粒生产原材料具有较高的重合度，通过合理的搭配，完全可以部分替代甚至全部替代天然陶粒原材料。工业和信息化部于 2018 年发布的《工业固体废弃物资源综合利用评价管理暂行办法》和《国家工业固体废弃物资源综合利用产品目录》中均包含固废陶粒。

工业生产烧胀陶粒对原材料的化学组成有要求，一般为 $SiO_2$53%~79%，Al_2O_3 12%~26%，CaO、MgO、K_2O、Na_2O 总和为 8%~24%。其中，硅、铝为成陶组分，在高温煅烧过程中形成莫来石，起到骨料作用；钙、镁、钾、钠氧化物为溶剂，起到促进反应和降低烧成温度的作用；原材料中还需要有一定量的发气组分，如碳酸盐和有机质类。目前，已有研究表明，多种工业尾矿、赤泥、污泥、煤矸石、工程土等在原材料中的占比不低于 30% 时，可制备合格的陶粒甚至高强陶粒。

6.2.2.1　生产工艺

陶粒的生产工艺较为简单，主要分为四个环节，分别为原料处理、造粒、焙烧和冷却，如图 6-14 所示为以污泥、页岩和粉煤灰为原料生产陶粒的工艺流程图。

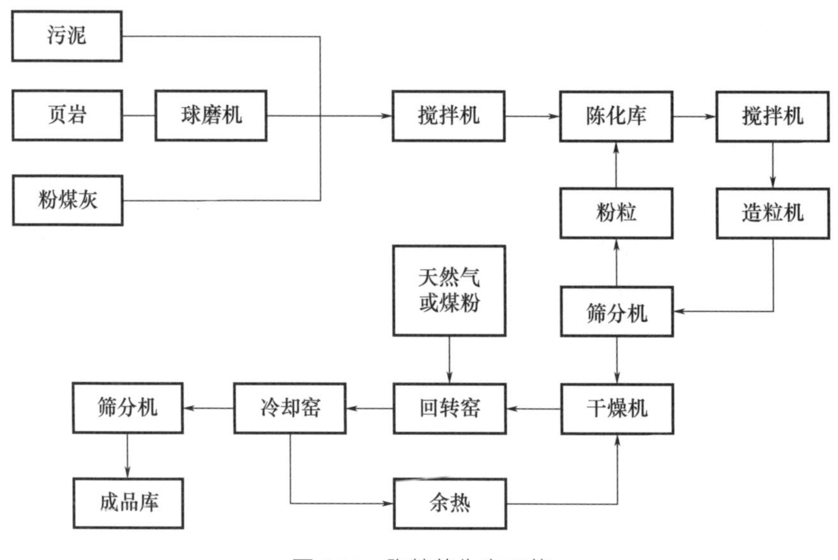

图 6-14 陶粒的生产工艺

6.2.2.2 碳排放核算

据称，粉煤灰陶粒生产的电耗约为 45kW·h/m^3，热耗为 100kgce/m^3。普通陶粒的密度一般在 500~700kg/m^3，取中间值 600kg/m^3，可知粉煤灰陶粒生产的电耗和热耗分别约为 75kW·h/t 和 167kgce/t。假设所用燃料为无烟煤，据 IPCC 数据库无烟煤缺省碳含量为 26.8kg/GJ，可知由燃煤燃烧带来的直接碳排放量为（167 × 29.3 × 26.8/1000）× 44/12=481（kgCO_2/t 陶粒）；由电能消耗带来的间接碳排放量为 75 × 0.6101=46（kgCO_2/t 陶粒），见表 6-12。可知，陶粒生产的碳排放量并不低。相对于传统的以自然资源为原料的烧结陶粒，固废烧结陶粒的生态型在于其以固体废弃物为主要原料，对自然资源的依赖小，是一种新型的绿色轻骨料。

表 6-12 烧结陶粒生产碳排放（kg/t 成品）

直接碳排放	间接碳排放	合计
480	46	526

6.2.3 其他绿色骨料

近年来，一些基于废弃物生产的免烧陶粒骨料逐渐成为人造骨料领域的研究热点，已有研究表明，建筑垃圾微粉、磷石膏、钢渣、冶炼矿渣等均可用于制备免烧陶粒骨料，见表 6-13。这一类固废免烧陶粒最主要的绿色化效益在于减少天然资源使用量的同时，大量消耗了固体废弃物。从单位产品的碳排放量来看，固废免烧陶粒的碳排放量不会低于传统的机制骨料，这是因为固废免烧陶粒中均加入了一定量的水泥、石灰或水玻璃作为黏结剂或激发剂，这些黏结剂的碳排放值较高。表 6-13 所列举的新型骨料品种，目前主要处于实验室研制阶段或小规模试用阶段，目前还不具备规模化生产的条件。

表 6-13 固废制备免烧陶粒骨料举例

配合比	养护制度	产品技术指标
钢渣：矿粉 =2：3，外掺适量水玻璃成球	标准养护 28d	堆积密度 1116kg/m^3，筒压强度 5.7MPa，吸水率 16%
建筑垃圾再生微粉：粉煤灰：水泥：生石灰：石膏：硅酸钠 =20：45：10：3：6：1	标准养护 28d	堆积密度 910kg/m^3，筒压强度 7.2MPa，吸水率 17.5%
煤气化粗渣：水泥：石英粉 =7.3：1.5：1.2	标准养护 12h，40℃养护 12h	堆积密度 651kg/m^3，筒压强度 8.7MPa，吸水率 20%
钛矿渣：水玻璃 =1：0.175	90℃养护 12h	堆积密度 778 kg/m^3，筒压强度 4.83MPa，吸水率 13.56%
磷石膏：活性掺和料：激发剂 =8：1：1	浸水养护，时间未知	堆积密度 875kg/m^3，筒压强度 8.4MPa，吸水率 6.5%

6.2.4 国内外绿色骨料应用案例

Holcim 集团已在旗下多个区域的工厂开启了再生骨料业务，包括再生混凝土和来自其他工业废料（如采矿废料、矿渣和灰烬）的二次骨料，并推出了 Aggneo™ 的品牌。目前 Holcim 全球每年的再生骨料产量已经超过 600 万 t。Holcim 在瑞士已经用 100% 的可循环材料生产出了混凝土，在荷兰可循环利用细骨料的使用也已成为可能。下一步 Holcim 将继续研究可循环利用骨料生产技术的创新如图 6-15 所示。

图 6-15 Holcim Aggneo 在法国的应用案例，包括阿维尼翁有轨电车项目和波尔多社会住房项目

负碳骨料专家 O.C.O 科技公司和 Repsol-Petronor 公司合作，将促使欧洲于 2024 年前建成第一个负碳骨料厂。这个项目获得了来自欧洲委员会的创新资金，预期在 2024 年中完成，其在西班牙 Petronor 公司附近还将安装新的生产设施。项目将使用 O.C.O 公司的专利加速碳化技术（ACT）工艺，用来自 Repsol-Petronor 精炼厂的废 CO_2 气体来处理不同类型的原材料。这也意味着可以长久捕集大量的 CO_2，生产出真正的负碳人造

骨料，也就是常说的人造石灰石（M-LS），以用于建筑行业。项目团队表示这个工艺将实现每年处理 2.2 万 t 废气，每年估计可减少 2200t 的碳排放。

西卡公司（Sika）开发了一个新的、突破性的循环使用旧混凝土的工艺。旧混凝土被简单有效地分解为碎石、砂、石灰石，同时每 1t 混凝土废料中可以分离出大约 60kg 的 CO_2。这个被命名为“reCO_2ver”的创新，将对减少建筑行业的碳足迹做出重要的贡献。其工艺如图 6-16 所示。

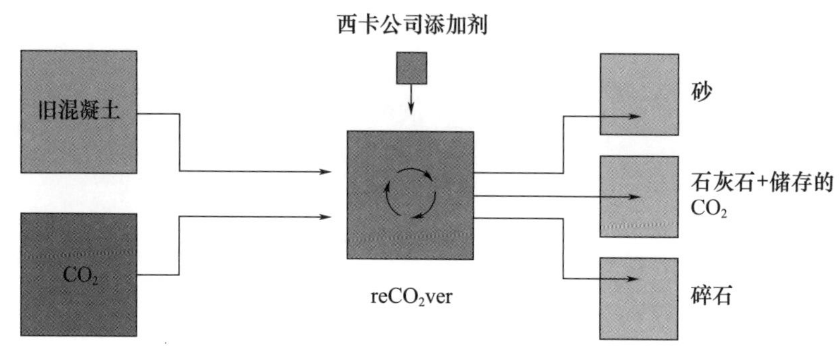

图 6-16　西卡公司新专利旧混凝土循环使用工艺

6.3　绿色混凝土

目前，行业关于绿色混凝土的定义，一般认为至少需要具备以下特征之一：①比传统混凝土具有更高的强度和耐久性；②减少能源消耗；③减少自然资源用量；④减少碳排放。从传统混凝土生产环节看，混凝土的生产实际上是一个相对低碳的过程，混凝土生产过程中的碳排放和能量消耗非常少，据统计，混凝土生产环节的碳排放量约为 1.0kgCO_2/m^3。但是从混凝土原材料的生产、运输，以及混凝土产品的生产和运输看，混凝土碳排放量并不低，大致在 110~310kgCO_2/m^3。每 1m^3 混凝土的碳排放中，混凝土原材料生产（水泥和骨料为主）的碳排放占总碳排放量的 90% 以上，混凝土原材料运输和混凝土产品运输碳排放占 4%~8%。另外，传统混凝土以水泥和骨料为主要原材料，这两种原材料的生产均需消耗大量的自然资源，不符合绿色混凝土的发展理念。考虑到混凝土原材料的碳排放占混凝土总排放的绝大部分，因此，本节主要从混凝土原材料方面来讲述混凝土绿色化途径。

6.3.1　混凝土绿色化途径

6.3.1.1　低碳胶凝材料

当前的商品混凝土以通用硅酸盐水泥为主要胶凝材料，以粉煤灰和矿渣为辅助胶凝材料。一般来说，在普通混凝土中，通用硅酸盐水泥的用量不低于 60%。通用硅酸盐水泥的碳排放量高，而通用硅酸盐水泥的碳排放主要由硅酸盐熟料贡献。另外，高钙水泥意味着高的石灰石原料用量，硅酸盐水泥熟料中的钙含量也直接决定了其碳排放量。因此，以低硅酸盐熟料用量或使用低钙熟料的胶凝材料体系，可称为低碳胶凝材料。目前的低碳胶凝材料可以分为硫铝酸盐水泥和高贝利特水泥、LC3（Lime stone Calcined Clay Cement）水泥、碱激发胶凝材料、超硫和过硫磷石膏水泥等。

（1）硫铝酸盐水泥和高贝利特水泥

硫铝酸盐水泥熟料的烧成温度较硅酸盐水泥低 100℃左右，因此，在同一窑型下，硫铝酸盐熟料的煤耗比硅酸盐熟料煤耗低 15% 左右。并且，硫铝酸盐水泥熟料生产的原材料配比中，石灰石用量明显小于硅酸盐水泥熟料。一般来说，硫铝酸盐水泥熟料的饱和比低，CaO 含量为 36%~42%，而硅酸盐水泥熟料 CaO 含量为 62%~67%，考虑到硫铝酸盐水泥熟料中还配入了一定量的石膏，由石灰石分解带来的碳排放量只有硅酸盐水泥熟料的一半。硫铝酸盐水泥相较硅酸盐水泥，因含有较多 $C_4A_3\bar{S}$ 相，凝结快，早期强度高，后期 C_2S 水化，保证硫铝酸盐水泥强度不会发生倒缩现象，后期力学性能与通用硅酸盐水泥相当。硫铝酸盐水泥硬化后基体致密度高，致密性好，因而抗侵蚀性能佳。由于硫铝酸盐水泥的凝结时间快，塑性难以维持，因此，在商品混凝土行业中很少作为胶凝材料使用。

高贝利特水泥的主要熟料矿物为 β-C_2S，由于 β-C_2S 的水化速率低于 C_3S，因此高贝利特水泥又被称为低热硅酸盐水泥，由于高贝利特水泥以较高的 β-C_2S 含量为主要特征，因而其早期水化热低，早期强度发展速率低于普通硅酸盐水泥，多用于大体积混凝土。近年来，高贝利特 - 硫铝酸盐水泥成为水泥行业研究的热点之一，这种水泥将硫铝酸盐水泥和高贝利特水泥的优势互补，其早期强度和后期强度发展均衡，其用于普通预拌混凝土的适用性大大增强。

（2）LC3 水泥

LC3 水泥是近年兴起的一种水泥，其全称为石灰石煅烧黏土水泥，该水泥的主要组分为硅酸盐水泥熟料 50%、煅烧黏土 30%、石灰石粉 15%、石膏 5%，相较普通硅酸盐水泥，LC3 水泥的碳排放可降低 30% 左右。LC3 水泥组分中的煅烧黏土原料可以是陶土尾矿、煤矸石等高岭土含量较高的大宗废物。LC3 水泥组分与通用硅酸盐水泥相似，水化行为与通用硅酸盐水泥相同，首先熟料水化形成 C-S-H 凝胶并释放氢氧化钙，氢氧化钙激发煅烧黏土发生二次水化反应。与此同时，少量的石粉参与水化铝酸钙反应，形成单碳型和半碳型的水化铝酸钙。LC3 水泥力学性能与通用硅酸盐水泥相当，但抗侵蚀性能优于通用硅酸盐水泥。但是，由于 LC3 水泥中使用了煅烧黏土，煅烧黏土的比表面积大，需水量高，造成 LC3 混凝土的外加剂用量高，工作性能难以满足要求。

（3）碱激发水泥

碱激发胶凝材料是指碱激发剂 - 活性矿物材料体系，其中碱激发剂为水玻璃、KOH、NaOH、Na_2CO_3 和 K_2CO_3。碱激发胶凝材料的硬化过程可描述为“解构—重构—凝聚—结晶”四个阶段，分别对应“活性硅铝相的溶解”“低聚合凝胶的形成”“高聚合态凝胶的形成”和“凝胶的硬化与成型”。对于钙含量低的体系，碱激发胶凝材料水化产物为 N-S-(A)-H 凝胶，对于含有较多活性钙的体系，生成的是 N-C-S-(A)-H 凝胶。一般认为，N-C-S-(A)-H 凝胶的机械性能优于 N-S-(A)-H 凝胶，因此，对于以硅铝为主要组分的活性矿物，在制备碱激发水泥时，搭配一定的高钙物质可提升性能。碱激发剂中，水玻璃的激发效果最好，Na_2CO_3 和 K_2CO_3 次之，KOH 和 NaOH 表现偏差。这是因为水玻璃中的SiO_2可以参与Si-O-Al网络结构的形成，而碳酸盐激发剂则可生成微小的方解石晶体，提升体系密实度。当活性矿物材料为单组分时，碱-矿渣体系可以获得很好的性能，水/矿渣比为0.35，浆体流动度为200mm左右，碱矿渣体系28d抗压强度可达80MPa。此处以典型的水玻璃激发矿渣胶凝材料为例，对碱激发水泥的碳排放进行评价，根据该领域的研究经验，模数为1.0的钠水玻璃激发效果较优，此时水玻璃（灼烧基，指水玻璃的无水相$Na_2O \cdot nSiO_2$）用量与矿渣用量的比值为0.125∶0.875。

水玻璃的原料为纯碱和石英砂。纯碱的主流方法有氨碱法和联碱法两种，根据国家标准征求意见稿《纯碱单位产品碳排放限额》，纯碱企业基于联碱法和氨碱法生产碳排放准入值分别为563kg/t和782kg/t，此处假设现有生产工艺条件下，纯碱生产碳排放为以上准入值的中间值，即为673kg/t，细石英砂的碳排放量为23.4kg/t。工业生产的水玻璃模数一般较高，用户可通过加入NaOH调节水玻璃模数。假设生产的钠水玻璃细度模数为3.1，每1t水玻璃（灼烧基）碳酸钠和石英砂的用量为430kg和750kg，因此，每1t水玻璃由碳酸钠分解产生的碳排放量为430+750−1000=180(kg)。因此，水玻璃（灼烧基）由原材料引入的碳排放量为180+750×0.001×23.4=197.6(kg/t)。据相关文献可知，模数为3.1，密度约为1.25kg/m^3，干基含量约为30%的液体钠水玻璃，其对应的燃料油消耗为218kg/t，电耗为90.5kW·h/t。电力碳排放因子取0.6101kgCO_2/（kW·h）。由《2006年IPCC国家温室气体清单指南》可知，燃料油碳排放因子为3.33kgCO_2/kg。由上可知，由燃料和电的使用产生的碳排放量（折算为水玻璃灼烧基）为（218×3.33+90.5×0.6101）/30%=2603.8(kg/t)。因此，将原料引入的碳排放加上燃料和电能消耗产生的碳排放量，可得模数为3.1的水玻璃（灼烧基）总碳排放量为2582+197.6=2779.6(kg/t)。通常将水玻璃用作碱激发材料激发剂时，需要加入氢氧化钠调整水玻璃模数，一般来说，模数为1.0左右的水玻璃具有更好的激发效果。根据国家标准征求意见稿《烧碱单位产品碳排放限额》，烧碱生产企业质量分数大于等于95%的氢氧化钠折算成纯烧碱的碳排放量准入值为1958kg/t。若利用模数为3.1的钠水玻璃与烧碱复配，制备模数为1.0的钠水玻璃，所需模数3.1水玻璃（灼烧基）和烧碱的质量比为1.54∶1。因而，模数为1.0的钠水玻璃（灼烧基）的碳排放量为（1.54/2.54）×2779+(1/2.54)×1958=2431（kg/t），对于模数1.0的水玻璃（灼烧基）与矿渣比例为0.125∶0.875的体系，水玻璃引入的碳排放量为12.5%×2455.8=307.0（kg）。矿渣粉有一定的碳排放量，其碳排放主要集中在粉磨电耗，其碳生产碳排放量均值为19.2kg/t。因而，对于本节所设定的水玻璃激发矿渣胶凝材料配比，可知其碳排放量为307.0+87.5%×19.2=323.8（kg/t）。综上可知，碱激发矿渣胶凝材料碳排放量远低于通用硅酸盐水泥。

（4）超硫磷石膏水泥和过硫磷石膏水泥

超硫水泥是一种由75%~85%矿渣、10%~20%硫酸盐（石膏类）和1%~5%的碱性激发剂（熟料、石灰等）的混合物。过硫水泥是一种免烧水泥，其碳排放量很低。过硫石膏中的硫酸盐组分可以使用磷石膏，制成超硫磷石膏水泥。但由于磷石膏中含有可溶性磷氟，需要对其进行改性，一般使用碱性材料中和，使可溶性磷、氟沉淀。过硫磷石膏水泥的组分类型与超硫磷石膏水泥相同，但相对含量上有所差别。过硫磷石膏水泥由武汉理工大学林宗寿教授发明，过硫磷石膏水泥的组成为 40%~50% 矿渣、40%~50% 磷石膏和 1%~5% 碱性激发剂。过硫磷石膏水泥相比超硫磷石膏水泥，在组成上的最大特点是磷石膏的用量显著增加，对磷石膏的资源化处理能力增强。过硫磷石膏水泥和超硫磷石膏水泥的增强硬化机理基本一致：矿渣在碱性激发剂和磷石膏共同的作用下参与反应，形成钙矾石和 C-S-H 凝胶，提供强度。该体系加入的碱性激发剂很少，是为了保证早期能将碱性激发剂中的氢氧化钙消耗殆尽，防止后期延迟型钙矾石形成，造成体系破坏。虽然过硫磷石膏水泥和超硫磷石膏水泥的能耗和碳排量明显低于硅酸盐水泥，但过硫磷石膏水泥和超硫磷石膏水泥所面临的主要问题之一是凝结时间过长。另外，过硫磷石膏水泥体系碱度低，易碳化也是阻碍其大规模应用的原因之一。

6.3.1.2 固废基可替代材料

大量研究和工业实践表明，部分工业冶炼渣、废弃石灰石粉和建筑垃圾再生骨料可以替代混凝土中的某些组分，制备绿色混凝土。如已有研究表明，磷渣、铜渣等金属冶炼渣具备一定的火山灰反应活性，可作为辅助胶凝材料取代一定量的普通硅酸盐水泥使用。骨料工业生产的伴生石灰石粉，当在具备降低的含泥量时，可以替代部分胶凝材料或细骨料，制备性能相当的混凝土。建筑垃圾再生骨料在低强度等级混凝土中已经有较多应用，其性能也被证明满足要求。建筑再生骨料的生产能耗和碳排放高于传统的机制骨料，但因其以工业垃圾为原材料，不消耗天然资源，因此，其在混凝土中的应用符合绿色混凝土理念。

6.3.2 国内外绿色混凝土应用案例

Holcim 发明的 ECOpact 混凝土是典型的绿色混凝土。ECOpact 混凝土使用了 ECOplanet 低碳水泥和建筑垃圾再生骨料。ECOplanet 水泥所用熟料制备的原材料包含建筑垃圾，并以煅烧黏土为混合材，所制备的水泥熟料系数低，碳排量相较 P·I 水泥减少 53%。ECOplanet 水泥具有低水化热、高耐久性、低收缩的特点。ECOplanet 水泥协同建筑垃圾再生骨料制备的 ECOpact 混凝土，其碳排放量相较 P·I 水泥混凝土可减少 30%~100%。ECOpact 混凝土项目成立于 2020 年，已完成 22 家工厂的环保认证，目前该产品已经在 Holcim 全球的多个区域开始销售。

Cemex 研发了低碳混凝土产品系列 Vertua，该设计是为了抵消残余的 CO_2，提供碳中和混凝土产品。Vertua 系列为客户提供了混凝土在建筑物地基、地面、墙上的解决方案，建筑公司可大幅减少碳影响。它的特征是可以提供多种定制混凝土混合料设计，包括 Vertua Ultra Zero 品种，这也是一种碳中和产品。这个产品可以减少 70% 的碳排放，而剩余的碳排放则可以通过与 Natural Capital Partners，一个碳抵消和碳中和的行家，一起合作来解决。为了促成 70% 的降低比例，Cemex 引进了一种创新型的 Geopolymer 水泥解决方案，该解决方案是在瑞士的全球研发中心研发的，可以应用于特定领域。“Vertua 是作为我们实现到 2050 年向全球客户交付净零碳混凝土目标的一部分，也是我们实现 2030 年在每吨水泥产品中减少 35% 的净碳排放所跨越的一步。”。Cemex 全球研发和 IP 管理负责人 Davide Zampini 说：“我们很自信我们的客户对这种创新型产品的接受度会很高，因为建筑公司也要遵循《巴黎协定》中的环保法规及承诺，来寻找减轻环境影响的方法。”Cemex 起初是于 2018 年 7 月在法国推出的 Vertua 低碳产品，在成功之后于 2020 年年初被引进了英国，并通过 CO_2 抵消来实现净零碳混凝土。Cemex 过去两年在其他国家和地区推出了该产品系列。在法国和英国也在不断提高降碳比例来改善产品系列，目前主要有三大产品：Vertua Classic、Vertua Plus 和 Vertua Ultra Zero，与传统混凝土相比，它们对碳足迹的降低比例分别为 30%~50%、60% 和 70%。

芬兰 Betolar 公司开创一种低碳水泥混凝土的生产，通过利用可替代性的工业废料，可减少高达 80% 的碳排放。这家材料科技公司推出了 Geoprime，这是一种碱活化材料，可以与多种工业废料混合，在混凝土生产中可替代水泥。它能产生同等性能，满足欧盟标准，但是碳足迹可以减少 80%。Betolar 说在四年的研发工作中，公司利用了一个专有的人工智能平台，从 400 个不同的行业中分析数据并建模，以此创造出 Geoprime。这个新的物质可以用来生产具有最优强度和黏度的水泥。这意味着全球的混凝土制造商可以许可使用 Betolar 的 Geoprime 来提供可在全球竞争的、排放量降低 80% 的可持续的混凝土。除了帮助发现更多工业用途，否则这些副产品将进入垃圾填埋场，Betolar 的智能解决方案可以在现有生产设施内运作，来加快生产速度，而无须重大资本支出。

2021 年 4 月，来自日本东京大学的研究员们开创了一个不用水泥来生产混凝土的新方法。他们的技术为建筑行业提供了减少碳排放的方法，以及为在月球及火星上建造建筑提供了可能性。混凝土由两部分组成：骨料（主要是砂石砂砾）和水泥。水泥被认为要为全球 8% 的碳排放负责，使建筑行业减少对气候的影响变得困难。该行业面临的另一个问题是适合混凝土生产的砂石也越来越难获得，因为砂石颗粒要大小合适才能满足混凝土属性。“在混凝土中，水泥是用于黏合砂石砂砾。”该研究的主要研究员 Yuya Sakai 说：“一些研究员们在研究如何用其他的材料来替代更多的水泥，比如粉煤灰和鼓风炉渣，以减少 CO_2 排放，但这种方法是不可持续的，因为由于热能发电系统应用的减少和电炉钢应用的增加，导致这种材料的供应也越来越少。”因此需要有一个新方法来生产混凝土，使用很富余的原材料，同时又能减少环境影响。“研究员们从砂石中通过移除水，用催化剂起反应，生成四烷氧基硅烷，这是化学反应的一个副产品。”Sakai 说，“我们的想法是脱离水，将化学反应从砂石到四烷氧基硅烷来回移动，从而将砂石颗粒黏结在一起。”研究员们在反应容器里放置了一个铜箔杯，容器里有砂石和其他材料。他们会调整反应条件（比如各种材料的数量、加热温度和反应时间），从而找出能产生最合适产品的反应条件。这个产品可能比传统混凝土更具耐久性，因为没有使用水泥凝胶，水泥凝胶在遇到化学侵袭时会相对很弱，而且也要承受温度和湿度变化引起的膨胀和收缩。该研究的第二个主要研究员 Ahmad Farahani 说：“我们获得了足够有效的产品，比如硅砂、玻璃珠子和模拟的月球砂。这些发现物可以推动地球上建筑行业更加绿色和更加经济。我们的技术无须传统建筑中必不可少的特定大小的砂石颗粒。这也可以帮助解决气候变化和空间挤压的问题。”由于这个技术不需要传统建筑中必不可少的特定大小的砂石，人们希望该技术可以解决气候问题，并为月球和火星上建造建筑物提供可能性。

新加坡国立大学（NUS）土木环境工程系副教授 Pang Sze Dai 和他的团队利用挖掘废料来生产更绿色、更坚固的混凝土。他们团队提出可以通过使用黏土材料来大幅减少混凝土混合物中砂的使用量，而这个黏土材料可以直接从挖掘工作产生的废料中轻易获得。研究团队首先从新加坡的建筑工地上获得挖掘的废弃黏土。废弃黏土被加热到 700℃，从而“激活”其与混凝土的黏合潜力。这种被激活的黏土可以用来替代混凝土中一半的细砂粉。然后研究团队可以生产超高性能混凝土（UHPC），减少结构件的尺寸，以及混凝土的使用量。废弃黏土升级改造替代细砂粉有多重好处，因为细砂粉这种材料很贵，碳足迹很长，而且由于其含有硅，在长时间暴露后会成为致癌物质。此外，NUS 团队还发现用被激活的废弃黏土代替部分砂，对 UHPC 的强度没有什么影响。在新加坡很常见的隧道和地基工程会产生大量的挖掘废料。处理这些废弃黏土也是一个问题，因为新加坡土地很稀少，不适合填埋。该团队现在正在研究将废弃黏土用在更多混凝土应用中。他们于 2021 年 2 月 1 日发表于《清洁生产期刊》上的最新研究成果表明，使用废弃黏土为混凝土的耐久性带来巨大的改善。这意味着在加入废弃材料发展循环经济的同时，该团队也能改善混凝土的性能和生命周期。除了使用废弃黏土，NUS 研究团队还在寻找其他废弃材料来替代混凝土中的填充成分，并在研究对海水和海砂的使用，以便减少新加坡对宝贵的淡水和河砂资源的进口依赖。

2021 年 9 月，KLAW 工业公司，一家由克拉克森大学的学生们创办的初创公司，专注于将玻璃循环利用，加工成一种产品用于混凝土制造中，它与纽约州污染防控研究院（NYSP2I）及纽约州经济发展部（NYSDED）进行合作，以求进一步研究他们的产品。在 NYSP2I 的支持下，KLAW 工业公司将与土建及环境工程教授 Sulapha Peethamparan 及助理教授 Robert Thomas 一起工作，以便更好地理解如何使用他们的产品 Pantheon 来影响混凝土的属性和性能，消除应用时的障碍。KLAW 工业公司的产品是一种可循环利用的玻璃粉末，可在混凝土中替代 40% 的波特兰水泥，从而减少碳排放。“通过用 KLAW 公司的产品 Pantheon 在混凝土中替代一部分的波特兰水泥，我们可以在混凝土基础设施除碳中获得重大的进步。”Thomas 说，“我们希望能进一步展示 Pantheon 事实上有益于混凝土的长期性能。”

Mason 石墨公司宣布将石墨烯用于混凝土浇筑中。该石墨烯是利用 Black Swan 石墨烯公司所拥有的专利工艺，由 Black Swan 的战略股东 Thomas Swan 公司所生产。在英国伦敦以西 150 km 的索尔兹伯里的一个总额 1750 万英镑的住宅开发项目中使用了由 Concretene 全资子公司开发的石墨烯增强混凝土。这种石墨烯增强混凝土将 CO_2 排放量减少了 30%，将总成本降低了 20%，减少了对钢筋的使用，而且由于它具有抗渗水能力，产品更耐久。

6.4 水泥窑余热蒸汽再利用的现代绿色制造技术

国内新型干法水泥生产线的熟料建设规模已达日产万吨，熟料热耗目前已降低至 3000~3300kJ/kg。尽管如此，生产过程中仍然有约占熟料烧成热耗 35% 的温度为 350℃

以下的中、低温废弃余热未能充分利用，不仅造成能源浪费，同时也面临着严重的热污染风险。中、低品位废弃余热的回收利用，往往是通过锅炉产生高温蒸汽后用于发电，蒸汽能转化为电能必然约有 35% 的能源损耗，其利用效率有待提高。另一方面，矿山开采、骨料生产过程中会产生大量的固体废弃物，急需得到综合利用。为此，华新开发了水泥窑余热蒸汽高效利用的绿色制造技术——水泥窑余热蒸汽生产蒸养免烧砖和加气块。

华新蒸养免烧砖是替代烧结黏土砖的产品，该产品以矿山剥离土、骨料水洗压滤土和骨料水洗筛下料为主要原材料，在添加 10% 左右的水泥搅拌均匀，经一定压力压制成型后，利用水泥窑余热发电蒸汽蒸压养护而成。

加气块因具有轻质、保温、隔热、易加工等特点，在新型城镇化的建设中得到广泛应用，技术工艺成熟可靠，其生产过程中蒸压养护的蒸汽能多来源于化石燃料的燃烧。同样地，华新以水泥生产线为依托，将用于余热发电的高温蒸汽降温降压后，用于加气块的蒸养。

6.4.1 蒸养免烧砖

6.4.1.1 原材料、配合比和质量指标

表 6-14 所示配合比为湿基，整体含水量约 10%，生产过程中，根据现场实际情况进行调整，压滤土和筛下料的比例有变动。

表 6-14 原材料及配合比

M32.5	压滤土	筛下料
13%	44%	43%

6.4.1.2 质量指标

华新某工厂产品的主要规格为蒸压灰砂实心砖，强度等级为 MU15，表 6-15 给出了其主要技术指标的实测值和标准要求值，性能符合《蒸压灰砂实心砖和实心砌块》（GB/T 11945—2019）的有关规定。

表 6-15 某型号蒸养免烧砖主要技术指标

主要技术指标		实测值	标准要求值
抗压强度（MPa）	平均值		≥ 15.0
	单个最小值		≥ 12.8
抗折强度（MPa）	平均值		—
	单个最小值		—
吸水率（%）			≤ 12
线性干燥收缩率（%）			≤ 0.050
软化系数			≥ 0.85
碳化系数			≥ 0.85

续表

主要技术指标			实测值	标准要求值
抗冻性	抗压强度损失率（%）	平均值		≤ 15
		单个最大值		≤ 20
	干质量损失率（%）	平均值		≤ 3.0
		单个最大值		≤ 4.0

6.4.1.3 生产工艺

生产工艺流程为：压滤土经汽车运输至设在生产厂区的原料储库卸车，经由铲车转储。铲车铲取压滤土喂入给料斗，经板喂机恒定输送进压滤土破碎机破碎后，进入配料系统称重喂料。搅拌后经一级粉碎机破碎进入消化仓陈化，陈化后经二级粉碎机破碎后进入辊筒筛，筛下料进入砖机受料斗制砖，筛上料经一级粉碎机后回消化仓。砖机压制成型后的砖坯由机器人进行码垛，码垛后经摆渡车送入蒸压釜养护。蒸压釜的蒸汽来源于水泥余热发电，经减压减温后使用。蒸养后的砖经摆渡车摆渡至打包系统进行打包，后由叉车装至成品堆场。其工艺流程如图 6-17 所示。

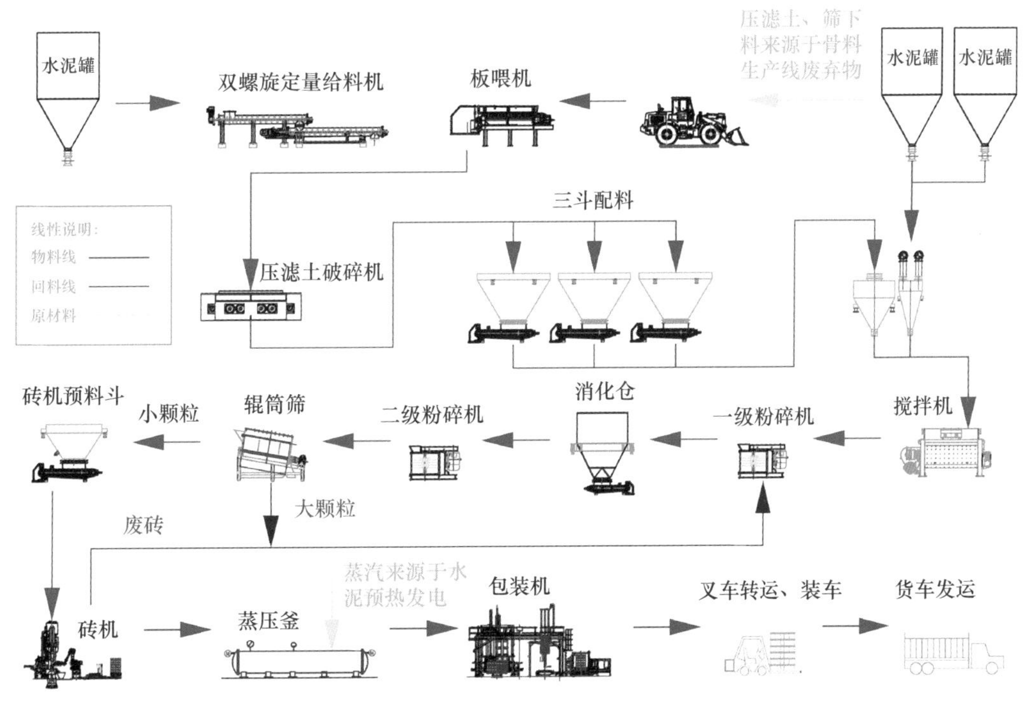

图 6-17 蒸压免烧砖工艺流程图

6.4.2 加气块

6.4.2.1 原材料、配合比和质量指标

华新加气块硅质原料主要为砂岩，其性能符合《硅酸盐建筑制品用砂》（JC/T 622—2009）规定，钙质原料中的生石灰则符合《硅酸盐建筑制品用生石灰》（JC/T 621—2021）要求，其他原料符合相应标准规范要求，表 6-16 为某工厂加气混凝土砌块

配合比。

表 6-16　加气混凝土砌块配合比

P·O42.5	石灰	石膏	砂	铝粉	水固比
16%	14%	3%	67%	0.075%	0.51

生产过程中，根据现场实际情况进行调整，尽可能多用砂，少用水泥、石灰。

表 6-17 给出该工厂主要产品 B06A3.5 技术指标的实测值与标准要求值，性能符合《蒸压加气混凝土砌块》（GB/T 11968—2020）的有关规定。

表 6-17　B06A3.5 加气混凝土砌块主要技术指标

主要技术指标		实测值	标准要求值
抗压强度（MPa）	平均值	4.2	≥ 3.5
	最小值	3.8	≥ 3.0
干密度（kg/m^3）	—	633	≤ 650
干燥收缩（mm/m）	—	—	≤ 0.50
抗冻性	强度损失率（%）	—	≤ 5.0
	质量损失率（%）	—	≤ 20

6.4.2.2　生产工艺

（1）原料制备：硅质原料经电磁振动给料机、输送机送入球磨机，磨细后泵送至料浆罐储存。生石灰经电磁振动给料机、胶带输送机送入颚式破碎机进行破碎，破碎后的石灰经斗式提升机送入石灰储仓，然后经螺旋输送机送入球磨机，磨细后的物料经螺旋输送机、斗式提升机送入粉料配料仓中。

（2）配料 / 搅拌 / 浇筑：生石灰、水泥、硅质料浆分别计量后输送至搅拌机，在各种物料计量后模具已就位的情况下，即可进行料浆搅拌，料浆在浇筑前应达到工艺要求（约 40℃），如温度不够，可在料浆计量罐通蒸汽加热，在物料浇筑前 0.5~1min 加入铝粉悬浮液。

（3）静停初养及切割：浇筑后模具用输送链推入初养室进行发气初凝，室温为 50~70℃，后用负压吊具将模框及坯体一同吊到预先放好釜底板的切割台上．脱去模框。切割时产生的坯体边角废料，输送至废浆搅拌机中，加水制成废料浆，待配料时再使用。

（4）蒸压及成品：坯体在釜前停车线上编组完成后，打开要出釜的蒸压釜釜门，先用卷扬机拉出釜内的成品釜车，然后再将准备蒸压的釜车用卷扬机拉入蒸压釜进行养护。釜车上的制成品用桥式起重机吊到成品库，然后用叉式装卸车运到成品堆场，空釜车及釜底板吊回至回车线上，清理后用卷扬机拉回码架处进行下一次循环。其工艺流程如图 6-18 所示。

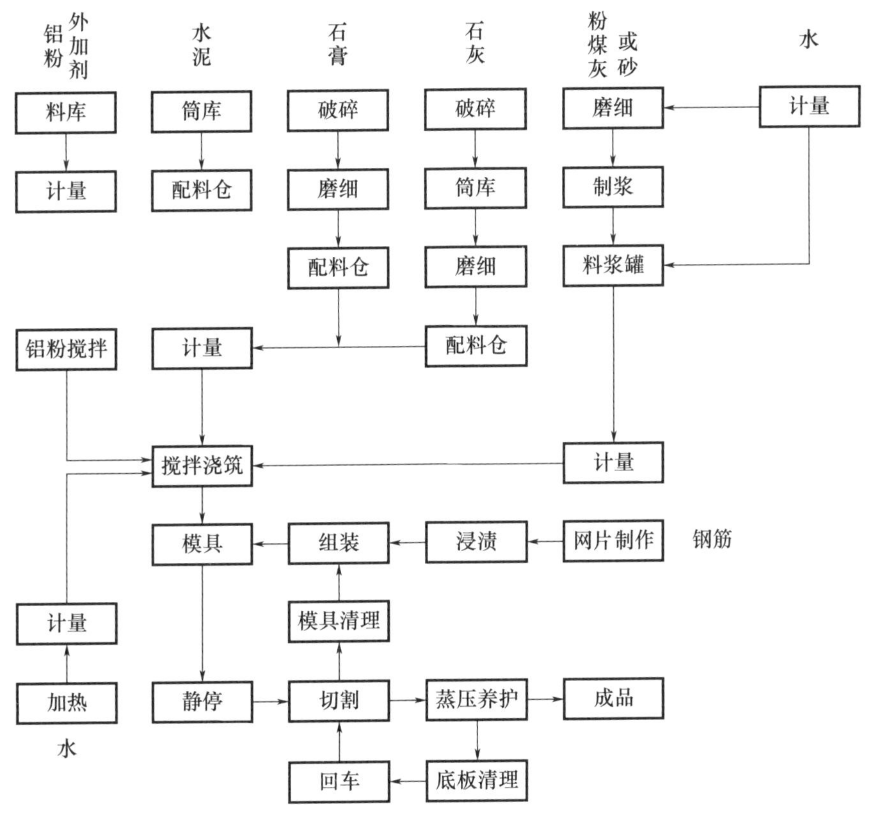

图 6-18 蒸压加气块工艺流程图

6.4.2.3 碳排放

以在水泥厂周边建设年产 1 亿块蒸养砖生产线为例，年运行 300d，需要蒸汽 0.9MPa-190℃ -12t/h 进行养护。计算砖厂需要蒸汽热焓 66848GJ，合计消耗余热蒸汽 22070t/a，损失发电量 379×10^4kW · h，剩余供电量 4697×10^4kW · h。发电部分碳减排量为 2.87×10^4t/a，蒸养砖按节约燃烧天然气考虑排放因子，碳减排量为 0.41×10^4t/a，水泥工业余热电站合计碳减排量为 3.27×10^4t/a。

以在水泥厂周边建设年产 50 万 m^3 加气混凝土砌块及板材生产线为例，年运行 300d，需要蒸汽 1.2MPa-200 ℃ -25t/h 进行养护。计算加气块需要蒸汽热焓 506891GJ，合计消耗余热蒸汽 163158t/a，损失发电量 2802×10^4kW · h，剩余供电量 2274×10^4kW · h。发电部分碳减排量为 1.39×10^4t/a，蒸养砖按节约燃烧天然气考虑排放因子，碳减排量为 3.09×10^4t/a，水泥工业余热电站合计碳减排量为 4.48×10^4t/a。

6.4.2.4 未来可能的发展方向

水泥窑余热蒸汽生产蒸养免烧砖和加气块技术碳减排、环保效益明显，但毕竟消耗大量发电蒸汽。基于水泥熟料（含碳酸化熟料）在合适的碳化条件下，包括熟料特性及其矿物质添加剂、养护条件、制品制作工艺等影响因素，能使建筑制品快速获得较好强度的报道，为上述两类墙材制品的进一步降低碳排放提供了发展思路，本章节主要就普通硅酸盐水泥碳化展开。

（1）碳化原理

与碳酸化熟料类似，普通硅酸盐水泥中的 C_3S、C_2S 在水催化作用下，可与 CO_2 直接反应，不同之处是，其水化产物 $Ca(OH)_2$、C-S-H 凝胶亦可碳化。其碳化原理如图 6-19 所示。

$$Ca(HO)_2+CO_2 \xrightarrow{H_2O} CaCO_3$$

$$C-S-H+CO_2 \xrightarrow{H_2O} CaCO_3+SiO_2\ (gel)$$

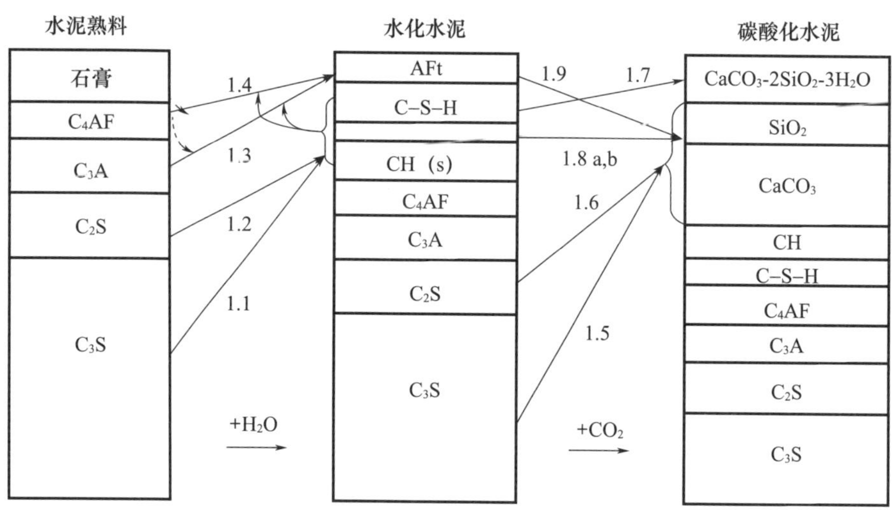

图 6-19 碳化原理

（2）碳化影响因素

碳化反应是典型的渐进式扩散控制反应，其性能的影响因素除材料自身组成外，还与碳化养护条件乃至成型方式密切相关，十余年的研究均是围绕这两个大的方面展开。

浙江大学王涛等在 100%CO_2 浓度下，考察了温度、压力、水灰比对压制成型的水泥净浆固碳量和抗压强度的影响，发现在压力为 0.5~2.5MPa、常温条件下，2h 碳化抗压强度可超过 50MPa。

NevesJunior 等在 100%CO_2 浓度下，研究了碳化养护龄期与水化养护龄期对浇筑成型的高早强水泥净浆强度及水化产物的影响，发现短期的碳化养护提高了硅胶和水化氧化铝比例，降低了化合水，有助于后续水化强度的提高。

Fang 等则在 20%~100%、0.2MPa 的 CO_2 气氛中研究了压制成型纯 β-C_2S 净浆固碳量和强度，指出成型压力和 CO_2 浓度是固碳量和抗压强度的最大影响因素。

湖南大学史才军等基于 100%CO_2 浓度，研究了温度、压力、预养护条件（即碳化前试件的含水率）对轻骨料混凝土砌块固碳量与抗压强度的影响，认为预养护条件是最大的影响因素，同时认为合适的碳化养护条件可达到传统蒸压养护相同的力学性能。

基于加强气体扩散特性及碳化反应进程，研究者们以固碳量和抗压强度为主要指标，探索了外掺矿质材料对普通硅酸盐水泥碳化性能的影响。

Tu 等发现外掺 5%~20%、最大粒径 20μm 以下的石灰石粉，能够提高普通硅酸盐水泥的固碳量，其原因是石灰石粉的晶核效应。

Sharma 等采用外掺 0%~50% 的窑灰，研究了 12h 碳化和后续不同龄期的水化，结果表明窑灰提供了额外的孔隙，促进了 CO_2 的内部扩散和碳化，与后期水化的结合，形成了更多的凝胶，因此获得了较好的抗压强度，需要考虑的是碳化、水化提供固碳量与抗压强度需求的平衡。

王涛等采用外掺 0%~25% 的天然硅灰石，提高了相同养护条件下的固碳量，同时强化了抗压强度 30%，其主要原因是促进气体内扩散的造孔效应与碳酸钙填充效应。Mo Liwu 等复掺 MgO、粉煤灰、矿粉进行碳化试验，与水化对比，在合适配比条件下，CO_2 加压（0.1~1.0MPa）养护，有利于抗压强度及其增长率的提高。

在墙材制品骨料的选择上，Zhan 等对比了碳化养护后，普通骨料和混凝土再生骨料压制成型砌块的抗压强度和干缩性能，后者都优于蒸养，养护压力的提高和后续水化对力学性能的贡献较为显著。

为充分利用胶凝材料的水化、碳化性能，结合水泥窑尾气 CO_2 为 20%~30% 浓度及温度为 100℃的特征，建立新的养护工艺，开发适应于碳化反应的新型墙材配方，促进碳化反应同时重视后续水化增强，是实现窑尾气碳化养护生产墙材制品的根本路径。相信，随着熟料制造，特别是新型碳酸化熟料技术及碳化养护技术持续进步，窑尾气生产免烧砖和加气块会实现更高附加值的应用。

6.5 CCUS 二氧化碳捕集利用与封存

6.5.1 CCUS 概述

6.5.1.1 CCUS 定义

二氧化碳捕集利用与封存（CCUS）是指将 CO_2 从工业过程、能源利用或大气中分离出来，直接加以利用或注入地层，以实现 CO_2 永久减排的过程。

CCUS 在二氧化碳捕集与封存（CCS）的基础上增加了“利用（Utilization)”，这一理念是随着 CCS 技术的发展和对 CCS 技术认识的不断深化，在中美两国的大力倡导下形成的。它们的理念基本一致，都是为了减少 CO_2 排放总量，只是 CCUS 比 CCS 又进了一步（增加了二氧化碳利用环节）。

2010 年 7 月，主要经济体能源与能源安全与气候变化论坛（MEF）专门成立了 CCUS 工作组，以推动 CCUS 技术在全球层面的研发、示范与推广工作。目前，CCUS 已经在世界范围内被广泛接受，获得了国际上的普遍认同。

6.5.1.2 CCUS 主要技术环节

CCUS 按技术流程分为捕集、输送、利用与封存等环节（图 6-20)。

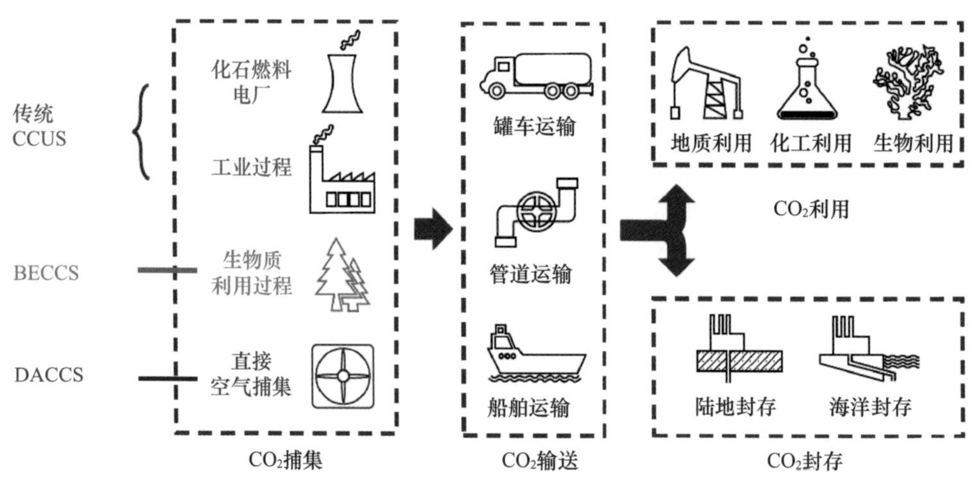

图 6-20　CCUS 技术环节

资料来源：中国 21 世纪议程管理中心。

1. CCUS 主要技术环节——碳捕集

碳捕集是指将 CO_2 从工业生产、能源利用或大气中分离出来的过程，主要分为燃烧前捕集、燃烧后捕集、富氧燃烧捕集等。见表 6-18、图 6-21。

表 6-18　碳捕集的方式

类别	内容	适用范围
燃烧后捕集	指从燃烧设备（锅炉、燃机、石灰窑等）排出的烟气中捕集或分离 CO_2。燃烧后脱碳技术一般是利用物理或化学方法对燃烧后的烟气进行处理。目前主要的燃烧后捕集方法有吸收法、吸附法、膜法、低温蒸馏法等	适用于各类改造和新建的 CO_2 排放源
富氧燃烧捕集	指用纯氧或富氧气体混合物替代助燃空气，实现化石燃料燃烧利用。由于在助燃气体中不含绝大部分的氮，就可以在排放气体中产生高浓度的 CO_2，同时含氧量很高的富氧燃烧反应，减少了热损失，节约了燃料	可用于部分燃煤电厂的改造和新建燃煤电厂
燃烧前捕集	指在煤炭燃烧前，将煤炭中的碳元素通过化学反应转化成 CO_2 去除	主要用于煤气化联合循环发电（IGCC）和部分化工过程

资料来源：中国 21 世纪议程管理中心等公开资料。

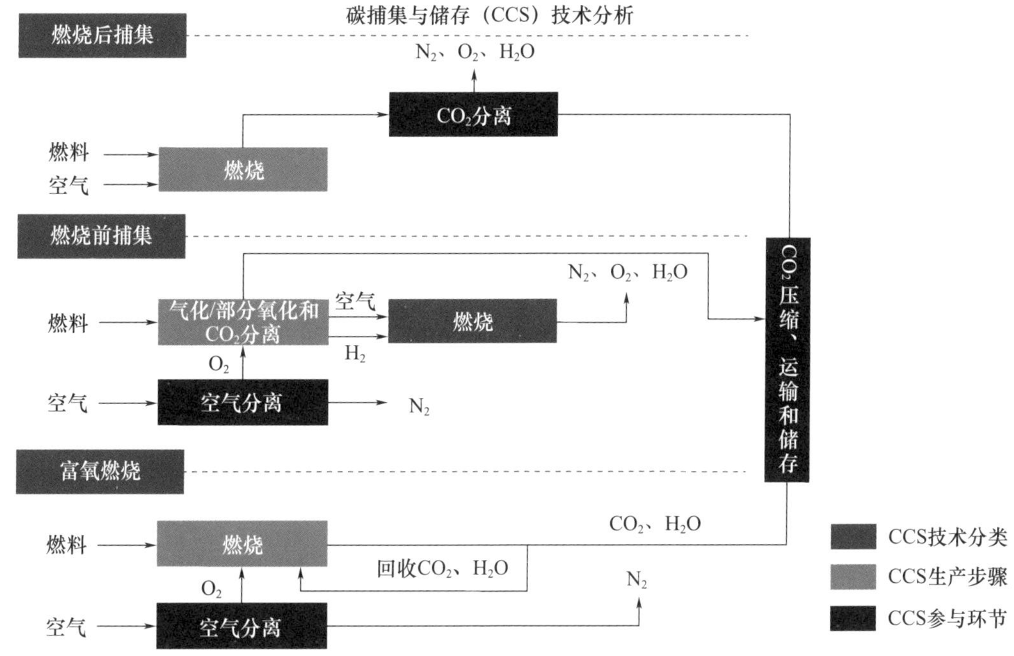

图 6-21　碳捕集与封存技术的工艺流程图

2. CCUS 主要技术环节——CO_2 输送

CO_2 输送是指将从排放源捕集并压缩后的 CO_2 气体通过管道或其他运输方式输送至目标需求地的过程。CO_2 输送技术与其他气体的运输相似，因此在 CCUS 的四大环节中，CO_2 输送技术是最为成熟的。如果 CO_2 排放源位于封存场地附近，则不需要输送过程。通常 CO_2 排放源与封存地不位于同一个区域，此时需要根据捕集和封存地点之间的距离选择运输方式。目前，商业规模的 CO_2 输送方式主要有管道运输、罐车运输和船舶运输三种，其中罐车运输包括汽车运输和铁路运输。见表 6-19。

表 6-19　CO_2 输送的方式

运输方式		适合条件	优势	劣势	技术成熟度
管道运输		适合大容量、长距离、负荷稳定定向输送	输送稳定、受外界影响小、可靠性高	投资大、运行成本高	技术成熟
罐车运输	公路	小批量、非连续性运输	规模小、投资少、风险低、运输方式灵活	运输量小、距离短	技术成熟
	铁路	运输量大、运输距离远且管道运输体系还未建成情况时	运输量较大、运输距离远、可靠性高	铁路运输调度和管理复杂，受铁路铁轨和铁路专用线建设的限制，需要相关的“接卸”和储运配套	技术成熟
船舶运输		大规模、超长距离或海洋运输	运输量大、目的地灵活	投资大、运行成本高，需要相关的接卸和储运配套，受气候影响条件较大	技术成熟

3. CCUS 主要技术环节——CO_2 利用

CO_2 利用是指通过工程技术手段将捕集的 CO_2 实现资源化利用的过程。其根据工程技术手段的不同可分为 CO_2 地质利用、CO_2 化工利用和 CO_2 生物利用等。其中，CO_2 地质利用是将 CO_2 注入地下，进而实现强化能源生产、促进资源开采的过程，如提高石油、天然气采收率，开采地热、深部咸（卤）水、铀矿等多种类型资源。见表 6-20。

表 6-20　CO_2 利用的技术分类

类别	内容
地质利用	将 CO_2 注入地下，利用地下矿物或地质条件生产或强化有利用价值的产品，且相对于传统工艺可减少将 CO_2 排放的过程，包含 CO_2 强化石油开采技术、CO_2 驱替煤层气技术、CO_2 强化天然气开采技术等。 ✓　CO_2 强化石油开采技术（CO_2-EOR）：将 CO_2 注入油藏，利用其与石油的物理化学作用，以实现增产石油并封存 CO_2 的工业工程。 ✓　CO_2 驱替煤层气技术（CO_2-ECBM）：将 CO_2 或者含 CO_2 的混合气体注入深部不可开采煤层中，以实现 CO_2 长期封存同时强化煤层气开采的过程。 ✓　CO_2 强化天然气开采技术（CO_2-EGR）：注入 CO_2 到即将枯竭的天然气气藏底部，将因自然衰竭而无法开采的残存天然气驱替出来从而提高采收率，同时将 CO_2 封存于气藏地质结构中，实现 CO_2 减排的过程
化工利用	以化学转化为主要特征，将 CO_2 和其反应物转化成为目标产物，从而实现 CO_2 的资源化利用
生物利用	以生物转化为主要特征，通过植物光合作用等，将 CO_2 用于生物质的合成，从而实现 CO_2 的资源化利用

资料来源：中国 21 世纪议程管理中心。

4. CCUS 主要技术环节——CO_2 封存

CO_2 封存是指通过工程技术手段将捕集的 CO_2 注入深部地质储层，实现 CO_2 与大气长期隔绝的过程。CO_2 封存原则有：①封存必须安全；②环境影响最小；③封存地点可监测。

CO_2 封存按照封存位置不同，可分为陆地封存和海洋封存；按照地质封存体的不同，可分为咸水层封存、枯竭油气藏封存等。根据《2005 年 IPCC 国家温室气体清单指南》有关 CCS 的特别报告指出，目前 CO_2 的封存方法主要分为三大类：地质封存、海洋封存和矿石碳化（图 6-22）。

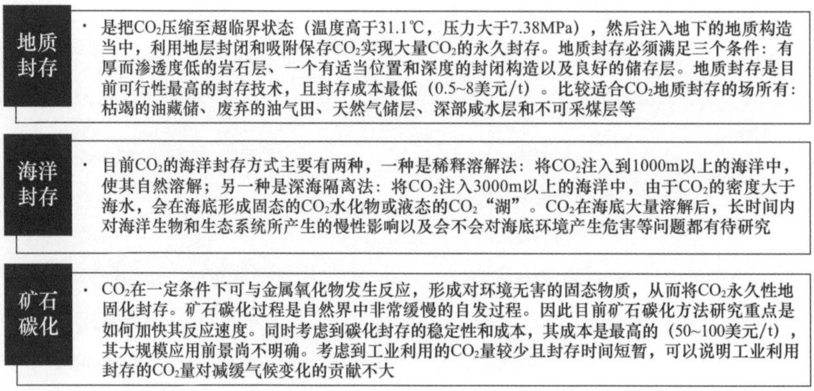

地质封存	· 是把CO_2压缩至超临界状态（温度高于31.1℃，压力大于7.38MPa），然后注入地下的地质构造当中，利用地层封闭和吸附保存CO_2实现大量CO_2的永久封存。地质封存必须满足三个条件：有厚而渗透度低的岩石层、一个有适当位置和深度的封闭构造以及良好的储存层。地质封存是目前可行性最高的封存技术，且封存成本最低（0.5~8美元/t）。比较适合CO_2地质封存的场所有：枯竭的油藏储、废弃的油气田、天然气储层、深部咸水层和不可采煤层等
海洋封存	· 目前CO_2的海洋封存方式主要有两种，一种是稀释溶解法：将CO_2注入到1000m以上的海洋中，使其自然溶解；另一种是深海隔离法：将CO_2注入3000m以上的海洋中，由于CO_2的密度大于海水，会在海底形成固态的CO_2水化物或液态的CO_2“湖”。CO_2在海底大量溶解后，长时间内对海洋生物和生态系统所产生的慢性影响以及会不会对海底环境产生危害等问题都有待研究
矿石碳化	· CO_2在一定条件下可与金属氧化物发生反应，形成对环境无害的固态物质，从而将CO_2永久性地固化封存。矿石碳化过程是自然界中非常缓慢的自发过程。因此目前矿石碳化方法研究重点是如何加快其反应速度。同时考虑到碳化封存的稳定性和成本，其成本是最高的（50~100美元/t），其大规模应用前景尚不明确。考虑到工业利用的CO_2量较少且封存时间短暂，可以说明工业利用封存的CO_2量对减缓气候变化的贡献不大

图 6-22　CO_2 主要封存方式

总体来看，CCUS与其他减排技术相比，优劣势十分明显。在技术成熟度方面，CCUS不如能效技术、核电、太阳能发电、风电、水电等技术成熟；在安全性方面，CCUS不如能效技术、太阳能发电、风电、水电等技术安全；在对生态环境影响方面，CCUS不如能效技术、太阳能发电、风电等技术对生态环境影响小。但CCUS的碳减排潜力较大，能够促进煤的清洁利用，同时较为符合我国国情，是一种重要的减碳技术。相关分析见表6-21。

表6-21　CCUS技术与其他减排技术比较

项目	CCUS	能效技术	核电	太阳能发电	风电	水电
技术成熟度	相对不成熟	相对成熟	相对成熟	相对成熟	相对成熟	相对成熟
成本	高	提高化石燃料转换和使用效率，成本较高	基建投入大，总发电成本低	较高，但在不断下降中，有望与火电持平	不断下降中，有望与火电持平	基建投入大，发电成本低
安全性	可能因CO_2泄漏导致安全隐患	安全可靠	核废料、反应堆放射性物质存在泄漏危险，潜在危害大	安全可靠	安全可靠	安全可靠，极端事件发生概率小
稳定性	高	高	高	相对低	相对低	较高
对生态环境影响	大规模工程施工可能对生态环境造成影响，CO_2泄漏的环境影响大	小	如发生泄漏，对环境影响巨大	较小	较小	大水电对流域生态环境的影响大；小水电对生态环境的影响相对较小
优势	减排潜力大，促进煤的清洁利用，符合我国国情、CO_2的工业利用	不会对现有产业进行大规模改造，不额外增加环境负担，总体较经济	核燃料储量大，储存运输方便，总体成本低、发电总成本稳定	太阳能资源丰富、清洁、可再生	风资源丰富、清洁、可再生，基建周期短，装机规模灵活	水资源丰富、清洁、可再生，发电效率高，发电启动快
问题	发电成本不稳定，捕集、封存、监测环境存在技术挑战，CO_2泄漏带来安全隐患	效率提高越来越难，取决于技术突破，存在温室效应	核废料处理要求高，存在泄漏风险，投资成本大，放射性物质安全隐患大	能流密度低，能源利用率低，多晶硅的生产过程耗能大，并网存在挑战	风电不稳定、不可控，并网存在挑战，占用大片土地	受季节和旱涝灾害影响大，部分不均蓄水淹没大量土地、居民搬迁成本高，社会影响大

资料来源：《中国CCUS技术发展趋势分析》。

实现“双碳”目标已上升至国家战略高度，CCUS是实现“双碳”目标的一种实施路径。实现“双碳”目标的路径主要包括：前端主要依靠清洁能源和节能减排等方式，后端主要依靠碳捕集、利用和封存（CCUS）等技术。碳捕集、利用和封存（CCUS）技术作为后端减碳的一种重要途径，具有减排潜力更大、有望实现零排放甚至是负排放、更具工业前景（强化采油技术）等优点，且更适合于我国“富煤贫油少气”的资源禀赋。

CCUS 是目前实现化石能源低碳化利用的唯一技术选择。中国能源系统规模庞大、需求多样，从兼顾实现碳中和目标和保障能源安全的角度考虑，未来应积极构建以高比例可再生能源为主导，核能、化石能源等多元互补的清洁低碳、安全高效的现代能源体系。2019 年，煤炭占中国能源消费的比例高达 58%，根据已有研究，预测到 2050 年，化石能源仍将扮演重要角色，占中国能源消费比例的 10%~15%。CCUS 将是实现该部分化石能源近零排放的唯一技术选择。

CCUS 是碳中和目标下保持电力系统灵活性的主要技术手段。碳中和目标要求电力系统提前实现净零排放，大幅提高非化石电力比例必将导致电力系统在供给端和消费端的不确定性显著增大，影响电力系统的安全稳定。充分考虑电力系统实现快速减排并保证灵活性、可靠性等多重需求，火电加装 CCUS 是具有竞争力的重要技术手段，可实现近零碳排放，提供稳定清洁低碳电力，平衡可再生能源发电的波动性，并在避免季节性或长期性的电力短缺方面发挥惯性支撑和频率控制等重要作用。

CCUS 是钢铁、水泥等难以减排行业低碳转型的可行技术选择。国际能源署（IEA）发布 2020 年钢铁行业技术路线图，预计到 2050 年，钢铁行业通过采取工艺改进、效率提升、能源和原料替代等常规减排方案后，仍将剩余 34% 的碳排放量，即使氢直接还原铁（DRI）技术取得重大突破，剩余碳排放量也超过 8%。水泥行业通过采取其他常规减排方案后，仍将剩余 48% 的碳排放量。CCUS 是钢铁、水泥等难以减排行业实现净零排放为数不多的可行技术选择之一。

CCUS 与新能源耦合的负排放技术是实现碳中和目标的重要技术保障。预计到 2060 年，中国仍有数亿吨非 CO_2 温室气体及部分电力、工业排放的 CO_2 难以实现减排。BECCS 及其他负排放技术可中和该部分温室气体排放，推动温室气体净零排放，为实现碳中和目标提供重要支撑。

6.5.2 CCUS 发展潜力

6.5.2.1 CCUS 的封存潜力

全球陆地理论 CO_2 封存容量为 6~42 万亿 t，海底理论 CO_2 封存容量为 2~13 万亿 t。在所有封存类型中，深部咸水层封存占据主导位置，其封存容量占比约 98%，且分布广泛，是较为理想的 CO_2 封存场所；油气藏由于存在完整的构造、详细的地质勘探基础等条件，是适合 CO_2 封存的早期地质场所。

中国地质封存潜力约为 1.21~4.13 万亿 t。中国油田主要集中于松辽盆地、渤海湾盆地、鄂尔多斯盆地和准噶尔盆地，通过 CO_2 强化石油开采技术（CO_2-EOR）可以封存约 51 亿 t CO_2；中国油气藏主要分布于鄂尔多斯盆地、四川盆地、渤海湾盆地和塔里木盆地，利用枯竭气藏可以封存约 153 亿 t CO_2，通过 CO_2 强化天然气开采技术（CO_2-EGR）可以封存约 90 亿 t CO_2；中国深部咸水层的 CO_2 封存容量约为 24200 亿 t，其分布与含油气盆地分布基本相同。相关数据见表 6-22。

表 6-22 世界主要国家及地区 CCUS 地质封存潜力与二氧化碳排放

国家 / 地区	理论封存容量（百亿 t）	2019 年碳排放量（亿 t/a）	至 2060 年 CO_2 累积排放量估值（百亿 t）
中国	121~413	98	40
亚洲（除中国）	49~55	74	30
北美洲	230~2153	60	25
欧洲	50	41	17
澳大利亚	22~41	4	1.6

资料来源：中国二氧化碳捕集利用与封存（CCUS）年度报告 2021。

6.5.2.2 CCUS 的主要应用方向

CCUS 技术的应用主要有地质利用、工业应用和生物应用等方面。其中工业应用又可分为物理应用和化工应用等方面。

物理应用主要包括：在啤酒、碳酸饮料中的应用；石油三采的驱油剂；焊接工艺中的稀有气体保护焊；将液体、固体 CO_2 的冷量用于食品蔬菜的冷藏、储运；果蔬的自然降氧、气调保鲜剂，以及用于超临界 CO_2 萃取等行业中等。

化工应用主要包括：无机和有机精细化学品、高分子材料等的研究应用。如以 CO_2 为原料合成尿素、生产轻质纳米级超细活性碳酸盐；CO_2 催化加氢制取甲醇；以 CO_2 为原料的一系列有机原料的合成；CO_2 与环氧化物共聚生产的高聚物；通过 CO_2 转化为 CO，从而发展一系列羟基化碳化学品等

生物应用：主要以微藻固定 CO_2 转化为生物燃料和化学品，如生物肥料、食品和饲料添加剂等。相关数据见表 6-23。

表 6-23 CCUS 应用情况

技术	概念	主要形式
物理应用	以 CO_2 的物理特性，在生活中的应用	在啤酒、碳酸饮料中的应用；将液体、固体 CO_2 的冷量用于食品蔬菜的冷藏、储运；果蔬的自然降氧、气调保鲜剂等
地质应用	指将 CO_2 注入地下，利用地下矿物或地质条件生产或强化有利用价值的产品，且相对于传统工艺可减少 CO_2 排放的过程	将 CO_2 注入油藏、煤层、天然气藏和页岩层，分别提高原油采收率，煤层气采收率，天然气采收率，页岩气采收率
化工应用	以化学转化为主要特征，将 CO_2 和其反应物转化成为目标产物，从而实现 CO_2 的资源化利用	以 CO_2 为原料合成尿素、生产轻质纳米级超细活性碳酸盐；CO_2 催化加氢制取甲醇；以 CO_2 为原料的一系列有机原料的合成；CO_2 与环氧化物共聚生产的高聚物；通过 CO_2 转化为 CO，从而发展一系列羟基化碳化学品等
生物应用	以生物转化为主要特征，通过植物光合作用等，将 CO_2 用于生物质的合成，从而实现 CO_2 资源化利用	以微藻固定 CO_2 转化为生物燃料和化学品，生物肥料、食品和饲料添加剂等

续表

技术	概念	主要形式
矿化应用	主要利用地球上广泛存在的橄榄石、蛇纹石等碱土金属氧化物与 CO_2 反应，将其转化为稳定的碳酸盐类化合物，从而实现 CO_2 减排	基于氯化物的 CO_2 矿物碳酸化反应技术、湿法矿物碳酸法技术、干法碳酸法技术以及生物碳酸法技术等。目前我国开发的 CO_2 矿化磷石膏技术已取得一定成果

数据来源：中国 CCUS 技术发展趋势分析。

6.5.2.3 CCUS 的贡献度评估

CCUS 具有较为显著的减碳作用。根据《CCUS 年度报告（2021）》，2030 年，CCUS 在不同情景中的全球减排量为 1~16.7 亿 t/a，平均为 4.9 亿 t/a；2050 年为 27.9~76 亿 t/a，平均为 46.6 亿 t/a。

但不同研究对 CCUS 在不同情景中的减排贡献评估结果差异较大。IPCC 在《IPCC 全球升温 1.5 ℃特别报告》中指出，2030 年不同路径 CCUS 的减排量为 1~4 亿 t/a，2050 年为 30~68 亿 t/a。IEA 可持续发展情景的目标是全球于 2070 年实现净零排放，CCUS 是第四大贡献技术，占累积减排量的 15%。在 IRENA 深度脱碳情景下，2050 年 CCUS 将贡献约 6% 年减排量，即 27.9 亿 t/a。相关数据如图 6-23 所示。

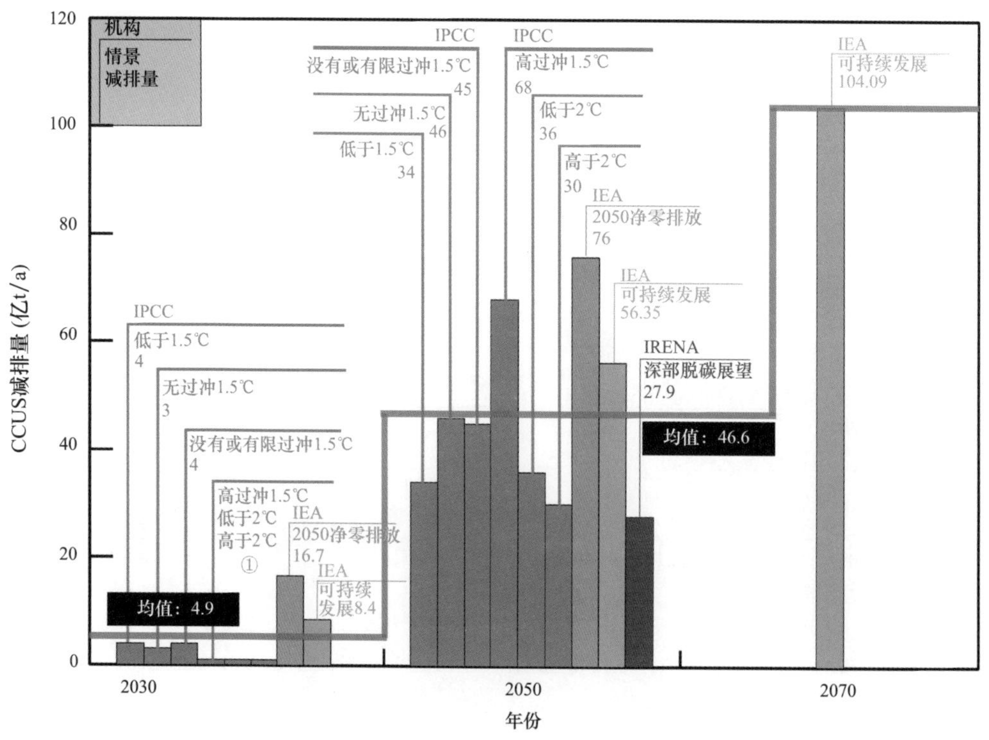

图 6-23 全球主要机构评估的 CCUS 贡献

（资料来源：中国二氧化碳捕集利用与封存（CCUS）年度报告 2021）

6.5.3 主要发达国家 / 地区 CCUS 发展现状

6.5.3.1 美国：CCUS 发展较为领先

美国 2020 年新增 12 个 CCUS 商业项目，运营中的 CCUS 项目增加至 38 个，约占全球运营项目总数的一半，CO_2 捕集量超过 3000 万 t。美国 CCUS 项目种类多样，包括水泥制造、燃煤发电、燃气发电、垃圾发电、化学工业等。

美国 CCUS 项目可以通过联邦政府的 45Q 税收抵免和加州政府的低碳燃料标准获得政府和地方的财政支持。45Q 采用递进式 CO_2 补贴价格的设定方式，CO_2 地质封存的补贴价格由 25.70 美元 /tCO_2（2018 年）递增至 50.00 美元 /tCO_2（2026 年），非地质封存（主要指 CO_2-EOR 和 CO_2 利用）的补贴价格由 15.29 美元 /tCO_2（2018 年）递增至 35.00 美元 /tCO_2（2026 年）。2021 年 1 月 15 日，美国发布 45Q 条款最终法规，明确私人资本有机会获得抵免资格，使得投资企业可以确保 CCUS 项目的现金流长期稳定，大大降低项目财务风险，从而鼓励企业投资新的 CCUS 项目。相关数据如图 6-24 所示。

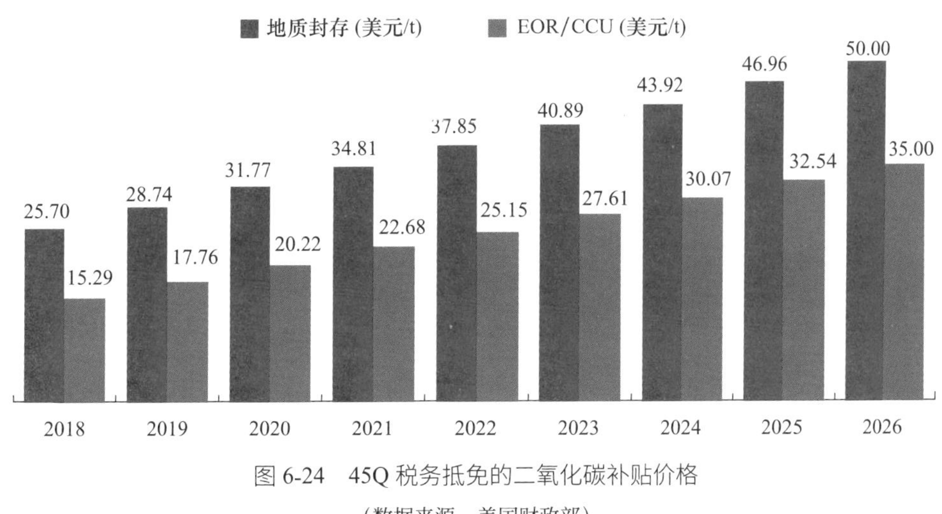

图 6-24 45Q 税务抵免的二氧化碳补贴价格

（数据来源：美国财政部）

在实现 1.5℃目标的前提下，2030 年、2040 年和 2050 年，美国 CCUS 的减排量分别在 0.91 亿 ~8 亿 t、6 亿 ~17.3 亿 t 和 9 亿 ~24.5 亿 t 之间。2050 年在 9 亿 ~24.5 亿 t 之间。与 2020 年运行中的 3000 万 tCCUS 设备容量相比，美国需要在 2050 年前新建大量的 CCUS 项目来实现其气候目标。

6.5.3.2 欧盟：CCUS 发展较为较谨慎保守

2020 年欧盟有 13 个商业 CCUS 项目正在运行，其中爱尔兰 1 个，荷兰 1 个，挪威 4 个，英国 7 个。另有约 11 个项目计划在 2030 年前投运。欧洲主要的商业 CCUS 设施集中于北海（North Sea）周围，而在欧洲大陆的 CCUS 项目由于制度成本以及公众接受度等各种因素，进展较为缓慢。2020 年 6 月创立的总额为 100 亿欧元的欧洲创新基金被广泛认为会成为今后 CCUS 项目的主要公共资金来源。

与其他低碳能源项目相比，欧盟的政策对于 CCUS 的支持是谨慎和保守的。在实现 1.5℃目标的前提下，2030 年欧盟 CCUS 减排量在 2000 万 t 至 6.04 亿 t 之间；2040 年在 1.4 亿 ~15.7 亿 t 之间；2050 年在 4.3 亿 ~22.3 亿 t 之间。

6.5.3.3 日本：CCUS 发展被迫寄托在海外

日本由于地质条件原因，没有可用于 EOR 的油气产区，所以日本的 CCUS 项目多为海外投资，例如美国的 PetraNova 项目、东南亚的 EOR 项目等。根据《CCUS 年度报告（2021)》，日本本土的全流程项目有 2012 年开始建设、2016 年开始运行的苫小牧 CCS 项目。广岛的整体煤气化联合循环发电项目已经开始了 CO_2 捕集，并准备在今后开展 CO_2 利用的实证试点。近些年日本政府的工作重心是 CO_2 的利用，在地质封存上的投入较以往有所减少。

在实现 1.5℃目标的前提下，2030 年、2040 年和 2050 年，日本 CCUS 减排量分别在 0.2~2.1 亿 t、0.23~4.3 亿 t 和 1.1~8.9 亿 t 之间。相关数据如图 6-25 所示。

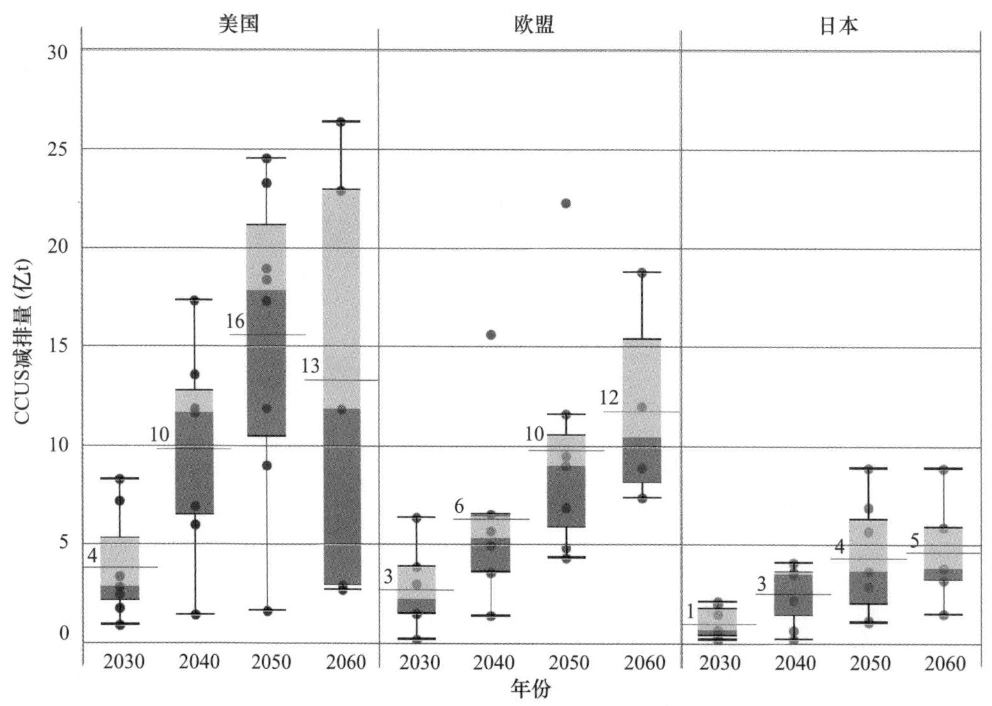

图 6-25 美国、欧盟和日本的 CCUS 减排贡献

（资料来源：中国二氧化碳捕集利用与封存（CCUS）年度报告 2021）

注：图中点代表具体模型或者战略研究数据；红色线条代表某时间节点的中位数（图中数字标注）。

6.5.4 中国 CCUS 发展现状

6.5.4.1 中国 CCUS 项目发展现状

我国拥有巨大的潜在 CCUS 应用市场。预计 2030 年一次能源生产总量达到 43 亿 t 标准煤，CO_2 排放量 112 亿 t，达到碳排放峰值。封存和应用方面，以 EOR 为例，全国约 130 亿 t 原油地质储量适合使用 EOR，可提高原油采收率 15%，预计可增加采储量 19.2 亿 t，同时封存 CO_2 47 亿 ~55 亿 t。

截至 2020 年，中国已投运或建设中的 CCUS 示范项目约为 40 个，捕集能力 300 万 t/a，多以石油、煤化工、电力行业小规模的捕集驱油示范为主，缺乏大规模的多种技术组合的全流程工业化示范。

中国 CCUS 技术项目遍布 19 个省份，碳捕集源的行业和封存利用的类型呈现多样化分布。中国 13 个涉及电厂和水泥厂的纯捕集示范项目总体 CO_2 捕集规模达 85.65 万 t/a，11 个 CO_2 地质利用与封存项目规模达 182.1 万 t/a，其中 EOR 的 CO_2 利用规模约为 154 万 t/a。总体上看，与发达国家相比发展仍显缓慢。

国内 CCUS 示范项目从碳捕集源看，主要集中在燃煤发电和煤化工领域，CO_2 运输方式主要以罐车运输为主，管道运输项目较少。从碳利用和封存方式看，燃煤电厂碳捕集后一般为食品或工业所用，煤化工碳捕集较多用于驱油，以提高石油采收率。相关数据见表 6-24、表 6-25。

表 6-24　中国已建成的部分万吨级 CCUS 示范项目

项目	捕集方式	运输	封存 / 利用	规模	建设及运营情况
华能上海石洞口碳捕集项目	燃煤电厂燃烧后捕集	罐车运输	食品行业利用 / 工业利用	12 万 t/a	2009 年投运，间歇式运营
华能天津绿色煤电项目	IGCC 燃烧前捕集	管道运输距离 50~100km	天津大港油田 EOR	10 万 t/a	捕集装置建成，封存工程延
中石化胜利油田 CO_2 捕集和驱油示范	燃煤电厂燃烧后捕集	管道运输距离 80km	胜利油田 EOR	一阶段：4 万 t/a；二阶段：100 万 t/a	一阶段 2010 年投运
中石化齐鲁石油化工 CCS 项目	化工生产工业分离	管道运输距离 75km	胜利油田 EOR	一阶段：35 万 t/a；二阶段：50 万 t/a	一阶段捕集单元 2017 年建成
中石化中原油田 CO_2-EOR 项目	炼油厂烟道气化学吸收	罐车运输	中原油田 EOR	10 万 t/a	2015 年建成捕集装置
延长石油榆林煤化工捕集	煤化工燃烧后捕集	罐车运输，计划建 200~350km 管道	靖边油田 EOR	5 万 t/a	2012 年建成，在运营
神华集团鄂尔多斯全流程示范	煤化工燃烧后捕集	罐车运输距离 17km	盐水层封存	10 万 t/a	2011 投运，间歇式运营
中石油吉林油田 EOR 研究示范	煤化工燃烧后捕集	管道运输距离 35km	吉林油田 EOR	一阶段 15 万 t/a；二阶段 50 万 t/a	一阶段 2007 年投运；第二阶段 2017 年投运，实际规模缩减

续表

项目	捕集方式	运输	封存 / 利用	规模	建设及运营情况
中电投重庆双槐电厂碳捕集示范项目	燃煤电厂燃烧后捕集	无	用于焊接保护电厂发电机氢冷置换等	1 万 t/a	2010 年投运，在运营
华中科技大学 35 兆瓦富氧燃烧项目	燃煤电厂富氧燃烧捕集	罐车运输	市场销售工业应用	10 万 t/a	2014 年建成，暂停运营
连云港清洁煤能源动力系统研究设施	IGCC 燃烧前捕集	管道运输	盐水层封存	3 万 t/a	2011 年投运，在运营
天津北塘电厂 CCUS 项目	燃煤电厂燃烧后捕集	罐车运输	市场销售工业应用	2 万 t/a	2012 年投运，在运营
新疆敦华公司项目	石油炼化厂燃烧后捕集	罐车运输	克拉玛依油田 EOR	6 万 t/a	2015 年投运，在运营

资料来源：《中国 CCUS 技术发展趋势分析》。

表 6-25　CCUS 大规模集成示范项目的准备情况

项目	捕集方式	运输	封存 / 利用	规模（万 t/a）	计划投运时间	未来预期
中石化齐鲁石化 CCS 项目	炼油厂燃烧前捕集	管道运输距离 75km	EOR	50	2014 年	滞后，经济效益原因
中石化胜利电厂 CCS 项目	电厂燃烧后捕集	管道运输距离 80km	EOR	100	2014 年	滞后，经济效益原因
大唐集团 CO_2 捕集和示范封存	电厂富氧燃烧捕集	管道运输距离 50~100km	EOR 或咸水层封存	100	2016 年	中止
中石油吉林油田 EOR 项目二期	天然气处理燃烧前捕集	管道运输距离 50km	EOR	50	2017 年	滞后，CO_2 供应不足
延长集团 EOR 项目	煤化工燃烧前捕集	管道运输距离 140+42km	EOR	40	2017 年	滞后
山西国际能源集团 CCUS 项目	电厂富氧燃烧捕集	管道运输	未明确	200	2020 年	滞后，项目可能取消

续表

项目	捕集方式	运输	封存 / 利用	规模（万 t/a)	计划投运时间	未来预期
神华宁夏煤制油项目	煤制油燃烧前捕集	管道运输距离 200~250km	未明确	200	2020 年	滞后
华能绿色煤电 IGCC 项目三期	电厂燃烧前捕集	管道运输距离 50~100km	EOR 或咸水层封存	200	2020 年	滞后
神华鄂尔多斯煤制油项目二期	煤制油燃烧前捕集	管道运输距离 200~250km	咸水层封存	100	2020 年	未知
神华国华电力神木电厂 CCS 项目	电厂富氧燃烧捕集	管道运输距离 80km	EOR 或咸水层封存	100	2020 年	滞后
华润电力碳捕集与封存集成示范项目	电厂、炼油厂燃烧后、燃烧前捕集	管道运输距离 150km	离岸 EOR 或咸水层封存	100	2025 年	滞后
中海油大同煤制气	煤制气燃烧前捕集	管道运输距离 300km	EOR 或咸水层封存	100	未公布	未知
中海油鄂尔多斯煤制气	煤制气燃烧前捕集	管道运输距离 300km	EOR 或咸水层封存	100	未公布	未知
中电投道达尔鄂尔多斯煤制烯烃	煤制烯烃燃烧前捕集	管道运输距离 300km	EOR 或咸水层封存	100	未公布	未知

资料来源：《中国 CCUS 技术发展趋势分析》。

6.5.4.2 中国 CCUS 技术发展现状

中国 CO_2 捕集源覆盖燃煤电厂的燃烧前、燃烧后和富氧燃烧捕集，燃气电厂的燃烧后捕集，煤化工的 CO_2 捕集以及水泥窑尾气的燃烧后捕集等多种技术；CO_2 封存及利用涉及咸水层封存、EOR、驱替煤层气（ECBM）、地浸采油、CO_2 矿化利用、CO_2 合成可降解聚合物、重整制备合成气和微藻固定等多种方式。

中国的 CCUS 各技术环节均取得了显著进展，部分技术已经具备商业化应用潜力。碳捕集技术成熟程度差异较大，目前第一代碳捕集技术（燃烧后捕集技术、燃烧前捕集技术、富氧燃烧捕集技术）发展渐趋成熟，但成本和能耗偏高，且缺乏广泛的大规模示范工程经验；而第二代碳捕集技术（如新型膜分离技术、新型吸收技术等）仍处于实验室研发或小试阶段，技术成熟后，其能耗和成本会比成熟的第一代碳捕集技术降低 30% 以上，2035 年前后有望大规模推广应用。燃烧后捕集技术是目前最成熟的捕集技术。从第一代碳捕集技术来看，燃烧后捕集的单位成本、能耗、发电效率损失相比于其他两种捕集技术均较高。

我国输送环节技术中，罐车运输和船舶运输较为成熟，管道运输进展相对较慢。根据《中国碳捕集利用与封存技术发展路线图（2019）》，到 2035 年我国将初步形成高效、低成本的陆上管道，2040 年将建成多个陆上管道网络，2050 年建成陆海一体的管道网络。

我国已具备大规模捕集利用与封存 CO_2 的工程能力，正在积极筹备规划和建设实施全流程 CCUS 产业集群。截至 2021 年年底，国内已投运或建设中的 CCUS 示范项目约为 40 个，捕集能力 300 万 t/a，多以石油、煤化工、电力行业小规模的捕集驱油示范为主。中石油吉林油田 EOR 项目曾是亚洲最大的 EOR 项目，累计已注入 CO_2 超过 200 万 t。2021 年 1 月 21 日，15 万 t/a 二氧化碳捕集和封存全流程示范工程在国家能源集团国华锦界电厂正式受电一次成功。2022 年 1 月 29 日，中石化在建的我国首个百万吨级 CCUS（二氧化碳捕集、利用与封存）项目——齐鲁石化胜利油田 CCUS 项目全面建成。齐鲁石化胜利油田 CCUS 项目是国内第一个百万吨级 CCUS 项目，建成投产后将成为国内最大 CCUS 全产业链示范基地和标杆工程。项目由齐鲁石化二氧化碳捕集和胜利油田二氧化碳利用与封存两部分组成。在碳捕集环节，齐鲁石化通过深冷和压缩技术，回收所属第二化肥厂煤制气装置尾气中的 CO_2，回收提纯后的液态二氧化碳纯度达到 99% 以上；在碳利用与封存环节，胜利油田运用超临界二氧化碳易与原油混相的原理，向油井注入 CO_2，增加原油流动性，并可驱替微孔中的原油，大幅提高石油采收率，同时 CO_2 通过置换油气、溶解与矿化作用实现地下封存，真正做到“变废为宝”。其现状分析如图 6-26、图 6-27 所示。

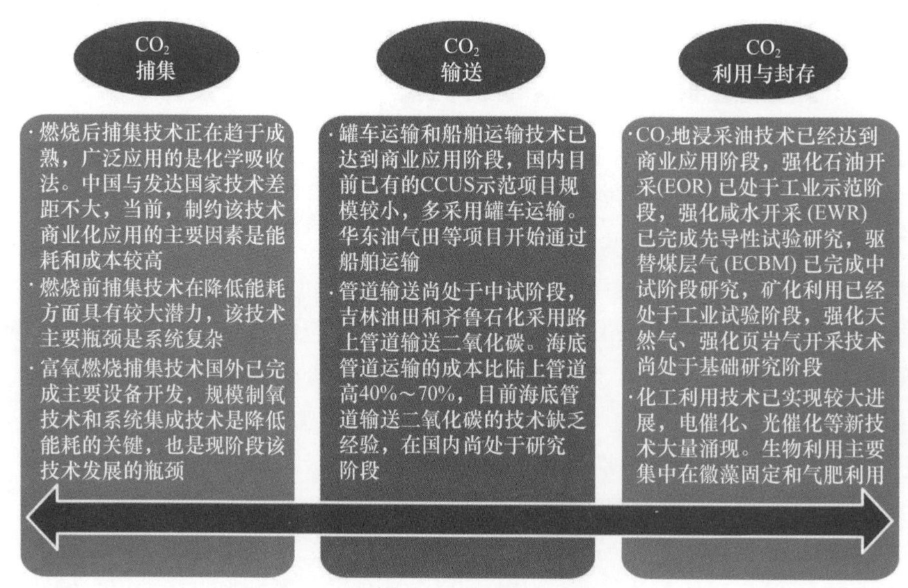

图 6-26　中国 CCUS 技术发展现状

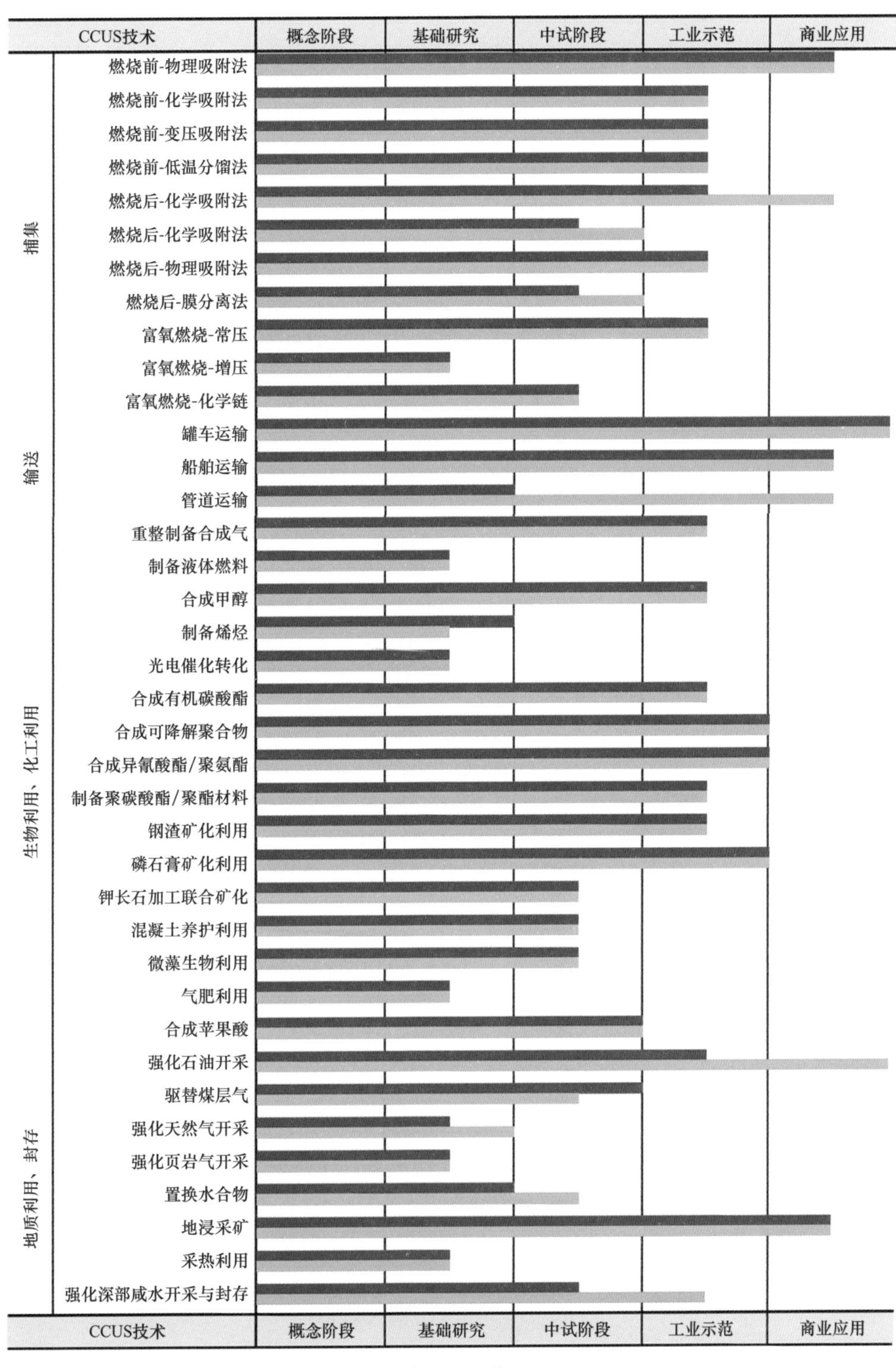

图 6-27　中国 CCUS 技术类型及发展阶段

（资料来源：来自中国 21 世纪议程管理中心）

6.5.4.3 中国 CCUS 发展面临的挑战

目前，我国在提高能效和发展清洁能源方面的进展已经居于世界前列，但在 CCUS 发展方面，总体上还处于研发和示范的初级阶段。由于 CCUS 技术是发展中并不断完善的技术，还存在着经济、技术、环境和政策等方面的困难和问题，要实现规模化发展，还存在很多阻力和挑战。

（1）经济方面的挑战

发展 CCUS 面临的最大挑战是示范项目的成本相对过高。现有技术条件下，安装碳捕集装置，将产生额外的资本投入和运行维护成本等，以火电厂安装为例，将额外增加 140~600 元 /t 的运行成本，直接导致发电成本大幅增加。如华能集团上海石洞口捕集示范项目，在项目运行时的发电成本从每千瓦时 0.26 元提高到 0.5 元。CCUS 项目的重要贡献在于减少碳排放，但企业在投资巨额费用后，却无法实现减排收益，这严重影响着企业开展 CCUS 示范项目的积极性。除此之外，CO_2 目前输送主要以罐车为主，运输成本高，而 CO_2 管网建设投入高、风险大，这也影响着 CCUS 技术的推广。

（2）技术方面的挑战

目前，我国 CCUS 全流程各类技术路线都分别开展了示范项目，但整体上仍处于研发和试验阶段，而且项目少、范围小。虽然新建项目和规模都在增加，但还缺少全流程一体化、更大规模的、可复制的经济效益明显的集成示范项目。另外，受现有的 CCUS 技术水平的制约，在部署时将使一次能耗增加 10%~20%，甚至更多，效率损失很大，这严重阻碍着 CCUS 技术的推广和应用。要迅速改变这种状况，就需要更多的资金投入。

（3）环境方面的挑战

CCUS 捕集的是高浓度和高压下的液态 CO_2，如果在运输、注入和封存过程中发生泄漏，将对事故附近的生态环境造成影响，严重时甚至危害到人身安全。特别是 CCUS 的地质复杂性带来的环境影响和环境风险的不确定性，严重地制约着政府和公众对 CCUS 的认知度和接受程度。这需要针对 CCUS 项目在环境监测、风险防控的过程考虑全流程、全阶段来制定切实有效的方案。

（4）政策方面的挑战

目前，我国针对 CCUS 示范项目的全流程各个环节均有相关法律法规可供参考，但尚无针对性的专项法律法规，这导致企业开展 CCUS 示范项目的积极性不高。从现有政策来看，国家对于发展 CCUS 持鼓励态度，主要以宏观的引导和鼓励为主，并没有针对 CCUS 发展的具体财税支持。在示范项目的选址、建设、运营和地质利用与封存场地关闭及关闭后的环境风险评估、监控等方面，同样缺乏相关的法律法规。

6.5.5 CCUS 主要发展模式

6.5.5.1 CCUS 融资模式

CCUS 的发展离不开巨额资金的支持，融资的难度取决于技术的成本。根据排放源浓度不同，对 CCUS 项目的融资需求可以分为两类：①高浓度二氧化碳排放源。由于出口烟气的二氧化碳浓度已经达到较高水平，捕集成本低于低浓度二氧化碳排放源。因此，高浓度排放源 CCUS 项目，如果可以结合有一定经济回报的二氧化碳利用技术 (如二氧化碳提高石油采收率)，该类项目的融资难度将相对较低。②低浓度二氧化碳排放源。以燃煤电厂为主的低浓度排放源其排放主体低浓度排放源的捕集成本相对较高，这也是 CCUS 融资的主要障碍。

从国外较为成功的 CCUS 项目来看，政府的参与可起到一定的积极作用。CCUS 项目全产业链涉及多个企业部门，资金需求量大。政府若直接投资或实施碳税、新能源补贴等政策，企业的资金压力可有所减轻。相关数据见表 6-26。

表 6-26　国际 CCUS 示范项目典型案例成功因素分析

项目名称	所属国家	类型	政府参与融资及其比例	社会出资	政府激励政策	存在其他经济收益	金融机构参与
Mongstad	挪威	燃烧后	是（75.12%）	3 家能源公司参与	发电全额收购	—	否
Snohvit	挪威	EGR	仅参股	1 家私人公司参与	碳税	—	否
Weybum-Midale	加拿大	EOR	无	12 家国际公司共同筹资	无	EGR 采收率	否
Boundary Dam	加拿大	燃烧后	是（19.35%）	SaskPower 公司与政府合作	电力市场管制	—	否
Schwarze Vattenfall	德国	燃烧后	无	Vattenfall 能源公司自筹	无	—	否

资料来源：中国 CCUS 年度报告。

国内 CCUS 融资渠道相对受限，未来在成本下降及政策完善过程中有望逐步改善。由于 CCUS 项目实施企业较难实现获利，因此不愿接受银行的债务融资。根据《中国二氧化碳捕集、利用与封存（CCUS）报告（2019)》的统计可见，国内大多数 CCUS 项目的前期投资都是通过企业自有资金以及高比例的赠款资金实现。未来随着技术进步带动项目经济竞争力提升，叠加激励政策的进一步完善以及碳市场的成熟，CCUS 项目融资渠道有望扩宽。相关模式见表 6-27。

表 6-27　中国典型 CCUS 项目融资模式

CCUS 项目	规模（万 t/a)	融资模式 / 资金来源	特点 / 优劣势 / 问题
国家能源投资集团有限责任公司 (神华) 煤制油分公司深部咸水层二氧化碳地质封存示范项目	10	企业自筹，科学技术部资助，概算投资 2.1 亿元	由于资金及技术成熟度问题，目前项目处于间歇式运营状态
中国华能集团上海石洞口电厂碳捕集项目	12	企业自筹，概算投资 1.5 亿元。政府给予发电小时数补贴，捕集到的二氧化碳用于工业与食品行业，有一定收入	主要问题是没有开展后续的封存，捕集到的二氧化碳投入工业及食品利用，导致项目利润点依赖二氧化碳市场价格。目前项目处于间歇式运营状态

续表

CCUS 项目	规模（万 t/a）	融资模式 / 资金来源	特点 / 优劣势 / 问题
中国华能集团天津绿色煤电项目	10	企业自筹，科学技术部资助，概算投资 1 亿元	由于技术处于研发阶段，导致成本过高，无法形成合适的商业化模式
中石化胜利油田二氧化碳捕集和驱油示范项目	4	企业自筹，科学技术部资助	自主开发高效二氧化碳捕集溶剂
华润海丰碳捕集测试平台	2	企业自筹，概算投资 1.5 亿元。政府补贴发电小时数	旨在通过测试不同碳捕集技术，降低碳捕集成本，聚焦技术创新与创新型技术放大与推广
中石化中原油田项目	10	企业自筹，项目结合 CO_2-EOR，可带来一定经济回报	国内较早开始采油的油田，取得了较好效果，该项目累计提高采收率 10%~15%
延长石油 CCUS 示范	5	企业自筹，科学技术部、亚开行资助	亚洲开发银行为延长石油集团 100 万 t/aCCUS 的大型项目提供前端设计与可行性研究支持
中石油吉林油田 CO_2-EOR 示范项目	30	企业自筹，科学技术部、中石油资助	二氧化碳驱后产量提高幅度达到 30%，采收率对比水驱可以提高 10% 以上，采收率预计达 15%~20%
中电投重庆双槐电厂碳捕集示范项目	1	企业自筹，概算投资 1250 万元	项目全部设备均由国内采购，因此大大降低了投资建设成本，目前的装置作为研发平台，其处理的烟气量不到电厂排放总烟气量的 1%

资料来源：中国 CCUS 年度报告。

6.5.5.2 CCUS 商业模式

国外的 CCUS 的商业模式根据本国的国情及各方利益相关者诉求综合形成，具有各自不同的特点。以英国为例，英国商业、能源和工业策略部门 2020 年 8 月发布了首份 CCUS 商业模式报告，并征求了 72 位利益相关者的意见，报告中对于二氧化碳运输和封存的具体商业模式，报告给出了五种选项：

——受监管资产模式（Regulated AssetBase）：运输和封存企业取得监管部门许可，开展运输和封存服务，许可包括价格监管。

——政府拥有资产模式（Government Owned Model）：政府建设二氧化碳运输和封存网络，当 CCUS 市场成熟时，将有关网络私有化。

——成本加允许利润率模式（Cost Plus Open Book）：二氧化碳运输和封存网络运营机构与政府围绕利润率和回报率水平达成一致，政府提供运营支付资金保障运营商。

——支付“垃圾处理费”模式（Waste Sector Type Contract）：类似垃圾处理，各地政府预算支付处理二氧化碳运输和封存的费用，项目同时可以通过商业部门融资。

——混合模式（Hybrid）：各种模式的结合，取长补短。

对于电力行业 CCUS，英国政府认为，应该激励电力行业开展 CCUS 工作，让燃气 CCUS 发电项目具备调峰灵活性，弥补核电和可再生能源电力的不足；有能力进行市场化竞价；实现合理的投资回报，避免过度补贴；保障成本不会显著影响电力消费者。报告认为差价合同模式能够用于支持电力 CCUS 项目。政府需要为电力行业降低运行风险，如运输和封存部分出现故障，政府或仍然支付电力捕集部分的费用。与此同时，根据利益相关者的回复，政府将会积极探索可持续的生物质和 CCUS 结合，实现负排放。

对于推动工业开展 CCUS，差价合同、可交易 CCS 证书和成本加合理利润率被认为是三种潜在模式来支持工业 CCUS 示范。英国政府同时探索支持一家 CCUS 专门服务公司来投资碳捕集装置，避免工业排放大户根据需要开展碳捕集的投资。利益相关者对差价合同结合资本投资补贴普遍持欢迎态度。同时有一部分受访者认为，政府需要引导市场加大对低碳足迹工业产品的需求。

国内 CCUS 项目主要存在两种商业模式，即油企全流程独立运营模式和 CCUS 运营商模式。在油企全流程独立运营模式中，油田企业是 CCUS 全流程的独立运营商。这种商业模式使得风险与利润可以较为灵活地分担，并且各部门间的协调也更容易实现，因而具有较低的交易成本。在这种模式下，油气企业既是 CCUS 运营商又是二氧化碳终端消费者，即 CCUS 最终服务的客户。其模式如图 6-28 所示。

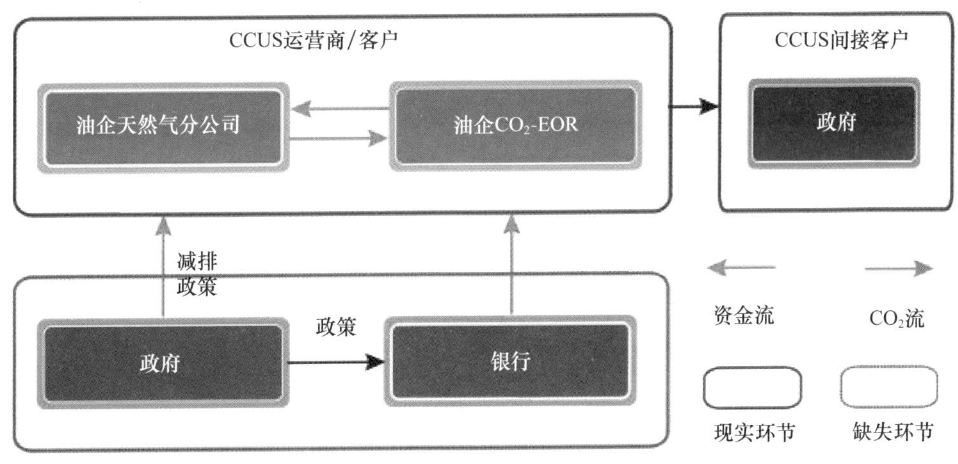

图 6-28 油企全流程独立运营模式

（资料来源：中国 CCUS 年度报告）

在 CCUS 运营商模式下，CCUS 出现了独立的市场化运营商，即 CO_2 捕集企业。运营商购买捕集的 CO_2，一方面可以卖给二氧化碳消费企业，用于食品或化工制造，另一方面卖给油企用于驱油封存。在该模式下的运输环节仍需要油企的参与，尤其在涉及运输管道建设时，耗资巨大，故而只有油企或政府出资才能实现。此外，由于这种模式涉及废气产生企业、CO_2 捕集及分离服务企业、CO_2 的利用和封存的油田等多企业、多行业的合作，因此在这种模式下需通过法律、制度等的建设，明确各主体的权利与义务，从而促进全产业链 CCUS 的社会责任、经济和社会效益在各企业部门之间合理分配。其模式如图 6-29 所示。

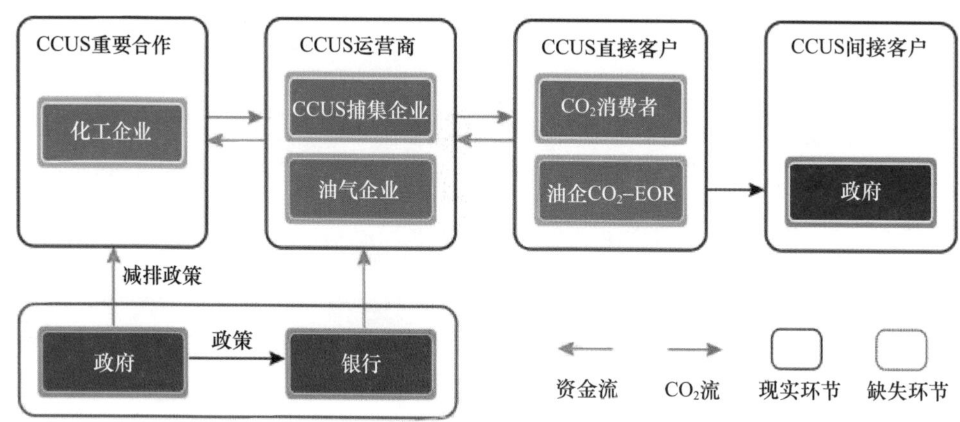

图 6-29　CCUS 运营模式

（资料来源：中国 CCUS 年度报告）

6.5.6　国内外水泥行业 CCUS 发展情况

作为兜底技术，水泥行业若要完成碳中和目标，最终还离不开 CCUS 二氧化碳捕集利用与封存技术。因此，尽管目前 CCUS 的投资和运行成本很高，但国内外水泥行业在很早就开始了 CCUS 领域的探索和尝试。

2013 年 5 月，挪威石油和天然气工业工程公司 Aker Solutions 赢得了一份合同，测试和研究挪威 Norcem 公司布雷维克水泥厂排放的烟气中二氧化碳的捕集。这标志着捕集二氧化碳的技术将首次用于水泥生产工厂。

2013 年 6 月，美国得克萨斯州的水泥生产商 Capitol Aggregates Cement 正准备对其水泥厂进行碳捕集改造。该项目与 Skyonic Corporation 合作，预计将从电厂排放的二氧化碳中去除超过 30 万 t，并实现盈利。

2013 年 10 月，加拿大 Mantra Venture Group 完成了其“电减排二氧化碳”（ERC）试点工厂的第一阶段工程。英国 NORAM 工程与建筑公司的技术商业化部门 BC Research（BCRI）发布了一份全面的一期报告，详细介绍了该工厂的估计成本。该工厂将在 Lafarge Richmond cement plant in British Columbia 收集废弃二氧化碳。

2018 年 1 月，欧洲水泥研究院（ECRA）开始在意大利的 Heidelberg Cement Colleferro 工厂和奥地利的 Lafarge Holcim Retznei 工厂启动了二氧化碳捕集试验项目。

2019 年 1 月，日本 Taiheiyo Cement 表示，已与 Inabe 的 Fujiwara 工厂联合环境部启动了该国首次碳捕集与封存（CCS）测试，主要测试工厂窑废气的化学吸收方法。该项目的进一步安装在 2019 年 1 月进行。

2019 年 7 月，Lafarge Canada 推出了第一阶段的 CO_2 MENT 项目。其目标是建立一个全循环的解决方案，以捕获和再利用来自水泥厂的二氧化碳。该项目是加拿大拉法基、Inventys 和道达尔的合作伙伴。在接下来的四年中，CO_2 MENT 项目将在

Richmond cement plant in British Columbia 展示和评估 Inventys 的二氧化碳捕集系统和一系列 LafargeHolcim（现 Holcim，下同）的碳利用技术。该项目分为三个阶段。在试点成功的前提下，目标是扩大项目规模，探索如何在其他 Lafarge Holcim 工厂中复制。

中国水泥行业方面。海螺芜湖白马山水泥厂于 2018 年 10 月建成年产 5 万 t 级“水泥窑烟气二氧化碳捕集纯化示范项目”，在吸收塔内被吸附剂吸收形成富液，加热析出 95% 纯度的二氧化碳，实现碳捕集。另外，早在 2013 年，中国台湾水泥厂就开始与中国台湾工业技术研究院合作研发 CCUS，后续建成运营钙回路捕集 CO_2 先导型试验厂，并在持续进行研发试验，包括尝试将捕集的碳用于微藻养殖等方面。华新和中建材等中国水泥企业也先后开始了 CCUS 的相关研究和试点项目论证等工作。

结 语

中国已开启全面建设社会主义现代化国家的新征程，进入新的发展阶段，未来也将继续坚定不移地推进低碳革命，加快构建清洁低碳、安全高效的工业体系，为实现“双碳”目标，为全面建成社会主义现代化强国提供坚强后盾。

中国水泥工业从落后走向强大，从引进走向引领。在未来全球碳中和道路上，中国水泥工业仍需继续迎接挑战。水泥工业的低碳制造技术关乎行业生存和持续发展，需要行业内外团结合作，共同应对挑战。希望本书能为中国水泥工业的绿色低碳可持续发展贡献一点绵薄之力。

参考文献

[1] HARALD S.M，MICHAEL H，MICHAEL V，Assessment of the sustainability potential of concrete and concrete structures considering their environmental impact，performance and lifetime［J］，Construction and Building Materials，2014，67：321-337.

[2] KOU S C，ZHAN B J，POON C S.Use of a CO_2 curing step to improve the properties of concrete prepared with recycled aggregates［J］.Cement & Concrete Composites，2014，45：22-28.

[3] XUAN D X，ZHAN B J，POON C S.Assessment of mechanical properties of concrete incorporating carbonated recycled concrete aggregates［J］.Cement & Concrete Composites，2016（65）.67-74.

[4] LI Y Q，WANG H Z，ZHANG J，et al.Research on Dioxins Suppression Mechanisms During MSW Co-Processing in Cement Kilns［J］.Procedia Environmental Sciences，2012（16）：633-640.

[5] RAMES H，季尚行.PYRORAPID 短窑和 PYROCLON 低 NO_x 分解炉的现代煅烧技术［J］. 水泥工程，1994，000（003）：39-42.

[6] ZKG. 协同处置替代燃料燃烧器的发展［C］. 建筑材料工业技术情报研究所，2014：79-82.

[7] 包玮，马克，王志凌，等. 料层粉碎的基本规律及在水泥粉磨工艺中应用的探讨［J］. 中国水泥，2010（7）：61-65.

[8] 鲍志彦.CDC 分解炉的改进研究及其煤粉燃烧状态的数学建模分析［D］. 南京：南京工业大学，2006.

[9] 安徽合肥华联电子化工研究所. 不锈钢纤维生产项目［J］. 中小企业科技，2002（08）：9.

[10] 陈家乐.6000t/d 旋风预热器内气固两相流的研究及工程应用［D］. 武汉：武汉理工大学，2019.

[11] 陈建南，赖初泉. 生料辊压机终粉磨系统和立磨系统的比较［J］. 水泥，2012（02）：33-36.

[12] 陈生. 预均化堆场的工艺设计计算［J］. 水泥，1985（10）：8-12.

[13] 陈小东，高玉宗. 关于新型干法回转窑水泥熟料产量的探讨［J］. 中国水泥，2004（4）：41-42.

[14] 陈晓琳，梅书霞，谢峻林，等. 两种带涡流室分解炉内气相流场的模拟对比研究［J］. 化学工业与工程，2014，31（6）：53-58.

[15] 陈作炳，王雪瑶，豆海建，等.TC 型四通道煤粉燃烧器气相流场数值仿真［J］. 煤矿机械，2006，27（5）：776-778.

[16] 崔世谦. 回转窑密封结构探讨［J］. 山西冶金，2003，26（2）：54-56.

[17] 崔源声，方艳欣，王硕. 国外水泥工业替代燃料的最新发展趋势［J］. 水泥，2018（1）：9-12.

[18] 邓双，杨丽，刘宇，等. 石灰石 - 石膏湿法烟气脱硫的生命周期和可持续性分析［J］. 环境工程技术学报，2015，5（003）：186-190.

[19] 丁难燕.NC-7 型可替代燃料燃烧器与城市生活垃圾处理［J］. 水泥工程，2012（6）：52-53.

[20] 丁苏东，叶旭初，王雅琴，等.PYRO-JET 燃烧器冷模特性的数值模拟试验［J］. 南京工业大学学报（自科版），2000，22（003）：15-18.

[21] 丁再珍，张丽美，马斌. 立磨粉磨水泥的优势和常见问题处理［J］. 中国水泥，2020（11）：75-77.

[22] 方景光，兰明章.ChSh 水泥厂喷腾式管道分解炉性能的分析与评议［J］. 新世纪水泥导报，2010（5）：15-20.

[23] 封辉亮，寿科迪. 国产第三代篦冷机技术改造的探讨［J］. 水泥，2015（8）：33-35.

[24] 冯建领 . 运行状态下预热器旋风筒分离效率的计算 [J]. 新世纪水泥导报，2013（6）：36-37.
[25] 冯兆兴，安连锁，李永华，等 . 空气分级燃烧降低 NO_x 排放试验研究 [J]. 中国电机工程学报，2006（12）：88-92.
[26] 高崇信，刘丹丹 . 建筑垃圾再生骨料生产工艺及性能 [J]. 城市建设理论研究，2013（23）.
[27] 高春艳，牛建广，王斐然 . 钢材生产阶段碳排放核算干法和碳排放因子研究综述 [J]. 当代经济管理，2021，43（8）：33-38.
[28] 高凤阳，费宁，沈文博 . 辊筒磨主要结构和动力学参数的分析 [J]. 矿山机械，2007，35（10）：68-71.
[29] 高越青，潘碧豪，梁超锋，等 .CO_2 强化再生骨料的特性及其对再生混凝土性能的影响 [J]. 土木与环境工程学报（中英文），2021，43（6）：1-9.
[30] 高长明，聂纪强，魏振生 . 水泥熟料篦冷机述评 [J]. 新世纪水泥导报，2015（5）：1-5.
[31] 高长明 . 国内外水泥立磨应用的历史、现状与发展 [J]. 新世纪水泥导报，2017，23（3）：22-26.
[32] 龚汉保 . 水泥回转窑燃烧器的发展 [J]. 建材工业信息，1992（02）：16.
[33] 韩仲琦 . 立磨技术在水泥工业的应用与发展 [J]. 中国水泥，2009（12）：4.
[34] 郝建英，穆保林，田玉明 . 钢渣基免烧陶粒的制备及性能研究 [J]. 太原科技大学学报，2021，42（05）：399-402.
[35] 何捷，李叶青，萧瑛，等 . 水泥窑协同处置生活垃圾的碳减排效应分析 [J]. 中国水泥，2014，000（009）：69-71.
[36] 李叶青，张江，杨宏兵，等 . 水泥窑协同处置业务需要关注若干问题探讨 [J]. 中国水泥，2018（10）：79-81.
[37] 朱明，祝慰，李叶青，等 . 生活垃圾衍生燃料中氯、硫的逸出与固化研究 [J]. 武汉理工大学学报，2016，38（04）：65-69.
[38] 朱明，祝慰，李叶青，等 . 垃圾衍生燃料燃烧历程的试验研究 [J]. 水泥工程，2015（02）：75-78+83.DOI：10.13697/j.cnki.32-1449/tu.2015.02.027.
[39] 朱明，祝慰，王发洲，等 . 城市生活垃圾制备的 RDF 的热工性能研究 [J]. 可再生能源，2014，32（12）：1928-1932.DOI：10.13941/j.cnki.21-1469/tk.2014.12.027.
[40] 胡曙光，聂帅，朱明，等 . 城市生活垃圾制备水泥窑用衍生燃料的性能分析 [J]. 安全与环境学报，2014，14（04）：176-180.DOI：10.13637/j.issn.1009-6094.2014.04.039.
[41] 向丛阳，何永佳，吕林女，等 . 水泥窑协同处置危废生产熟料的性能研究 [J]. 环境科学与管理，2013，38（09）：81-86.
[42] 马保国，柯凯，李叶青，等 . 新型干法窑内用风量匹配关系及设计 [J]. 四川水泥，2008（04）：5-7.
[43] 胡贞武，李叶青，马保国，等 . 新型预分解窑系统优化配置的研究 [J]. 武汉理工大学学报，2004（11）：36-38.
[44] 户宁 . 机制砂生产机械的对比及分析 [J]. 建筑机械，2019（08）：66-68.
[45] 姬长生 . 露天矿山生产工艺系统分类的思考 [J]. 中国矿业 .2011，20（11）：64-66.
[46] 嵇鹰，李兆锋，程富安，等 . 二级高固气比悬浮预热器的工业化实验 [J]. 新世纪水泥导报，2005，11（3）：16-18.
[47] 贾宝贵，高长明，张小龙 . 仿制版史密斯 SF 型推动棒式篦冷机的升级改造 [J]. 水泥，2018（10）：45-46.
[48] 贾艳艳，毕明树，柳智 . 煤粉粒度对超细煤粉再燃脱硝效率影响的数值模拟 [J]. 煤炭学报，2008，33（11）：542-547.
[49] 江旭昌 . 国外回转窑燃烧器的最新发展 [J]. 新世纪水泥导报，2015（6）：1-9.
[50] 姜烈刚 . 改善 RSP 炉燃料燃烧状况提高窑的生产能力 [J]. 水泥，1994，000（008）：36-37.
[51] 匡祉桦，钟永超，崔恒波 . 预热器系统改造对水泥窑提产降耗的影响 [J]. 中国水泥，2020（4）：103-105.

[52] 李博，郭海峰．回转窑结构及密封装置的论述［J］．科技创新与应用，2014（16）：97.
[53] 李昌勇，简淼夫，金春强．RSP 分解炉结构改进和优化研究［J］．济南大学学报（自然科学版），2001，15（002）：108-112.
[54] 李春山，谭心舜，项曙光，等．烟气脱硫过程对环境影响的生命周期评价［J］．青岛化工学院学报（自然科学版），2002，23（002）：5-8.
[55] 李光辉．水泥熟料篦冷机的发展和应用［J］．四川水泥，2018（1）：3.
[56] 李叶青，胡贞武，陶守宝，等．高效窑外分解回转窑设计及应用［J］．中国水泥，2011（4）：53-54.
[57] 李叶青，汪宣乾，王加军，等．基于完全燃烧模型下市政垃圾衍生燃料在水泥窑分解炉内热贡献的研究［J］．水泥，2019（9）：14-18.
[58] 林勇．原料中 MgO 对生熟料质量的影响及相应对策［J］．福建建材，1999（4）：55-57.
[59] 刘永丽．生料均化库的工艺设计方案比较［J］．水泥，2004（4）：29-30.
[60] 刘昱伶．用高镁原料生产优质熟料的实践［J］．新世纪水泥导报，2012，18（4）：51-52.
[61] 卢华武，白文生，尤小平，等．回转窑密封装置的改造［J］．水泥技术，2016（1）：72-75.
[62] 鲁怡．高细高产磨技术在挤压联合粉磨工艺系统中的应用［J］．现代物业（下旬刊），2011（10）：35.
[63] 罗帆．水泥原料的粉磨特性与粉磨节能［J］．四川水泥，2012，（4）：20-28.
[64] 罗健．钛矿渣免烧轻质陶粒的制备及其性能研究［D］．绵阳：西南科技大学，2017.
[65] 马成福．辊压机联合粉磨系统具有优质、高产、低能耗的综合优势［J］．现代经济信息，2009（16）：265-267.
[66] 马娇媚，陶从喜，彭学平，等．水泥窑脱硝工艺技术综合评价［J］．水泥技术，2018（2）：77-81.
[67] 马明亮，孙晓南，权宗刚，等．我国工业固废制备陶粒资源化利用的研究进展［J］．硅酸盐通报，2020，39（08）：2492-2500.
[68] 马庆磊，金有海，王建军，等．导叶式旋风管入口颗粒粒度分布对分离效率的影响［J］．中国粉体技术，2007，13（2）：21-23.
[69] 梅书霞，谢峻林，陈晓琳，等．涡旋式分解炉内煤粉与 RDF 共燃过程中的交互影响［J］．硅酸盐通报，2016，35（12）：4054-4059.
[70] 梅书霞，谢峻林，陈晓琳，等．涡旋式分解炉中煤及垃圾衍生燃料共燃烧耦合 $CaCO_3$ 分解的数值模拟［J］．化工学报，2017，68（6）：2519-2525.
[71] 欧阳楚才，李燕良，沈小俊．再生骨料碳化强化的微观机理分析［J］．山西建筑，2019，45（16）：88-89.
[72] 潘洞，吴小同．介绍一种新型回转窑用燃烧器［J］．中国水泥，2015（11）：71-74.
[73] 潘丽萍，周涛．DD 分解炉流场仿真分析［J］．水泥技术，2012（04）：38-42.
[74] 彭宝利，张浩云．新型 DD 分解炉［J］．建材世界，2006，27（2）：18-19.
[75] 邱承玉．论水泥回转窑的发展［J］．中国建材，2000（01）：59-61.
[76] 圈力，杨国春．水泥分别粉磨工艺的技术经济评价［J］．新世纪水泥导报，2015（3）：11-17.
[77] 汝莉莉，陈刚，王德永．利用污泥生产建材用陶粒的工艺介绍［J］．砖瓦，2019（11）：76-79.
[78] 桑圣欢，徐连春，罗超，等．水泥窑中温干法脱硫工艺技术分析［J］．水泥，2017（10）：49-51.
[79] 沈兰，王洁，韦保仁．中国碱生产量及其能源需求和 CO_2 排放的情景分析［J］．江苏化工，2008，36（06）：42-45.
[80] 史德新．IBAU 式均化库安装使用和维护［J］．水泥，2007（5）：37-40.
[81] 宋景宝．新技术在预热器系统技改中的应用［J］．中国建材装备，1995（3）：14-16.
[82] 孙湘，袁学敏．回转窑窑头和窑尾罩密封结构的改进［J］．工程设计与研究，2013（1）：6-7.
[83] 孙学成，吴蕾，陶瑛．回转窑托轮的一种柔性支撑装置［J］．河南建材，2018（1）：247-248.
[84] 陶从喜，赵林，俞为民，等．六级预热器优化的数值模拟［J］．天津大学学报，2011，44（4）：369-376.

[85] 田金枝 . 建筑垃圾生产再生骨料的综合效益分析［D］. 重庆：重庆大学，2019.

[86] 王宝明，姜玉亭 . 水泥窑协同处置城市生活垃圾技术及其在我国的应用现状［J］. 水泥工程，2014（4）：74-78.

[87] 王洪平 . 水泥厂风机节能方法比较与选择［J］. 水泥工程，2008（6）：1-5.

[88] 王军，钟根，钟永超，等 . 浅析辊压机生料终粉磨系统稳定运行因素及措施［J］. 水泥，2018（9）：34-37.

[89] 王俊杰，张亮，房晶瑞，等 . 水泥分解炉内生活垃圾与煤粉燃烧特性分析和技改建议［J］. 环境工程学报，2018，12（12）：3483-3489.

[90] 王科学，曹作磊，王勇 .CP 第三代冷却机篦板的磨损分析及优化改进［J］. 水泥，2019（3）：39-40.

[91] 洛阳 . 旋风预热器导风降阻装置的优化研究［D］. 南京：南京工业大学，2008.

[92] 王山，黄琍 . 低品位高碱石灰石应用的可行性探讨［J］. 水泥工程，2009（6）：30-32.

[93] 王昕，刘晨，颜碧兰，等 . 国内外水泥窑协同处置城市固体废弃物现状与应用［J］. 硅酸盐通报，2014，33（8）：1989-1995.

[94] 王志红 . 第四代篦冷机进料区结构与用风的优化［J］. 新世纪水泥导报，2020，26（3）：61-63.

[95] 王志红 . 皮拉德四通道燃烧器应用体会［J］. 水泥，2011，000（008）：45-46.

[96] 王仲春 . 水泥工业粉磨工艺技术［M］. 北京：中国建材工业出版社，2000.

[97] 王自清 . 我国水泥矿山的技术发展及资源保证［J］. 水泥技术，2004（3）：83-85.

[98] 魏茂 . 华新立磨与带辊压机球磨终粉磨系统的比较［J］. 水泥工程，2019（1）：29-31.

[99] 魏世博，魏业桐，李洋 . 复杂建筑垃圾再生工艺系统研究［J］. 建设科技，2016（23）：28-29.

[100] 中华人民共和国国家质量监督检验检疫总局，中国国家标准化管理委员会 . 温室气体排放核算与报告要求 第 8 部分：水泥生产企业：GB/T 32151.8—2015［S］. 北京：中国标准出版社，2016.

[101] 吴赤球，吕伟，孙涛 . 一种磷石膏轻骨料制备技术［J］. 混凝土与水泥制品，2020（02）：98-100.

[102] 吴行秋，李春辉 .IKN 篦冷机自动控制［J］. 中国水泥，2012（10）：70-71.

[103] 吴志江，袁刚 . 浅析回转窑支撑装置结构的改进［J］. 水泥，2017（1）：65-66.

[104] 向丛阳，何永佳，吕林女，等 . 水泥窑协同处置危废生产熟料的性能研究［J］. 环境科学与管理，2013，38（9）：81-86.

[105] 肖利涛，秦朝葵 . 陶粒生产工艺与节能措施［J］. 工业炉，2014，36（05）：24-27.

[106] 肖忠明 . 工业废渣用于水泥生产时重金属污染问题的思考［J］. 水泥，2014（11）：13-17.

[107] 谢峻林，刘娜，梅书霞，等 . 分解炉内垃圾衍生燃料和煤粉燃烧的数值模拟［J］. 武汉理工大学学报，2013，35（11）：38-42.

[108] 谢磊，王安，田梅霞，等 . 水泥窑协同处置生活垃圾的环保问题分析［J］. 河南建材，2019（3）：137-138.

[109] 续魁昌 . 风机手册［M］. 北京：机械工业出版社，2001.

[110] 薛俊东，杨得芹 .Unitherm M.A.S 燃烧器的特点及应用［J］. 水泥，2012（3）：41-43.

[111] 杨博宇，白中科，张笑然 . 特大型露天煤矿土地损毁碳排放研究［J］. 中国土地科学，2017（6）：59-69.

[112] 杨明友，王雪梅 .IKN 篦冷机在 10000t/d 生产线上的应用［J］. 水泥，2009（01）：20-23.

[113] 姚丕强 . 组分的细度和颗粒分布对分别粉磨水泥性能的影响［J］. 水泥，2009（1）：1-4.

[114] 仪登伟 . 水泥立磨终粉磨系统的节能设计以及产品工作性能分析［J］. 科技创新，2018（30）：20.

[115] 尹洪超，朱元师，李德付 . 基于耦合气固传热篦冷机的数值模拟与研究［J］. 热科学与技术，2012（3）：229-233.

[116] 余占胜 .TC 型四通道煤粉燃烧器浅谈［J］. 水泥技术，2007（05）：43-45.

[117] 张传行，高开渠，梁广勤，等 .5500t/d 生产线辊压机生料终粉磨系统和两档短窑操作经验［J］.

水泥，2013（2）：14-16.
[118] 张大康 . 分别粉磨工艺的水泥性能［J］. 水泥，2008（8）：9-14.
[119] 张飞虎 . 水泥窑烟气 SNCR 脱硝技术喷射系统的关键问题研究［J］. 山西化工，2019，39（2）：177-178.
[120] 张吉光，叶龙 . 高效旋风器分级效率理论计算的新方法［J］. 青岛建筑工程学院学报，1991（4）：41-48.
[121] 张凯，刘舒豪，张日新，等 . 免烧法煤气化粗渣制备陶粒工艺及其性能研究［J］. 煤炭科学技术，2018，46（10）：222-227.
[122] 张黎明，张绍良，侯湖平，等 . 矿区土地复垦碳减排效果测度模型与实证分析［J］. 中国矿业，2015（11）：65-70.
[123] 张瑞国 . 水泥中水溶性六价铬的来源及控制措施分析［J］. 中国水泥，2018（5）：84-86.
[124] 张岩，黄玫 .NGF 型生料均化库装备技术的开发及应用［J］. 水泥工程，2007（05）：37-40.
[125] 张振芳 . 露天煤矿碳排放量核算及碳减排途径研究［D］. 北京：中国矿业大学，2014.
[126] 张宗见，轩红钟，汪克春，等 . 生物质替代燃料对水泥熟料烧成系统的影响分析［J］. 水泥工程，2021（1）：28-30.
[127] 章伟 . 水玻璃生产工艺优化［D］. 天津：天津大学，2005.
[128] 赵光平 . 浅谈第四代篦冷机的特点与结构优化［J］. 中国新技术新产品，2017（4）：58-59.
[129] 赵国东 . 水泥立磨终粉磨系统的节能分析及其产品工作性能探讨［J］. 水泥工程，2012（4）：9-12.
[130] 赵景顺，郭宜鸿，罗霄 . 德国 CP 篦式冷却机技改的体会［J］. 水泥，2006（3）：40-42.
[131] 赵青林，王红梅 . 中国水泥工业环境状况调查研究报告［M］. 武汉：武汉理工大学出版社，2020.
[132] 赵霄龙，冷发光，何更新，等 . 各国建筑垃圾再生骨料标准浅析［J］. 建筑结构，2011，41（11）：159-163.
[133] 赵玉明 .IKN 篦冷机 PHD 系统的原理及应用［J］. 四川水泥，2013（3）：132-133.
[134] 郑占锋，闫吉霞 . 影响生料辊压机终粉磨产量的因素及措施［J］. 水泥，2018（7）：24-26.
[135] 中国力学学会工程爆破专业委员会 . 爆破工程［M］. 北京：冶金工业出版社，1992.
[136] 周颖，丁一，林国龙 . 装卸设备更替下减少堆场碳排放量的研究［J］. 大连海事大学学报，2018，44（3）：7.
[137] 周勇敏，陆雷，韩立发，等 .ILC 型分解炉改造方案［J］. 南京化工大学学报，1998，20（A12）：25-28.
[138] 朱万旭，张瑞东，周红梅，等 . 建筑垃圾免烧型陶粒的研制及其应用研究［J］. 四川建筑科学研究，2018，44（06）：82-86.
[139] 朱学军 . 浅谈低钙高镁石灰石在预分解窑的应用［J］. 水泥，2007，000（012）：23-24.
[140] 邹伟斌，陈敬明 . 挤压联合粉磨工艺中多仓管磨机参数的选择与调整［J］. 新世纪水泥导报，2008（01）：23-27.
[141] 邹伟斌 . 论水泥的分别粉磨与配制技术［J］. 新世纪水泥导报，2021，27（3）：50-58.
[142] 中华人民共和国住房和城乡建设部 . 带式输送机工程技术标准：GB 50431—2020［S］. 北京：中国计划出版社，2021.
[143] 中华人民共和国住房和城乡建设部，中华人民共和国国家质量监督检验检疫总局 . 水泥原料矿山工程设计规范：GB 50598—2010［S］. 北京：中国计划出版社，2011.
[144]《水泥矿山设计手册》编写组 . 水泥矿山设计手册［M］. 北京：中国建筑工业出版社，1981.
[145] 中华人民共和国住房和城乡建设部 . 有色金属采矿设计规范：GB 50771—2012［S］. 北京：中国计划出版社，2012.

关于作者

李叶青，建材与环保工程专家，教授级高级工程师，博士生导师。

现任华新水泥股份有限公司总裁、技术中心主任、技术研究院院长，中国建筑材料联合会执行副会长，中国建筑材料联合会专家委员会首席专家、执行主任委员，世界水泥协会（WCA）产品 & 材料与混凝土技术委员会主任，武汉理工大学兼职教授（博士生导师）、硅酸盐建筑材料国家重点实验室副主任和学术委员，华中科技大学兼职教授，湖南大学客座教授。

先后获武汉理工大学工学学士、工学硕士学位，华中科技大学管理学博士学位。一直在建材与环保领域从事工程技术研究、设计和产业化工作，截至 2021 年 12 月，负责设计建设完成了 60 多个国内外水泥及环保工程项目。主持项目获国家科技进步二等奖 2 项（排名第一和第二）、国家级管理创新成果二等奖 1 项（排名第一）、省部级科技进步一等奖 7 项（均排名第一），授权发明专利 42 项、重大科技成果 23 项，发表学术论文 60 余篇，出版专著一部。荣获国家杰出工程师奖、国务院政府特殊津贴，入选国家百千万人才工程、建材行业“十大科技突破领军人物”等荣誉。2021 年 6 月 2 日，经中国工程院院士增选第一轮评审，入选为中国工程院 2021 年院士第二轮评审候选人名单。